可编程序控制器原理及应用

第2版

吴中俊 黄永红 主编

机械工业出版社

本书从实际工程应用和教学需要出发，介绍了电气控制的基本知识；以 SIEMENS S7-200 可编程序控制器（PLC）为背景机，重点介绍了 PLC 的工作原理、系统配置、指令系统、编程软件、设计方法等内容；简要介绍了 S7-300、S7-400 PLC 及 PLC 的网络通信知识。有关章节附有习题及思考题。书末有实验指导书和课程设计指导书。

本书语言简练、通俗易懂，内容由浅入深，注重理论和实际应用相结合，书中附有 PLC 应用实例，所有程序均经调试运行。

本书可作为高等学校工业自动化、电气工程及其自动化、机电一体化、计算机应用等本科专业的教材，也可供相关工程技术人员参考。

图书在版编目（CIP）数据

可编程序控制器原理及应用/吴中俊，黄永红主编. 2版. —北京：机械工业出版社，2004.4（2025.1重印）
ISBN 978-7-111-12516-7

Ⅰ. 可… Ⅱ. ①吴…②黄… Ⅲ. 可编程序控制器 Ⅳ. TP332.3

中国版本图书馆 CIP 数据核字（2004）第 028437 号

机械工业出版社（北京市百万庄大街 22 号　邮政编码 100037）
责任编辑：吉　玲
封面设计：陈　沛　责任印制：常天培
北京机工印刷厂有限公司印刷
2025 年 1 月第 2 版·第 24 次印刷
184mm×260mm·17.5 印张·429 千字
标准书号：ISBN 978-7-111-12516-7
定价：48.00 元

电话服务　　　　　　　　　网络服务
客服电话：010-88361066　　机　工　官　网：www.cmpbook.com
　　　　　010-88379833　　机　工　官　博：weibo.com/cmp1952
　　　　　010-68326294　　金　书　　　网：www.golden-book.com
封底无防伪标均为盗版　　　机工教育服务网：www.cmpedu.com

第 2 版前言

本书自 2003 年 9 月出版发行以来，受到广大读者的关注，并提出了不少宝贵的意见，在此，对他们表示衷心的感谢。由于时间仓促，此次重印只对原版作了少量改动；为满足广大读者的需求，增加了实验指导书和课程设计指导书的内容。

可编程序控制器（PLC）以其可靠性高、灵活性强、使用方便的优越性，迅速占领了工业控制领域，成为先进的、应用势头最强的工业控制器，并风靡全球。

PLC 控制技术是电气控制技术中的一朵奇葩。经过 30 多年的发展，PLC 已形成了完整的工业控制器产品系列，其功能从初期的主要用于替代继电—接触器控制的简单功能，发展到目前的具有接近于计算机的强有力的软硬件功能。PLC 源于替代继电—接触器控制，它与传统的电气控制技术有着密不可分的联系。因而，要学习 PLC 控制技术，必须先了解传统的电气控制技术。为此本书在第一章简要介绍了常用控制电器的结构、原理、使用方法；介绍了基本电气控制电路、控制原理等电气控制基础知识，使读者对传统的电气控制技术有个粗略的了解，为进一步学习 PLC 奠定必要的基础。第二章介绍了 PLC 的概况。第三~七章以西门子公司的 S7-200 型 PLC（小型 PLC）为目标机型，对 PLC 的基本组成、工作原理、系统配置、指令系统、STEP7 编程软件、控制系统的设计方法等内容进行介绍，使读者掌握 PLC 应用的初步知识，为进一步学习和提高打好基础；在使用其他机型的 PLC 时也可触类旁通，相互参照。第八章简要介绍了西门子公司的 S7-300、400 型（中、大型机）PLC 的系统配置及指令系统，以满足读者继续学习和应用中、大型 PLC 的要求。第九章介绍了 PLC 的网络通信技术。

本书可作为高等学校工业自动化、电气工程及其自动化、计算机应用、机电一体化等有关专业的教材，也可供有关工程技术人员参考。

本书由吴中俊、黄永红主编。其中第一章由吴中俊、黄永红编写，第二~五章由吴中俊编写，第六章由黄永红编写，第七章由吴中俊、黄永红、杨东编写，第八章由王东宏、刁小燕编写，第九章由黄永红、张新华、潘伟编写。课程设计指导书和实验指导书由吴中俊、杨东编写。

本书由李金伴教授主审，并对本书提出了许多宝贵的建议和意见，在此表示真挚的感谢。上海东电自动控制有限公司为本书的编写提供了大量的资料，并给予大力支持和帮助，在编写过程中还得到了赵德安、刘星桥等同志的关心和支持，在此表示衷心的感谢。同时还要感谢广大读者热情的关心、支持和厚爱。

由于编者水平有限，书中难免有错误和不妥之处，敬请广大读者批评指正。

编著者
于江苏大学

第1版前言

随着科学技术的发展，电气控制技术在各领域中得到越来越广泛的应用。可编程序控制器（PLC）的应用使电气控制技术发生了根本的变化。PLC是以微处理器为基础，综合了计算机技术、半导体技术、自动控制技术、数字技术和网络通信技术发展起来的一种通用工业自动控制装置。PLC以其可靠性高、灵活性强、使用方便的优越性，迅速占领了工业控制领域。从运动控制到过程控制，从单机自动化到生产线自动化乃至工厂自动化，从工业机器人、数控设备到柔性制造系统（FMS），从集中控制系统到大型集散控制系统，PLC均充当着重要角色，并展现出了强劲的态势。PLC作为先进的、应用势头最强的工业控制器风靡全球。PLC技术、CAD/CAM技术和工业机器人成为现代工业控制的三大支柱。

PLC技术是电气控制技术中的一朵奇葩。经过30多年的发展，PLC已形成了完整的工业控制器产品系列，其功能从初期的主要用于替代继电-接触器控制的简单功能，发展到目前的具有接近于计算机的强有力的软硬件功能。PLC用于包括逻辑运算、数值运算、数据传送、过程控制、位置控制、高速计数、中断控制、人机对话、网络通信等功能的控制领域。PLC源于替代继电-接触器控制，它与传统的电气控制技术有着密不可分的联系。因而，要学习PLC技术，必须先了解传统的电气控制技术。为此，本书在第一章简要介绍了常用控制电器的结构、原理、使用方法，介绍了基本电气控制电路、控制原理等电气控制基础知识，使读者对传统的电气控制技术有个粗略的了解，以便为进一步学习PLC奠定必要的基础。第二、三章介绍了PLC的概况。第四~七章以西门子公司的S7-200小型PLC为目标机型，对PLC的基本组成、工作原理、系统配置、指令系统、STEP7编程软件、控制系统的设计方法等内容进行介绍。使读者掌握PLC应用的初步知识，为进一步学习和提高打好基础，在使用其他机型的PLC时也可触类旁通、相互参照。第八章简要介绍了西门子公司的S7-300、S7-400中、大型PLC的系统配置及指令系统，以满足读者继续学习和应用中、大型PLC的要求。第九章介绍了PLC的网络通信。

本书可作为高等学校工业自动化、电气工程及自动化、计算机应用、机电一体化等有关专业的教材，也可供有关工程技术人员参考。

本书由吴中俊、黄永红主编。其中：第一章由吴中俊、黄永红编写，第二~五章由吴中俊编写，第六章由黄永红编写，第七章由吴中俊、黄永红、杨东编写，第八章由王东宏、刁小燕编写，第九章由黄永红、张新华、潘伟编写。

本书由李金伴教授主审，并提出了许多宝贵的建议和意见，在此表示真挚的感谢。

上海东电自动控制有限公司为本书的编写提供了大量的资料，并给予了大力支持和帮助，在编写过程中还得到了赵德安、刘星桥等同志的关心和支持，在此表示衷心的感谢。

由于编者水平有限，时间仓促，书中难免有错误和不妥之处，敬请广大读者批评指正。

编　者

目 录

第 2 版前言
第 1 版前言

第一章 电气控制基础 1
第一节 常用低压电器 1
一、电器的基本知识 1
二、接触器 3
三、继电器 5
四、主令电器 10
五、熔断器 11
六、低压断路器 12
第二节 基本电气控制电路 13
一、电气图中的图形符号及文字符号 13
二、三相笼型异步电动机全电压起动控制电路 14
三、三相笼型异步电动机减压起动控制电路 19
四、三相绕线转子异步电动机起动控制电路 20
五、三相异步电动机的制动控制电路 21
六、其他典型的控制电路 22
七、组成电气控制电路的基本规律 24
八、电动机控制的保护环节 25
习题与思考题 26

第二章 可编程序控制器概述 28
第一节 PLC 的由来和定义 28
一、PLC 的由来 28
二、PLC 的定义 28
第二节 PLC 的发展概况和发展趋势 29
一、PLC 的发展概况 29
二、PLC 的发展趋势 30
第三节 PLC 的主要功能和特点 32
一、PLC 的主要功能 32
二、PLC 的特点 33
第四节 PLC 的分类 34
一、按 PLC 的控制规模分类 34
二、按 PLC 的结构形式分类 34
习题与思考题 35

第三章 可编程序控制器的基本组成和工作原理 36
第一节 PLC 的基本组成和各部分的作用 36

一、PLC 的基本组成 ·· 36
二、PLC 各部分的作用 ·· 36
第二节　PLC 对继电器控制系统的仿真 ··· 38
一、模拟继电器控制系统的编程方法 ·· 38
二、梯形图仿真继电器控制电路 ·· 39
第三节　PLC 的工作原理 ··· 40
一、建立 I/O 映像区 ··· 40
二、循环扫描的工作方式 ··· 40
三、输入、输出延迟响应 ··· 42
习题与思考题 ·· 45

第四章　S7-200 可编程序控制器的系统配置 ···································· 46
第一节　S7-200 PLC 系统的基本构成 ·· 46
一、基本单元（S7-200 CPU 模块） ··· 46
二、个人计算机（PC）或编程器 ··· 48
三、STEP7-Micro/WIN32 编程软件 ··· 48
四、通信电缆 ··· 48
五、人机界面 ··· 48
第二节　S7-200 PLC 的接口模块 ··· 49
一、数字量模块 ··· 49
二、模拟量模块 ··· 52
三、智能模块 ··· 55
第三节　S7-200 PLC 的系统配置 ··· 55
一、允许主机所带扩展模块的数量 ·· 55
二、CPU 输入、输出映像区的大小 ··· 56
三、内部电源的负载能力 ··· 57
习题与思考题 ·· 58

第五章　S7-200 可编程序控制器的指令系统 ···································· 59
第一节　S7-200 PLC 编程的基本概念 ·· 59
一、编程语言 ··· 59
二、数据类型 ··· 60
三、存储器区域 ··· 61
四、寻址方式 ··· 66
五、用户程序的结构 ··· 67
六、编程的一般规约 ··· 68
第二节　S7-200 PLC 的基本指令及编程方法 ·································· 68
一、基本逻辑指令 ·· 70
二、立即 I/O 指令 ·· 71
三、逻辑堆栈指令 ·· 72
四、取非触点指令和空操作指令 ·· 74
五、正/负跳变触点指令 ·· 75

  六、定时器和计数器指令 …………………………………………………… 75
  七、顺序控制继电器指令 …………………………………………………… 79
  八、移位寄存器指令 ………………………………………………………… 80
  九、比较触点指令 …………………………………………………………… 81
 第三节 S7-200 PLC 的功能指令 ………………………………………………… 82
  一、传送指令 ………………………………………………………………… 82
  二、数学运算指令 …………………………………………………………… 83
  三、逻辑运算指令 …………………………………………………………… 86
  四、移位和循环移位指令 …………………………………………………… 88
  五、数据转换指令 …………………………………………………………… 89
  六、表功能指令 ……………………………………………………………… 94
  七、程序控制指令 …………………………………………………………… 96
  八、中断指令 ………………………………………………………………… 99
  九、PID 回路指令 …………………………………………………………… 103
  十、高速计数器指令 ………………………………………………………… 109
  十一、高速脉冲输出指令 …………………………………………………… 113
  十二、时钟指令 ……………………………………………………………… 116
 习题与思考题 …………………………………………………………………… 118
第六章 STEP7-Micro/WIN32 编程软件功能及使用 ………………………… 120
 第一节 软件安装及硬件连接 …………………………………………………… 120
  一、软件安装 ………………………………………………………………… 120
  二、硬件连接 ………………………………………………………………… 120
  三、通信参数的设置和修改 ………………………………………………… 121
 第二节 编程软件的主要功能 …………………………………………………… 121
  一、基本功能 ………………………………………………………………… 121
  二、主界面各部分功能 ……………………………………………………… 122
  三、系统组态 ………………………………………………………………… 124
 第三节 编程软件的使用 ………………………………………………………… 127
  一、项目生成 ………………………………………………………………… 127
  二、程序的编辑和传送 ……………………………………………………… 128
  三、程序的打印输出 ………………………………………………………… 132
 第四节 程序的监控和调试 ……………………………………………………… 133
  一、选择扫描次数 …………………………………………………………… 133
  二、用状态表监控程序 ……………………………………………………… 133
  三、在 RUN 方式下编辑程序 ……………………………………………… 135
  四、梯形图程序的状态监视 ………………………………………………… 135
  五、S7-200 的出错处理 ……………………………………………………… 136
第七章 可编程序控制器的控制系统设计 …………………………………… 137
 第一节 PLC 控制系统设计的内容和步骤 …………………………………… 137
  一、PLC 控制系统设计的内容 ……………………………………………… 137

二、PLC 控制系统设计的步骤 ··· 137
第二节　PLC 控制系统的硬件配置 ··· 138
　一、选择 PLC 机型 ··· 138
　二、开关量 I/O 模块的选择 ··· 139
　三、模拟量 I/O 模块的选择 ··· 141
　四、智能 I/O 模块的选择 ·· 141
第三节　PLC 控制系统应用程序的设计 ·································· 141
　一、应用程序设计的内容及步骤 ······································ 142
　二、应用程序的设计方法 ·· 143
　三、梯形图程序的编写规则 ··· 150
　四、应用程序设计过程中应注意的几个问题 ······················ 151
第四节　PLC 应用程序的基本环节及设计技巧 ······················· 152
　一、应用程序的基本环节 ·· 152
　二、应用程序的设计技巧 ·· 157
第五节　PLC 在工业控制中的应用 ·· 159
　一、深孔钻组合机床的 PLC 控制 ····································· 159
　二、四台电动机的顺序起、停控制（一）·························· 162
　三、四台电动机的顺序起、停控制（二）·························· 163
　四、节日彩灯的 PLC 控制 ··· 163
　五、十字路口交通信号灯的 PLC 控制 ······························· 165
　六、遥控自卸车模型的 PLC 控制 ····································· 170
　七、游泳池水处理系统的 PLC 控制 ·································· 171
第六节　提高 PLC 控制系统可靠性的措施 ····························· 181
　一、PLC 安装的环境条件 ·· 182
　二、抗干扰措施 ··· 182
　习题与思考题 ·· 185

第八章　S7-300 和 S7-400 可编程序控制器的系统配置及编程 ··· 186
第一节　S7-300 和 S7-400 的系统配置 ·································· 186
　一、S7-300 的结构及功能特点 ·· 186
　二、S7-300 系统的基本组成 ··· 186
　三、S7-300 的系统配置 ·· 188
　四、S7-300 的数字量模块 ··· 188
　五、S7-300 的模拟量模块 ··· 189
　六、S7-300 的电源模块 ·· 190
　七、S7-300 的 I/O 编址 ··· 190
　八、S7-400 系统简介 ··· 191
第二节　S7-300 和 S7-400 的指令系统 ·································· 192
　一、基本概念 ·· 192
　二、基本指令 ·· 194
第三节　S7-300 和 S7-400 应用系统的编程 ··························· 199

一、SETP7 软件包 ……………………………………………………………… 199
　二、应用系统的程序结构 ………………………………………………………… 200
　三、组织块功能 …………………………………………………………………… 201
　四、循环程序的处理过程 ………………………………………………………… 202
　五、编程的基本方法及步骤 ……………………………………………………… 203

第九章　可编程序控制器的通信及网络 ……………………………………… 207
第一节　通信及网络的基本知识 …………………………………………… 207
　一、数据通信 ……………………………………………………………………… 207
　二、网络 …………………………………………………………………………… 212
第二节　S7 系列 PLC 的网络类型及配置 ………………………………… 216
　一、字符数据格式 ………………………………………………………………… 216
　二、通信协议 ……………………………………………………………………… 217
　三、通信设备 ……………………………………………………………………… 218
　四、S7 系列 PLC 产品组建的几种典型网络 …………………………………… 221
　五、通信参数的设置 ……………………………………………………………… 223
　六、S7-200 的参数设置 …………………………………………………………… 225
第三节　S7-200 网络及应用 ………………………………………………… 226
　一、网络指令及应用 ……………………………………………………………… 226
　二、自由口指令及应用 …………………………………………………………… 229

附录 ……………………………………………………………………………… 239
　附录 A　常用电器的图形符号及文字符号 ……………………………………… 239
　附录 B　特殊存储器（SM）标志位 ……………………………………………… 240
　附录 C　错误代码 ………………………………………………………………… 243
　附录 D　S7-200 可编程序控制器指令集 ………………………………………… 245
　附录 E　实验指导书 ……………………………………………………………… 247
　附录 F　课程设计指导书 ………………………………………………………… 261
　附录 G　课程设计任务书 ………………………………………………………… 263

参考文献 ………………………………………………………………………… 268

第一章 电气控制基础

第一节 常用低压电器

一、电器的基本知识

(一) 电器的定义及分类

电器是一种能根据外界的信号（机械力、电动力和其他物理量），自动或手动接通和断开电路，从而断续或连续地改变电路参数或状态，实现对电路或非电对象的切换、控制、保护、检测和调节用的电气元件或设备。

电器的用途广泛，功能多样，种类繁多，构造各异。其分类有按工作电压分和按用途分等几种方法。本节主要介绍在电力拖动系统和自动控制系统中发挥重要作用的一些常用低压电器，如接触器、继电器、行程开关、熔断器等。介绍它们的工作原理、选用原则等内容，以便为学习和设计可编程序控制器控制系统打下基础。

(二) 电磁式电器

电磁式电器在电气控制系统中使用量最大，其类型也很多。各类电磁式电器在工作原理和构造上基本相同，就其结构而言，主要由两个主要部分组成，即检测部分——电磁机构和执行部分——触点⊖系统，其次还有灭弧系统和其他缓冲机构等。

1. 电磁机构吸力特性与反力特性的配合

电磁式电器的基本工作原理如图 1-1 所示。其电磁机构由线圈、铁心（亦称静铁心或磁轭）和衔铁（亦称动铁心）三部分组成。电磁式电器的工作原理是：当吸引线圈通电后，电磁系统即把电能转变为机械能，所产生的电磁吸力克服释放弹簧与触点弹簧的反力使铁心吸合，并带动触点支架使动、静触点接触闭合。当吸引线圈断电或电压显著下降时，由于电磁吸力消失或过小，衔铁在弹簧反力作用下返回原位，同时带动动触点脱离静触点，将电路切断。

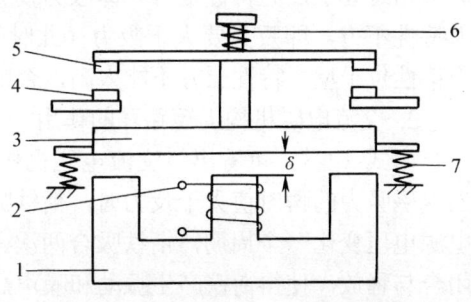

图 1-1 电磁式电器工作原理示意图

1—铁心 2—线圈 3—衔铁 4—静触点
5—动触点 6—触点弹簧 7—释放弹簧 δ—气隙

可见，作用在衔铁上的力有两个：电磁吸力与反力。电磁吸力由电磁机构产生，反力则由释放弹簧和触点弹簧所产生。

电磁吸力可由下式表示：

$$F = \frac{10^7}{8\pi} B^2 S \qquad (1-1)$$

式中 F——电磁吸力 [N（牛顿）]；

⊖ 低压电器中均用触头，但为全书统一起见，均用触点。

B——气隙磁感应强度 [T（特斯拉）];

S——磁极截面积 [m^2（平方米）]。

当线圈中通以交流电时，由于外加正弦交流电压，其气隙磁感应强度亦按正弦规律变化，即

$$B = B_m \sin \omega t \tag{1-2}$$

代入式（1-1）可得

$$f = \frac{10^7}{8\pi} S B_m^2 \sin^2 \omega t = \frac{10^7}{8\pi} S B_m^2 \frac{1-\cos 2\omega t}{2} \tag{1-3}$$

由式（1-3）可见，电磁吸力最大值为

$$F_{max} = \frac{10^7}{8\pi} S B_m^2 \tag{1-4}$$

电磁吸力的最小值为

$$F_{min} = 0 \tag{1-5}$$

所谓吸力特性是指电磁吸力 F 随衔铁与铁心间气隙 δ 变化的关系曲线。不同的电磁机构，有不同的吸力特性。对于直流电磁机构，其励磁电流的大小与气隙无关，衔铁动作过程中为恒磁动势工作，电磁吸力随气隙的减小而增加，所以吸力特性曲线比较陡峭，如图1-2的曲线1所示。而交流电磁结构的励磁电流与气隙成正比，在动作过程中为恒磁通工作，但考虑到漏磁通的影响，其吸力平均值随气隙的减小略有增加，所以吸力特性比较平坦，如图1-2的曲线2所示。

所谓反力特性是指反作用力 F_r 与气隙 δ 的关系曲线，如图1-2的曲线3所示。为了使电磁机构能正常工作，其吸力特性与反力特性配合必须得当。在衔铁吸合过程中，其吸力特性必须始终处于反力特性上方，即吸力要大于反力；反之，衔铁释放时，吸力特性必须位于反力特性下方，即反力要大于吸力（此时的吸力是由剩磁产生的）。在吸合过程中还须注意吸力特性位于反力特性上方不能太高，否则会影响到电磁机构寿命。

2. 交流电磁机构上短路环的作用

由式（1-3）可看出，交流电磁机构的电磁吸力是一个两倍于电源频率的周期性变量。当电磁吸力的瞬时值大于反力时，衔铁吸合；当电磁吸力的瞬时值小于反力时，衔铁释放。电源电压变化一个周期，衔铁吸合两次、释放两次，随着电源电压的变化，衔铁周而复始地闭合与释放，使得衔铁产生振动和噪声，为此须采取有效措施，消除振动与噪声。

具体解决办法是在铁心端面开一个小槽，在槽内嵌入铜质短路环（分磁环），如图1-3所

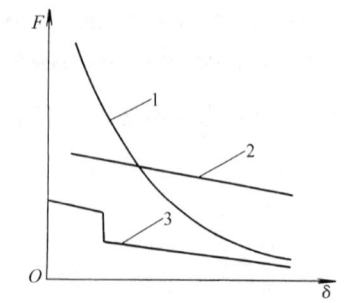

图1-2 吸力特性与反力特性的配合

1—直流电磁铁吸力特性 2—交流电磁铁吸力特性
3—反力特性

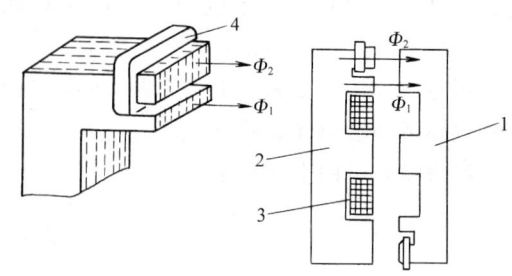

图1-3 交流电磁铁的短路环

1—衔铁 2—铁心 3—线圈 4—短路环

示。加上短路环后，铁心中的磁通被分成两部分，即不穿过短路环的主磁通 Φ_1 和穿过短路环的磁通 Φ_2，Φ_1 和 Φ_2 大小接近，而相位差约 90°电角度，因而两相磁通不会同时过零。由于电磁吸力与磁通的二次方成正比，所以由两相磁通产生的合成电磁吸力始终大于反力，使衔铁与铁心牢牢吸合，这样就消除了振动和噪声。

一般短路环包围 2/3 的铁心端面，通常用黄铜、康铜或镍铬合金等材料制成。它是一个无断点的铜环，且没有焊缝。

3. 触点系统

触点是电器的执行机构，它在衔铁的带动下起接通和分断电路的作用。因此，要求触点导电、导热性能良好。触点通常用铜或银质材料制成。触点主要有两种结构形式：桥式触点和指形触点。触点的接触形式有三种，即点接触、线接触和面接触。点接触的桥式触点主要适用于电流不大且压力小的场合；桥式触点多为面接触，适用于大容量、大电流的场合（如交流接触器）；指形触点的接触方式为线接触，接触区为一直线，触点接通或分断时产生滚动摩擦，既可消除触点表面的氧化膜，又可缓冲触点闭合时的撞击，改善触点的电气性能。指形触点适用于接电次数多，电流大的场合。

电器的触点又有常开（动合）触点和常闭（动断）触点之分。在无外力作用而处于静止状态时，触点间是断开状态的，称为常开触点，反之称为常闭触点。

4. 灭弧系统

在通电状态下，动、静触点脱离接触时，如果被分断电路的电流超过某一数值（根据触点材料的不同，其值在 0.25～1A 之间），或分断后加在触点间隙（或称弧隙）两端电压超过某一数值（根据触点材料的不同，其值在 12～20V 之间）时，则触点间隙中就会产生电弧。电弧实际上是触点间气体在强电场下产生的放电现象，产生高温并发出强光和火花。电弧的存在，既烧损触点金属表面，降低电器的寿命，又延长了电路的分断时间，严重时会引起火灾或其他事故，因此应采取措施迅速熄灭电弧。

常用的灭弧方法有电动力灭弧、磁吹灭弧、栅片灭弧、灭弧罩几种。

二、接触器

接触器是一种用于频繁地接通或断开交直流主电路及大容量控制电路的自动切换电器。在功能上，接触器除能自动切换外，还具有刀开关类手动开关所不能实现的远距离操作功能和失电压（或欠电压）保护功能；它不同于低压断路器，虽有一定过载能力，但却不能切断短路电流，也不具备过载保护的功能。接触器生产方便、价格低廉。在可编程序控制器控制系统中，接触器常作为输出执行元件，用于控制电动机、电热设备、电焊机、电容器组等负载。

（一）接触器的组成及工作原理

目前使用的接触器是电磁式电器的一种，其结构与电磁式电器相同，一般也由电磁机构、触点系统、灭弧系统、复位弹簧机构或缓冲装置、支架与底座等几部分组成。电磁机构是接触器的感测元件，由线圈、铁心、衔铁和复位弹簧几部分组成。

接触器的工作原理是：当吸引线圈通电后，线圈电流在铁心中产生磁通，该磁通对衔铁产生克服复位弹簧反力的电磁吸力，使衔铁带动触点动作。触点动作时，常闭触点先断开，常开触点后闭合。当线圈中的电压值降低到某一数值时（无论是正常控制还是欠电压、失电压故障，一般降至 85%线圈额定电压），铁心中的磁通下降，电磁吸力减小，当减小到不足以克服复位弹簧的反力时，衔铁在复位弹簧的反力作用下复位，使主、辅触点的常开触点断开，常闭触点恢复闭合。这也是接触器的失压保护功能。

接触器的触点有主触点和辅助触点之分。主触点用于通断主电路，通常为三对（三极）常开的触点。辅助触点常用于控制电路，起电气联锁作用，一般常开、常闭各两对。主、辅触点一般采用双断点桥式结构，电路的通断由主、辅触点共同完成。

接触器按流过主触点电流性质的不同，可分为交流接触器和直流接触器；而按电磁结构的操作电源不同，可分为交流励磁操作和直流励磁操作的接触器两种。通常所说的交流/直流接触器是指前一种分类方法，两者不能混淆。

（二）接触器的主要技术参数

（1）额定电压　接触器铭牌上的额定电压是指主触点能承受的额定电压。通常用的电压等级：直流接触器有 110V、220V 和 440V；交流接触器有 110V、220V、380V、500V 等档次。

（2）额定电流　接触器铭牌上的额定电流是指主触点的额定电流，即允许长期通过的最大电流。有 5A、10A、20A、40A、60A、100A、150A、250A、400A 和 600A 几个等级。

（3）吸引线圈的额定电压　交流有 36V、110V、220V 和 380V；直流有 24V、48V、220V、440V。

（4）电寿命和机械寿命　以万次表示。

（5）额定操作频率　以（次/h）表示，即允许每小时接通的最多次数。

（三）接触器的选择与使用

1. 接触器的类型选择

根据接触器所控制负载的轻重和负载电流的类型，来选择直流接触器或交流接触器。

2. 额定电压的选择

接触器的额定电压应大于或等于负载回路的电压。

3. 额定电流的选择

接触器的额定电流应大于或等于被控回路的额定电流。对于电动机负载可按下列经验公式计算：

$$I_C = \frac{P_N \times 10^3}{KU_N} \tag{1-6}$$

式中　I_C——流过接触器主触点的电流（A）；

P_N——电动机的额定功率（kW）；

U_N——电动机的额定电压（V）；

K——经验系数，一般取 1～1.4。

选择接触器的额定电流应大于等于 I_C。接触器如使用在电动机频繁起动、制动或正反转的场合，一般将接触器的额定电流降一个等级来使用。

4. 吸引线圈的额定电压选择

吸引线圈的额定电压应与所接控制电路的电压相一致。对简单控制电路可直接选用交流380V、220V 电压，对电路复杂、使用电器较多者，应选用 110V 或更低的控制电压。

5. 接触器的触点数量、种类选择

接触器的触点数量和种类应根据主电路和控制电路的要求选择。如辅助触点的数量不能满足要求时，可通过增加中间继电器的方法解决。

接触器安装前应检查线圈额定电压等技术数据是否与实际相符，并要将铁心极面上的防锈油脂或粘结在极面上的锈垢用汽油擦净,以免多次使用后被油垢粘住,造成接触器断电时不能释放。然后再检查各活动部分(应无卡阻、歪曲现象)和各触点是否接触良好。另外,接触器一般应垂直安装,其倾斜角不得超过 5°。注意不要把螺钉等其他零件掉落到接触器内。

三、继电器

继电器是一种根据某种输入信号的变化来接通或断开控制电路,实现自动控制和保护的电器。其输入量可以是电压、电流等电气量,也可以是温度、时间、速度、压力等非电气量。

继电器种类很多,常用的有电压继电器、电流继电器、功率继电器、时间继电器、速度继电器、温度继电器等。本节仅介绍用于电力拖动和自动控制系统的继电器。

无论继电器的输入量是电气量或非电气量,其工作方式都是当输入量变化到某一定值时,继电器触点动作,接通或断开控制电路。从这一点来看,继电器与接触器是相同的,但它与接触器又有区别:首先,继电器主要用于小电流电路,触点容量较小(一般在5A以下),且无灭弧装置,而接触器用于控制电动机等大功率、大电流电路及主电路;其次,继电器的输入信号可以是各种物理量,如电压、电流、时间、速度、压力等,而接触器的输入量只有电压。

尽管继电器的种类繁多,但它们都有一个共性,即继电特性,其特性曲线如图1-4所示。

当继电器输入量 x 由零增加至 x_1 以前,继电器输出量为零。当输入量增加到 x_2 时,继电器吸合,通过其触点的输出量突变为 y_1,若 x 再增加,y 值不变。当 x 减小到 x_1 时,继电器释放,输出由 y_1 突降到零,x 再减小,y 值仍为零。

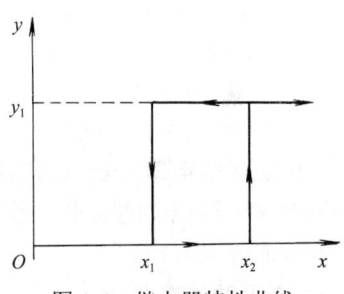

图1-4 继电器特性曲线

在图 1-4 中,x_2 称为继电器的吸合值,欲使继电器动作,输入量必须大于此值;x_1 称为继电器的释放值,欲使继电器释放,输入量必须小于此值;$K=x_1/x_2$ 称为继电器的返回系数,它是继电器的重要参数之一。不同场合要求不同的 K 值,K 值可根据不同的使用场合进行调节,调节方法随着继电器结构不同而有所差异。下面介绍常用的几种继电器。

(一)电磁式继电器

电磁式继电器是应用得最早、最多的一种继电器,其结构和工作原理与接触器大体相同,也由铁心、衔铁、线圈、复位弹簧和触点等部分组成。其典型结构如图1-5所示。

电磁式继电器按输入信号的性质可分为电磁式电流继电器、电磁式电压继电器和电磁式中间继电器。

1. 电磁式电流继电器

电磁式电流继电器的线圈与被测电路串联,以反应电路中电流的变化而动作。为降低负载效应和对被测量电路参数的影响,其线圈匝数少,导线粗,阻抗小。电流继电器常用于按电流原则控制的场合。如电动机的过载及短路保护、直流电动机的磁场控制及失磁保护。电流继电器有欠电流继电器和过电流继电器

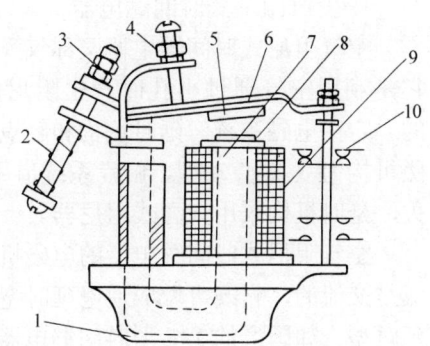

图1-5 电磁式继电器典型结构
1—底座 2—反力弹簧 3、4—调节螺钉
5—非磁性垫片 6—衔铁 7—铁心
8—极靴 9—吸引线圈 10—触点系统

两种。

2. 电磁式电压继电器

电压继电器的结构与电流继电器相似，不同的是其线圈与被测电路并联，需要电抗大，所以线圈的匝数多而导线细。

电压继电器根据所接电路电压值的变化，处于吸合或释放状态。根据动作电压的不同，电压继电器有过电压、欠电压和零电压继电器三种。过电压继电器在电路电压正常时释放，而在发生过电压故障（$1.1\sim1.5U_e$）时吸合；欠电压、零电压继电器在电路电压正常时吸合，而发生欠电压（$0.4\sim0.7U_e$）、零电压（$0.05\sim0.25U_e$ 以下）时释放。

3. 电磁式中间继电器

中间继电器的吸引线圈属于电压线圈，但它的触点数量较多（一般有 4 副常开、4 副常闭共 8 对），触点容量较大（额定电流为 $5\sim10A$），且动作灵敏。其主要用途是：当其他继电器的触点数量或触点容量不够时，可借助中间继电器来扩大触点数目或触点容量，起到中间转换的作用。

电磁式继电器在运行前，须将它的吸合值和释放值调整到控制系统所要求的范围内。一般可通过调整复位弹簧的松紧程度和改变非磁性垫片的厚度来实现。在可编程序控制器控制系统中，电压继电器、中间继电器常作为输出执行元件。

4. 电磁式继电器的选用

电磁式继电器主要包括电流继电器、电压继电器和中间继电器。选用时主要根据保护或控制对象对继电器的要求，考虑触点的数量、种类、返回系数以及控制电路的电压、电流、负载性质等来选择。

（二）时间继电器

在敏感元件获得信号后，执行元件要延迟一段时间才动作的继电器叫做时间继电器。这里指的延时区别于一般电磁式继电器从线圈得电到触点闭合的固有动作时间。时间继电器常用于按时间原则进行控制的场合。其种类很多，按工作原理划分，时间继电器可分为电磁式、空气阻尼式、晶体管式和数字式等。下面对继电-接触器控制系统中常用的空气阻尼式和晶体管式时间继电器加以介绍。

1. 空气阻尼式时间继电器

空气阻尼式时间继电器又称气囊式时间继电器，它是利用空气通过小孔时产生阻尼的原理获得延时的。它由电磁系统、延时机构和触点三部分构成。电磁机构为双 E 直动型，触点系统借用 LX5 型微动开关，延时机构采用气囊式阻尼器。

空气阻尼式时间继电器的电磁机构可以是直流的或是交流的，它既可做成通电延时型，也可做成断电延时型。如国产的 JS7 型时间继电器只要改变电磁机构的安装方向，便可实现不同的延时方式，当衔铁位于铁心和延时机构之间时为通电延时型，如图 1-6 所示；当铁心位于衔铁和延时机构之间时为断电延时型。下面以通电延时型为例介绍其工作原理。

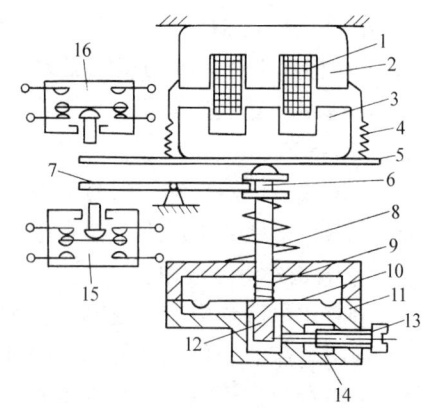

图 1-6 时间继电器工作原理示意图

在图 1-6 中，当线圈 1 通电后，衔铁 3 被铁心 2 吸合而向上运动，活塞杆 6 在塔形弹簧

8 的作用下，带动活塞 12 及橡皮膜 10 向上移动。由于橡皮膜 10 下方的空气较稀薄形成负压，活塞杆 6 只能缓慢上移，其移动速度决定了延时的长短。移动速度由进气孔 14 的大小来定，可通过调节螺杆 13 来调整。进气孔大，移动速度快，延时短；进气孔小，移动速度慢，延时较长。在活塞杆 6 向上移动过程中，杠杆 7 随之作反时针旋转。当活塞杆 6 移到与已吸合的衔铁接触时停止移动，同时，杠杆 7 压动微动开关 15，使其常闭触点打开、常开触点闭合，起到通电延时的作用（即线圈通电后触点延时动作）。延时时间为线圈通电到微动开关触点动作之间的时间间隔。

而当线圈 1 断电后，电磁吸力消失，衔铁 3 在反力弹簧 4 的作用下释放，并通过活塞杆 6 带动活塞 12 和橡皮膜 10 向下移动，并压缩弹簧 8，这时橡皮膜 10 下方气室内的空气通过橡皮膜 10、弱弹簧 9 和活塞 12 的肩部所形成的单向阀，迅速从橡皮膜 10 上方的气室缝隙中排出，使得杠杆 7 和微动开关 15 能迅速复位。

线圈 1 通电和断电时，微动开关 16 在推板 5 的作用下都能瞬时动作，它是时间继电器的瞬动触点。

空气阻尼式时间继电器的特点是：延时范围可达 0.4～180s，结构简单，电磁干扰小，寿命长、价格低。但其延时误差大（±10%～±20%），无调节刻度指示，难以精确整定延时值。在对延时精度要求较高的场合，不宜使用。

空气阻尼式时间继电器的主要技术数据有线圈额定电压、触点数目及延时范围等，可根据需要选用。

2. 晶体管式和数字式时间继电器

晶体管式时间继电器又称半导体式时间继电器，它是利用 RC 电路的电容器充电时，电容电压不能突变，只能按指数规律逐渐变化的原理来获得延时的。因此，只要改变 RC 充电回路的时间常数（改变电阻值），即可改变延时时间。继电器的输出形式分有触点式和无触点式，有触点式是用晶体管驱动小型电磁式继电器，而无触点式是采用晶体管或晶闸管输出。

晶体管式时间继电器延时范围广、精度较高、体积小、耐冲击和耐振动、调节方便、寿命长，因此应用很广泛，但晶体管式时间继电器的延时易受电源电压波动的影响，抗干扰性差。

除了上述空气阻尼式、晶体管式时间继电器外，目前应用广泛的还有数字式时间继电器。它们采用 MOS 大规模集成电路，工作可靠、功能强、精度高，并采用拨码开关整定延时时间，直观性、重复性好，延时范围宽，有些产品还带有延时时间显示功能，特别适合于需要多功能、延时范围广、需反复整定延时时间的场合。如搅拌机上用的数显时间继电器。

3. 时间继电器的选用

选用时间继电器时，首先应考虑满足控制系统所提出的工艺要求和控制要求，并根据对延时方式的要求选用通电延时型或断电延时型。对于延时要求不高和延时时间较短的，可选用价格相对较低的空气阻尼式；当要求延时精度较高、延时时间较长时，可选用晶体管式或数字式；在电源电压波动大的场合，采用空气阻尼式比用晶体管式的好，而在温度变化较大处，则不宜采用空气阻尼式时间继电器。总之，选用时除了考虑延时范围、准确度等条件外，还要考虑控制系统对可靠性、经济性、工艺安装尺寸等要求。

（三）热继电器

热继电器是利用电流流过热元件时产生的热量，使双金属片发生弯曲而推动执行机构动作的一种保护电器。主要用于交流电动机的过载保护、断相及电流不平衡运行的保护及其他电气设备发热状态的控制。热继电器还常和交流接触器配合组成电磁起动器。

1. 热继电器的结构和工作原理

热继电器主要由热元件、双金属片、触点、复位弹簧和电流调节装置等部分组成。图 1-7 为热继电器的工作原理示意图。双金属片是热继电器的感测元件，它由两种不同线膨胀系数的金属用机械碾压而成。线膨胀系数大的称为主动层，常用线膨胀系数高的铜或铜镍铬合金制成；膨胀系数小的称为被动层，常用线膨胀系数低的铁镍合金制成。在加热之前，两双金属片长度基本一致，热元件串接在电动机定子绕组电路中，电动机定子绕组电流即为热元件上流过的电流。当电动机正常运行时，热元件产生的热量虽能使双金属片弯曲，但还不足以使热继电器动作；当电动机过载时，流过热元件的电流增大，热元件产生的热量增加，使被其缠绕的双金属片受热膨胀，弯曲程度加大，最终使双金属片推动扣板使热继电器的触点动作，切断电动机的控制电路，使主电路停止工作。通过调节压动螺钉就可整定热继电器的动作电流值。

热继电器根据拥有热元件的多少，可分为单相结构、两相结构、三相结构三种类型。根据复位方式，热继电器可分为自动复位和手动复位两种。两相结构的热继电器使用时将两只热元件分别串接在任两相电路中；三相结构热继电器使用时将三只热元件分别串接在三相电路中。三相结构中有三相带断相保护和不带断相保护两种。

热继电器的动作时间与通过电流之间的关系特性呈现反时限特性，如图 1-8 中曲线 2 所示，合理调整它与电动机在保证绕组正常使用寿命的条件下所具有的反时限容许过载特性曲线（图 1-8 中的曲线 1）之间的关系，就能保证电动机在发挥最大效率的同时安全工作。

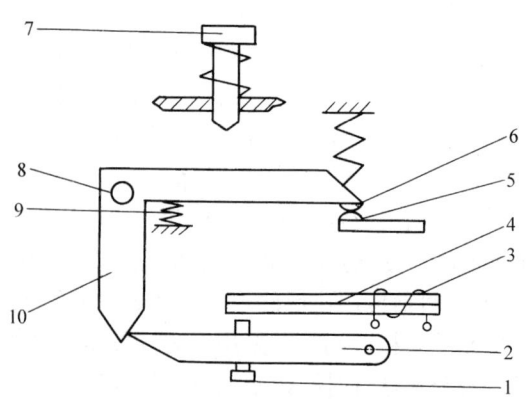

图 1-7 热继电器工作原理示意图

1—压动螺钉 2—扣板 3—加热元件 4—双金属片
5—静触点 6—动触点 7—复位按键 8—支点
9—弹簧 10—扣钩

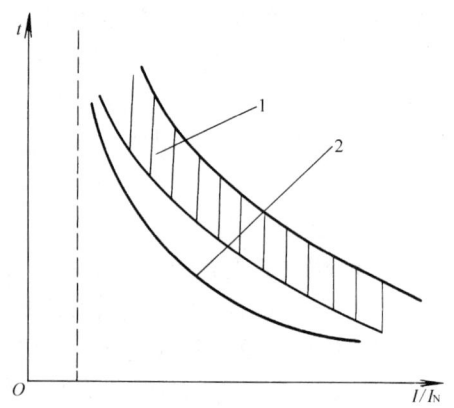

图 1-8 热继电器保护特性与电动机
过载特性的配合

1—电动机的过载特性曲线
2—热继电器的保护特性曲线

2. 热继电器的选用

热继电器只能用作电动机的过载保护，而不能作为短路保护使用。热继电器的主要技术数据有热继电器的额定电流、热元件的极数及额定电流等。表 1-1 列出了 JR16B 系列热继电器的主要技术参数，供参考。

热继电器的选择主要根据下面两点：

（1）在长期工作制下，按电动机的额定电流来确定热继电器的型号及热元件的额定电流等级。热元件的额定电流 I_{RT} 应接近或略大于电动机的额定电流 I_N，即

$$I_{RT} = (0.95 \sim 1.05)I_N \quad (1-7)$$

使用时，热继电器的整定旋钮应调整到电动机的额定电流处，否则将起不到保护作用。

表 1-1　JR16B 系列热继电器的主要技术数据

型号	额定电流/A	热元件等级	
		热元件额定电流/A	热元件额定电流调节范围/A
JR16B-20/3 JR16B-20/3D	20	0.35	0.25～0.35
		0.50	0.32～0.50
		0.72	0.45～0.72
		1.1	0.68～1.1
		1.6	1.0～1.6
		2.4	1.5～2.4
		3.5	2.2～3.5
		5.0	3.2～5.0
		7.2	4.5～7.2
		11.0	6.8～11.0
		16.0	10.0～16.0
		22.0	14.0～22.0
JR16B-60/3 JR16B-60/3D	60	22.0	14.0～22.0
		32.0	20.0～32.0
		45.0	28.0～45.0
		63.0	40.0～63.0
JR16B-150/3 JR16B-150/3D	150	63.0	40.0～63.0
		85.0	53.0～85.0
		120.0	75.0～120.0
		160.0	100.0～160.0

（2）对于三角形联结的电动机，应选用带断相保护的三相式热继电器。热继电器的额定电流应大于或至少等于被保护电动机的额定电流。若电动机的起动时间较长（超过 5s），热元件的额定电流可调节到电动机额定电流的 1.1～1.5 倍。

（四）速度继电器

速度继电器是利用速度原则对电动机进行控制的自动电器，常用作笼型异步电动机的反接制动控制，因此亦称之为反接制动继电器。

JY1 型速度继电器原理结构图如图 1-9 所示。它主要由转子、定子和触点三部分组成。转子是一个圆柱形永久磁铁，其轴与被控制电动机的轴相连接。定子是一个笼型空心圆环，由硅钢片叠成，并装有笼形绕组。定子空套在转子上，能独自偏摆。当电动机转动时，速度继电器的转子随之转动，这样就在速度继电器的转子和定子圆环之间的气隙中产生旋转磁场而感应电动势并产生电流，此电流

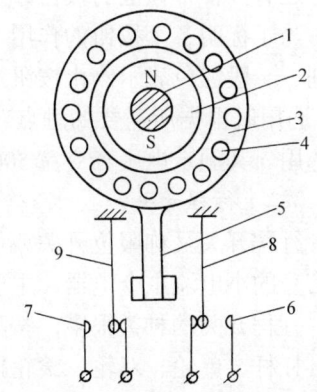

图 1-9　速度继电器原理示意图
1—转轴　2—转子　3—定子　4—绕组
5—摆锤　6、7—静触点　8、9—簧片

与旋转的转子磁场作用产生转矩，使定子偏转，其偏转角度与电动机的转速成正比。当偏转到一定角度时，与定子连接的摆锤推动动触点，使常闭触点分断，当电动机转速进一步升高后，摆锤继续偏摆，使动触点与静触点的常开触点闭合。当电动机转速下降时，摆锤偏转角度随之下降，动触点在簧片作用下复位（常开触点打开、常闭触点闭合）。

一般速度继电器的动作速度为120r/min，触点的复位速度在100r/min以下，转速在3000～3600r/min以下能可靠地工作，允许操作频率每小时不超过30次。

速度继电器主要根据电动机的额定转速来选择。使用时，速度继电器的转轴应与电动机同轴连接，安装接线时，正反向的触点不能接错，否则不能起到反接制动时接通和分断反向电源的作用。

四、主令电器

主令电器是在自动控制系统中发出指令或信号的电器，用来控制接触器、继电器或其他电器线圈，使电路接通或分断，从而达到控制生产机械的目的。

主令电器应用广泛、种类繁多。按其作用可分为：按钮、行程开关、接近开关、万能转换开关、主令控制器及其他主令电器（如脚踏开关、钮子开关、紧急开关）等。

（一）按钮

按钮是一种结构简单、应用广泛的主令电器。在低压控制电路中，用于手动发出控制信号，短时接通和断开小电流的控制电路。按钮也常作为可编程序控制器的输入信号元件。

控制按钮的结构示意图如图1-10所示。一般由按钮帽、复位弹簧、桥式动静触点和外壳等组成。按钮常为复合式，即同时具有常开、常闭触点。按下按钮帽时常闭触点先断开，然后常开触点闭合（即先断后合）。去掉外力后，在复位弹簧的作用下，常开触点断开，常闭触点复位。

按钮的结构形式可分为按钮式、紧急式、旋钮式及钥匙式等。还有带指示灯和不带指示灯的，带指示灯的按钮帽用透明塑料制成，兼作指示灯罩。

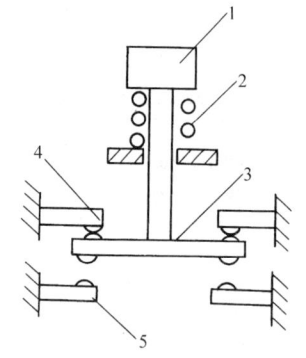

图1-10 按钮结构示意图
1—按钮帽 2—复位弹簧 3—动触点
4—常闭静触点 5—常开静触点

还有一种带锁键的按钮，当按下后不自动复位，需再按一次后才复位。

为了标明各个按钮的作用，避免误操作，通常将按钮做成红、绿、黑、白等颜色，以示区别。一般红色表示停止按钮，绿色表示起动按钮。红色蘑菇头的表示急停按钮。

选用时根据所需要的触点对数、动作要求、是否需要带指示灯、使用场合以及颜色等要求选用。其额定电压有交流500V、直流400V，额定电流为5A。

（二）行程开关

行程开关又称限位开关或位置开关，是一种利用生产机械某些运动部件的撞击来发出控制信号的小电流主令电器，主要用于生产机械的运动方向、行程大小控制或位置保护等。

行程开关的种类很多，按动作方式分为瞬动型和蠕动型；按头部结构分为直动、滚轮直动、杠杆、单轮、双轮、滚轮摆杆可调、弹簧杆等。

（三）接近开关和光电开关

接近开关是一种非接触式的、无触点行程开关，当运动着的物体接近它到一定距离内时，它就能发出信号，从而进行相应的操作。接近开关不仅能代替有触点行程开关来完成行程控制和限位保护，还可用于高频计数、测速、液面检测、检测零件尺寸、加工程序的自动衔接等。由于它具有无机械磨损、工作稳定可靠、寿命长、重复定位精度高以及能适应恶劣的工作环境等特点,所以在工业生产方面已逐渐得到推广应用。

接近开关按其工作原理分:有高频振荡型、电容型、感应电桥型、永久磁铁型、霍尔效应型等,其中高频振荡型最为常用。

接近开关的主要技术参数有:动作距离、重复精度、操作频率、复位行程等。

光电开关是另一种类型的非接触式检测装置,它有一对光的发射和接收装置。根据两者的位置和光的接收方式分为对射式和反射式,作用距离从几厘米到几十米不等。

选用时,要根据使用场合和控制对象确定检测元件的种类。例如,当被测对象运动速度不是太快时,可选用一般用途的行程开关;而在工作频率很高对可靠性及精度要求也很高时,应选用接近开关;不能接近被测物体时,应选用光电开关。

五、熔断器

熔断器是一种结构简单、使用方便、价格低廉的保护电器。常作为电路或用电设备的严重过载和短路的保护,主要用作短路保护。

(一)熔断器的结构和工作原理

熔断器主要由熔体(俗称保险丝)和安装熔体的熔管(或熔座)两部分组成。熔体由熔点较低的材料如铅、锡、锌或铅锡合金等制成,通常制成丝状或片状。熔管是装熔体的外壳,由陶瓷、绝缘钢纸或玻璃纤维制成,在熔体熔断时兼有灭弧作用。

熔断器的熔体串联在被保护电路中。当电路正常工作时,熔体允许通过一定大小的电流而长期不熔断;当电路严重过载时,熔体能在较短时间内熔断;而当电路发生短路故障时,熔体能在瞬间熔断。熔断器的特性可用通过熔体的电流和熔断时间的关系曲线来描述,如图 1-11 所示。它是一反时限特性曲线。因为电流通过熔体时产生的热量与电流的二次方和电流通过的时间成正比,因此电流越大,熔体熔断时间越短。这一特性又称为熔断器的安-秒特性。表 1-2 中列出了某熔体安-秒特性数值关系。

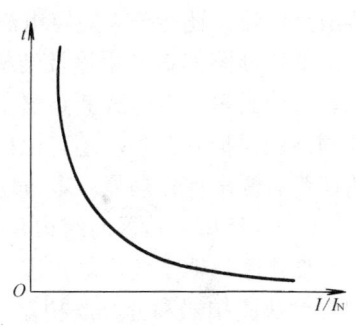

图 1-11 熔断器的安-秒特性

表 1-2 熔断器安-秒特性数值关系

熔断电流	$(1.25\sim1.3)I_N$	$1.6I_N$	$2I_N$	$2.5I_N$	$3I_N$	$4I_N$
熔断时间	∞	1h	40s	8s	4.5s	2.5s

注:I_N 为熔断器额定电流。

(二)熔断器的选择及使用

1. 熔断器的类型选择

应根据使用场合、线路要求来选择熔断器的类型。电网配电一般用封闭管式;有振动的场合,如对电动机保护的主电路一般用螺旋式;静止场合如控制电路及照明电路一般用玻璃管式;保护晶闸管则应选择快速熔断器。

2. 熔断器规格选择及使用

熔断器额定电压应大于等于线路的工作电压。

熔断器额定电流必须大于等于所装熔体的额定电流。

熔体额定电流的选择是选择熔断器的核心,可分下列几种情况选择:

1）对于变压器、电炉和照明等负载，熔体额定电流应略大于或等于负载电流。

2）对于输配电线路，熔体额定电流应略小于或等于线路的安全电流。

3）保护一台电动机时，考虑到起动电流的影响，可按下式选择：

$$I_{fu} \geq (1.5 \sim 2.5) I_N \tag{1-8}$$

式中　I_N——电动机额定电流（A）。对于频繁起动的电动机，式中的系数可选 2.5～3.5。

4）保护多台电动机时，可按下式选择：

$$I_{fu} \geq (1.5 \sim 2.5) I_{N.max} + \Sigma I_N \tag{1-9}$$

式中　$I_{N.max}$——容量最大的一台电动机额定电流；

　　　ΣI_N——其余电动机额定电流的总和。

熔断器一般做成标准熔体。更换熔片或熔丝时应切断电源，并换上相同额定电流的熔体，不得随意加大、加粗熔体或用粗铜线代替。

六、低压断路器

低压断路器曾称自动空气开关或自动开关。它相当于刀开关、熔断器、热继电器、过电流继电器和欠电压继电器的组合，是一种既有手动开关作用又能自动进行欠电压、失电压、过载和短路保护的电器。它是低压配电网络中非常重要的保护电器，且在正常条件下，也可用于不频繁地接通和分断电路及不频繁地起动电动机。低压断路器与接触器不同的是：接触器允许频繁接通或分断电路，但不能分断短路电流；而低压断路器不仅可分断额定电流、一般故障电流，还能分断短路电流，但单位时间内允许的操作次数较低。

低压断路器按其用途及结构特点可分为万能式（曾称框架式）、塑料外壳式、直流快速式和限流式等。万能式断路器主要用作配电网络的保护开关，而塑料外壳式断路器除用作配电网络的保护开关外，还可用作电动机、照明电路及电热电路等的控制开关。有的低压断路器还带有漏电保护功能。本节仅介绍用于电力拖动控制系统的塑料外壳式断路器。

（一）低压断路器的结构和工作原理

低压断路器主要由触点和灭弧系统、各种脱扣器（包括过电流脱扣器、失（欠）电压脱扣器、热脱扣器和分励脱扣器）、操作机构和自由脱扣机构几部分组成。它的工作原理示意图如图 1-12 所示。断路器的主触点依靠操作机构手动或电动合闸，主触点闭合后，自由脱扣机构将主触点锁在合闸位置上。过电流脱扣器的线圈及热脱扣器的热元件串接于主电路中，失电压脱扣器的线圈并联在电路中。当电路发生短路或严重过载时，过电流脱扣器 3 的衔铁被吸合，使自由脱扣机构 2 动作；当电路过载时，热脱扣器 5 的热元件产生很大的热量使双金属片向上弯曲，推动自由脱扣机构动作；当线路发生欠电压或失电压故障时，失电压脱扣器 6 的电压线圈中的磁通下降，使电磁吸力下降或消失，失电压脱扣器的衔铁在弹簧作用下释放，也使自由脱扣机构动作。自由脱扣机构动作时自动脱扣，使断路器自动跳闸，主触点断开而分断电路。安装分励脱扣器 4 后，可通过按钮 7 来

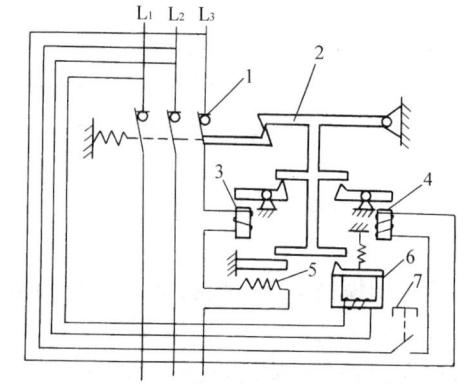

图 1-12　低压断路器结构示意图

1—主触点　2—自由脱扣机构　3—过电流脱扣器
4—分励脱扣器　5—热脱扣器　6—失电压脱扣器　7—按钮

远距离分断电路。

低压断路器的热脱扣器与过电流脱扣器组合成复式脱扣器，使得断路器具有如图 1-13 所示的保护特性曲线。不同型号的断路器所配置的脱扣器的种类不同，可根据需要选配。

(二) 低压断路器的主要技术参数及一般选用原则

低压断路器的主要技术参数有：额定电流、额定电压、各种脱扣器的整定电流、短路通断能力、一次极限通断能力、机械寿命、电寿命、极数等。

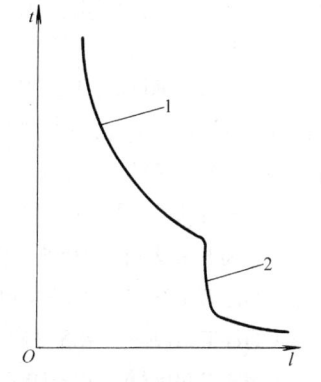

图 1-13　断路器的保护特性曲线

1—热脱扣器　2—过电流脱扣

断路器的选用原则：主要根据被控电路的额定电压、短路容量及负载电流的大小来选用相应额定电压、额定电流及分断能力的断路器。即断路器的额定电压和额定电流不小于电路的正常工作电压和工作电流；断路器的额定短路通断能力要大于等于电路中可能出现的最大短路电流，一般按有效值计算；欠电压脱扣器额定电压应等于主电路额定电压；热脱扣器的整定电流应与所控制电动机的额定电流或负载额定电流相等。以上所介绍的低压电器元件的图形符号及文字符号可参见附录 A。

第二节　基本电气控制电路

电气控制在生产、科学研究及其他各个领域的应用十分广泛，其涉及面很广。各种电气控制设备的种类繁多、功能各异，但就其控制原理、基本控制电路、设计方法等方面均相类同。本节主要以电动机或其他执行电器（例如电磁阀）为控制对象进行讨论。

电气控制系统中，把各种有触点的接触器、继电器、按钮、行程开关等电器元件，用导线按一定方式连接起来组成电气控制电路。电气控制系统用于实现对电力拖动系统的控制和过程控制。电气控制系统也称为继电-接触器控制系统，其特点是：结构简单、直观、易掌握、价格低廉、维护方便、运行可靠。

电气控制电路是多种多样、千差万别的。但是，无论电气控制电路有多复杂，它们都是由一些比较简单的基本电气控制电路有机地组合而成的。因此，掌握基本电气控制电路，将有助于我们掌握阅读、分析、设计电气控制电路的方法。基本电气控制电路也称为电气控制电路的基本环节。

一、电气图中的图形符号及文字符号

(一) 电气控制图

电气控制系统是由若干电器元件按照一定的要求连接而成的。将这些电器元件及其连接用一定的图形表达出来，这种图就是电气控制图或称电气图。它们用统一的图形符号及文字符号绘制而成的。

电气图的种类很多，常见的有电路图（即为电气原理图）、接线图、位置图、系统图等。本章只介绍电路图。

(二) 电气图中的图形符号及文字符号

电气图形符号是电气技术领域必不可少的工程语言，只有正确识别和使用电气图形符号

和文字符号，才能阅读电气图和绘制符号标准的电气图。

为适应改革开放的需要，便于进行国际性的技术交流，1983 年 4 月国家标准局组织成立了"全国电气图形符号标准化技术委员会"，并相继颁布了一批电气图形符号新国家标准，同时废除了 20 世纪 60 年代制订的旧标准。新的国家标准基本采用了国际电工委员会（IEC）发布的电气图形符号，具有先进性、科学性、实用性和对外技术的通用性。

绘制电气控制图时常用的电气制图国家标准有：

1）GB/T 4728.1—1985《电气图用图形符号　总则》；
2）GB/T 4728.2~13—1996~2000《电气简图用图形符号》；
3）GB/T 5094—1985《电气技术中的项目代号》；
4）GB/T 6988.1~4—1997~2002《电气技术用文件的编制》；
5）GB/T 6988.6—1993《控制系统功能表图的绘制》；
6）GB/T 7159—1987《电气技术中的文字符号制订通则》。

常用的电气图形符号及文字符号可参见附录 A。

（三）绘制电路图的有关规定

电路图是用图形符号并按工作顺序排列，详细表示电路或成套装置的全部基本组成和连接关系，而不考虑其实际位置的一种简图。其目的是：便于详细理解工作原理；为测试和寻找故障提供信息；作为编制接线图的依据。

电路图根据通过电流的大小可分为主电路和控制电路。流过较大电流的电路是主电路，如电动机的定子和转子绕组电路等；流过较小电流的电路是控制电路，如接触器、继电器的吸引线圈以及消耗能量较少的信号电路、保护电路、联锁电路等。

绘制电路图的有关规定：

（1）主电路、控制电路、信号电路应分开绘出，电路图中的电器的不同组成部分可不画在一起，但文字符号应标注一致。主电路画在图纸的左方，控制电路、信号电路画在图纸的右方。

（2）控制电路和信号电路画在两条电源线之间。耗电元件（如电器的线圈、电磁铁线圈、信号灯）直接与一条电源线相连。控制触点连接在另一条电源线和耗电元件之间。

（3）电气图中所有电器触点，都按没有通电和没有外力作用时的开闭状态画出。

（4）电路或元器件应按功能布置，尽可能按动作顺序依次平行排列，尽可能减少线条和避免交叉线。

（5）有机械联系的元件用虚线连接。

（6）事故、备用、报警开关应表示在设备正常使用时的位置。如在特定的位置时，则图上应有说明。

此外，还有其他应遵循的绘图规则，可详见电气制图国家标准的有关规定。

二、三相笼型异步电动机全电压起动控制电路

在电力拖动系统中，电气控制的目的是使电动机能按照要求进行运转，驱使机械作合乎工艺要求的运动。在过程控制中，电气控制的目的是使生产过程按预定的工艺流程运行。总之，电气控制电路应最大限度地满足生产工艺要求。

在电力拖动系统中，起、停控制是最基本的、最主要的一种控制方式。基本电气控制电路就是讨论起动和停止的控制电路。

（一）电动机单向运行控制电路

1. 单向点动控制电路

图 1-14 为三相笼型异步电动机单向点动控制电路。它是一个最简单的控制电路。由刀开关 QS，熔断器 FU1，接触器 KM 的常开主触点与电动机 M 构成主电路。FU1 作电动机 M 的短路保护。

按钮 SB、熔断器 FU2、接触器 KM 的线圈构成控制电路。FU2 作控制电路的短路保护。

电路图中的电器一般不表示出空间位置，同一电器的不同组成部分可不画在一起，但文字符号应标注一致。例如，图中接触器 KM 的线圈与主触点不画在一起，但都用相同的文字符号 KM 来标注。

PE 为电动机 M 的保护接地线。

电路的工作原理：

起动时，合上刀开关 QS，引入三相电源，按下按钮 SB，接触器 KM 线圈得电吸合，主触点 KM 闭合，电动机 M 因接通电源便起动运转。松开按钮 SB，按钮就在自身弹簧的作用下恢复到原来断开的位置，接触器 KM 线圈失电释放，接触器 KM 主触点断开，电动机失电停止运转。可见，按钮 SB 兼作停止按钮。

这种"一按（点）就动，一松（放）就停"的电路称为点动控制电路。点动控制电路常用于调整机床、对刀操作等。因短时工作，电路中不设热继电器。

2. 单向自锁控制电路

图 1-15 为三相笼型异步电动机单向自锁控制电路。

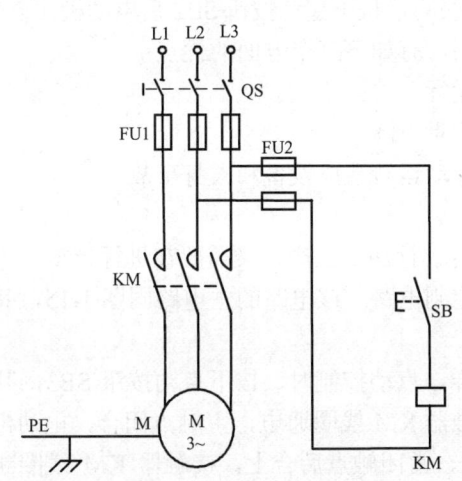
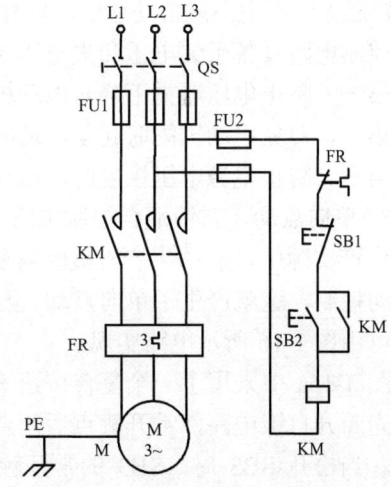

图 1-14 单向点动控制电路　　　　图 1-15 单向自锁控制电路

单向点动控制电路只适用于机床调整、刀具调整。而机械设备工作时，要求电动机作连续运行，即要求按下按钮后，电动机就能起动并连续运行直至加工完毕为止。单向自锁控制电路就是具有这种功能的电路。因此，它是一种常用的简单的控制电路。

由刀开关 QS、熔断器 FU1、接触器 KM 的主触点，热继电器 FR 的热元件与电动机 M 构成主电路。

起动按钮 SB2、停止按钮 SB1、接触器 KM 的线圈及常开辅助触点、热继电器 FR 的常闭触点和熔断器 FU2 构成控制电路。

（1）电路的工作原理　起动时，合上 QS，引入三相电源。按下起动按钮 SB2，交流接触器 KM 的吸引线圈通电，接触器主触点闭合，电动机因接通电源直接起动运转。同时与 SB2 并联的常开辅助触点 KM 闭合，这样当手松开、SB2 自动复位时，接触器 KM 的线圈仍可通过接触器 KM 的常开辅助触点使接触器线圈继续通电，从而保持电动机的连续运行。这种依靠接触器自身辅助触点而使其线圈保持通电的现象称为自锁。起自锁作用的辅助触点，则称为自锁触点。

要使电动机 M 停止运转，只要按下停止按钮 SB1，将控制电路断开即可。这时接触器 KM 线圈断电释放，KM 的常开主触点将三相电源切断，电动机 M 停止旋转。当手松开按钮后，SB1 的常闭触点在复位弹簧的作用下，虽又恢复到原来的常闭状态，但接触器线圈已不再能依靠自锁触点通电了，因为原来闭合的自锁触点早已随着接触器线圈的断电而断开。

（2）电路的保护环节

1）熔断器 FU 作为电路短路保护，但达不到过载保护的目的。为使电动机在起动时熔体不被熔断，熔断器熔体的规格必须根据电动机起动电流大小作适当选择。

2）热继电器 FR 具有过载保护作用。使用时，将热继电器的热元件接在电动机的主电路中作检测元件，用以检测电动机的工作电流，而将热继电器的常闭触点接在控制电路中。当电动机长期过载或严重过载时，热继电器才动作，其常闭控制触点断开，切断控制电路，接触器 KM 线圈断电释放，电动机停止运转、实现过载保护。

3）单向自锁控制电路具有欠电压保护与失电压保护功能。当电源电压由于某种原因而严重欠电压或失电压时，接触器的衔铁自行释放，电动机停止旋转。而当电源电压恢复正常时，接触器线圈也不能自动通电，只有在操作人员再次按下起动按钮 SB2 后电动机才会起动。

控制电路具备了欠电压和失电压保护功能后，有如下三个方面的优点：

第一、防止电压严重下降时电动机低电压运行。

第二、避免电动机同时起动而造成的电压严重下降。

第三、防止电源电压恢复时，电动机突然起动运转造成设备和人身事故。

3. 单向点动、自锁混合控制电路

生产实际中，有的生产机械既需要连续运转进行加工生产，又需要在进行调整工作时采用点动控制，这就产生了单向点动、自锁混合控制电路。该电路的主电路同图 1-15，其控制电路可由图 1-16 所示电路实现。

图 1-16a 中采用了一个复合按钮 SB3，这样，点动控制时，按下点动按钮 SB3，其常闭触点先断开自锁电路，常开触点后闭合，使接触器 KM 线圈通电，主触点闭合，电动机起动旋转。当松开 SB3 时，SB3 的常开触点先断开，常闭触点后合上，接触器 KM 线圈断电，主触点断开，电动机停止转动，从而实现点动控制。若需要电动机连续运转，则按起动按钮 SB2 即可，停机时需按停止按钮 SB1。点动按钮 SB3 的常闭触点作为联锁触点串联在接触器 KM 的自锁触点电路中。点动时，若接触器 KM 的释放时间大于按钮恢复时间，则点动结束，SB3 常闭触点复位时，接触器 KM 的常开触点尚未断开，使接触器自保电路继续通电，就无法实现点动。

图 1-16b 中，按点动按钮 SB3 时，KM 线圈通电，主触点闭合，电动机起动运转。当松开 SB3 时，KM 线圈断电，主触点断开，电动机停止转动。若需要电动机连续运转，则按下 SB2 起动按钮即可，此时中间继电器 KA 线圈通电吸合并自锁。KA 另一对触点接通接触器 KM 线圈。当需停止电动机运转时，按下停止按钮 SB1。由于使用了中间继电器 KA，使点

动与连续工作联锁可靠。

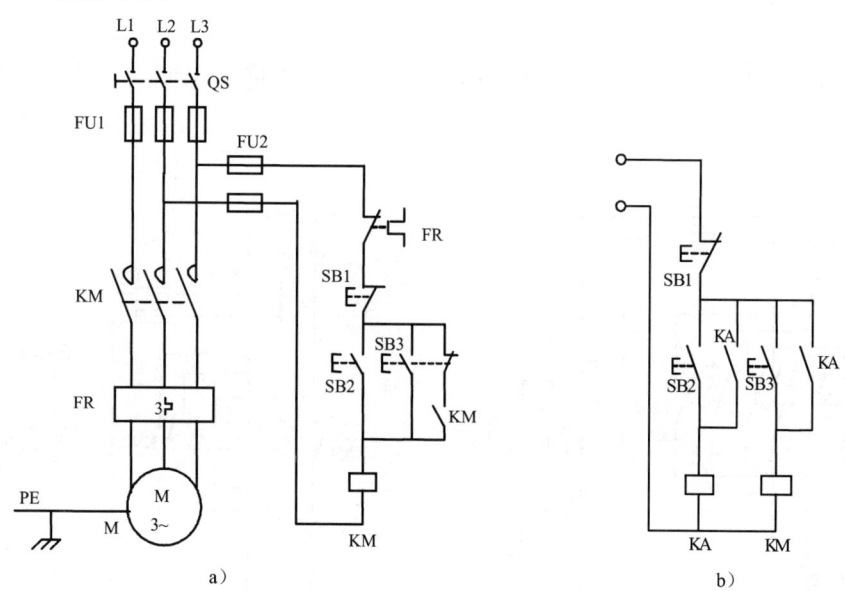

图 1-16 单向点动、自锁混合控制电路

（二）电动机的正反转控制电路

生产机械的运动部件作正、反两个方向的运动（例如车床主轴的正向、反向运转；龙门刨床工作台的前进、后退；电梯的升降等），均可通过控制电动机的正、反转来实现。我们知道，对三相交流电动机，改变电动机电源的相序，其旋转方向就会跟着改变。为此，采用两个接触器分别给电动机送入正序和负序的电源，即对换两根电源线位置，电动机就能够分别正转和反转。

1. 正-停-反控制电路

图 1-17a 中，断路器 QF 作为电源开关，它具有短路保护、过载保护和失电压保护的功能。由于两个接触器 KM1、KM2 的主触点所接电源的相序不同，从而可改变电动机转向。接触器 KM1 和 KM2 触点不可同时闭合，以免发生相间短路故障，为此就需要在各自的控制电路中串接对方的常闭触点，构成互锁。电动机正转时，按下正向起动按钮 SB2，KM1 线圈得电并自锁，KM1 常闭触点断开，这时，即使按下反向按钮 SB3，KM2 也无法通电。当需要反转时，先按下停止按钮 SB1，令接触器 KM1 断电释放，KM1 常闭触点复位闭合，电动机停转。再按下反向起动按钮 SB3，接触器 KM2 线圈才能得电，电动机反转。由于电动机由正转切换成反转时，需先停下来，再反向起动，故称该电路为正—停—反电路。图 1-17a 中，利用接触器常闭辅助触点互相制约的方法称为互锁。而这两个常闭辅助触点称为互锁触点。

2. 正-反-停控制电路

图 1-17a 中，使电动机由正转到反转，需先按停止按钮 SB1，这显然在操作上不便，为了解决这个问题，可利用复合按钮进行控制，将起动按钮的常闭触点串联接入到对方接触器线圈的电路中，如图 1-17b 所示。

假定电动机正在正转。此时，接触器 KM1 线圈吸合，主触点 KM1 闭合。欲切换电动机的转向，只需按下反向起动按钮 SB3 即可。按下复合按钮 SB3 后，其常闭触点先断开接触器 KM1 线圈回路，接触器 KM1 释放，主触点断开正序电源。复合按钮 SB3 的常开触点后闭合，接通接触器 KM2 的线圈回路，接触器 KM2 通电吸合且自锁，接触器 KM2 的主触点闭合，负序电源送入电动机绕组，电动机作反向起动并运转，从而直接实现正、反向切换。

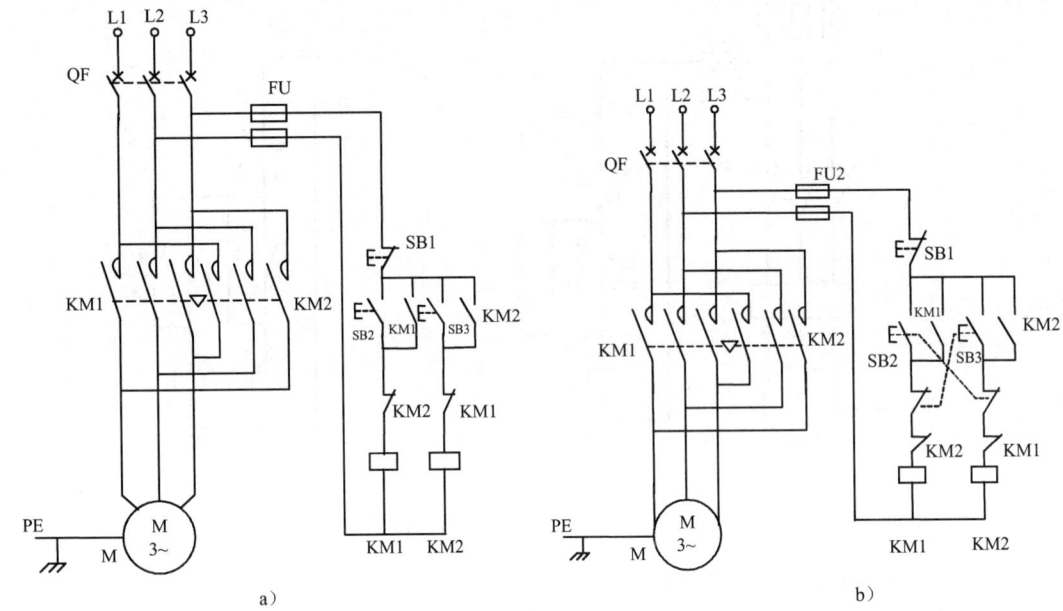

图 1-17 异步电动机正反转控制电路

若欲使电动机由反向运转直接切换成正向运转，操作过程与上述类似。

3. 自动停止控制电路

图 1-18 所示为具有自动停止的正反转控制电路。它是以行程开关作控制元件来控制电动机的自动停止。在正转接触器 KM1 的线圈回路中，串联接入正向行程开关 SQ1 的常闭触点，在反转接触器 KM2 线圈回路中，串联接入反向行程开关 SQ2 的常闭触点，这就成为具有自动停止的正反转控制电路。这种电路能使生产机械每次起动后自动停止在规定的地方。它也常用于机械设备的行程极限保护。

电路的工作原理是：当按下正转起动按钮 SB2 后，接触器 KM1 线圈通电吸合并自锁，电动机正转，拖动运动部件作相应的移动，当位移至规定位置（或极限位置）时，安装在运动部件上的挡铁（撞块）便压下行程开关 SQ1，SQ1 的常闭触点断开，切断 KM1 线圈回路，KM1 断电释放，电动机停止运转。这时即使再按 SB2 按钮，KM1 也不会吸合，只有按反转起动按钮 SB3，电动机反转，使运动部件退回，挡铁脱离行程开关 SQ1，其常闭触点复位，为下次正向起动做准备。反向自动停止的控制原理与上述相同。

这种选择运动部件的行程作为控制参量的控制方式称为按行程原则的控制方式。

4. 自动往返控制电路

生产实践中，有些生产机械的工作台需要自动往返控制。它是采用复合行程开关 SQ1、SQ2 实现自动往返控制的。在图 1-18 所示电路的基础上，将 SQ1 的常开触点并联在 SB3 两端，SQ2 的常开触点并联在 SB2 的两端，即成自动往返控制电路。电路工作原理可自行分析。图 1-19b 中行程开关 SQ3、SQ4 安装在工作台往返运动的极限位置上，以防止行程开关 SQ1、SQ2 失灵，工作台继续运动不停止而造成事故，起到极限保护的作用。行程开关 SQ1、

SQ2、SQ3、SQ4 的安装位置如图 **1-19a** 所示。

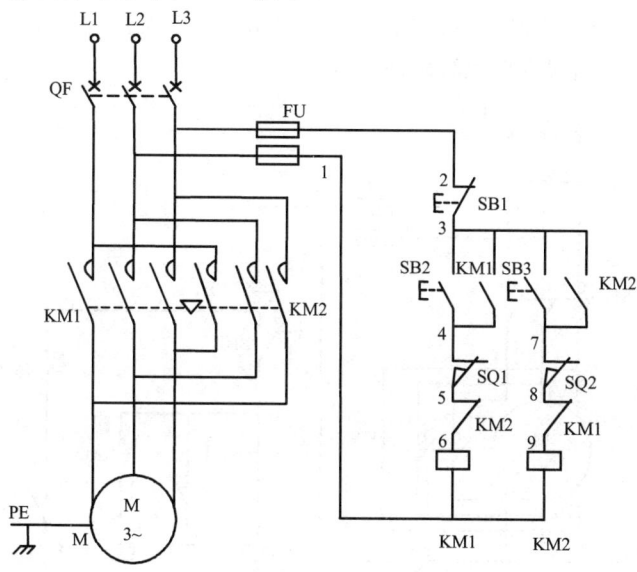

图 1-18　自动停止控制电路

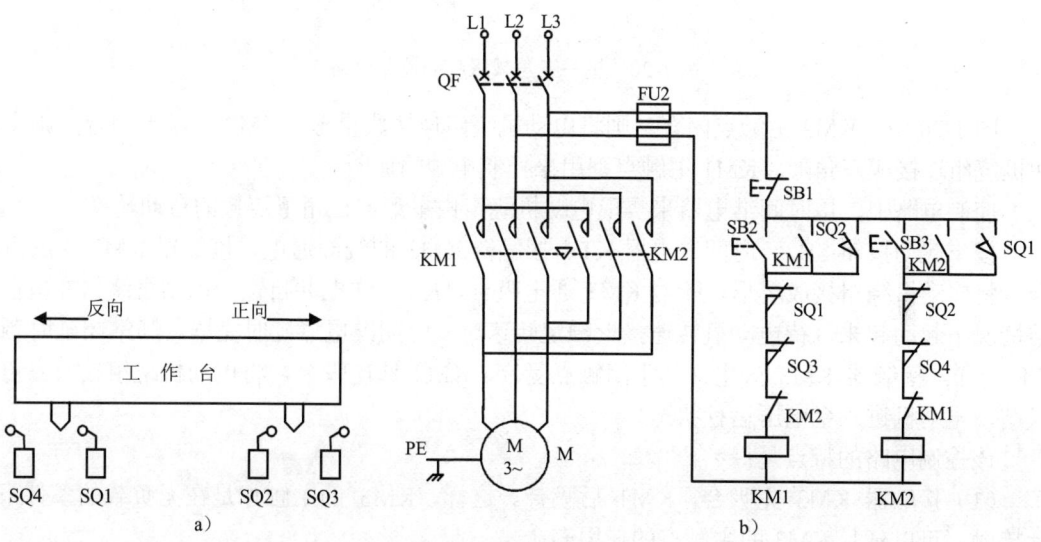

图 1-19　自动往返控制电路

三、三相笼型异步电动机减压起动控制电路

由于大容量笼型异步电动机的起动电流很大，会引起电网电压降低，使电动机转矩减小，甚至起动困难，而且还要影响同一供电网络中其他设备的正常工作，所以容量大的笼型异步电动机的起动电流应限制在一定的范围内，不允许直接起动，因而采用减压起动的方法。常见的减压起动方法有：定子绕组串电阻减压起动、自耦变压器减压起动、星—三角减压起动等方法。现介绍星—三角减压起动控制电路。

正常运行时，定子绕组为三角形联结的笼型异步电动机，可采用星—三角的减压起动方法来达到限制起动电流的目的。

起动时，定子绕组首先连接成星形，待转速上升到接近额定转速时，将定子绕组的连接由星形改接成三角形，电动机便进入全电压正常运行状态。

图 1-20 所示为星—三角起动控制电路，主电路由三个接触器进行控制，其中 KM2、KM3 不能同时吸合，否则将出现三相电源短路事故。

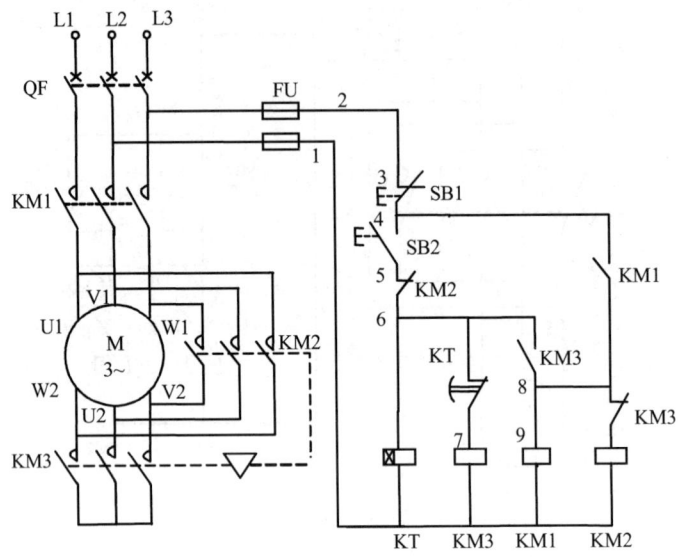

图 1-20　星—三角减压起动控制电路

图 1-20 中，KM3 主触点闭合，则将电动机绕组连接成星形；KM2 主触点闭合，则将电动机绕组连接成三角形。KM1 主触点则用来控制电源的通断。

控制电路中，用时间继电器来实现电动机绕组由星形向三角形连接的自动转换。

按下起动按钮 SB2，时间继电器 KT、接触器 KM3 的线圈通电，接触器 KM3 主触点闭合，将电动机绕组接成星形。随着 KM3 通电吸合，KM1 通电并自锁。电动机绕组在星形联结情况下起动起来。待电动机转速接近额定转速时，时间继电器延时完毕，其常闭延时触点 KT 动作，接触器 KM3 失电，其常闭触点复位，KM2 通电吸合，将电动机绕组接成三角形联结，电动机进入全电压运行状态。

该控制电路的特点是：

（1）接触器 KM3 先吸合，KM1 后吸合。这样，KM3 的主触点是在无负载的条件下进行接触，可以延长 KM3 的主触点的使用寿命。

（2）互锁保护措施

KM3 常闭触点在电动机起动过程中锁住 KM2 线圈通路，只有在电动机起动完毕并 KM3 线圈失电后，KM2 才可能得电吸合；KM2 的常闭触点与 SB2 串联，在电动机正常运行时，如果有人误按起动按钮 SB2，KM2 的常闭触点能防止接触器 KM3 通电动作而不致于造成电源短路，使电路工作更为可靠，同时也可防止接触器 KM2 的主触点由于焊住或机械故障而没有断开时，可能出现的电源的短路事故。

（3）电动机绕组由星形向三角形自动转换后，随着 KM3 失电，KT 失电复位。这样，节约了电能，延长了电器使用寿命，同时 KT 常闭触点的复位为第二次起动作了准备。

四、三相绕线转子异步电动机起动控制电路

绕线转子异步电动机可以通过集电环在转子绕组中串接外加电阻来达到减小起动电流，

提高转子电路的功率因数和增加起动转矩的目的。

串接在三相转子绕组中的外加起动电阻,一般都接成星形联结。在起动前,外加起动电阻全部接入转子绕组。随着起动过程的结束,外接起动电阻被逐段短接。

图 1-21 所示主电路中,串接两级起动电阻,起动过程中逐步短接 R1、R2 起动电阻。串接起动电阻的级数越多,起动越平稳。接触器 KM2、KM3 为加速接触器。

控制过程中选择电流作为控制参量进行控制的方式称为电流原则。图 1-21 所示是按电流原则控制绕线转子异步电动机起动的控制电路。它采用电流继电器,并依据电动机转子电流的变化,来自动逐段切除转子绕组中所串的起动电阻。

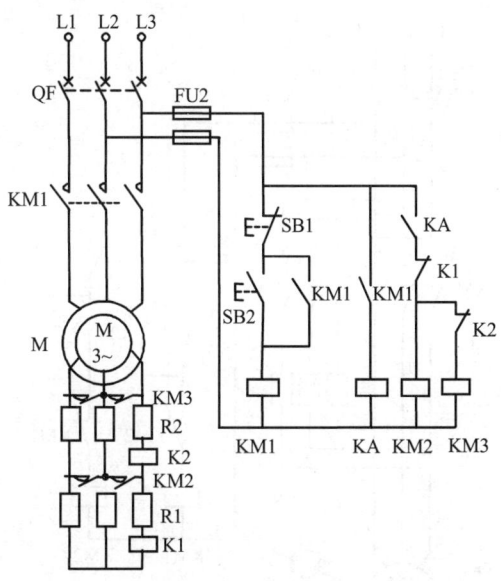

图 1-21　绕线转子异步电动机控制电路

图 1-21 中,K1 和 K2 是电流继电器,其线圈串接在转子电路中。这两个电流继电器的吸合电流的大小相同,但释放电流不一样,K1 的释放电流大,K2 的释放电流小,刚起动时,转子绕组中起动电流很大,电流继电器 K1 和 K2 都吸合,它们接在控制电路中的常闭触点都断开,外接起动电阻全部接入转子绕组电路中;待电动机的转速升高后,转子电流减小,使电流继电器 K1 先释放,K1 的常闭触点复位闭合,使接触器 KM2 线圈通电吸合,转路中 KM2 的主触点闭合,切除电阻 R1;当 R1 电阻被切除后,转子电流重新增大使转速平稳,随着转速继续上升时,转子电流又会减小,使电流继电器 K2 释放,它的常闭触点 K2 复位闭合,接触器 KM3 线圈通电吸合,转子电路中 KM3 的主触点闭合,把第二级电阻 R2 又短接切除,至此电动机起动过程结束。

中间继电器 KA 作用是保证起动时全部起动电阻接入转子绕组的电路,只有在中间继电器 KA 线圈通电,KA 的常开触点闭合后,接触器 KM2 和 KM3 线圈才有可能通电吸合,然后才能逐级切除电阻,这样就保证了电动机在串入全部起动电阻的情况下进行起动。

五、三相异步电动机的制动控制电路

三相异步电动机从切除电源到完全停止旋转,由于惯性的关系,总要经过一段时间,这往往不能适应某些生产机械工艺的要求。如万能铣床、卧式镗床、电梯等,为提高生产效率及准确停位,要求电动机能迅速停车,对电动机进行制动控制。制动方法一般有两大类:机械制动和电气制动。电气制动中常用反接制动、能耗制动等。

反接制动是利用改变电动机电源相序，使定子绕组产生的旋转磁场与转子惯性旋转方向相反，因而产生制动作用的一种制动方法。

图 1-22 所示为单向运行反接制动控制电路。主电路中，接触器 KM1 的主触点用来提供电动机的工作电源，接触器 KM2 的主触点用来提供电动机停车时的制动电源。控制电路工作原理：起动时，合上电源开关 QF，按下起动按钮 SB2，接触器 KM1 线圈获电吸合且自锁，KM1 主触点闭合，电动机起动运转。当电动机转速升高到一定数值时，速度继电器 KS 的动合触点闭合，为反接制动作准备。

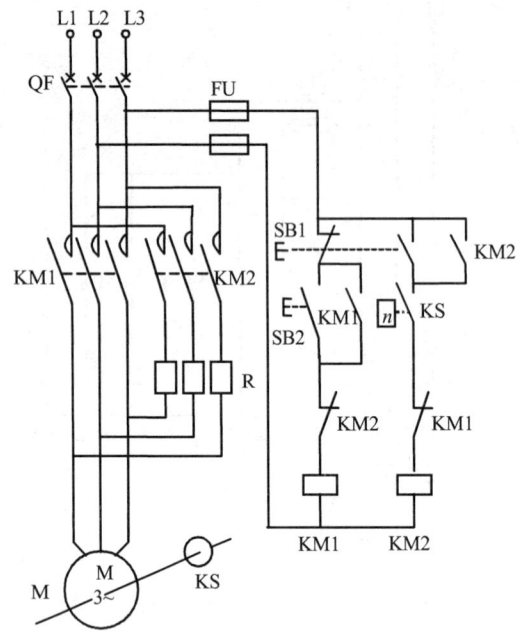

图 1-22　单向运行反接制动电路

停车时，按停止按钮 SB1，接触器 KM1 线圈断电释放，KM1 主触点断开电机的工作电源；而接触器 KM2 线圈获电吸合，KM2 主触点闭合，串入电阻 R 进行反接制动，电动机产生一个反向电磁转矩（即制动转矩），迫使电动机转速迅速下降，当转速降至 100r/min 以下时，速度继电器 KS 的常开触点复位断开，使接触器 KM2 线圈断电释放，及时切断电动机的电源，防止了电动机的反向起动。

由于反接制动时转子与定子旋转磁场的相对速度为 n_1+n，接近于两倍的同步转速，所以定子绕组中流过的反接制动电流相当于全电压直接起动时电流的两倍。为此，一般在 10kW 以上的电动机采用反接制动时，应在主电路中串接反接制动电阻，以限制反接制动电流。

控制电路中使用了复合按钮 SB1，是为了防止当操作人员因工作需要用手转动工件或主轴时，电动机带动速度继电器也随之旋转；当转速达到一定值时，速度继电器的常闭触点闭合，电动机会获得电源而意外转动，造成工伤事故。

六、其他典型的控制电路

（一）多地点控制电路

有些机械设备为了操作方便，常在两个或两个以上的地点进行控制：如重型龙门刨床有时在固定的操作台上控制,有时需要站在机床四周,操作悬挂按钮进行控制;又如自动电梯,人在轿厢里时可以控制,人在轿厢外也能控制;有些场合为了便于集中管理,由中央控制台进行控制,但每台设备调整、检修时,又需要就地进行控制。

为了操作方便,X62W 型万能铣床在工作台的正面和侧面各有一组按钮供操作机床用。

图 1-23 所示为两地控制电路。图中,SB1、SB3 为安装在铣床正面的停止按钮和起动按钮,SB2、SB4 为安装在铣床侧面的停止按钮和起动按钮。操作者无论在铣床正面按下起动按钮 SB3 或是在铣床侧面按下起动按钮 SB4 都可使接触器 KM 线圈通电,其主触点接通电动机电源而使电动机起动运转;此时若需停车,操作者无论在铣床正面按下 SB1 或在铣床侧面按下 SB2,均可使 KM 线圈失电,电动机停止运转。

图 1-23 中,两地的起动按钮 SB3、SB4 常开触点并联起来控制接触器 KM 线圈,只要其中任一按钮闭合,接触器线圈 KM 就通电吸合;两地的停止按钮 SB1、SB2 常闭触点串联起来控制接触器 KM 线圈,只要其中有一个触点断开,接触器 KM 线圈就断电。推而广之,n 地控制电路只要将 n 地的起动按钮的常开触点并联起来,将 n 地的停止按钮的常闭触点串联起来控制接触器 KM 线圈即可。

(二)顺序起、停控制电路

具有多台电动机拖动的机械设备,在操作时为了保证设备的安全运行和工艺过程的顺利进行,对电动机的起动、停止,必须按一定顺序来控制,这就称为电动机的顺序控制。这种情况在机械设备中是常见的。例如,某机床的油泵电动机要先于主轴电动机起动,主轴电动机又先于切削液泵电动机起动等。

图 1-24 所示是电动机顺序起动控制电路。电动机 M2 必须在 M1 起动后方能起动,这就构成了两台电动机的顺序控制。电路工作原理如下:

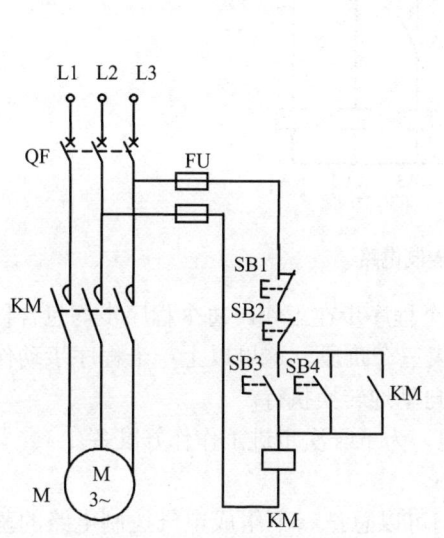
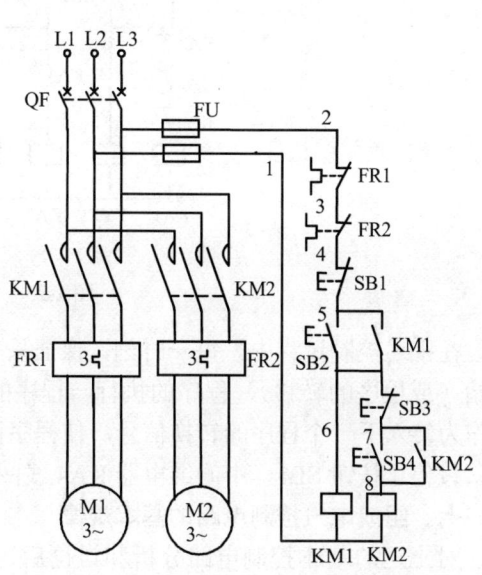

图 1-23 两地控制电路　　　图 1-24 两台电动机顺序起动控制电路

合上断路器 QF,按下起动按钮 SB2,接触器 KM1 线圈通电吸合且自锁,电动机 M1 起动运转。自锁触点 KM1 闭合为 KM2 线圈通电准备了条件。这时按下起动按钮 SB4,接触器 KM2 线圈通电吸合并自锁,电动机 M2 起动运转。

可见，只有电动机 M1 起动后使 KM1（5，6）闭合，才为起动电动机 M2 作好准备。从而实现了电动机 M1 先起动，M2 后起动的顺序控制。

按下按钮 SB3，电动机 M2 可单独停止；若按下按钮 SB1，M1、M2 同时停止。

（三）步进控制电路

在步进控制电路中，程序是依次自动转换的。采用中间继电器组成步进控制电路，如图 1-25 所示。由每一个中间继电器线圈的"得电"和"失电"来表征某一程序的开始和结束。图中，电磁阀 YV1、YV2、YV3 为第一至第三程序步的执行电器；行程开关 SQ1、SQ2、SQ3 用于检测前三个程序步动作的完成。电路的工作原理如下：

按下起动按钮 SB2，中间继电器 KA1 线圈得电吸合且自锁，执行电器电磁阀 YV1 线圈也得电吸合，执行第一程序步。这时，中间继电器 KA1 的另一个常开触点也已闭合，为继电器 KA2 线圈得电作好准备。当第一程序步执行完毕，行程开关 SQ1 动作，其常开触点闭合，使中间继电器 KA2 线圈得电吸合且自锁，同时 KA2 的常闭触点断开，切断中间继电器 KA1 和电磁阀 YV1 线圈通电回路，使 KA1、YV1 线圈失电，即第一程序步结束。这时电磁阀 YV2 线圈得电吸合，使程序转到第二程序步。中间继电器 KA2 的常开触点闭合，为 KA3 线圈通电作好准备……。当第三程序步执行完毕，行程开关 SQ3 动作，使中间继电器 KA4 线圈得电吸合且自锁，同时切断 KA3、YV3 线圈通电回路，第三程序步结束。

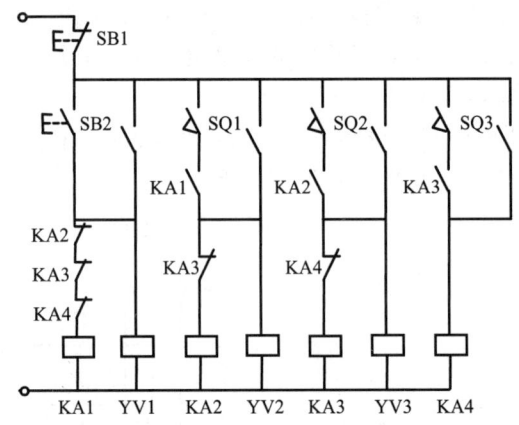

图 1-25 步进控制电路

在上述控制过程中，每一时刻，保证只有一个程序步在工作。每个程序步均包含程序的开始（或程序的转移）、程序的执行、程序的结束三个阶段。这里以上一个程序步动作的完成作为转入下一个程序的转换信号，使程序依次自动地转换执行。

按停止按钮 SB1，中间继电器 KA4 线圈断电，为下一次步进工作作好准备。

七、组成电气控制电路的基本规律

对上述的基本控制电路分析和讨论后，我们可以总结一下组成电气控制电路的基本规律，使我们对电气控制电路的认识有质的飞跃。按联锁控制和按控制过程的变化参量进行控制是组成电气控制电路的基本规律。

（一）按联锁控制的规律

电气控制电路中，各电器之间具有互相制约、互相配合的控制，称为联锁控制。在顺序控制电路中，要求接触器 KM1 得电后，接触器 KM2 才能得电。可以将前者的常开触点串接在 KM2 线圈的控制电路中,或者将 KM2 控制线圈的电源从 KM1 的自锁触点后引入。在电动机正、反转控制电路中,要求接触器 KM1 得电后,接触器 KM2 不能得电吸合。则需将前者的常闭触点串接在 KM2 线圈电路中。反之,也然。这种联锁关系称为互锁。

在单向点动、自锁混合控制电路中,为了可靠地实现点动控制,要求电动机的正常连续工作与点动工作实现联锁控制,则需用复合按钮作点控制按钮,并将点动按钮的常闭触点串接在自锁回路中。在具有自动停止的正反转控制电路中,为使运动部件在规定的位置停下来,可以把正向行程开关 SQ1 的常闭触点串入正转接触器 KM1 的线圈回路中,把反向行程开关 SQ2 的常闭触点串入反转接触器 KM2 的线圈回路中。

综上所述,实现联锁控制的基本方法是采用反映某一运动的联锁触点控制另一运动的相应电器,从而达到联锁控制的目的。联锁控制的关键是正确地选择联锁触点。

（二）按控制过程的变化参量进行控制的规律

在生产过程中,总伴随着一系列的参数变化,例如电流、电压、压力、温度、速度、时间等参数。在电气控制中,常选择某些能反映生产过程的变化参数作为控制参量进行控制,从而实现自动控制的目的。

在星—三角减压起动控制电路中,选择时间作为控制参量,采用时间继电器实现电动机绕组由星形向三角形联结的自动转换的控制。这种控制过程中选择时间作为控制参量进行控制的方式称为按时间原则的控制方式。

在自动往返控制电路中,选择运动部件的行程作为控制参量,采用行程开关实现运动部件的自动往返运动的控制,这种控制过程中选择行程作为控制参量进行控制的方式称为按行程原则的控制方式。

在反接制动控制电路中,选择速度作为控制参量,采用速度继电器实现及时切断反向制动电源的控制。这种控制过程中选择速度（转速）作为控制参量进行控制的方式称为按速度原则的控制方式。

在绕线转子异步电动机的控制电路中,选择电流作为控制参量,采用电流继电器实现电动机起动过程中逐段短接起动电阻的控制。这种控制过程中选择电流作为控制参量进行控制的方式称为按电流原则的控制方式。

控制过程中选择电压、压力、温度等控制参量进行控制的方式分别称为按电压原则、压力原则、温度原则的控制方式。

按控制过程的变化参量进行控制的关键是正确选择控制参量、确定控制原则,并选定能反映该控制参量变化的电器元件。例如按时间原则控制时应选定时间继电器来反映时间参量的变化。

八、电动机控制的保护环节

电气控制系统除了能满足生产工艺要求外,还应保证设备长期、安全、可靠、无故障地运行,因此保护环节是所有电气控制系统不可缺少的组成部分。利用它来保护电动机、电网、电气控制设备以及人身安全等。

电气控制系统中常用的保护环节有短路保护、过载保护、零电压保护、欠电压保护、弱磁保护、安全接地、工作接地等。

（一）短路保护

电动机、电器以及导线的绝缘损坏或电路发生故障时,都可能造成短路事故。很大的短路电流和电动力可能使电器设备损坏。因此,要求一旦发生短路故障时,控制电路能迅速切除电源。常用的短路保护元件有熔断器和断路器。

（二）过载保护

电动机长期超载运行，绕组温升将超过其允许值，造成绝缘材料变脆、寿命降低，严重时会使电动机损坏，过载电流越大，达到允许温升的时间就越短。常用的过载保护元件是热继电器。

由于热惯性的原因，热继电器不会受电动机短时过载冲击电流或短路电流的影响而瞬时动作，所以在使用热继电器作过载保护的同时，还必须设有短路保护，并且选作短路保护的熔断器熔体的额定电流不应超过 4 倍热继电器发热元件的额定电流。

（三）过电流保护

过电流保护广泛用于直流电动机或绕线转子异步电动机，对于三相笼型异步电动机，由于其短时过电流不会产生严重后果，故可不设置过电流保护。

过电流往往是由于不正确的起动和过大的负载引起的，一般比短路电流要小，在电动机运行中产生过电流比发生短路的可能性更大，尤其是在频繁正、反转起动的重复短时工作制电动机中更是如此。直流电动机和绕线转子异步电动机控制电路中，过电流继电器也起着短路保护的作用，一般过电流的动作值为起动电流的 1.2 倍。

必须强调指出，短路、过电流、过载保护虽然都是电流保护，但由于故障电流、动作值以及保护特性、保护要求以及使用元件的不同，它们之间是不能相互取代的。

（四）零电压保护和欠电压保护

在电动机运行中，如果电源电压因某种原因消失，那么在电源电压恢复时，如果电动机自行起动，将可能使生产设备损坏，也可能造成人身事故。对供电系统的电网，同时有许多电动机及其他用电设备自行起动也会引起不允许的过电流及瞬间网络电压下降。为了防止电网失电后恢复供电时电动机自行起动的保护叫做零电压保护。

当电动机正常运行时，电源电压过分地降低将引起一些电器释放，造成控制电路工作不正常，甚至产生事故；电网电压过低，如果电动机负载不变，则会造成电动机电流增大，引起电动机发热，严重时甚至烧坏电动机。此外，电源电压过低还会引起电动机转速下降，甚至停转。因此，在电源电压降到允许值以下时，需要采用保护措施，及时切断电源，这就是欠电压保护，通常采用欠电压继电器，或零电压继电器来实现。

在单向自锁控制电路中，起动按钮的自动恢复功能和接触器的自锁触点，就使电路本身具有零电压保护的功能。

习题与思考题

1. 何谓电磁式电器的吸力特性和反力特性？为什么吸力特性与反力特性的配合应使两者尽量靠近为宜？

2. 单相交流电磁机构中的短路环的作用是什么？三相交流电磁机构是否也要装短路环？为什么？

3. 选用接触器时应注意哪些问题？接触器和中间继电器有什么异同？

4. 某设备所用电动机，额定功率为 5.5kW，额定电压为 380V，额定电流为 11A，起动电流是额定电流的 6.5 倍，现用按钮进行起停控制，要求有短路保护和过载保护，试选用控制所需的合适的电器：接触器、按钮、熔断器、热继电器。

5. 既然在电动机的主电路中装有熔断器，为什么还要装热继电器？两者是否能相互代替？

6. 低压断路器有哪些功能？

7. 绘制电气控制图时，常使用哪些电气制图国家标准？

8. 电气图中，SB、SA、SQ、FU、KM、KA、KT 分别是什么电器元件的文字符号？

9. 说明"自锁"控制电路与"点动"控制电路的区别，"自锁"控制电路与"互锁"控制电路的区别。

10. 试设计一个具有点动和连续运转功能的混合控制电路。

11. 试设计一个控制电路，要求第一台电动机起动 10s 后，第二台电动机自动起动，运行 5s 后，第二台电动机停止，并同时使第三台电动机自动起动，再运行 15s 后，电动机全部停止。

12. 试设计一个机床刀架进给电动机的控制电路，并满足如下的要求：按下起动按钮后，电动机正转，带动刀架进给；进给到一定位置时，刀架停止，进行无进刀切削；经一段时间后，刀架自动返回，回到原位又自动停止。

13. 一台四级带式运输机，分别由 M1、M2、M3、M4 四台电动机拖动，其动作顺序如下：起动时，要求按 M1→M2→M3→M4 顺序起动，停车时，要求按 M4→M3→M2→M1 顺序停车。顺序起动和顺序停车的时间间隔为 30s。试设计其控制电路。

14. 设计小车运行的控制电路，小车由异步电动机拖动，其动作程序如下：小车由原位开始前进，到终端后自动停止；在终端停留 2min 后自动返回原位停止。要求小车在前进或后退途中的任意位置都能停止和起动。

15. 电动机控制的保护环节有哪些？

16. 组成电气控制电路的基本规律是什么？

17. 图 1-19 所示是自动往返控制电路，指出该电路中有哪些保护环节？这些保护环节各是采用什么电器实现保护功能的？该电路控制过程中，选择了哪些控制原则？这些控制原则是各采用什么电器实现控制的？

第二章 可编程序控制器概述

可编程序控制器（Programmable Controller，英文缩写为 PC、后又称为 PLC）是以微处理器为基础，综合了计算机技术、半导体集成技术、自动控制技术、数字技术和通信网络技术发展起来的一种通用工业自动控制装置。它面向控制过程、面向用户、适应工业环境、操作方便、可靠性高，成为现代工业控制的三大支柱（PLC、机器人和 CAD/CAM）之一。PLC 控制技术代表着当前程序控制的先进水平，PLC 装置已成为自动化系统的基本装置。

第一节 PLC 的由来和定义

一、PLC 的由来

在 PLC 问世之前，工业控制领域中是继电器控制占主导地位。继电器控制系统有着十分明显的缺点：体积大、耗电多、可靠性差、寿命短、运行速度慢、适应性差，尤其当生产工艺发生变化时，就必须重新设计、重新安装，造成时间和资金的严重浪费。为了改变这一现状，1968 年美国最大的汽车制造商通用汽车公司（GM），为了适应汽车型号不断更新的需求，以在激烈竞争的汽车工业中占有优势，提出要研制一种新型的工业控制装置来取代继电器控制装置，为此，特拟定了十项公开招标的技术要求，即：

1）编程简单方便，可在现场修改程序；
2）硬件维护方便，最好是插件式结构；
3）可靠性要高于继电器控制装置；
4）体积小于继电器控制装置；
5）可将数据直接送入管理计算机；
6）成本上可与继电器控制装置竞争；
7）输入可以是交流 115V；
8）输出为交流 115V，2A 以上，能直接驱动电磁阀；
9）扩展时，原有系统只需做很小的改动；
10）用户程序存储器容量至少可以扩展到 4KB。

根据招标要求，1969 年美国数字设备公司（DEC）研制出世界上第一台 PLC（PDP-14 型），并在通用汽车公司自动装配线上试用，获得了成功，从而开创了工业控制新时期。从此，可编程序控制器这一新的控制技术迅速发展起来，而且，在工业发达国家发展很快。

二、PLC 的定义

在 PLC 的发展过程中，美国电气制造商协会（NEMA）经过 4 年的调查，于 1980 年把这种新型的控制器正式命名为可编程序控制器（Programmable Controller），英文缩写为 PC。并作如下定义："可编程序控制器是一种数字式的电子装置。它使用可编程序的存储器来存储指令，并实现逻辑运算、顺序控制、计数、计时和算术运算功能，用来对各种机械或生产过程进行控制。"

国际电工委员会（IEC）曾于 1982 年 11 月颁布了可编程序控制器标准的草案第一稿，1985

年 1 月又发表了草案第二稿，1987 年 2 月颁布了草案第三稿。该草案中对可编程序控制器的定义是："可编程序控制器是一种数字运算操作的电子系统，专为在工业环境下应用而设计。它采用了可编程序的存储器，用来在其内部存储执行逻辑运算、顺序控制、定时、计数和算术运算等操作的指令。并通过数字式和模拟式的输入和输出，控制各种类型的机械或生产过程。PLC 及其有关外部设备，都应按易于与工业系统联成一个整体，易于扩充其功能的原则设计。"

定义强调了 PLC 应直接应用于工业环境，它必须具有很强的抗干扰能力、广泛的适应能力和应用范围。这是区别于一般微机控制系统的一个重要特征。

第二节　PLC 的发展概况和发展趋势

一、PLC 的发展概况

PLC 的发展与计算机技术、半导体技术、控制技术、数字技术、通信网络技术等高新技术的发展息息相关，这些高新技术的发展推动了 PLC 的发展，而 PLC 的发展又对这些高新技术提出了更高、更新的要求，促进了它们的发展。PLC 的发展速度十分惊人，目前用可编程序控制器设计自动控制系统已成为世界潮流。PLC 的发展大致可分为以下四个阶段。

（一）第一阶段

从 1969 年第一台 PLC 问世到 1972 年，是 PLC 的初创阶段。

1969 年美国 DEC 公司研制的第一台 PDP-14 型 PLC 与现代的 PLC 有很大的差别。它采用计算机的初级语言编写应用程序；它的 CPU 采用中、小规模集成电路组成，以逻辑运算为主，只是专用的逻辑处理器；它的实质只是一台专用的逻辑控制计算机，还缺乏 PLC 自己的鲜明的性格；它价格贵、功能仅限于开关量逻辑控制。因而，当时称其为可编程序逻辑控制器（Programmable Logic Controller），英文缩写为 PLC，只是在一些大型生产设备或自动生产线上使用。

第一台 PLC 的功绩是把计算机的程序存储技术引入继电器控制系统。

这个阶段的 PLC 控制功能比较简单，主要用于逻辑运算和计时、计数和顺序控制等功能。

（二）第二阶段

从 1973 年到 1978 年，是 PLC 的成熟阶段。

大规模集成电路促进了微机的发展，提供了 PLC 发展的可能性。很快出现了以微处理器为核心的新一代 PLC。在控制功能上，除了具有位逻辑运算、计时、计数功能外，还具有数值（字）运算和数据处理、数据传送、监控、记录显示、计算机接口、模拟量控制等功能。

在编程技术方面开发了面向用户的梯形图编程法，通俗易懂。这个时期的 PLC 把计算机的编程灵活、功能齐全、应用面广等优点与继电器控制系统的结构简单、使用方便、价格便宜、抗干扰性强等优点结合起来，面向工业控制的鲜明特点显露出来，技术日趋完备，PLC 进入实用化阶段。

1980 年将可编程序逻辑控制器（PLC）正式改称为可编程序控制器（Programmable Controller），英文缩写为 PC。后来，为了与个人计算机（Personal Computer）的缩写 PC 相区别，人们又把可编程序控制器简称为 PLC。

（三）第三阶段

从 1978 年到 1984 年，是 PLC 的大发展阶段。

这个时期 PLC 进入持续高速发展的新阶段。PLC 面向工业控制的鲜明特点受到各方面的欢迎，PLC 由最初用于汽车工业取代继电器控制系统，发展到已广泛应用于各国机械、冶金、石油、化工、煤炭、动力、交通运输、轻工、建筑、纺织等工业部门，其应用面几乎覆盖了所有工业企业。随着 PLC 应用面的扩大，其需求量大大增加，从而进一步促进了 PLC 的生产和研究，产品的品种越来越多，新的生产厂家不断增加，销售额剧增。

这个时期的 PLC 采用 8 位、16 位微处理器作为 CPU，有些还采用了多微处理器结构。PLC 的功能进一步增强，处理速度更快。增加了多种特殊功能，如浮点数运算、平方、三角函数、查表、列表、脉宽调制变换、高速计数、PID 控制、定位控制、中断控制等；自诊断功能和容错技术发展迅速；还具有通信功能和远程 I/O 能力。初步形成了分布式通信网络体系。

（四）第四阶段

从 1984 年至今，是 PLC 的继续发展阶段。

由于超大规模集成电路技术的迅速发展，微处理器的市场价格大幅度下跌，使得各种类型的 PLC 所采用的微处理器的档次普遍提高，进一步提高 PLC 的处理速度，使得 PLC 软、硬件功能发生了巨大变化，甚至使 PLC 已具有接近于工业控制计算机的强有力的软、硬件功能。现在，即使是小型 PLC，其功能在有些方面甚至赶上和超过了上阶段大型 PLC 的功能。PLC 用户存储器的容量增大，I/O 除了采用通用的扫描处理方式外，还可以采用直接处理方式。通信系统的开放，使各厂家生产的产品可以相互通信。通信协议的标准化，可使 PLC 能成为计算机网络的一个成员，共享网络资源。通过 PLC 的网络通信功能，可构成多级通信网，实现工厂的管理与控制的自动化。PLC 的监控功能，可在 CRT 上显示生产工艺流程的图形，用 CRT 的画面替代仪表盘，可十分灵活方便地进行各种控制和管理操作。

PLC 的编程语言除了传统的梯形图、流程图、语句表外，还能用高级语言，如 BASIC、PASCAL、FORTRAN、C 语言、数控语言等。

PLC 的人机对话能力增强，使编程软件得以普及和简化，屏幕对话十分灵活，可以进行全屏幕的编辑。用户程序在编辑过程中，不但排错、纠错能力加强，还可以进行在线仿真，加快了软件开发的周期。

二、PLC 的发展趋势

虽然 PLC 只有 30 多年的历史，但其发展势头迅猛，目前 PLC 的年生产增长率仍保持在 30%～40% 的水平。成为当今增长速度最快的工业控制器，而且还将要继续发展下去。PLC 将向着两个方向发展：一方面向着大型化的方向发展，另一方面向着小型化的方向发展，以适应不同场合和不同要求的控制需要。

（一）大型化

为适应大规模控制系统的需求，大型 PLC 向着大存储容量、高速度、高性能、增加 I/O 点数的方向发展。主要表现在以下几个方面：

1. 增强网络通信功能

PLC 将具有计算机集散控制系统（DCS）的功能。网络化和强化通信能力是 PLC 的一个重要发展趋势。PLC 构成的网络将有多个 PLC、多个 I/O 模块相连，并可与工业计算机、以太网等构成整个工厂的自动控制系统。现场总线（Field bus）技术在工业控制中将会得到越来越广泛地应用。现场总线及智能化仪表的控制系统（Field bus Control System，FCS）将逐步取代 DCS。PLC 采用了计算机信息处理技术、网络通信技术和图形显示技术，使得 PLC 系统的生产控制功能和信息管理功能融为一体，满足现代化大生产的控制与管理的需要。

2. 发展智能模块

为了满足各种特殊功能的需要，各种智能模块层出不穷。智能模块是以微处理器为基础的功能部件，它们的 CPU 与 PLC 的 CPU 并行工作，占用主机的 CPU 时间很少，有利于提高 PLC 的扫描速度和完成特殊的控制要求。智能模块的种类非常丰富，例如：通信模块、位置控制模块、快速响应模块、闭环控制模块、模拟量 I/O 模块、高速计数模块、数控模块、计算模块、模糊控制模块、语言处理模块等，今后还将不断出现新的 I/O 智能模块，使 PLC 在实时性精度、分辨率、人机对话等方面进一步得到改善和提高。

3. 外部故障诊断功能

PLC 广泛应用了自诊断技术、冗余技术、容错技术，不断提高 PLC 的可靠性。同时，PLC 还不断提高外部诊断功能。由于 PLC 系统的 80%故障发生在外围，能快速准确地诊断故障将大大减少维修时间和提高开机率。因此，为了及时诊断故障，研制了智能可编程 I/O 系统，供用户了解 I/O 组件状态和监测系统的故障，还研制了故障检测程序并发展了公共回路远距离诊断和网络诊断技术。

4. 编程语言、编程工具标准化、高级化

梯形图以其直观、形象、简单等特点为广大用户所熟悉和接受。随着 PLC 功能的增强，梯形图一统天下的局面将被打破，符合 IEC1131 标准的顺序功能图（SFC）标准化语言、高级语言（BASIC、PASCAL、C、FORTRAN 等）将更多地得到应用。高级语言有利于通信、运算、打印、报表等。不过，目前 PLC 的编程语言在标准化方面有待进一步完善，以使之具有良好的兼容性。

编程设备已从手持式编程器发展为近期清一色的个人计算机（PC）编程，而且，将出现通用的、功能更强的组态软件，进一步改善开发环境，提高开发效率。

5. 实现软件、硬件标准化

长期以来 PLC 的研制走的是专门化道路，使其在获得成功的同时也带来许多的不便。PLC 的硬件和软件的体系结构都是封闭的而不是开放的。在硬件方面各厂家的 CPU 和 I/O 模块互不通用，通信网络和通信协议往往也是专用的。在软件方面，各厂家的 PLC 的编程语言和指令系统的功能和表达方式也不一致，甚至差异很大，因而各厂家的 PLC 互不兼容。因此制定 PLC 的国际标准已是今后发展的趋势。从 1978 年起，国际电工委员会 IEC 在其下设 TC65 的 SC65B 中，专设了 WGT 工作组制定 PLC 的国际标准，对 PLC 未来的发展制定一种方向或框架。现已颁布的 PLC 标准有：

IEC 1131—1：General Information（一般信息）；

IEC 1131—2：Equipment Characteristics And Test Requirement（设备特性与测试要求）；

IEC 1131—3：Programming Language（编程语言）；

IEC 1131—4：User Guidelines（用户导则）；

IEC 1131—5：MMS Companion Standard（制造信息规范伴随标准）。

目前已有越来越多的厂商推出了符合 IEC1131—3 标准的 PLC 指令系统或在个人计算机（PC）上运行的软件包。如西门子公司的 STEP7-Micro/WIN32 编程软件给用户提供了两套指令集，一套符合 IEC1131—3 标准，另一套 SIMATIC 指令集中的大多数指令也符合 IEC1131

—3 标准。Schneider 公司的 PL7 Micro 软件提供了符合 IEC1131—3 标准的指令表、梯形图和顺序功能图（Grafcet）编程语言。该公司还将以个人计算机为基础，在 Windows 平台上开发符合 IEC1131—3 标准的全新一代开放体系结构的 PLC。

我国于 1992 年成立了 PLC 标准委员会负责制定 PLC 国家标准。

6. 编程组态软件发展迅速

个人计算机（PC）的价格便宜，有很强的数字运算、数据处理、通信和人机交互的功能。目前许多厂商推出了在个人计算机上运行的可实现 PLC 功能的软件包。如北京同拓公司等推出 eMbiz 低成本开放式控制与自动化方案套装软件，包含通用嵌入式人机界面、符合 IEC1131—3 标准的软逻辑控制及 Internet 功能。软逻辑控制功能可在个人计算机上用梯形图、顺序功能图和功能块图进行编程，且可作过程模拟仿真，以减少现场调试的风险。

在集散控制系统中，上位计算机主要完成数据通信、网络管理、人机界面（HMI）和数据处理的功能。数据的采集和设备的控制一般由 PLC 等现场设备完成。

在 Windows 操作系统下，使用 Visual C++、Visual Basic 等可视化编程软件设计程序比较复杂。目前推出的组态软件使编程简易化且工作量小，它使系统应用更加简单易行，大大方便了 PLC 系统的开发人员和操作使用人员。

（二）小型化

发展小型 PLC，其目的是为了占领广大的、分散的、中小型的工业控制场合，使 PLC 不仅成为继电器控制柜的替代物，而且超过继电器控制系统的功能。小型、超小型、微小型 PLC 不仅便于机电一体化，也是实现家庭自动化的理想控制器。小型 PLC 向着简易化、体积小、功能强、价格低的方向发展。随着 PLC 技术提高，目前已将原有大、中型 PLC 的功能移植到小型机上，使之具有灵活的组态特性。如西门子公司的 LOGO！通用逻辑模块就是一种微小型的 PLC。它采用整体式结构，集成有控制功能、操作和显示单元、电源、I/O 接口、扩展接口、通信接口等。可用于家庭自动化、建筑、商业、农业、交通等领域，也可用于小型工业控制领域。配置 AS-i 现场总线通信模块后还可实现对现场控制设备和控制过程的分布式控制。LOGO！使用功能块图（FBD）编程语言进行编程，特别适合熟悉逻辑电路的技术人员使用。LOGO！以其通用性好、可靠性高、功能多、体积小、使用方便、价格便宜而受到用户的青睐。

第三节　PLC 的主要功能和特点

一、PLC 的主要功能

PLC 在不断地发展，其性能在不断地完善、功能在不断地增强。其主要功能有：

（一）开关量逻辑控制

这是 PLC 的最基本的功能。PLC 具有强大的逻辑运算能力，可以实现各种简单和复杂的逻辑控制，常用于取代传统的继电器控制系统。

（二）模拟量控制

在工业生产过程中，有许多连续变化的量，如温度、压力、流量、液位和速度等都是模拟量。而 PLC 中的微处理器 CPU 只能处理数字量。所以 PLC 中配置了 A/D 和 D/A 转换模块，把现场输入的模拟量经 A/D 转换后送 CPU 处理。而 CPU 处理的数字量结果，经 D/A 转换后，转换成模拟量去控制被控设备，以完成对连续量的控制。

（三）闭环过程控制

运用 PLC 不仅可以对模拟量进行开环控制，而且还可以进行闭环控制。配置 PID 控制单元或模块，对控制过程中某一变量（如电压、电流、温度、速度、位置等）进行 PID 控制。

（四）定时控制

PLC 具有定时控制的功能，它为用户提供了若干个定时器。定时器的时间可以由用户在编写用户程序时设定，也可以用拨盘开关在外部设定，实现定时或延时的控制。

（五）计数控制

PLC 具有计数控制的功能，它为用户提供了若干个计数器。计数器的计数值可以由用户在编写用户程序时设定，也可以用拨盘开关在外部设定，实现计数控制。

（六）顺序（步进）控制

在工业控制中，选用 PLC 实现顺序（步进）控制，可以采用 IEC 规定的用于顺序控制的标准化语言——顺序功能图（Sequential Function Chart，SFC）进行设计。可以用移位寄存器和顺控指令编写程序。

（七）数据处理

现代 PLC 具有数据处理的能力。它不仅能进行数字运算（包括四则运算、矩阵运算、函数运算、字逻辑运算以及求反、循环、移位、浮点数运算等）和数据传送，而且还能进行数据比较、数据转换、数据显示、打印以及数据通信等。

（八）通信和联网

现代 PLC 具有网络通信的功能，它既可以对远程 I/O 进行控制，又能实现 PLC 与 PLC、PLC 与计算机之间的通信，从而构成"集中管理、分散控制"的分布式控制系统，实现工厂自动化。PLC 还可与其他智能控制设备（如变频器、数控装置）实现通信。PLC 与变频器组成联合控制系统，可提高控制交流电动机的自动化水平。

二、PLC 的特点

PLC 是专为在工业环境下应用而设计的，具有面向工业控制的鲜明特点。

（一）可靠性高、抗干扰能力强

为了确保 PLC 在恶劣的工业环境下能可靠地工作。在设计中强化了 PLC 的抗干扰能力，使之能抗诸如电噪声、电源波动、振动、电磁干扰等的干扰，能抗 1000V、1μs 脉冲的干扰，能在高温、高湿以及空气中存有各种强腐蚀物质粒子的恶劣环境下可靠地工作。PLC 能承受电网电压的变化，可直接由交流市电供电，直接取自电控箱电源。一般由直流 24V 供电的机型，电源电压允许为 16～32V；由交流供电的机型，允许电压为 115V/230V（1±15%）、47～63Hz 的电源供电。即使在电源瞬间断电的情况下，仍可正常工作。

PLC 在设计、生产过程中，除了对元器件进行严格的筛选外，硬件和软件还采用屏蔽、滤波、光电隔离和故障诊断、自动恢复等措施，有的 PLC 还采用了冗余技术等，进一步增强了 PLC 的可靠性。通常 PLC 的平均无故障时间可达几万小时以上，有的甚至达几十万小时。某些 PLC 的生产厂家甚至宣布，今后它生产的 PLC 产品不再标明可靠性这一指标，因为能称得上 PLC 名称的产品，它的可靠性必定是高的。

（二）通用性强、灵活性好、功能齐全

PLC 是通过软件实现控制的，其控制程序编在软件中，实现程序软件化，因而对于不同的控制对象都可采用相同的硬件进行配置。

目前，PLC 产品已系列化、模块化、标准化，能方便灵活地组成大小不同、功能不同的控制系统，通用性强。由于可编程序控制功能齐全，几乎可以满足所有控制场合的需求。组成系统后，即使控制程序发生变化，只要修改软件即可，增强了控制系统的柔性。

（三）编程简单、使用方便

PLC 在基本控制方面采用"梯形图"语言进行编程，这种梯形图是与继电器控制电路图相呼应的，形式简练、直观性强，广大电气工程人员易于接受。用梯形图编程出错率比汇编语言低得多。PLC 还可以采用面向控制过程的控制系统流程图编程和语句表方式编程。梯形图、流程图、语句表之间可有条件地相互转换，使用极其方便。这是 PLC 能够迅速普及和推广的重要原因之一。

（四）模块化结构

PLC 的各个部件，包括 CPU、电源、I/O（包括特殊功能 I/O）等均采用模块化设计，由机架和电缆将各模块连接起来。系统的功能和规模可根据用户的实际需求自行配置，从而实现最佳性能价格比。由于配置灵活，使扩展、维护方便。

（五）安装简便、调试方便

PLC 安装简便，只要把现场的 I/O 设备与 PLC 相应的 I/O 端子相连就完成了全部的接线任务，缩短了安装时间。

PLC 的调试工作大都分为室内调试和现场调试。室内调试时，用模拟开关模拟输入信号，其输入状态和输出状态可以观察 PLC 上的相应的发光二极管。可以根据 PLC 上的发光二极管和编程器提供的信息方便地进行测试、排错和修改。室内模拟调试后，即可到现场进行连机调试。

（六）网络通信

PLC 提供标准通信接口，可以方便地进行网络通信。

（七）其他

PLC 体积小、能耗低，便于机电一体化。

第四节　PLC 的分类

PLC 一般可按控制规模和结构形式分类。

一、按 PLC 的控制规模分类

按 PLC 的控制规模分类，PLC 可分为小型机、中型机、大型机。通常小型机的控制点数小于 256 点，用户程序存储器的容量小于 8K 字。小型机常用于单机控制和小型控制场合，在通信网络中常作从站。例如，西门子公司的 S7-200 PLC 就属于小型机。小型机中，控制点数小于 64 点的为超小型机或微型 PLC。中型机的控制点数一般在 256 点～2048 点范围内，用户程序存储器的容量小于 50K 字。中型机控制点数较多、控制功能强，常用于中型控制场合，在通信网络中可作主站也可作从站。例如，西门子公司的 S7-300 PLC 就属于中型机。大型机的控制点数都在 2048 点以上，用户程序存储器的容量达 50K 字以上。大型机控制点数多、功能很强、运算速度很快，常用于大型控制场合，在通信网络中常作主站。例如，西门子公司的 S7-400 PLC 就属于大型机。以上分类没有十分严格的界限，随着 PLC 技术的飞速发展，这些界限会发生变更。

二、按 PLC 的结构形式分类

PLC 按结构形式可分为整体式、模块式和叠装式三类。

（1）整体式 PLC　整体式 PLC 是将电源、CPU、I/O 部件都集中在一个机箱内。其结构紧凑、体积小、价格低。一般小型 PLC 采用这种结构。整体式 PLC 由不同 I/O 点数的基本单元和扩展单元组成。基本单元内有 CPU、I/O 和电源。扩展单元内只有 I/O 和电源。整体式 PLC 一般配备有特殊功能单元，如模拟量单元、位置控制单元等，使 PLC 的功能得以扩展。例如，美国 GE 公司的 GE-I/J 系列 PLC 为整体式结构。

（2）模块式 PLC　模块式结构是将 PLC 各部分分成若干个单独的模块，如电源模块、CPU 模块、I/O 模块和各种功能模块。模块式 PLC 由机架和各种模块组成。模块插在机架内的插座上。模块式 PLC 配置灵活，装配方便，便于扩展和维修。一般大、中型 PLC 宜采用模块式结构，例如，西门子公司的 S7-300 PLC、S7-400 PLC 采用模块式结构形式。有的小型 PLC 也采用这种结构。

（3）叠装式 PLC　将整体式和模块式结合起来，称为叠装式 PLC。它除了基本单元外还有扩展模块和特殊功能模块，配置比较方便。叠装式 PLC 集整体式 PLC 与模块式 PLC 优点于一身，它结构紧凑、体积小、配置灵活、安装方便。西门子公司的 S7-200 PLC 就是叠装式结构形式。

习题与思考题

1. PLC 的定义是什么？
2. 简述 PLC 的发展概况和发展趋势。
3. PLC 有哪些主要功能？
4. PLC 与继电器控制系统相比有何特点？与计算机控制系统相比又有何特点？

第三章 可编程序控制器的基本组成和工作原理

PLC 在各个领域里得到了愈来愈广泛的应用,要正确地应用 PLC 去完成各种不同的控制任务,首先应了解 PLC 的基本组成和工作原理。目前 PLC 产品种类繁多,不同型号的 PLC 的结构也各不相同,但它们的基本组成和工作原理却大致相同。

第一节 PLC 的基本组成和各部分的作用

一、PLC 的基本组成

从广义上说,PLC 也是一种工业控制计算机,只不过比一般的计算机具有更强的与工业过程相连接的接口和更直接的适用于控制要求的编程语言。所以 PLC 与计算机控制系统十分相似,也具有中央处理器(CPU)、存储器、输入/输出(I/O)接口、电源等,如图 3-1 所示。

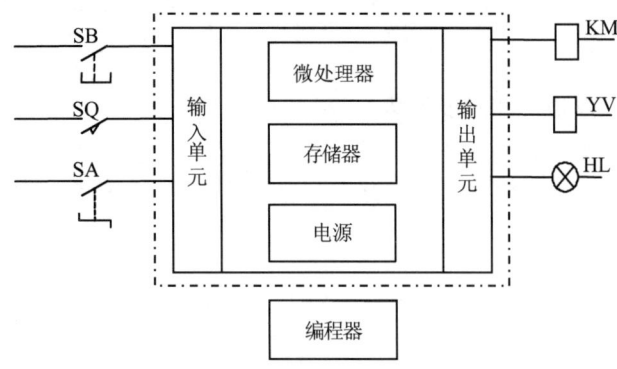

图 3-1 可编程序控制器的基本组成

二、PLC 各部分的作用

(一)中央处理单元(Central Processing Unit,CPU)

中央处理单元是 PLC 的核心部分,它包括微处理器和控制接口电路。

微处理器是 PLC 的运算和控制中心,由它实现逻辑运算、数字运算,协调控制系统内部各部分的工作。它的运行是按照系统程序所赋予的任务进行的。其主要任务有:控制从编程器输入的用户程序和数据的接收与存储;用扫描的方式通过输入部件接收现场的状态或数据,并存入输入映像寄存器或数据存储器中;诊断电源、PLC 内部电路的工作故障和编程中的语法错误等;PLC 进入运行状态后,从存储器逐条读取用户指令,经过命令解释后按指令规定的任务进行数据传递、逻辑运算或数字运算等;根据运算结果,更新有关标志位的状态和输出映像寄存器的内容,再经由输出部件实现输出控制、制表打印或数据通信等功能。

PLC 常用的微处理器主要有通用微处理器、单片机、位片式微处理器。

一般说来,小型 PLC 大多采用 8 位微处理器或单片机作为 CPU,如 Z80A,8085,8031等,具有价格低,普及通用性好等优点。

对于中型 PLC，大多采用 16 位微处理器或单片机作为 CPU，如 Inte18086，Inte196 系列单片机，具有集成度高，运行速度快，可靠性高等优点。

对于大型 PLC，大多采用高速位片式微处理器，它具有灵活性强，速度快，效率高的优点。

目前，一些厂家生产的 PLC 中，还采用了冗余技术，即采用双 CPU 或三 CPU 工作，进一步提高了系统的可靠性。采用冗余技术可使 PLC 平均无故障工作时间达几十万小时以上。

控制接口电路是微处理器与主机内部其他单元进行联系的部件，它主要有数据缓冲、单元选择、信号匹配、中断管理等功能。微处理器通过它来实现与各个内部单元之间的可靠的信息交换和最佳的时序配合。

（二）存储器（Memory）

PLC 系统中的存储器配有系统程序存储器和用户程序存储器。

1. 系统程序存储器

系统程序存储器用于存放 PLC 生产厂家编写的系统程序，并固化在 PROM 或 EPROM 存储器中，用户不可访问和修改。系统程序相当于个人计算机的操作系统，它关系到 PLC 的性能。系统程序包括系统监控程序、用户指令解释程序、标准程序模块、系统调用、管理等程序以及各种系统参数等。

2. 用户程序存储器

用户程序存储器可分为三部分：用户程序区、数据区、系统区。用户程序区用于存放用户经编程器输入的应用程序。为了调试和修改方便，总是先把用户程序存放在随机读写存储器 RAM 中，经过运行考核，修改完善，达到设计要求后，再把它固化到 EPROM 中，替代 RAM 使用。

数据区用于存放 PLC 在运行过程中所用到的和生成的各种工作数据。数据区包括输入、输出数据映像区，定时器、计数器的预置值和当前值的数据等。

系统区主要存放 CPU 的组态数据，例如，输入输出组态、设置输入滤波、脉冲捕捉、输出表配置、定义存储区保持范围、模拟电位器设置、高速计数器配置、高速脉冲输出配置、通信组态等。

这些数据是不断变化的，但不需要长久保存，因此采用随机读写存储器 RAM。由于随机读写存储器 RAM 是一种挥发性的器件，即当供电电源关掉后，其存储的内容会丢失，因此，在实际使用中通常为其配备掉电保护电路，当正常电源关断后，由备用电池或大电容为它供电，保护其存储的内容不丢失。

（三）输入、输出单元（Input/Output Unit）

输入、输出单元是可编程序控制器的 CPU 与现场输入、输出装置或其他外部设备之间的连接接口部件。

输入单元将现场的输入信号，经过输入单元接口电路的转换，变换为中央处理器能接受和识别的低电压信号，送给中央处理器进行运算；输出单元则将中央处理器输出的低电压信号变换为控制器件所能接受的电压、电流信号，以驱动信号灯、电磁阀、电磁开关等。

所有输入、输出单元均带有光耦合电路，其目的是把 PLC 与外部电路隔离开来，以提高 PLC 的抗干扰能力。

为了滤除信号的噪声和便于 PLC 内部对信号的处理，输入单元还有滤波、电平转换、信号锁存电路；输出单元也有输出锁存器、显示、电平转换、功率放大电路。

通常，PLC 的输入单元类型有：直流、交流和交直流输入单元；PLC 的输出单元类型有：晶体管输出方式、晶闸管输出方式和继电器输出方式。此外，PLC 还提供一些智能型输入、输出单元。

（四）编程器

编程器是 PLC 的重要外部设备。它的作用是供用户进行程序的编制、编辑、调试和监视等。

编程器有简易型和智能型两类。简易型编程器只能联机编程，且往往需要将梯形图转化为语句表格式，才能送入。智能编程器又称图形编程器，它可以联机，也可以脱机编程，具有 LCD（液晶显示器）或 CRT 图形显示功能，可直接输入梯形图和通过屏幕对话。

采用个人计算机编程开发系统是近几年的发展新趋势，在个人计算机上配置硬件接口和专用的编程软件，使用户可以直接在计算机上以联机或脱机的方式编程，可以运用梯形图、流程图编程也可以采用助记符指令编程。个人计算机程序开发系统有较强的监控能力和通信能力，还可对系统进行仿真。

（五）电源单元

电源单元是 PLC 的电源供给部分。它的作用是把外部供应的电源变换成系统内部各单元所需的电源。有的电源单元还向外提供 24V 直流电源，可供开关量输入单元连接的现场无源开关等使用。电源单元还包括掉电保护电路和后备电池电源，以保持 RAM 在外部电源断电后存储的内容不丢失。PLC 的电源一般采用开关电源，其特点是输入电压范围宽、体积小、重量轻、效率高、抗干扰性能好。

第二节 PLC 对继电器控制系统的仿真

一、模拟继电器控制系统的编程方法

电气控制电路图中，根据流过电流的大小可分为主电路和控制电路。用 PLC 替代继电器控制系统就是替代电气控制电路图中的控制电路那部分，而主电路部分基本保持不变。对于控制电路又可分成三个组成部分：输入部分、逻辑部分、输出部分。输入部分由电路中全部输入信号构成，这些输入信号来自被控对象上的各种开关信息，如控制按钮、操作开关、限位开关、光敏管信号等。输出部分由电路中全部输出元件构成，例如，接触器线圈、电磁阀线圈等执行电器及信号灯。逻辑部分由各种主令电器、继电器、接触器等电器的触点和导线组成，各电器触点之间以固定的方式接线，其控制逻辑就编制在硬接线中，这种固化的程序不能灵活变更。

PLC 基本组成的框图（见图 3-1）也大致可分为三部分：输入部分、逻辑部分、输出部分，这与继电器控制系统很相似。其输入部分、输出部分与继电器控制系统所用的电器大致相同，所不同的是 PLC 中输入、输出部分多了输入、输出单元，增加了光耦合、电平转换、功率放大等功能。PLC 的逻辑部分是由微处理器、存储器组成，由计算机软件替代继电器控制电路，实现"软接线"，可以灵活编程。尽管 PLC 与继电器控制系统的逻辑部分组成元件不同，但在控制系统中所起的逻辑控制条件作用是一致的。因而我们可以把 PLC 内部看作有许多"软继电器"：如"输入继电器"、"输出继电器"、"中间继电器"、……"时间继电器"等。这样，我们就可以模拟继电器控制系统的编程方法，仍然按照设计继电器控制电路的形

式来编制程序，这就是梯形图编程方法。使用梯形图编程时，完全可以不考虑微处理器内部的复杂结构，也不必使用计算机语言。因此，梯形图是与继电器控制电路图相呼应的，使用起来极为方便。由于 PLC 的输入、输出部分与继电器控制系统大致相同，因而在安装、使用时也完全可按常规的继电器控制设备那样进行。

二、梯形图仿真继电器控制电路

图 3-3 所示是一个电动机起、停控制的梯形图，它与继电器控制电路图（见图 3-2）有着相呼应之处：它们的电路结构形式大致相同，它们的控制功能相同。

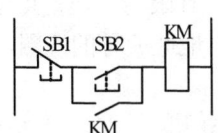

图 3-2 电动机起、停控制电路

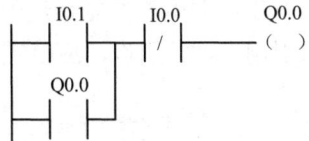

图 3-3 电动机起、停控制梯形图

梯形图是 PLC 模拟继电器控制系统的编程方法。它由触点、线圈或功能方框等构成，梯形图左、右的垂直线称为左、右母线（Simatic S7 系列 PLC 的右母线通常省略不画出）。画梯形图时，从左母线开始，经过触点和线圈（或功能方框），终止于右母线。在梯形图中，可以把左母线看作是提供能量的母线。触点闭合可以使能量流过，直到下一个元件；触点断开将阻止能量流过。这种能量流，我们称之为"能流"。实际上，梯形图是 CPU 仿真继电器控制电路图，使来自"电源"的"电流"通过一系列的逻辑控制条件，根据运算结果决定逻辑输出的模拟过程。

梯形图中的基本编程元素有触点、线圈和方框。

触点：代表逻辑控制条件。触点闭合时表示能量可以流过。触点分常开触点（—||—）和常闭触点（—|/|—）两种形式。

线圈：通常代表逻辑"输出"的结果。能量流到，则该线圈被激励。

方框：代表某种特定功能的指令。能量流通过方框时，则执行方框所代表的功能。方框所代表的功能有多种，例如：定时器、计数器、数据运算等。

梯形图中，每个输出元素（线圈或方框）可以构成一个梯级。每个梯形图网络由一个或多个梯级组成。

梯形图与继电器控制电路图相呼应，决不是一一对应。由于 PLC 的结构、工作原理与继电器控制系统截然不同，因而梯形图与继电器控制电路图两者之间又存在着许多差异：

（1）PLC 采用梯形图编程是模拟继电器控制系统的表示方法，因而梯形图内各种元件也沿用了继电器的叫法，我们称之为"软继电器"。梯形图中的"软继电器"不是物理继电器，每个"软继电器"各为存储器中的一位，相应位为"1"态，表示该继电器线圈"通电"，故称之为"软继电器"。用"软继电器"就可以按继电器控制系统的形式来设计梯形图。

（2）梯形图中流过的"电流"不是物理电流。而是"能流"，它只能从左到右、自上而下流动。"能流"不允许倒流。"能流"到，线圈则接通。"能流"是用户程序解算中满足输出执行条件的形象表示方式。"能流"流向的规定顺应了 PLC 的扫描是自左向右、自上而下顺序地进行，而继电器控制系统中的电流是不受方向限制的，导线连接到哪里，电流就可流到那里。

（3）梯形图中的常开、常闭触点不是现场物理开关的触点。它们对应输入、输出映像寄存器或数据寄存器中的相应位的状态,而不是现场物理开关的触点状态。PLC 认为常开触点是取位状态操作;常闭触点应理解为位取反操作。因此在梯形图中同一元件的一对常开、常闭触点的切换没有时间的延迟,常开常闭触点只是互为相反状态。而继电器控制系统大多数的电器是属于先断后合型的电器。

(4)梯形图中的输出线圈不是物理线圈,不能用它直接驱动现场执行机构。输出线圈的状态对应输出映像寄存器相应位的状态而不是现场电磁开关的实际状态。

(5)编制程序时,PLC 内部继电器的接点原则上可无限次反复使用,因为存储单元中的位状态可取用任意次;继电器控制系统中的继电器触点数是有限的。但是可编程序控制器内部的线圈通常只引用一次,所以,应慎重对待重复使用同一地址编号的线圈。

第三节 PLC 的工作原理

一、建立 I/O 映像区

在 PLC 存储器内开辟了 I/O 映像区。I/O 映像区的大小由 PLC 的系统程序确定。对于系统的一个输入点总有输入映像区的某一位与之相对应。对于系统的每一个输出点都有输出映像区的某一位与之相对应。系统的输入、输出点的编址号与 I/O 映像区的映像寄存器地址号相对应。

PLC 工作时,将采集到的输入信号状态存放在输入映像区对应的位上;将运算的结果存放到输出映像区对应的位上。PLC 在执行用户程序时所需"输入继电器"、"输出继电器"的数据取用于 I/O 映像区,而不直接与外部设备发生关系。

I/O 映像区的建立,使 PLC 工作时只和内存有关地址单元内所存信息状态发生关系,而系统输出也是只给内存某一地址单元设定一个状态。这样不仅加快程序执行速度,而且还使控制系统与外界隔开,提高了系统的抗干扰能力。同时控制系统远离实际控制对象,为硬件标准化生产创造了条件。

二、循环扫描的工作方式

(一)PLC 的工作过程

PLC 上电后,在系统程序的监控下,周而复始地按一定的顺序对系统内部的各种任务进行查询、判断和执行,这个过程实质上是按顺序循环扫描的过程。执行一个循环扫描过程所需的时间称为扫描周期,其典型值为 1~100ms。PLC 的工作过程如图 3-4 所示。

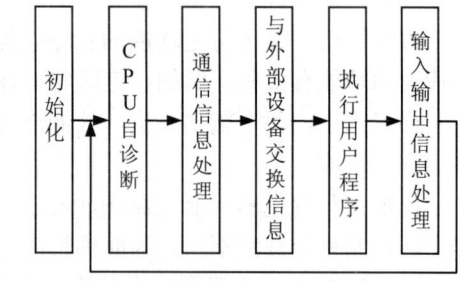

图 3-4 PLC 的工作过程

(1)初始化:PLC 上电后,首先进行系统初始化,清除内部继电器区,复位定时器等。

(2)CPU 自诊断:PLC 在每个扫描周期都要进入 CPU 自诊断阶段,对电源、PLC 内部电路、用户程序的语法进行检查;定期复位监控定时器(WDT,Watch Dog Timer)等,以确保系统可靠运行。

(3)通信信息处理:在每个通信信息处理扫描阶段,进行 PLC 之间以及 PLC 与计算机之间的信息交换;PLC 与其他带微处理器的智能装置通信,例如,智能 I/O 模块;在多处理器系统中,CPU 还要与数字处理器(DPU)交换信息。

(4)与外部设备交换信息:PLC 与外部设备连接时,在每个扫描周期内要与外部设备交换信息。这些外部设备有编程器、终端设备、彩色图形显示器、打印机等。编程器是人机交互的设备，通过它，用户可以进行程序的编制、编辑、调试和监视等。用户把应用程序输入到 PLC 中，PLC 与编程器要进行信息交换。当在线编程、在线修改、在线运行监控时，也要求 PLC 与编程器进行信息交换。在每个扫描周期内都要执行此项任务。

（5）执行用户程序：PLC 在运行状态下，每一个扫描周期都要执行用户程序。执行用户程序时，是以扫描的方式按顺序逐句扫描处理的，扫描一条执行一条，并把运算结果存入输出映像区对应位中。

（6）输入、输出信息处理：PLC 在运行状态下，每一个扫描周期都要进行输入、输出信息处理。以扫描的方式把外部输入信号的状态存入输入映像区；将运算处理后的结果存入输出映像区，直至传送到外部被控设备。

PLC 周而复始地巡回扫描，执行上述整个过程，直至停机。

（二）用户程序的循环扫描过程

PLC 的工作过程，与 CPU 的操作方式有关。CPU 有两个操作方式：STOP 方式和 RUN 方式。在扫描周期内，STOP 方式与 RUN 方式的主要差别是在于：RUN 方式下执行用户程序，而在 STOP 方式下不执行用户程序。下面对 RUN 方式下执行用户程序的过程作详尽的讨论，以便对 PLC 循环扫描的工作方式有更深入的理解。

PLC 对用户程序进行循环扫描可分为三个阶段进行，即输入采样阶段，程序执行阶段和输出刷新阶段。如图 3-5 所示。

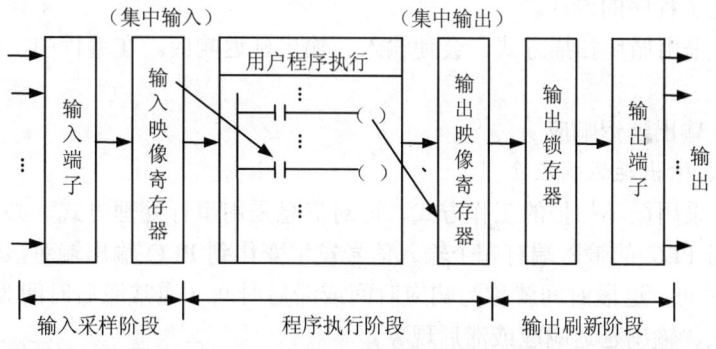

图 3-5　PLC 用户程序的工作过程

1. 输入采样阶段

在扫描周期内，PLC 定时将现场的全部有关信息采集到控制器中，通常在扫描周期的开始或结束时进行定时采集，这一阶段称为输入采样阶段。

PLC 在输入采样阶段，以扫描方式顺序读入所有输入端的状态，并将此状态存入输入映像区，这是一种集中采样方式。输入映像区的信息供用户程序执行时取用。在程序执行期间即使外部输入信号状态发生变化，输入映像区的内容也不会改变，这些变化只有到下一个扫描周期的输入采样阶段才被读入。

2. 程序执行阶段

PLC 在程序执行阶段，在无中断或跳转指令的情况下，根据梯形图程序从首地址开始按自左向右、自上而下的顺序，对每条指令逐句进行扫描（即按存储器地址递增的方向进行），扫描一条，执行一条。执行程序时，梯形图中的输入继电器的状态取自于内部输入映像寄存器的状态，并将运算的结果，即输出继电器的状态存放在内部输出映像寄存器中。事实上，CPU 在执行程序的过程中所取用输入、输出信号的数据均取自于输入和输出映像寄存器；CPU 程序执行的结果则写到相应的输出映像寄存器所对应的位（但不是实际输出）。输出映像区的内容将随着程序执行的进程而变化。

PLC 的扫描既可按固定的顺序进行，也可以按用户程序所指定的可变顺序进行。这不仅仅因为有的程序不需要每扫描一次执行一次，也因为在一个大控制系统中需要处理的 I/O 点数较多，通过不同的组织模块安排，采用分时分批扫描执行的办法，可缩短循环扫描的周期和提高控制的实时响应性。

3. 输出刷新阶段

当所有指令执行完毕后，进入输出刷新阶段，CPU 将输出映像区的内容集中转存到输出锁存器，然后传送到各相应的输出端子，最后再驱动实际输出负载，这才是 PLC 的实际输出，这是一种集中输出的方式。

用户程序执行过程中，集中采样与集中输出的工作方式是 PLC 的一个特点，在采样期间，将所有输入信号（不管该信号当时是否要用）一起读入，此后在整个程序处理过程中 PLC 系统与外界隔开，直至输出控制信号。外界信号状态的变化要到下一个工作周期再与外界交涉。这样从根本上提高了系统的抗干扰能力，提高了工作的可靠性。

在程序执行阶段，由于输出映像区的内容会随着程序执行的进程而变化，因此，在程序执行过程中，所扫描到的功能经解算后，其结果马上就可被后面将要扫描到的逻辑的解算所利用，因而简化了程序的设计。

由于 PLC 采用循环扫描方式，会使输入、输出延迟响应。在编程中，语句的安排也会影响响应时间。

三、输入、输出延迟响应

（一）输入、输出延迟响应

由于 PLC 采用循环扫描的工作方式，即对信息采用串行处理方式，必定导致输入、输出延迟响应。当 PLC 的输入端有一个输入信号发生变化到 PLC 输出端对该输入变化作出反应，需要一段时间，这段时间就称为响应时间或滞后时间（通常滞后时间为几十毫秒）。这种现象称为输入、输出延迟响应或滞后现象。

对于一般工业控制要求，这种滞后现象是允许的。但是对那些要求响应时间小于一个扫描周期的控制系统则不能满足，这时可以使用智能输入输出单元（如快速响应 I/O 模块）或专门的指令（如立即 I/O 指令），通过与扫描周期脱离的方式来解决。

（二）响应时间

响应时间是设计 PLC 控制系统时应了解的一个重要参数。

响应时间与以下因素有关：

（1）输入电路滤波时间，它由 RC 滤波电路的时间常数决定。改变时间常数可调整输入延迟时间。

（2）输出电路的滞后时间，它与输出电路的输出方式有关。继电器输出方式的滞后时间为 10ms 左右；双向晶闸管输出方式，在接通负载时滞后时间约为 1ms，切断负载时滞后时间小于 10ms；晶体管输出方式的滞后时间小于 1ms。

（3）PLC 循环扫描的工作方式。

（4）PLC 对输入采样、输出刷新的集中处理方式。

（5）用户程序中语句的安排。

因素（3）、（4）是由 PLC 的工作原理决定的，是无法改变。但有些因素是可以通过恰当选择、合理编程得到改善。例如选用晶闸管输出方式或晶体管输出方式，则可以加快响应速度等。

由于 PLC 是周期循环扫描工作方式，因此响应时间与收到输入信号的时刻有关，在此我们对最短和最长响应时间进行讨论。

1. 最短响应时间

如果在一个扫描周期刚结束之前收到一个输入信号，在下一个扫描周期进入输入采样阶段，这个输入信号就被采样，使输入更新，这时响应时间最短，如图 3-6 所示。最短响应时间为：

最短响应时间=输入延迟时间+一个扫描周期+输出延迟时间

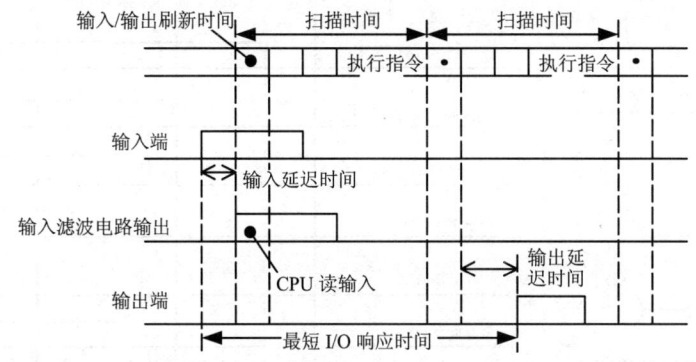

图 3-6　PLC 的最短响应时间

2. 最长响应时间

如果收到的一个输入信号经输入延迟后，刚好错过 I/O 刷新时间，在该扫描周期内这个输入信号无效，要到下一个扫描周期输入采样阶段才被读入，使输入更新，这时响应时间最长，如图 3-7 所示。最长响应时间为：

最长响应时间=输入延迟时间+两个扫描时间+输出延迟时间

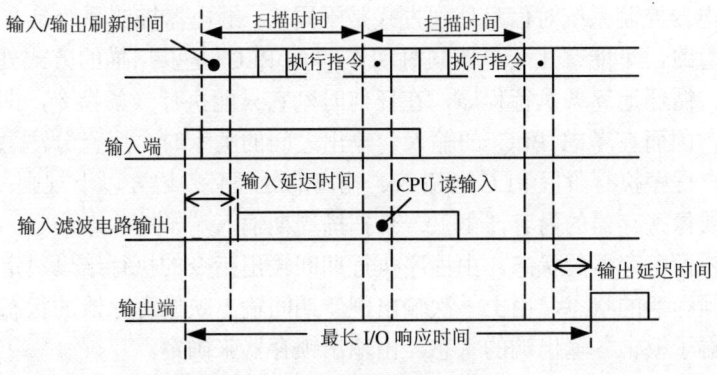

图 3-7　PLC 的最长响应时间

由图 3-7 可见，输入信号至少应持续一个扫描周期的时间，才能保证被系统捕捉到。对于持续时间小于一个扫描周期的窄脉冲，可以通过设置脉冲捕捉功能，使系统捕捉到。设置脉冲捕捉功能后，输入端信号的状态变化被锁存并一直保持到下一个扫描周期输入刷新阶段。这样，可使一个持续时间很短的窄脉冲信号保持到 CPU 读到为止。

3. 用户程序的语句安排影响响应时间

用户程序的语句安排也影响响应时间。图 3-8b 是分析图 3-8a 梯形图中各元件状态的时序图（为讨论简便起见，图 3-8b 中忽略了输入延迟时间和输出延迟时间）。

图 3-8 中，输入信号在第一个扫描周期的程序执行阶段被激励，该输入信号到第二周期输入采样阶段才被读入，存入输入映像寄存器 I0.2。而后进入程序执行阶段，由于 I0.2=1，Q0.0 被激励为"1"，Q0.0=1 的状态存入输出映像寄存器 Q0.0，同时位存储器 M2.1=1。最后进入输出刷新阶段，将输出映像寄存器 Q0.0=1 的状态，转存到输出锁存器，直至输出端子 Q0.0，这是 PLC 的实际输出。位存储器 M2.0 要到第三个周期才能被激励。这是由于 PLC 执行程序时是按顺序扫描所致。如果将网络 1（Net work1）、网络 5（Net work5）的位置对调一下，则位存储器 M2.0 在第二周期也能响应。可见，程序语句的安排影响了响应时间。

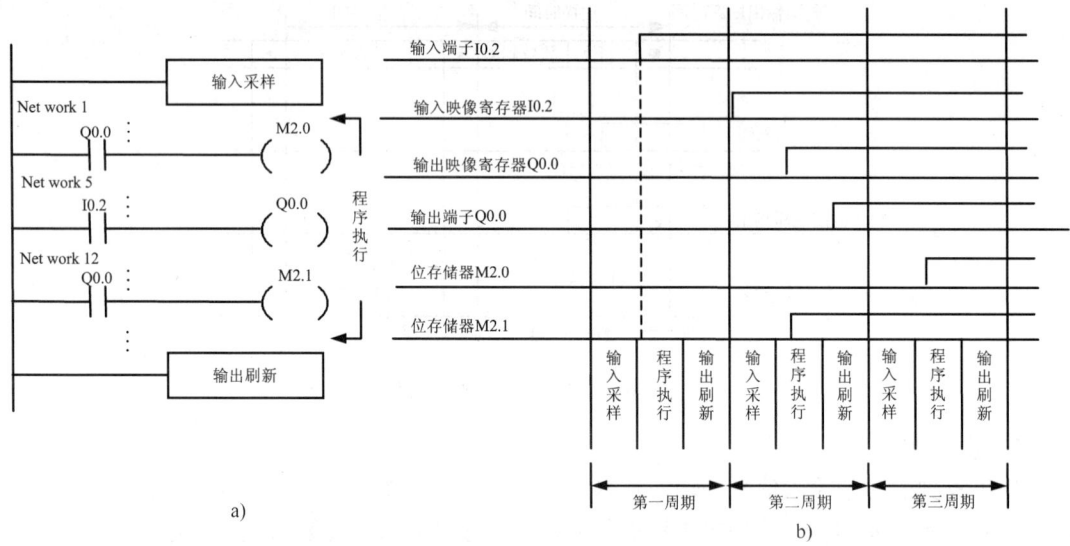

图 3-8 梯形图及各元件状态时序图

（三）PLC 对输入、输出的处理规则

PLC 与继电器控制系统对信息处理方式是不同的：继电器控制系统是"并行"处理方式，只要电流形成通路，可能有几个电器同时动作；而 PLC 是以扫描的方式处理信息，它是顺序地、连续地、循环地逐条执行程序，在任何时刻它只能执行一条指令，即以"串行"处理方式进行工作。因而在考虑 PLC 的输入、输出之间的关系时，应充分注意它的周期扫描工作方式。在用户程序执行阶段 PLC 对输入、输出的处理必须遵守以下规则：

（1）输入映像寄存器的内容，由上一个扫描周期输入端子的状态决定。

（2）输出映像寄存器的状态，由程序执行期间输出指令的执行结果决定。

（3）输出锁存器的状态，由上一次输出刷新期间输出映像寄存器的状态决定。

（4）输出端子板上各输出端的状态，由输出锁存器来确定。

（5）执行程序时所用的输入、输出状态值，取用于输入、输出映像寄存器的状态。

尽管 PLC 采用周期循环扫描的工作方式，而产生输入、输出响应滞后的现象，但只要使其一个扫描周期足够短，采样频率足够高，足以保证输入变量条件不变，即如果在第一个扫描周期内对某一输入变量的状态没有捕捉到，保证在第二个扫描周期执行程序时使其存在。这样完全符合实际系统的工作状态。从宏观上讲，我们认为 PLC 恢复了系统对输出变量控制的并行性。

扫描周期的长短和程序的长短有关，和每条指令执行时间长短有关。而后者又和指令的类型和 CPU 的主频即时钟有关。一般 PLC 的扫描周期均小于 50～60ms。

习题与思考题

1. PLC 有哪些基本组成部分？
2. 为什么说 PLC 是对继电器控制系统的仿真？
3. 梯形图与继电器控制电路图存在哪些差异？
4. PLC 的工作原理是什么？简述 PLC 的扫描工作过程。
5. 简述 PLC 用户程序的工作过程。有何特点？
6. PLC 输入、输出延迟响应产生的原因有哪些？
7. PLC 对输入输出的处理规则是什么？

第四章 S7-200 可编程序控制器的系统配置

西门子公司的 S7-200 PLC 是一种叠装式结构的小型 PLC。它指令丰富、功能强大、可靠性高、适应性好、结构紧凑、便于扩展、性能价格比高。

第一节 S7-200 PLC 系统的基本构成

S7-200 PLC 由基本单元（S7-200 CPU 模块）、个人计算机（PC）或编程器、STEP7-Micro/WIN32 编程软件以及通信电缆等构成，如图 4-1 所示。

一、基本单元（S7-200 CPU 模块）

基本单元（S7-200CPU 模块）也称为主机。由中央处理单元（CPU）、电源以及数字量输入输出单元组成。这些都被紧凑地安装在一个独立的装置中。基本单元可以构成一个独立的控制系统。

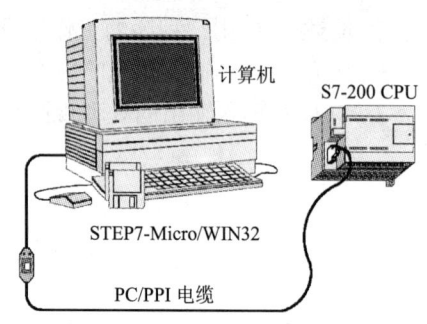

图 4-1 S7-200 PLC 系统的构成

在 CPU 模块的顶部端子盖内有电源及输出端子；在底部端子盖内有输入端子及传感器电源；在中部右侧前盖内有 CPU 工作方式开关（RUN/STOP）、模拟调节电位器和扩展 I/O 连接接口；在模块的左侧分别有状态 LED 指示灯、存储器卡，及通信口。如图 4-2 所示。

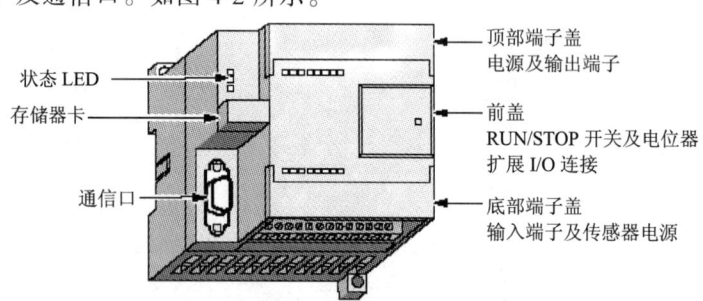

图 4-2 S7-200CPU 模块

输入端子、输出端子是 PLC 与外部输入信号、外部负载联系的窗口。

状态指示灯指示 CPU 的工作方式、主机 I/O 的当前状态、系统错误状态。存储器卡（EEPROM 卡）可以存储 CPU 程序。RS-485 串行通信接口的功能包括串行/并行数据的转换、通信格式的识别、数据传输的出错检验、信号电平的转换等。通信接口是 PLC 主机实现人—机对话、机—机对话的通道。通过它，PLC 可以和编程器、彩色图形显示器、打印机等外部设备相连，也可以和其他 PLC 或上位计算机连接。

输入输出扩展接口是 PLC 主机为了扩展输入输出点数和类型的部件。输入输出扩展接口有并行接口、串行接口和双口存储器接口等多种形式。

根据控制需要，PLC 主机可以通过输入输出扩展接口扩展系统。在 PLC 主机的右侧插上一块或几块扩展模块。例如，数字量输入输出扩展模块、模拟量输入输出扩展模块或智能输入输出扩展模块等。并用扩展电缆将它们连接起来。

图 4-3 中是一台 PLC 主机带一块扩展模块的结构。主机与扩展模拟之间由导轨连接固定。

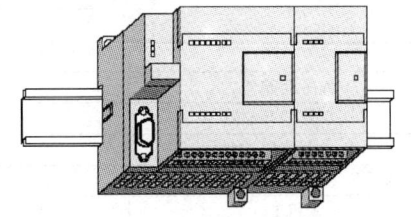

图 4-3 带有扩展模块的 S7-200 CPU 模块

S7-200 PLC 主机的型号规格种类较多，以适应不同需求的控制场合。近期西门子公司推出的 S7-200 CPU22X 系列产品有：CPU221 模块、CPU222 模块、CPU224 模块、CPU226 模块、CUP226XM 模块。CPU22X 系列产品指令丰富、速度快、具有较强的通信能力。例如，CPU226 模块的 I/O 总数为 40 点。其中输入点 24 点，输出点 16 点。可带 7 个扩展模块。用户程序存储器容量为 6.6K 字。内置高速计数器，具有 PID 控制器的功能。有 2 个高速脉冲输出端和 2 个 RS-485 通信口。具有 PPI 通信协议、MPI 通信协议和自由口协议的通信能力。运行速度快、功能强，适用于要求较高的中小型控制系统。

图 4-4 是 CPU226 AC/DC/继电器模块输入、输出单元的接线图。24 个数字量输入点分成两组。第一组由输入端子 I0.0～I0.7、I1.0～I1.4 共 13 个输入点组成，每个外部输入的开关信号均由各输入端子接出，经一个直流电源终至公共端 1M；第二组由输入端子 I1.5～I1.7、I2.0～I2.7 共 11 个输入点组成，每个外部输入信号由各输入端子接出，经一个直流电源至公共端 2M。由于是直流输入模块，所以采用直流电源作为检测各输入接点状态的电源。M、L+两个端子提供 DC24V/400mA 传感器电源，可以作为传感器的电源输出，也可以作为输入端的检测电源使用。16 个数字量输出点分成三组。第一组由输出端子 Q0.0～Q0.3 共 4 个输出点与公共端 1L 组成；第二组由输出端子 Q0.4～Q0.7、Q1.0 共 5 个输出点与公共端 2L 组成；第三组由输出端子 Q1.1～Q1.7 共 7 个输出点与公共端 3L 组成。每个负载的一端与输出点相连，另一端经电源与公共端相连。由于是继电器输出方式，所以既可带直流负载，也可带交流负载。负载的激励源由负载性质确定。输出端子排的右端 N、L1 端子是供电电源 AC120V/240V 输入端。该电源电压允许范围为 AC85～264V。该模块的直流输入电路和继电器输出电路，请参见本章第二节图 4-6、图 4-14。

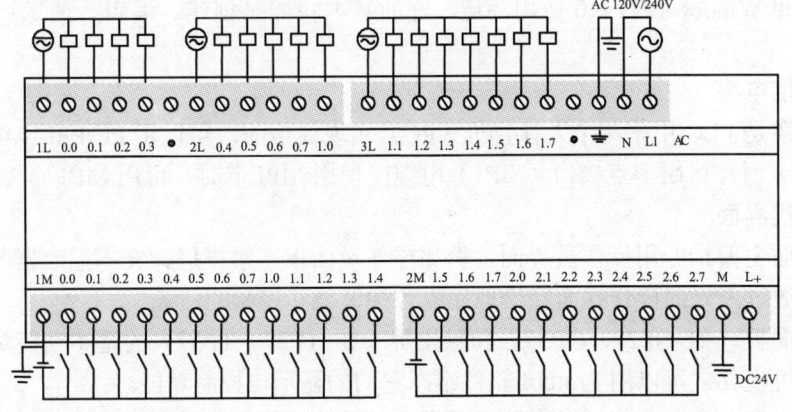

图 4-4 CPU226AC/DC/继电器模块输入、输出单元的接线图

S7-200CPU 模块的主要技术指标如表 4-1 所示。

表 4-1　S7-200CPU 模块主要技术指标

	CPU221	CPU222	CPU224	CPU226	CPU226XM
程序存储器	2048 字	2048 字	4096 字	4096 字	8192 字
用户数据存储器	1024 字	1024 字	2560 字	2560 字	5120 字
用户存储器类型	EEPROM				
数据后备（超级电容）典型时间	50h	50h	190h	190h	190h
本机 I/O	6 入/4 出	8 入/6 出	14 入/10 出	24 入/16 出	24 入/16 出
扩展模块数量	/	2 个	7 个	7 个	7 个
数字量 I/O 映像区大小	256（128 入/128 出）				
模拟量 I/O 映像区大小	无	16 入/16 出	32 入/32 出	32 入/32 出	32 入/32 出
33MHz 下布尔指令执行速度	0.37μs/指令				
内部继电器	256				
计数器/定时器	256/256				
顺序控制继电器	256				
内置高速计数器	4 个（30kHz）	4 个（30kHz）	6 个（30kHz）	6 个（30kHz）	6 个（30kHz）
模拟调节电位器	1	1	2	2	2
高速脉冲输出	2（20kHz，DC）				
脉冲捕捉	6 个	8 个	14 个	14 个	14 个
通信中断	每个端口有：1 发送/2 接收				
定时中断	2（1～255ms）				
硬件输入中断	4 个输入点				
实时时钟	有（时钟卡）	有（时钟卡）	有（内置）	有（内置）	有（内置）
口令保护	有				
通信口数量	1（RS-485）	1（RS-485）	2（RS-485）	2（RS-485）	2（RS-485）

二、个人计算机（PC）或编程器

个人计算机（PC）或编程器装上 STEP7-Micro/WIN32 编程软件后，即可供用户进行程序的编制、编辑、调试和监视等。

要求个人计算机（PC）的配置：CPU 为 80586 或更高的处理器，16MB 内存（最低要求为：CPU80486，8MB 内存）；VGA 显示器（分辨率 1024×768 像素）；硬盘空间至少 50MB；Microsoft Windows 所支持的鼠标。

三、STEP7-Micro/WIN32 编程软件

STEP7-Micro/WIN32 编程软件是基于 Windows 的应用软件，它支持 32 位 Windows95，Windows98 和 Windows NT4.0 使用环境。它的基本功能是创建、编辑、调试用户程序、组态系统等。

四、通信电缆

通信电缆是 PLC 用来与个人计算机（PC）实现通信的。可以用 PC/PPI 电缆；使用通信处理器（CP）时，可用多点接口（MPI）电缆；使用 MPI 卡时，可用 MPI 卡专用通信电缆。

五、人机界面

人机界面主要指专用操作员界面，例如操作员面板、触摸屏、文本显示器等，这些设备可以使用户通过友好的操作界面轻松地完成各种调整和控制的任务。

操作员面板（如 OP27，OP37）和触摸屏（如 TP27、TP37）的基本功能是过程状态和过程控制的可视化。可以用 Protool 软件组态它们的显示与控制功能。

文本显示器（如 TD200）的基本功能是文本信息显示和实施操作。在控制系统中可以设定和修改参数。可编程的 8 个功能键可以作为控制键，文本显示器还能扩展 PLC 的输入和输出端子数。

第二节　S7-200 PLC 的接口模块

S7-200 PLC 的接口模块有数字量模块、模拟量模块、智能模块等。

一、数字量模块

S7-200 主机的输入、输出点数不能满足控制的需要时，可以选配各种数字量模块来扩展，数字量模块有数字量输入模块、数字量输出模块和数字量输入输出模块。

（一）数字量输入模块

数字量输入模块的每一个输入点可接收一个来自用户设备的离散信号（ON/OFF），典型的输入设备有：按钮、限位开关、选择开关、继电器触点等。每个输入点与一个且仅与一个输入电路相连，通过输入接口电路把现场开关信号变成 CPU 能接收的标准电信号。数字量输入模块可分为直流输入模块和交流输入模块，以适应实际生产中输入信号电平的多样性。

1. 直流输入模块

直流输入模块（EM221 8×DC24V）有 8 个数字量输入端子。图 4-5 是直流输入模块端子的接线图，图中 8 个数字量输入点分成两组。1M、2M 分别是两组输入点内部电路的公共端，每组需用户提供一个 DC24V 电源。

直流输入模块的输入电路如图 4-6 所示。光耦合器隔离了输入电路与 PLC 内部电路的电气连接，使外部信号通过光耦合变成内部电路能接收的标准信号。当现场开关闭合后，外部直流电压经过电阻 R1 和阻容滤波后加到双

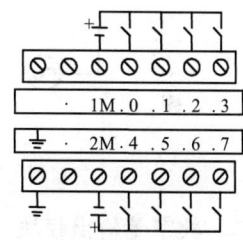

图 4-5　直流输入模块端子接线图

向光耦合器的发光二极管上，经光耦合，光敏晶体管接收光信号，并将接收的信号送入内部电路。在输入采样时送至输入映像寄存器。现场开关通/断状态，对应输入映像寄存器的 1/0 状态，即当现场开关闭合时，对应的输入映像寄存器为"1"状态；当现场开关断开时，对应的输入映像寄存器为"0"状态。当输入端的发光二极管（VL）点亮，即指示现场开关闭合。外部直流电源用于检测输入点的状态，其极性可以任意接入。

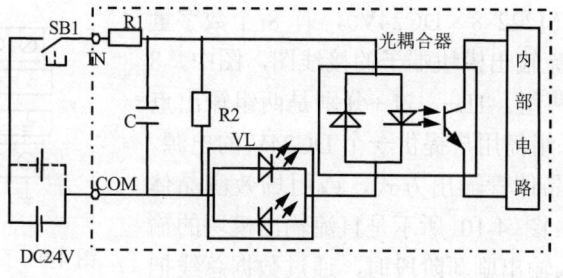

图 4-6　直流输入电路

图 4-6 中，电阻 R2 和电容 C 构成滤波电路，可滤掉输入信号的高频抖动。双向光耦合器起整流和隔离的双重作用，双向发光二极管 VL 用作状态指示。

2. 交流输入模块

交流输入模块（EM221 8×AC120V/230V）有 8 个分隔式数字量输入端子，交流输入模块端子接线图如图 4-7 所示。图中每个输入点都占用两个接线端子，它们各自使用 1 个独立的交流电源（由用户提供）。这些交流电源可以不同相。

交流输入模块的输入电路如图 4-8 所示。当现场开关闭合后，交流电源经 C、R2、双向光耦合器中的一个发光二极管，使发光二极管发光，经光耦合，光敏晶体管接收光信号，并将该信号送至 PLC 内部电路，供 CPU 处理。双向发光二极管 VL 指示输入状态。

为减少高频信号窜入，串接 R2、C 作为高频去耦电路。

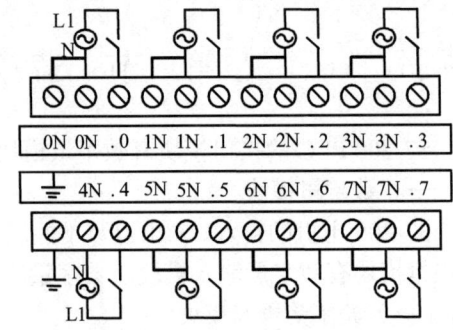

图 4-7 交流输入模块端子接线图

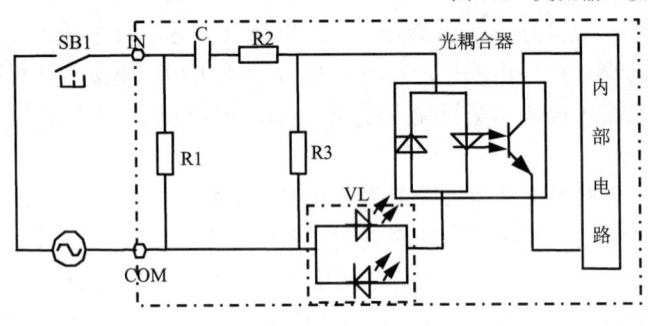

图 4-8 交流输入电路

（二）数字量输出模块

数字量输出模块的每一个输出点能控制一个用户的离散型（ON/OFF）负载。典型的负载包括：继电器线圈，接触器线圈、电磁阀线圈、指示灯等。每一个输出点与一个且仅与一个输出电路相连，通过输出电路把 CPU 运算处理的结果转换成驱动现场执行机构的各种大功率的开关信号。

由于现场执行机构所需电流是多种多样的，因而，数字量输出模块分为直流输出模块、交流输出模块、交直流输出模块三种。

1. 直流输出模块

直流输出模块（EM222 8×DC24V），有 8 个数字量输出点，图 4-9 是直流输出模块端子的接线图，图中，8 个数字量输出点分成两组。1L+、2L+分别是两组输出点内部电路的公共端，每组需用户提供一个 DC24V 的电源。

直流输出模块是晶体管输出方式，或用场效应晶体管（MOSFET）驱动。图 4-10 所示是直流输出模块的输出电路。当 PLC 进入输出刷新阶段时，通过数据总线把 CPU 的运算结果由输出映像寄存器集中传送给输出锁存器；输出锁存器的输出使光耦合器的发光二极管发光，光敏晶体管受光导通后，使场效应晶体管饱和导通，相应的直流负载在外部直流电源的激励下通电工作。当对应的输出映像寄存器为"1"状态时，负载在外部电源激励下通电工作；当对应的输出映像寄存器为"0"状态时，外部负载断电，停止工作。图 4-10 中光耦合器实现光隔

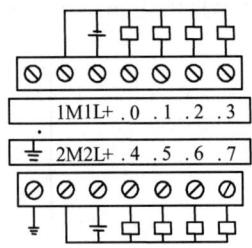

图 4-9 直流输出模块端子接线图

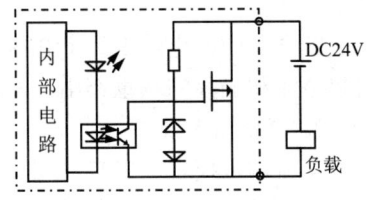

图 4-10 场效应晶体管输出电路

离,场效应晶体管作为功率驱动的开关器件,稳压管用于防止输出端过电压以保护场效应晶体管。发光二极管用于指示输出状态。

晶体管(或场效应晶体管)输出方式的特点是输出响应速度快。场效应晶体管的工作频率可达 20kHz。

2. 交流输出模块

交流输出模块(EM222 8×AC120V/230V),有 8 个分隔式数字量输出点,图 4-11 是交流输出模块端子接线图。图中每个输出点占用两个接线端子,

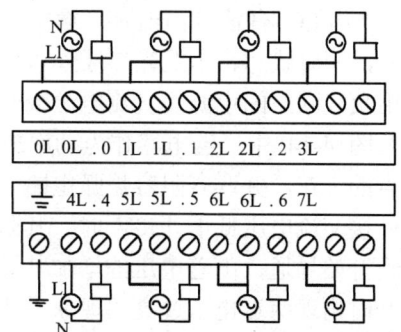

图 4-11 交流输出模块端子接线图

且它们各自都由用户提供一个独立的交流电源,这些交流电源可以不同相。

交流输出模块是晶闸管输出方式。其特点是输出启动电流大。当 PLC 有信号输出时,通过输出电路使发光二极管导通,通过光耦合使双向晶闸管导通,交流负载在外部交流电源的激励下得电。发光二极管 VL 点亮,指示输出有效。图 4-12 中,固态继电器(AC SSR)作为功率放大的开关器件,同时也是光电隔离器件,电阻 R2 和电容 C 组成高频滤波电路,压敏电阻为过电压保护作用,消除尖峰电压。

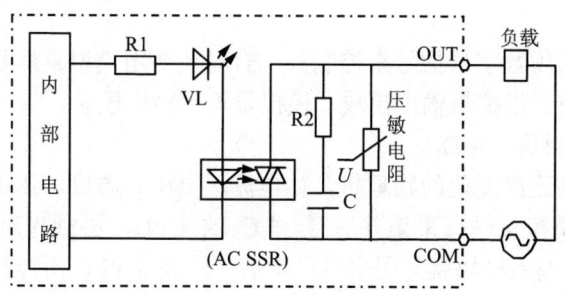

图 4-12 交流输出电路

3. 交直流输出模块

交直流输出模块(EM222 8×继电器)有 8 个输出点,分成两组,1L、2L 是每组输出点内部电路的公共端。每组需用户提供一个外部电源(可以是直流或交流电源)。图 4-13 是继电器输出模块端子接线图。

交直流输出模块是继电器输出方式,其输出电路如图 4-14 所示。

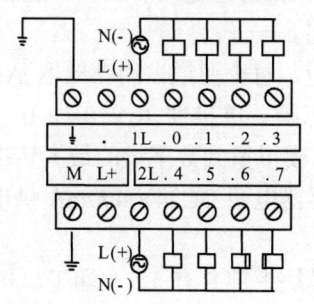

图 4-13 继电器输出模块端子接线图

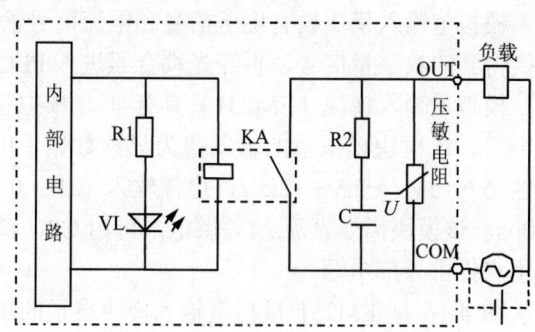

图 4-14 继电器输出电路

当 PLC 有信号输出时，输出接口电路使继电器线圈激励，继电器触点闭合使负载回路接通，同时状态指示发光二极管 VL 导通点亮。根据负载的性质（直流负载或交流负载）来选用负载回路的电源（直流电源或交流电源）。

图 4-14 中，继电器作为功率放大的开关器件，同时又是电气隔离器件。为消除继电器触点的火花，并联有阻容熄弧电路。在继电器的触点两端，还并联有金属氧化膜压敏电阻，当外接交流电压低于 150V 时，其阻值极大，视为开路；当外接交流电压为 150V 时，压敏电阻开始导通，随着电压的增加其导通程度迅速增加，以使电平被箝位，不使继电器触点在断开时出现两端电压过高的现象，从而保护了该触点。电阻 R1 和发光二极管 VL 组成输出状态显示电路。

继电器输出方式的特点是输出电流大（可达 2~4A），可带交流、直流负载，适应性强，但响应速度慢。

（三）数字量输入输出模块

S7-200 PLC 配有数字量输入输出模块（EM223）。在一块模块上既有数字量输入点又有数字量输出点，这种模块称为组合模块或输入输出模块。数字量输入输出模块的输入电路及输出电路的类型与上述介绍的相同。在同一块模块上，输入、输出电路类型的组合有多种多样，用户可根据控制需求选用。有了数字量组合模块可使系统配置更加灵活。

二、模拟量模块

工业控制中，除了用数字量信号来控制外，有时还要用模拟量信号来进行控制。模拟量模块有模拟量输入模块、模拟量输出模块、模拟量输入输出模块。

（一）模拟量输入模块（A/D）

模拟量信号是一种连续变化的物理量，如电流、电压、温度、压力、位移、速度等。工业控制中，要对这些模拟量进行采集并送给 PLC 的 CPU，必须先对这些模拟量进行模/数（A/D）转换。模拟量输入模块就是用来将模拟信号转换成 PLC 所能接受的数字信号的。生产过程的模拟信号是多种多样的，类型和参数大小也不相同，所以，一般先用现场信号变送器把它们变换成统一的标准信号（如 4~20mA 的直流电流信号、1~5V 的直流电压信号等），然后再送入模拟量输入模块将模拟量信号转换成数字量信号，以便 PLC 的 CPU 进行处理。

模拟量输入模块一般由滤波、模/数（A/D）转换，光耦合器等部分组成，如图 4-15 所示。光耦合器有效地防止了电磁干扰，对多通道的模拟量输入单元，通常设置多路转换开关进行通道的切换，且在输出端设置信号寄存器。

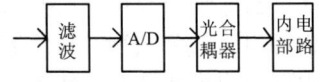

图 4-15 模拟量输入模块框图

模拟量输入模块设有电压信号和电流信号输入端。输入信号经滤波、放大、模/数（A/D）转换得到的数字量信号，再经光耦合器进入 PLC 内部电路。

模拟量输入模块（EM231）具有 4 个模拟量输入通道。每个通道占用存储器 AI 区域 2 个字节。该模块模拟量的输入值为只读数据。电压输入范围：单极性 0~10V，0~5V；双极性-5~+5V，-2.5~+2.5V，电流输入范围：0~20mA。模拟量到数字量的最大转换时间为 250μs。该模块需要直流 24V 供电。可由 CPU 模块的传感器电源 DC24V/400mA 供电，也可由用户提供外部电源。

图 4-16 是 EM231 模拟量输入模块端子的接线图。模块上部共有 12 个端子，每 3 个点为一组（例 RA、A+、A-）可作为一路模拟量的输入通道，共 4 组，对于电压信号只用两个端子（如图 4-16 中的 A+、A-），电流信号需用 3 个端子（如图 4-16 中的 RC，C+，C-），其

中 RC 与 C+端子短接。对于未用的输入通道应短接（如图 4-16 中的 B+、B-）。模块下部左端 M、L+ 两端应接入 DC24V 电源，右端分别是校准电位器和配置设定开关（DIP）。

模拟量输入模块的分辨率通常以 A/D 转换后的二进制数数字量的位数来表示，模拟量输入模块（EM231）的输入信号经 A/D 转换后的数字量数据值是 12 位二进制数。数据值的 12 位在 CPU 中的存放格式如图 4-17 所示。最高有效位是符号位：0 表示正值数据，1 表示负值数据。

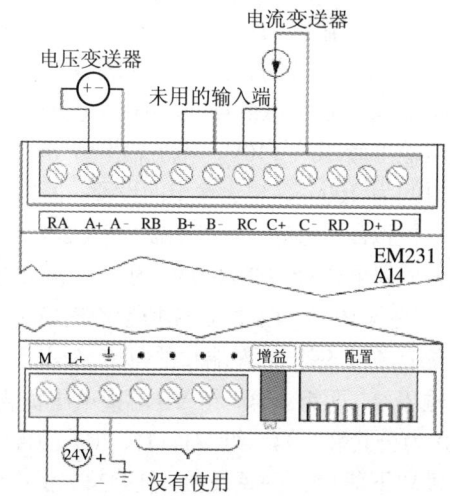

图4-16　EM231模拟量模块端子接线图

1. 单极性数据格式

对于单极性数据，其 2 个字节的存储单元的低 3 位均为 0，数据值的 12 位（单极性数据）是存放在第 3～14 位区域。这 12 位数据的最大值应为 $2^{15}-8=32760$。EM231 模拟量输入模块 A/D 转换后的单极性数据格式的全量程范围设置为 0～32000。差值 32760-32000=760 则用于偏置/增益，由系统完成。由于第 15 位为 0，表示是正值数据。

2. 双极性数据格式

对于双极性数据，存储单元（2 个字节）的低 4 位均为 0，数据值的 12 位（双极性数据）是存放在第 4～15 位区域。最高有效位是符号位，双极性数据格式的全量程范围设置为 -32000～+32000。

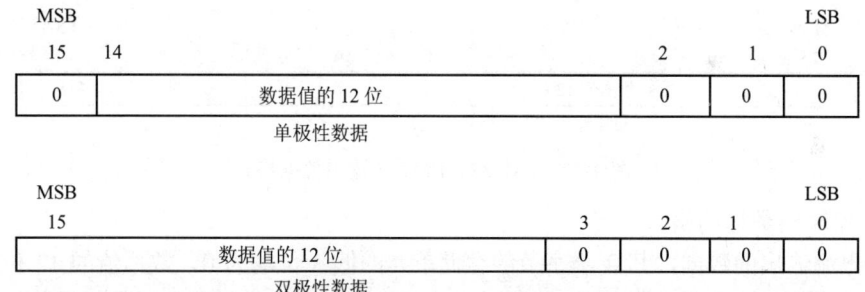

图 4-17　EM231、EM235 输入数据格式

（二）模拟量输出模块（D/A）

在工业控制中，有些现场设备需要用模拟量信号控制，例如，电动阀门、液压电磁阀等执行机构，需要用连续变化的模拟信号来控制或驱动。这就要求把 PLC 输出的数字量变换成模拟量，以满足这些设备的需求。

模拟量输出模块的作用就是把 PLC 输出的数字量信号转换成相应的模拟量信号，以适应模拟量控制的要求。模拟量输出模块一般由光耦合器、数/模（D/A）转换器和信号驱动等环节组成。如图 4-18 所示。光耦合器可有效地防止电磁干扰。

PLC 输出的若干位数字量信号由内部电路送至光耦合器的输入端，经光耦合后的数字信号，再进入数/模（D/A）转换器，转换后的直流模拟量信号经运算放大器放大后驱动输出。通常模拟量输出模块提供电压输出和电流输出。

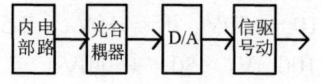

图 4-18　模拟量输出模块框图

模拟量输出模块（EM232）具有 2 个模拟量输出通道。每个输出通道占用存储器 AQ 区域 2 个字节。该模块输出的模拟量可以是电压信号，也可以是电流信号。输出信号的范围：电压输出为-10～+10V，电流输出为 0～20mA。电压输出的设置时间为 100μs，电流输出的设置时间为 2ms。用户程序无法读取模拟量输出值。该模块需要 DC24V 供电。可由 CPU 模块的传感器电源 DC24V/400mA 供电，也可由用户外部提供电源。

图 4-19 是 EM232 模拟量输出模块的端子接线图。模块上部有 7 个端子，左端起的每 3 个点为一组，作为一路模拟量输出，共两组。第一组 V0 端接电压负载、I0 端接电流负载，M0 为公共端。第二组 V1、I1、M1 的接法与第一组类同。输出模块下部 M、L+两端接入 DC24V 供电电源。

模拟量输出模块的分辨率通常以 D/A 转换前待转换的二进制数数字量的位数表示，PLC 运算处理后的 12 位数字量信号（BIN 数）在 CPU 中存放的格式如图 4-20 所示。最高有效位是符号位：0 表示是正值数据，1 表示是负值数据。

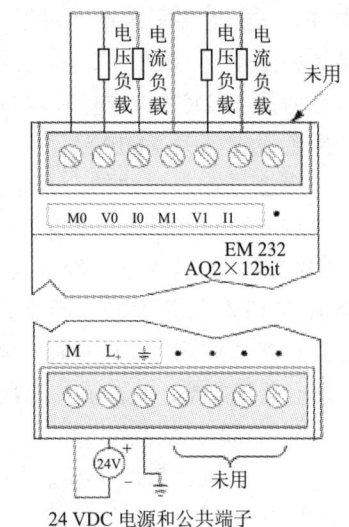

图 4-19 EM232 模拟量输出
模块端子接线图

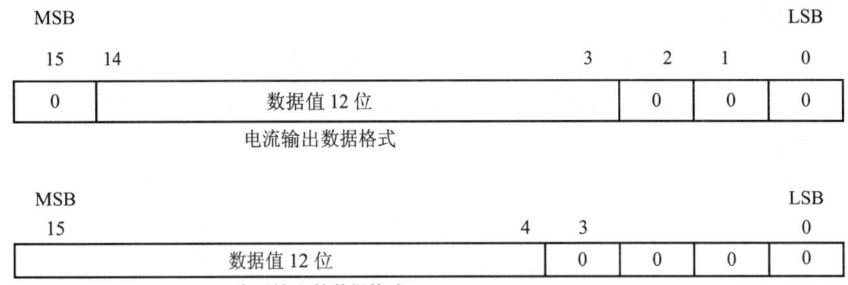

图 4-20 EM232、EM235 输出数据格式

1. 电流输出数据的格式

对于电流输出的数据，其 2 个字节的存储单元的低 3 位均为 0，数据值的 12 位是存放在第 3～14 位区域。电流输出数据格式为 0～+32000。第 15 位为 0，表示是正值数据字。

2. 电压输出数据的格式

对于电压输出的数据，其 2 个字节的存储单元的低 4 位均为 0，数据值的 12 位是存放在第 4～15 位区域。电压输出数据格式为-32000～+32000。

（三）模拟量输入输出模块

S7-200 还配有模拟量输入输出模块（EM235）。

模拟量输入输出模块（EM235）具有 4 个模拟量输入通道、1 个模拟量输出通道。该模块的模拟量输入功能同 EM231 模拟量输入模块，技术参数基本相同。只是电压输入范围有所不同，单极性为 0～10V、0～5V、0～1V、0～500mV、0～100mV、0～50mV。双极性为 -10～+10V、-5～+5V、-2.5～+2.5V、-1～+1V、-500～+500mV、-250～+250mV、-100～+100mV、-50～+50mV、-25～+25mV。

该模块的模拟量输出功能同 EM232 模拟量输出模块。技术参数也基本相同。

该模块需要 DC24V 供电。可由 CPU 模块的传感器电源 DC24V/400mA 供电。也可由用户提供外部电源。

三、智能模块

为了满足更加复杂的控制功能的需求，PLC 还配有多种智能模块，以适应工业控制的多种需求。

智能模块由处理器、存储器、输入输出单元、外部设备接口等组成。智能模块都有其自身的处理器，它是一个独立的自治系统，不依赖于主机的运行方式而独立运行。智能模块在自身系统程序的管理下，对输入的控制信号进行检测、处理和控制，并通过外部设备接口与 PLC 主机实现通信。主机运行时，每个扫描周期都要与智能模块交换信息，以便综合处理。这样，智能模块用来完成特定的功能，而 PLC 只是对智能模块的信息进行综合处理。以便使 PLC 可以处理其他更多的工作。

常见的智能模块有：PID 调节模块、高速计数器模块、温度传感器模块等。

PID 调节模块能独立完成过程控制中闭环回路的 PID 运算功能。PLC 主机与之交换信息时，把调整参数、设定值传送给 PID 调节模块。这样，主机可免于频繁的输入输出操作和复杂的运算工作。

高速计数器模块专门对现场的高速脉冲信号计数。PLC 主机与之交换信息时，读出高速计数器的计数值，进行综合处理。

由于 PLC 主机的计数操作要受扫描速度的影响，当计数频率很高，计数脉冲信号宽度小于扫描周期时，会发生计数脉冲的丢失。这时，只有使用高速计数器模块进行计数。因为它是脱离 PLC 主机的扫描周期而独立进行计数操作的，所以它能准确地对高速脉冲信号进行计数操作。

温度传感器模块用于生产过程中的温度检测。它由信号转换、A/D 转换、光耦合等部分组成。配以热电偶或热电阻检测温度时，它将热电动势或热电阻的模拟信号转换为数字信号送 PLC 进行综合处理。此外，温度传感器模块还能对热电偶进行冷端补偿，对热电阻的非线性进行处理。

此外，还有高速脉冲输出模块、位置控制模块、阀门控制模块、通信模块等类型。智能模块为 PLC 的功能扩展和性能提高提供了极为有利的条件。随着智能模块品种的增加，PLC 的应用领域也将越来越广泛，PLC 的主机最终将变为一个中央信息处理机，对与之相连的各种智能模块的信息进行综合处理。

第三节 S7-200 PLC 的系统配置

S7-200 PLC 任一型号的主机，都可单独构成基本配置，作为一个独立的控制系统。S7-200 PLC 各型号主机的 I/O 配置是固定的，它们具有固定的 I/O 地址。

可以采用主机带扩展模块的方法扩展 S7-200 PLC 的系统配置。采用数字量模块或模拟量模块可扩展系统的控制规模；采用智能模块可扩展系统的控制功能。S7-200 主机带扩展模块进行扩展配置时会受到相关因素的限制。

一、允许主机所带扩展模块的数量

各类主机可带扩展模块的数量是不同的。CPU221 模块不允许带扩展模块；CPU222 模块最多可带 2 个扩展模块；CPU224 模块、CPU226 模块、CPU226XM 模块最多可带 7 个扩展模块，且 7 个扩展模块中最多只能带 2 个智能扩展模块。

二、CPU 输入、输出映像区的大小

（一）数字量 I/O 映像区的大小

S7-200 PLC 各类主机提供的数字量 I/O 映像区区域为：128 个输入映像寄存器（I0.0～I15.7）和 128 个输出映像寄存器（Q0.0～Q15.7），最大 I/O 配置不能超出此区域。

PLC 系统配置时，要对各类输入、输出模块的输入、输出点进行编址。主机提供的 I/O 具有固定的 I/O 地址。扩展模块的地址由 I/O 模块类型及模块在 I/O 链中的位置决定。编址时，按同类型的模块对各输入点（或输出点）顺序编址。数字量输入、输出映像区的逻辑空间是以 8 位（1 个字节）为递增的。编址时，对数字量模块物理点的分配也是按 8 点来分配地址的。即使有些模块的端子数不是 8 的整数倍，但仍以 8 点来分配地址。例如，4 入/4 出模块也占用 8 个输入点和 8 个输出点的地址，那些未用的物理点地址不能分配给 I/O 链中的后续模块，那些与未用物理点相对应的 I/O 映像区的空间就会丢失。对于输出模块，这些丢失的空间可用来作内部标志位存储器；对于输入模块却不可，因为每次输入更新时，CPU 都对这些空间清零。

（二）模拟量 I/O 映像区的大小

主机提供的模拟量 I/O 映像区区域为：CPU222 模块，16 入/16 出；CPU224 模块、CPU226 模块、CPU226XM 模块，32 入/32 出，模拟量的最大 I/O 配置不能超出此区域。模拟量扩展模块总是以 2 个通道递增的方式来分配空间。

数字量、模拟量 I/O 映像区有效地址的范围参见第五章第二节表 5-5。

现选用 CPU226 模块作为主机进行系统的 I/O 配置，如表 4-2 所示。

表 4-2 CPU226 模块的 I/O 配置及地址分配

主机	模块 0	模块 1	模块 2	模块 3
CPU226	8IN	4IN/4OUT	4AI/1AQ	4AI/1AQ
I0.0 Q0.0	I3.0	I4.0 Q2.0	AIW0 AQW0	AIW8 AQW4
I0.1 Q0.1	I3.1	I4.1 Q2.1	AIW2	AIW10
I0.2 Q0.2	I3.2	I4.2 Q2.2	AIW4	AIW12
I0.3 Q0.3	I3.3	I4.3 Q2.3	AIW6	AIW14
I0.4 Q0.4	I3.4			
I0.5 Q0.5	I3.5			
I0.6 Q0.6	I3.6			
I0.7 Q0.7	I3.7			
I1.0 Q1.0				
I1.1 Q1.1				
I1.2 Q1.2				
I1.3 Q1.3				
I1.4 Q1.4				
I1.5 Q1.5				
I1.6 Q1.6				
I1.7 Q1.7				
I2.0				
I2.1				
I2.2				
I2.3				
I2.4				
I2.5				
I2.6				
I2.7				

CPU226 模块可带 7 块扩展模块，表中 CPU226 模块带了 4 块扩展模块。CPU226 模块提供的主机 I/O 点有 24 个数字量输入点和 16 个数字量输出点。

模块 0 是一块具有 8 个输入点的数字量扩展模块。

模块 1 是一块 4IN/4OUT 的数字量扩展模块，实际上它却占用了 8 个输入点地址和 8 个输出点地址，即（I4.0～I4.7、Q2.0～Q2.7）。其中输入点地址（I4.4～I4.7）、输出点地址（Q2.4～Q2.7）由于没有提供相应的物理点与之相对应，那么与之对应的输入映像寄存器（I4.4～I4.7）、输出映像寄存器（Q2.4～Q2.7）的空间就被丢失了，且不能分配给 I/O 链中的后续模块。由于输入映像寄存器（I4.4～I4.7）在每次输入更新时都被清零，因此不能用作内部标志位存储器，而输出映像寄存器（Q2.4～Q2.7）可以作为内部标志位存储器使用。

模块 2、模块 3 是具有 4 个输入通道和 1 个输出通道的模拟量扩展模块。由于模拟量扩展模块是以 2 个通道递增的方式来分配空间，因而它们却分别占用了 4 个输入通道的地址和 2 个输出通道的地址。

三、内部电源的负载能力

（一）PLC 内部 DC+5V 电源的负载能力

CPU 模块和扩展模块正常工作时，需要 DC+5V 工作电源。S7-200 PLC 内部电源单元提供的 DC+5V 电源为 CPU 模块和扩展模块提供了工作电源。其中扩展模块所需的 DC+5V 工作电源是由 CPU 模块通过总线连接器提供的。CPU 模块向其总线扩展接口提供的电流值是有限制的。在配置扩展模块时，应注意 CPU 模块所提供 DC+5V 电源的负载能力。电源超载会发生难以预料的故障或事故。为确保电源不超载，应使各扩展模块消耗 DC+5V 电源的电流总和不超过 CPU 模块所提供的电流值。否则的话，要对系统重新配置。

S7-200 各类主机（CPU 模块），为扩展模块所能提供 DC+5V 电源的最大电流和各扩展模块对 DC+5V 电源的电流消耗，如表 4-3 所示。

表 4-3　S7-200CPU 模块所提供的电流

CPU22X 为扩展 I/O 提供的 DC+5V 电源的最大电流/mA		扩展模块对 DC+5V 电源的电流消耗/mA	
CPU 222	340	EM221 DI8×DC24V	30
CPU 224	660	EM222 DO8×DC24V	50
CPU 226	1000	EM222 DO8×继电器	40
		EM223 DI4/DO4×DC24V	40
		EM223 DI4/DO4×DC24V/继电器	40
		EM223 DI8/DO8×DC24V	80
		EM223 DI8/DO8×DC24V/继电器	80
		EM223 DI16/DO16×DC24V	160
		EM223 DI16/DO16×DC24V/继电器	150
		EM231 AI4×12 位	20
		EM231 AI4×热电偶	60
		EM231 AI4×RTD	60
		EM232 AQ2×12 位	20
		EM235 AI4/AQ1×12 位	30
		EM277 PROFIBUS-DP	150

系统配置后，必须对 S7-200 主机内部的 DC+5V 电源的负载能力进行校验。

（二）PLC 内部 DC+24V 电源的负载能力

S7-200 主机的内部电源单元除了提供 DC+5V 电源外，还提供 DC+24V 电源。DC+24V 电源也称为传感器电源，它可以作为 CPU 模块和扩展模块用于检测直流信号输入点状态的 DC24V 电源，如果用户使用传感器的话，也可作为传感器的电源。一般情况下，CPU 模块和扩展模块的输入、输出点所用的 DC24V 电源是由用户外部提供。如果使用 CPU 模块内部的 DC24V 电源的话，应注意该 DC24V 电源的负载能力。使 CPU 模块及各扩展模块所消耗电流的总和不超过该内部 DC24V 电源所提供的最大电流（400mA）。

使用时，若需用户提供外部电源（DC24V）的话，应注意电源的接法：主机的传感器电源与用户提供的外部 DC24V 电源不能采用并联连接，否则将会导致两个电源的竞争而影响它们各自的输出。这种竞争的结果要缩短设备的寿命，或者使得一个电源或两者同时失效，并且使 PLC 系统产生不正确的操作。

习题与思考题

1. 叠装式 PLC 系统的配置有什么特点？
2. S7-200 的接口模块有多少种类？各有什么用途？
3. 简述 S7-200 PLC 系统的基本构成。
4. S7-200CPU22X 系列有哪些产品？
5. 常用的 S7-200 的扩展模块有哪些？各适用于什么场合？
6. 画出 CPU226AC/DC/继电器模块输入/输出单元的接线图。
7. CPU226 主机扩展配置时，应考虑哪些因素？I/O 是如何编址的？
8. 某 PLC 控制系统，经估算需要数字量输入点 37 个；数字量输出点 30 个；模拟量输入通道 6 个；模拟量输出通道 2 个。请选择 S7-200 PLC 的机型及其扩展模块，要求按空间分布位置对主机及各模块的输入、输出点进行编址（参见表 4-2），并对主机内部的 DC5V 电源的负载能力进行校验。

第五章　S7-200 可编程序控制器的指令系统

第一节　S7-200 PLC 编程的基本概念

一、编程语言

S7-200 PLC 有两种指令集：IEC 1131—3 指令集和 SIMATIC 指令集。

IEC 1131—3 指令集是国际电工委员会（IEC）制定的 PLC 国际标准 1131—3 Programming Language（编程语言）中推荐的标准语言。IEC 1131—3 指令集支持系统完全数据类型检查。使用 IEC 1131—3 指令集，只能用梯形图（LAD）和功能块图（FBD）编程语言编程。通常 IEC 1131—3 指令集的指令执行时间较长。

SIMATIC 指令集是西门子公司为 S7-200 PLC 设计的编程语言。该指令集中，大多数指令也符合 IEC1131—3 标准。SIMATIC 指令集不支持系统完全数据类型检查。使用 SIMATIC 指令集，可以用梯形图（LAD）、功能块图（FBD）和语句表（STL）编程语言编程。通常 SIMATIC 指令集的指令执行时间短。本章着重介绍 SIMATIC 指令集。

梯形图（LAD）和功能块图（FBD）是一种图形语言。语句表（STL）是一种类似于汇编语言的文本型语言。

（一）梯形图（LAD）编程语言

梯形图（LAD）是与电气控制电路图相呼应的图形语言。它沿用了继电器、触点、串并联等术语和类似的图形符号，并简化了符号，还增加了一些功能性的指令。梯形图是融逻辑操作、控制于一体，面向对象的、实时的、图形化的编程语言。梯形图信号流向清楚、简单、直观、易懂，很适合电气工程人员使用。梯形图（LAD）在 PLC 中用得非常普遍，通常各厂家，各型号 PLC 都把它作为第一用户语言。

（二）功能块图（FBD）

功能块图（FBD）类似于普通逻辑功能图，它沿用了半导体逻辑电路的逻辑框图的表达方式。一般用一种功能方框表示一种特定的功能，框图内的符号表达了该功能块图的功能。

功能块图（FBD），是图形化的高级编程语言。通过软连接的方法把所需的功能块图连接起来，用于实现系统的控制。功能块图（FBD）的表示格式有利于程序流的跟踪。

功能块图有基本逻辑功能、计时和计数功能、运算和比较功能和数据传送功能等。功能块图通常有若干个输入端和若干个输出端。输入端是功能块图的条件，输出端是功能块图的运算结果。

图 5-1 中，功能块图（FBD），没有触点和线圈，也没有左、右母线的概念。但"能流"的术语仍适用于功能块图。

功能块图（FBD）与梯形图（LAD）可以互相转换。有时，功能块图（FBD）和梯形图（LAD）的指令是一样的。

对于熟悉逻辑电路和具有逻辑代数基础的技术人员来说，使用功能块图（FBD）编程是非常方便的。

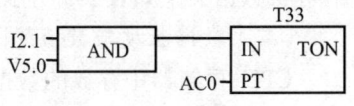

图 5-1　功能块图（FBD）

（三）语句表（STL）

语句表（STL）是用助记符来表达 PLC 的各种控制功能的。它类似于计算机的汇编语言，但比汇编语言直观易懂，编程简单，因此也是应用很广泛的一种编程语言。这种编程语言可使用简易编程器编程，但比较抽象，一般与梯形图语言配合使用，互为补充。目前，大多数 PLC 都有语句表编程功能，但各厂家生产的 PLC 语句表（STL）所用的助记符互不相同，不能兼容。

通常梯形图（LAD）程序、功能块图（FBD）程序、语句表（STL）程序可有条件的方便地转换。但是，语句表（STL）可以编写用梯形图（LAD）或功能块图（FBD）无法实现的程序。

熟悉 PLC 和逻辑编程的有经验的程序员最适合使用语句表（STL）语言编程。

二、数据类型

（一）基本数据类型及数据类型检查

1. 基本数据类型

S7-200 PLC 的指令参数所用的基本数据类型有 1 位布尔型（BOOL）、8 位字节型（BYTE）、16 位无符号整数（WORD）、16 位有符号整数（INT）、32 位无符号双字整数（DWORD）、32 位有符号双字整数（DINT）、32 位实数型（REAL）。

实数型（REAL）是按照 ANSI/IEEE 754—1985 标准（单精度）的表示格式规定。

2. 数据类型检查

PLC 对数据类型检查有助于避免常见的编程错误。数据类型检查分为三级：完全数据类型检查、简单数据类型检查和无数据类型检查。

S7-200 PLC 的 SIMATIC 指令集不支持完全数据类型检查。使用局部变量时，执行简单数据类型检查；使用全局变量时，指令操作数为地址而不是可选的数据类型时，执行无数据类型检查。

完全数据类型检查时，用户选定的数据类型和等价的数据类型如表 5-1 所示。

简单数据类型检查时用户选定的数据类型和等价的数据类型如表 5-2 所示。

表 5-1

用户选定的数据类型	等价的数据类型
BOOL	BOOL
BYTE	BYTE
WORD	WORD
INT	INT
DWORD	DWORD
DINT	DINT
REAL	REAL

表 5-2

用户选定的数据类型	等价的数据类型
BOOL	BOOL
BYTE	BYTE
WORD	WORD, INT
INT	WORD, INT
DWORD	DWORD, DINT
DINT	DWORD, DINT
REAL	REAL

在无数据类型检查时，用户选定地址与分配的等价数据类型如表 5-3 所示。

表 5-3

用户选定的地址	分配的等价数据类型
V0.0	BOOL
VB0	BYTE
VW0	WORD, INT
VD0	DWORD, DINT, REAL

（二）数据长度与数值范围

CPU 存储器中存放的数据类型可分为 BOOL、BYTE、WORD、INT、DWORD、DINT、REAL。不同的数据类型具有不同的数据长度和数值范围。在上述数据类型中，用字节（B）型、字（W）型、双字（D）型分别表示 8 位、16 位、32 位数据的数据长度。不同的数据长度对应的数值范围如表 5-4 所示。例如，数据长度为字（W）型的无符号整数（WORD）的数值范围为 0～65535。不同数据长度的数值所能表示的数值范围是不同的。

表 5-4　数据长度与数值

数据长度	无符号数		有符号数	
	十进制	十六进制	十进制	十六进制
B（字节型）8 位值	0～255	0～FF		
W（字型）16 位值	0～65535	0～FFFF	-32768～32767	8000～7FFF
D（双字型）32 位值	0～4294967295	0～FFFF FFFF	-2147483648～2147483647	8000 0000～7FFF FFFF
R（实数型）32 位值	$-10^{38} \sim +10^{38}$			

SIMATIC 指令集中，指令的操作数是具有一定的数据长度。如整数乘法指令的操作数是字型数据；数据传送指令的操作数可以是字节或字或双字型数据。由于 S7-200 SIMATIC 指令集不支持完全数据类型检查。因此编程时应注意操作数的数据类型和指令标识符相匹配。

三、存储器区域

PLC 的存储器分为程序区、系统区、数据区。

程序区用于存放用户程序，存储器为 EEPROM。

系统区用于存放有关 PLC 配置结构的参数，如 PLC 主机及扩展模块的 I/O 配置和编址、配置 PLC 站地址，设置保护口令、停电记忆保持区、软件滤波功能等，存储器为 EEPROM。

数据区是 S7-200 CPU 提供的存储器的特定区域。它包括输入映像寄存器（I）、输出映像寄存器（Q）、变量存储器（V）、内部标志位存储器（M）、顺序控制继电器存储器（S）、特殊标志位存储器（SM）、局部存储器（L）、定时器存储器（T）、计数器存储器（C）、模拟量输入映像寄存器（AI）、模拟量输出映像寄存器（AQ）、累加器（AC）、高速计数器（HC）。数据区空间是用户程序执行过程中的内部工作区域。数据区使 CPU 的运行更快、更有效。存储器为 EEPROM 和 RAM。

用户对程序区、系统区和部分数据区进行编辑，编辑后写入 PLC 的 EEPROM。RAM 为 EEPROM 存储器提供备份存储区，用于 PLC 运行时动态使用。RAM 由大容量电容作停电保持。

（一）数据区存储器的地址表示格式

存储器是由许多存储单元组成，每个存储单元都有惟一的地址，可以依据存储器地址来存取数据。数据区存储器地址的表示格式有位、字节、字、双字地址格式。

1. 位地址格式

数据区存储器区域的某一位的地址格式是由存储器区域标识符、字节地址及位号构成，例 V5.4 表示图 5-2 中黑色标记的位地址。V 是变量存储器的区域标识符，5 是字节地址，4 是位号，在字节地址 5 与位号 4 之间用点号"."隔开。

2. 字节、字、双字地址格式

数据区存储器区域的字节、字、双字地址格式由区域标识符、数据长度以及该字节、字或双字的起始字节地址构成。图 5-3 中，用 VB100、VW100、VD100 分别表示字节、字、双字的地址。VW100 由 VB100、VB101 两个字节组成；VD100 由 VB100～VB103 四个字节组成。

3. 其他地址格式

数据区存储器区域中，还包括定时器存储器（T）、计数器存储器（C）、累加器（AC）、高速计数器（HC）等，它们是模拟相关的电器元件的。它们的地址格式为：区域标识符和元件号，例 T24 表示某定时器的地址，T 是定时器的区域标识符，24 是定时器号。

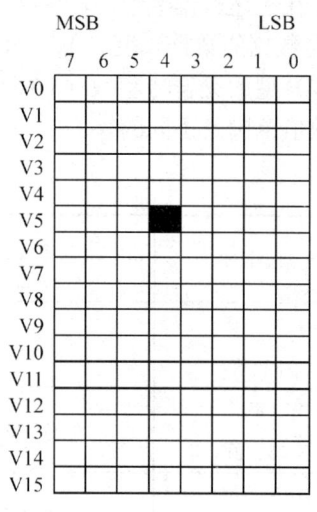

图 5-2 存储器中的位地址

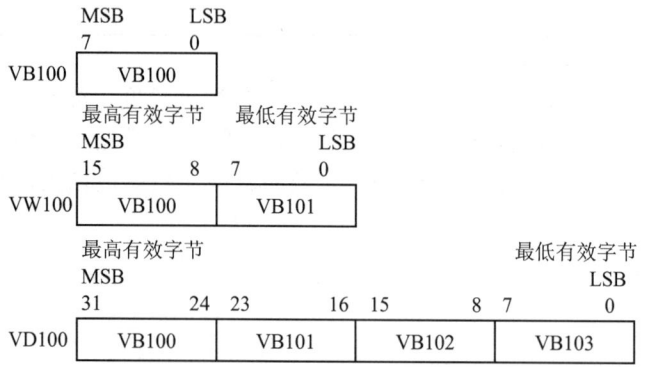

图 5-3 存储器中的字节、字、双字地址

（二）数据区存储器区域

1. 输入/输出映像寄存器（I/Q）

（1）输入映像寄存器（I）

PLC 的输入端子是从外部接收输入信号的窗口。每一个输入端子与输入映像寄存器（I）的相应位相对应。输入点的状态，在每次扫描周期开始（或结束）时进行采样，并将采样值存于输入映像寄存器，作为程序处理时输入点状态的依据。输入映像寄存器的状态只能由外部输入信号驱动，而不能在内部由程序指令来改变。输入映像寄存器（I）的地址格式为：

位地址：I［字节地址］.［位地址］，如 I0.1。

字节、字、双字地址：I［数据长度］［起始字节地址］，如 IB4、IW6、ID10。

CPU226 模块输入映像寄存器的有效地址范围为：I（0.0～15.7）；IB（0～15）；IW（0～14）；ID（0～12）。

（2）输出映像寄存器（Q）

每一个输出模块的端子与输出映像寄存器的相应位相对应。CPU 将输出判断结果存放在输出映像寄存器中，在扫描周期的结尾，CPU 以批处理方式将输出映像寄存器的数值复制到相应的输出端子上。通过输出模块将输出信号传送给外部负载。可见，PLC 的输出端子是 PLC 向外部负载发出控制命令的窗口。输出映像寄存器（Q）地址格式为：

位地址：Q [字节地址].[位地址]，如 Q1.1；

字节、字、双字地址：Q [数据长度][起始字节地址]，如 QB5、QW8、QD11。

CPU226 模块输出映像寄存器的有效地址范围为：Q (0.0~15.7)；QB (0~15)；QW (0~14)；QD (0~12)。

I/O 映像区实际上就是外部输入输出设备状态的映像区，PLC 通过 I/O 映像区的各个位与外部物理设备建立联系。I/O 映像区每个位都可以映像输入、输出单元上的每个端子状态。

在程序的执行过程中，对于输入或输出的存取通常是通过映像寄存器，而不是实际的输入、输出端子。S7-200 CPU 执行有关输入输出程序时的操作过程如图 5-4 所示。

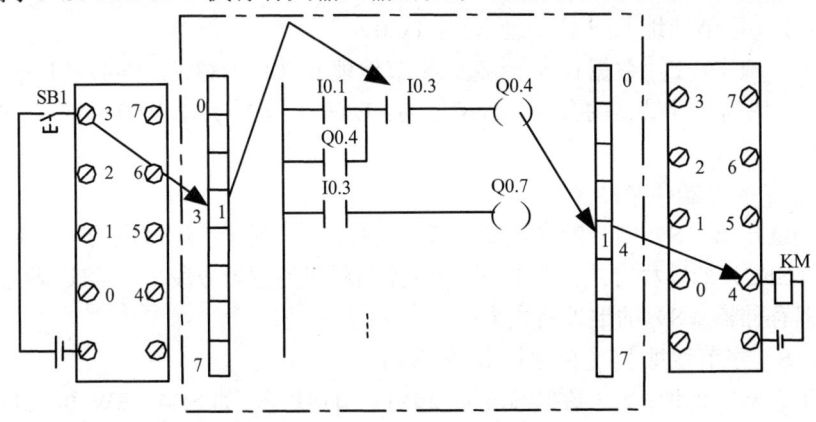

图 5-4　S7-200 CPU 输入、输出的操作

梯形图中的输入继电器，输出继电器的状态是对应于输入/输出映像寄存器相应位的状态。使得系统在程序执行期间完全与外界隔开，从而提高了系统的抗干扰能力。建立了 I/O 映像区，用户程序存取映像寄存器中的数据要比存取输入、输出物理点要快得多，加速了运算速度。此外，外部输入点的存取只能按位进行，而 I/O 映像寄存器的存取可按位、字节、字、双字进行，因而使操作更快更灵活。

2. 内部标志位存储器（M）

内部标志位存储器（M）也称内部线圈，是模拟继电器控制系统中的中间继电器，它存放中间操作状态，或存储其他相关的数据。内部标志位存储器（M）以位为单位使用，也可以字节、字、双字为单位使用。内部标志位存储器（M）的地址格式为：

位地址：M [字节地址].[位地址]，如 M26.7。

字节、字、双字地址：M [数据长度][起始字节地址]，如 MB11、MW23、MD26。

CPU226 模块内部标志位存储器的有效地址范围为：M (0.0~31.7)；MB (0~31)；MW (0~30)；MD (0~28)。

3. 变量存储器（V）

变量存储器（V）存放全局变量、存放程序执行过程中控制逻辑操作的中间结果或其他相关的数据。变量存储器是全局有效。全局有效是指同一个存储器可以在任一程序分区（主程序、子程序、中断程序）被访问。V 存储器的地址格式为：

位地址：V [字节地址].[位地址]，如 V10.2。

字节、字、双字地址：V［数据长度］［起始字节地址］，如 VB20、VW100、VD320。

CPU226 模块变量存储器的有效地址范围为：V（0.0～5119.7）；VB（0～5119）；VW（0～5118）；VD（0～5116）。

4. 局部存储器（L）

局部存储器用来存放局部变量。局部存储器是局部有效的。局部有效是指某一局部存储器只能在某一程序分区（主程序或子程序或中断程序）中使用。

S7-200 PLC 提供 64 个字节局部存储器（其中 LB60～LB63 为 STEP7-Micro/WIN32 V3.0 及其以后版本软件所保留）；局部存储器可用作暂时存储器或为子程序传递参数。

可以按位、字节、字、双字访问局部存储器。可以把局部存储器作为间接寻址的指针，但是不能作为间接寻址的存储器区。局部存储器（L）的地址格式为：

位地址：L［字节地址］.［位地址］，如 L0.0。

字节、字、双字：L［数据长度］［起始字节地址］，如 LB33、LW44、LD55。

CPU226 模块局部存储器的有效地址范围为：L（0.0～63.7）；LB（0～63）；LW（0～62）；LD（0～60）。

5. 顺序控制继电器存储器（S）

顺序控制继电器（S）用于顺序控制（或步进控制）。顺序控制继电器（SCR）指令基于顺序功能图（SFC）的编程方式。SCR 指令将控制程序的逻辑分段，从而实现顺序控制。顺序控制继电器存储器（S）的地址格式为：

位地址：S［字节地址］.［位地址］，如 S3.1。

字节、字、双字地址：S［数据长度］［起始字节地址］，如 SB4、SW10、SD21。

CPU226 模块顺序控制继电器存储器的有效地址范围为：S（0.0～31.7）；SB（0～31）；SW（0～30）；SD（0～28）。

6. 特殊标志位存储器（SM）

特殊标志位（SM）即特殊内部线圈。它是用户程序与系统程序之间的界面，为用户提供一些特殊的控制功能及系统信息，用户对操作的一些特殊要求也通过特殊标志位（SM）通知系统。特殊标志位区域分为只读区域（SM0～SM29）和可读写区域，在只读区特殊标志位，用户只能利用其触点。例如：

SM0.0　RUN 监控，PLC 在 RUN 方式时，SM0.0 总为 1；

SM0.1　初始脉冲，PLC 由 STOP 转为 RUN 时，SM0.1 接通一个扫描周期；

SM0.3　PLC 上电进入 RUN 方式时，SM0.3 接通一个扫描周期；

SM0.5　秒脉冲，占空比为 50%，周期为 1s 的脉冲等。

可读写特殊标志位用于特殊控制功能，例如，用于自由通信口设置的 SMB30，用于定时中断间隔时间设置的 SMB34/SMB35，用于高速计数器设置的 SMB36～SMB65，用于脉冲串输出控制的 SMB66～SMB85……

附录 B 列出了关于 SM 的详细信息。尽管 SM 区基于位存取，但也可以按字节、字、双字来存取数据。特殊标志位存储器（SM）的地址表示格式为：

位地址：SM［字节地址］.［位地址］，如 SM0.1。

字节、字、双字地址：SM［数据长度］［起始字节地址］，如 SMB86、SMW100、SMD12。

CPU226 模块特殊标志位存储器的有效地址范围为 SM（0.0～549.7）；SMB（0～549）；SMW（0～548）；SMD（0～546）。

7. 定时器存储器（T）

定时器是模拟继电器控制系统中的时间继电器。S7-200 PLC 定时器的时基有三种：1ms、10ms、100ms。通常定时器的设定值由程序赋予，需要时也可在外部设定。

定时器存储器地址表示格式为：T［定时器号］，如 T24。

S7-200 PLC 定时器存储器的有效地址范围为：T（0～255）。

8. 计数器存储器（C）

计数器是累计其计数输入端脉冲电平由低到高的次数，有三种类型：增计数、减计数、增减计数。通常计数器的设定值由程序赋予，需要时也可在外部设定。

计数器存储器地址表示格式为：C［计数器号］，如 C3。

S7-200 PLC 计数器存储器的有效地址范围为：C（0～255）。

9. 模拟量输入映像寄存器（AI）

模拟量输入模块将外部输入的模拟信号的模拟量转换成 1 个字长的数字量，存放在模拟量输入映像寄存器（AI）中，供 CPU 运算处理。模拟量输入（AI）的值为只读值。模拟量输入映像寄存器（AI）的地址格式为：

AIW［起始字节地址］，如 AIW4。

模拟量输入映像寄存器（AI）的地址必须用偶数字节地址（如 AIW0，AIW2，AIW4…）来表示。

CPU226 模块模拟量输入映像寄存器（AI）的有效地址的范围为：AIW（0～62）。

10. 模拟量输出映像寄存器（AQ）

CPU 运算的相关结果存放在模拟量输出映像寄存器（AQ）中，供 D/A 转换器将 1 个字长的数字量转换为模拟量，以驱动外部模拟量控制的设备。模拟量输出映像寄存器（AQ）中的数字量为只写值。模拟量输出映像寄存器（AQ）的地址格式为：

AQW［起始字节地址］，如 AQW10。

模拟量输出映像寄存器（AQ）的地址必须使用偶数字节地址（如 AQW0，AQW2，AQW4…）来表示。

CPU226 模块模拟量输出存储器的有效地址范围为：AQW（0～62）。

11. 累加器（AC）

累加器是用来暂时存储计算中间值的存储器，也可向子程序传递参数或返回参数。S7-200 CPU 提供了 4 个 32 位累加器（AC0、AC1、AC2、AC3）。累加器的地址格式为：

AC［累加器号］，如 AC0。

CPU226 模块累加器的有效地址范围为：AC（0～3）。

累加器是可读写单元，可以按字节、字、双字存取累加器中的数值。由指令标识符决定存取数据的长度，例如，MOV_B 指令存取累加器的字节，DECW 指令存取累加器的字，INCD 指令存取累加器的双字。按字节、字存取时，累加器只存取存储器中数据的低 8 位、低 16 位；以双字存取时，则存取存储器的 32 位。

12. 高速计数器（HC）

高速计数器用来累计高速脉冲信号。当高速脉冲信号的频率比 CPU 扫描速率更快时，必须要用高速计数器计数。高速计数器的当前值寄存器为 32 位（bit），读取高速计数器当前值应以双字（32 位）来寻址。高速计数器的当前值为只读值。

高速计数器地址格式为：HC［高速计数器号］，如 HC1。

CPU226 模块高速计数器的有效地址范围为：HC（0～5）。

四、寻址方式

指令中如何提供操作数或操作数地址，称为寻址方式。

S7-200 PLC 的寻址方式有：立即寻址、直接寻址、间接寻址。

（一）立即寻址

指令直接给出操作数，操作数紧跟着操作码，在取出指令的同时也就取出了操作数，立即有操作数可用，所以称为立即操作数或立即寻址。立即寻址方式可用来提供常数，设置初始值等。指令中常常使用常数。常数值可分为字节、字、双字型等数据。CPU 以二进制方式存储所有常数。指令中可用十进制、十六进制、ASCII 码或浮点数形式来表示。十进制、十六进制、ASCII 码及浮点数的表示格式举例如下：

十进制常数：30112

十六进制常数：16#42F

ASCⅡ常数：'INPUT'

实数或浮点常数：+1.112234E-10（正数）   -1.328465E-10（负数）

二进制常数：2#0101_1110

（二）直接寻址

指令直接给出操作数的地址的寻址方式称为直接寻址。操作数的地址应按规定的格式表示。指令中，数据类型应与指令标识符相匹配。

不同数据长度的寻址指令举例如下：

位寻址：AND   Q5.5

字节寻址：ORB   VB33，LB21

字寻址：MOVW   AC0，AQW2

双字寻址：MOVD   AC1，VD200

（三）间接寻址

指令给出了存放操作数地址的存储单元的地址称为间接寻址。S7-200 CPU 以变量存储器（V）、局部存储器（L）或累加器（AC）的内容值为地址进行间接寻址。可间接寻址的存储器区域有：I、Q、V、M、S、T（仅当前值）、C（仅当前值）。不可以对独立的位（BIT）值或模拟量进行间接寻址。

1. 建立指针

间接寻址前，应先建立指针，指针中存放存储器的某个地址。以指针中的内容值为地址就可以进行间接寻址。只能使用变量存储器（V）、局部存储器（L）或累加器（AC1、AC2、AC3）作为指针，AC0 不能用作间接寻址的指针。建立指针时，将存储器的某个地址移入另一存储器或累加器中作为指针。建立指针后，就可把从指针处取出的数值传送到指令输出操作数指定的位置。

2. 使用指针来存取数据

（1）建立指针   执行指令 MOVD &VB200，AC1，把地址"VB200"送入 AC1 建立指针。这里地址"VB200"要用 32 位表示，指针中的内容为双字型数据，因而必须使用双字传送指令（MOVD）。指令操作数"&VB200"中的"&"符号，表示是存储器的地址，而不是存储器的内容。

（2）使用指针来存取数据   依据指针中的内容值作为地址存取数据。使用指针可存取字节、字、双字型的数据，执行指令 MOVW *AC1，AC0，把指针中的内容值（VB200）作为地址，由于指令 MOVW 的标识符是"W"，因而指令操作数的数据长度应是字型，把地址 VB200、VB201 处 2 个字节的内容（1234）传送到 AC0。指针处的值（即 1234），为字型数据，如图 5-5 所示，操作数（AC1）前面的"*"号表示该操作数（AC1）为指针。

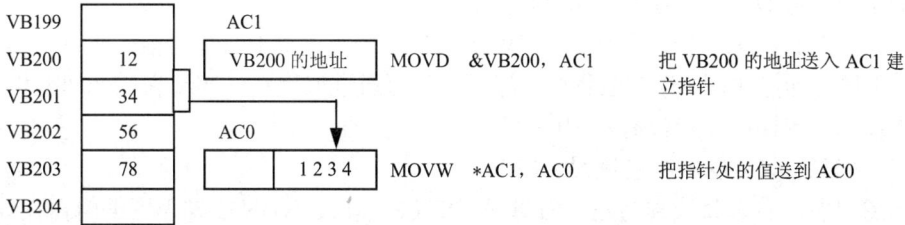

图 5-5　使用指针间接寻址

3. 修改指针

存取连续地址的存储单元中数据时，通过修改指针可以非常方便地存取数据。

在 S7-200 PLC 中，指针的内容不会自动改变，可用自增或自减等指令修改指针值。这样就可连续地存取存储单元中的数据。指针中的内容为双字型数据，应使用双字指令来修改指针值。

图 5-6 中，用两次自增指令 INCD AC1，将 AC1 指针中的值（VB200）修改为 VB202 后，指针即指向新地址 VB202。执行指令 MOVW *AC1，AC0，这样就可在变量存储器（V）中连续地存取数据，将 VB202、VB203 二个字节的数据（5678）传送到 AC0。

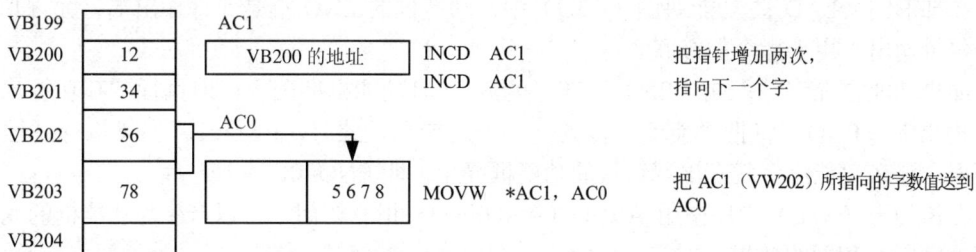

图 5-6　存取字数据值时指针的修改

修改指针值时，应根据存取的数据长度来进行调整。若对字节进行存取，指针值加 1（或减 1）；若对字进行存取、或对定时器、计数器的当前值进行存取，指针值加 2（或减 2）；若对双字进行存取，则指针值加 4（或减 4）。图 5-6 中，存取的数据长度是字型数据，因而指针值加 2。

五、用户程序的结构

用户程序可分为三个程序分区：主程序、子程序（可选）和中断程序（可选）。

主程序（OB1）：是用户程序的主体。CPU 在每个扫描周期都要执行一次主程序指令。

子程序：是程序的可选部分，只有当主程序调用时，才能够执行。合理使用子程序，可以优化程序结构，减少扫描时间。

中断程序：是程序的可选部分，只有当中断事件发生时，才能够执行。中断程序可能在扫描周期的任意点执行。

六、编程的一般规约

(一) 网络

在梯形图（LAD）中，程序被分成称为网络的一些程序段。每个梯形图网络是由一个或多个梯级组成。

功能块图（FBD）中，使用网络概念给程序分段。

语句表（STL）程序中，使用"NETWORK"这个关键词对程序分段。

对梯形图、功能块图、语句表程序分段后，就可通过编程软件实现它们之间的相互转换。本书限于篇幅，附图中一般没有对程序分段。

(二) 梯形图（LAD）/功能块图（FBD）

梯形图中左、右垂直线称为左、右母线。STEP7-Micro/WIN32 梯形图编辑器在绘图时，通常将右母线省略。在左、右母线之间是由触点、线圈或功能框组合的有序排列。梯形图的输入总是在图形的左边，输出总是在图形的右边，因而触点与左母线相连，线圈或功能框终止右母线，从而构成一个梯级。在一个梯级中，左、右母线之间是一个完整的"电路"，不允许"短路"、"开路"，也不允许"能流"反向流动。

功能块图中输入总是在框图的左边，输出总是在框图的右边。

(三) 允许输入端、允许输出端

在梯形图（LAD）、功能块图（FBD）中，功能框的 EN 端是允许输入端，功能框的允许输入端必须存在"能流"，才能执行该功能框的功能。

在语句表（STL）程序中没有 EN 允许输入端，但是允许执行 STL 指令的条件是栈顶的值必须是"1"。

在梯形图（LAD）、功能块图（FBD）中，功能框的 ENO 端是允许输出端，允许功能框的布尔量输出。用于指令的级联。

如果功能框允许输入端（EN）存在"能流"，且功能框准确无误地执行了其功能，那么允许输出端（ENO）将把"能流"传到下一个功能框，此时，ENO=1。如果执行过程中存在错误，那么"能流"就在出现错误的功能框终止，即 ENO=0。

在语句表（STL）程序中用 AENO（ANDENO）指令访问，可以产生与功能框的允许输出端（ENO）相同的效果。

(四) 条件输入、无条件输入

条件输入：在梯形图（LAD）、功能块图（FBD）中，与"能流"有关的功能框或线圈不直接与左母线连接。

无条件输入：在梯形图（LAD）、功能块图（FBD）中，与"能流"无关的线圈或功能框直接与左母线连接。例如 LBL、NEXT、SCR、SCRE 等。

(五) 无允许输出端的指令

在梯形图（LAD）、功能块图（FBD）中，无允许输出端（ENO）的指令方框，不能用于级联。如 CALL SBR_N（N1，…）子程序调用指令和 LBL、SCR 等。

第二节　S7-200 PLC 的基本指令及编程方法

S7-200 PLC 的基本指令多用于开关量逻辑控制，本节着重介绍梯形图指令和语句表指令，并讨论基本指令的功能及编程方法。为满足多种需要，对功能块图指令作简略介绍。

编程时，应注意各操作数的数据类型及数值范围。CPU 对非法操作数将生成编译错误代码。有关 S7-200CPU 模块操作数的范围如表 5-5 所示。

表 5-5 S7-200CPU 模块操作数范围

存取方式		CPU 221	CPU 222	CPU224，CPU226	CPU226XM
位存取（字节，位）	V	0.0～2047.7		0.0～5119.7	0.0～10239.7
	I	0.0～15.7			
	Q	0.0～15.7			
	M	0.0～31.7			
	SM	0.0～179.7	0.0～299.7	0.0～549.7	
	S	0.0～31.7			
	T	0～255			
	C	0～255			
	L	0.0～59.7			
字节存取	VB	0～2047		0～5119	0～10239
	IB	0～15			
	QB	0～15			
	MB	0～31			
	SMB	0～179	0～299	0～549	
	SB	0～31			
	LB	0～59			
	AC	0～3			
	常数	常数			
字存取	VW	0～2046		0～5118	0～10238
	IW	0～14			
	QW	0～14			
	MW	0～30			
	SMW	0～178	0～298	0～548	
	SW	0～30			
	T	0～255			
	C	0～255			
	LW	0～58			
	AC	0～3			
	AIW	0～30		0～62	
	AQW	0～30		0～62	
	常数	常数			
双字存取	VD	0～2044		0～5116	0～10236
	ID	0～12			
	QD	0～12			
	MD	0～28			
	SMD	0～176	0～296	0～546	
	SD	0～28			
	LD	0～56			
	AC	0～3			
	HC	0, 3, 4, 5		0～5	
	常数	常数			

一、基本逻辑指令

基本逻辑指令以位逻辑操作为主，在位逻辑指令中，除另有说明外，操作数的有效区域为：I、Q、M、SM、T、C、V、S、L，且数据类型是 BOOL（例 I0.0、Q0.0）。

（一）标准触点指令

梯形图（LAD）中常开和常闭触点指令用触点表示，常闭触点中带有"/"符号，如图 5-7 所示。当存储器某地址的位（bit）值为 1 时，则与之对应的常开触点的位（bit）值也为 1，表示该常开触点闭合；而与之对应的常闭触点的位（bit）值为 0，表示该常闭触点断开。

功能块图（FBD）中常开触点指令用 AND/OR 等方框表示。常闭触点指令用 AND/OR 等方框，并在输入信号上加一个取非的圆圈来表示常闭触点指令，如图 5-8 所示。AND/OR 指令方框最多可以使用 7 个输入端。

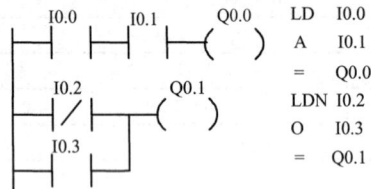

图 5-7 基本逻辑指令（LAD、STL）

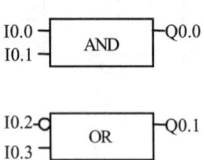

图 5-8 基本逻辑指令（FBD）

S7-200 CPU 由逻辑堆栈（Stack）进行逻辑操作。逻辑堆栈是一个具有 9 级深度、1 位宽度的后进先出堆栈。

在语句表中 LD（Load）指令，表示一个逻辑梯级的编程开始。CPU 执行 LD 指令时，首先，将指令操作数的位（bit）值装入堆栈栈顶，故也称栈装载指令。然后将堆栈其余各级内容依次下压一级，直至最后一级内容丢失。

A（And）指令表示触点的串联编程。执行 A 指令，将操作数的位（bit）值"与"栈顶值，运算结果仍存入栈顶。堆栈没有压入和弹出操作。

O（or）指令表示触点的并联编程。执行 O 指令，将操作数的位（bit）值"或"栈顶值，运算结果仍存入栈顶。堆栈没有压入和弹出操作。

LDN、AN、ON 指令是对常闭触点编程，执行这些指令时，将操作数的位（bit）值取反后，再作相应的"装载"、"与"、"或"操作。

（二）输出指令

表示继电器输出线圈编程（包括内部继电器线圈、输出继电器线圈）。当执行输出指令时，把栈顶值"写"到由操作数地址指定的存储器的对应位中。

梯形图（LAD）中，"（ ）"表示线圈。当执行输出指令时，"能流"到，则线圈被激励。输出映像寄存器或其他存储器的相应位为"1"，反之为"0"。

语句表（STL）中，输出指令"="把栈顶值复制到由操作数地址指定的存储器位（bit）。输出指令执行前后堆栈各级栈值不变。

（三）置位和复位指令

执行置位和复位（N 位）指令时，把从指令操作数（bit）指定的地址开始的 N 个点都被置位或复位。置位或复位的点数 N 可以是 1～255。图 5-9 中 N 为 3 和 1。

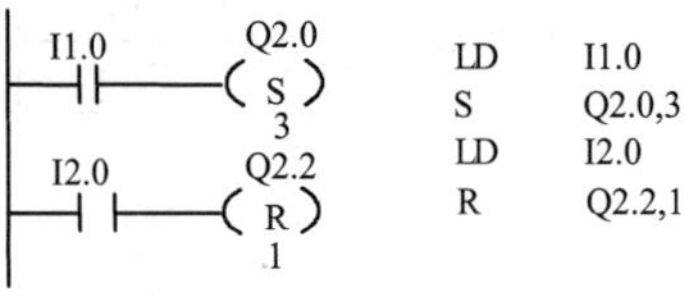

在梯形图（LAD）或功能块图（FBD）中，只要能

图 5-9 置位复位指令

流到，就能执行置位（N位）指令或复位（N位）指令。执行置位（N位）指令时，把从指令操作数（bit）指定的地址开始的N个点都被置位且保持，置位后即使"能流"断，仍保持置位；执行复位（N位）指令时，把从指令操作数（bit）指定的地址开始的N个点都被复位且保持，复位后即使"能流"断，仍保持复位。由于CPU的扫描工作方式，程序中写在后面的指令有优先权。

在语句表（STL）中，当栈顶值为1时，才能执行置位指令 S bit, N 或复位指令 R bit, N。执行置位指令 S bit, N 时，把从指令操作数（bit）指定的地址开始的N个点都被置位且保持，置位后即使栈顶值变为0，仍保持置位；执行复位指令 R bit, N 时，把从指令操作数（bit）指定的地址开始的N个点都被复位且保持，复位后即使栈顶值变为0，仍保持复位。

当用复位指令 R bit, N 对定时器位或计数器位复位时，定时器或计数器被复位，同时定时器或计数器当前值将被清零。

置位和复位（1位）指令编程举例如图5-10所示。它可用于电动机的起、停控制程序。

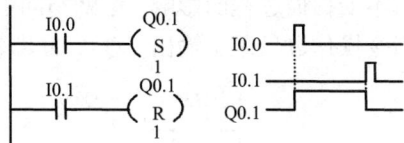

图 5-10 电动机起、停控制程序

二、立即 I/O 指令

上述指令遵循 CPU 的扫描规则，程序执行过程中梯形图中各输入继电器、输出继电器触点的状态取自于 I/O 映像寄存器。为了加快输入输出响应速度，S7-200 PLC 还可采用直接处理方式，引入立即 I/O 指令。立即 I/O 指令包括立即触点指令、立即输出指令和立即置位、立即复位指令。

（一）立即触点指令

执行立即触点指令时，直接读取物理输入点的值，输入映像寄存器内容不更新。指令操作数仅限于输入物理点的值。

当某物理输入点的触点闭合时，相应的常开立即触点的位（bit）值为 1；常闭立即触点的位（bit）值为 0。

梯形图（LAD）中，立即触点指令用常开和常闭立即触点表示。触点中的"I"表示立即之意。如图 5-11a 所示。

功能块图（FBD）中，常开立即指令用操作数前加立即标志符表示。对于常闭立即指令可用操作数前加立即标志符和取非圆圈表示。当使用能流进行指令级联时，无法表示立即标志符。见图 5-11b。

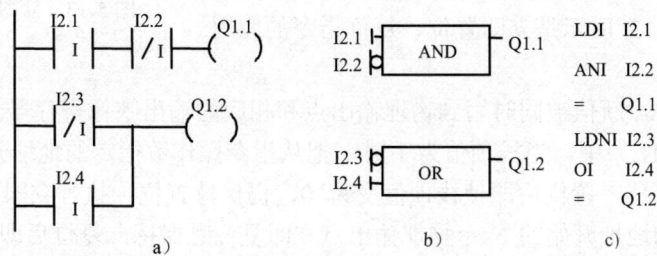

图 5-11 立即触点指令编程

语句表（STL）中，常开立即触点编程由 LDI，AI，OI 指令描述，常闭立即触点编程由 LDNI、ANI、ONI 指令描述。指令中的"I"表示立即之意，如图 5-11c 所示。

执行 LDI（立即装载）指令，把物理输入点的位（bit）值立即装入栈顶。

执行 AI（立即与）指令，把物理输入点的位（bit）值"与"栈顶值，运算结果仍存入栈顶。

执行 OI（立即或）指令，把物理输入点的位（bit）值"或"栈顶值，运算结果仍存入栈顶。

执行 LDNI、ANI、ONI 指令，把物理输入点的位（bit）值取反后，再作相应的"装载"，"与"，"或"操作。

（二）立即输出指令

当执行立即输出指令时，由操作数地址指定的物理输出点的位（bit）值等于"能流"。堆栈操作时，栈顶值被同时立即复制到物理输出点和相应的输出映像寄存器（立即赋值）。而不受扫描过程的影响。这就不同于一般的输出指令，后者只是把新值写到输出映像寄存器。指令操作数只限于输出（Q）。立即输出指令编程如图 5-12 所示。

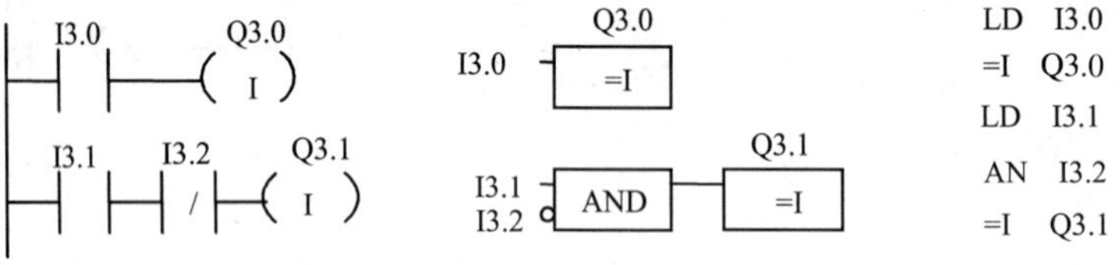

图 5-12 立即输出指令编程

立即 I/O 指令不受 PLC 循环扫描工作方式的约束，允许对输入、输出物理点进行快速直接存取。执行立即触点指令时，CPU 绕过输入映像寄存器，直接读入物理输入点的状态作为程序执行期间的数据依据，输入映像寄存器不作刷新处理；执行立即输出指令时，则将结果同时立即复制到物理输出点和相应的输出映像寄存器，而不是等待程序执行阶段结束后，转入输出刷新阶段时才把结果传送到物理输出点。从而加快了输入输出响应速度。

必须指出：立即 I/O 指令是直接访问物理输入输出点的，比一般指令访问输入输出映像寄存器占用 CPU 时间要长，因而不能盲目地使用立即指令，否则，会加长扫描周期的时间，反而对系统造成不利的影响。

（三）立即置位和立即复位（N 位）指令

当执行立即置位或立即复位指令时，从指令操作数（bit）指定的地址开始的 N 个物理输出点将被立即置位或立即复位且保持。立即置位或立即复位的点数 N 可以是 1～128。图 5-13 所示是立即置位、复位指令的应用例子。

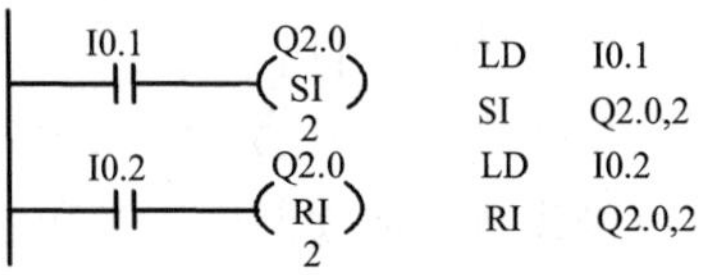

图 5-13 立即置位、复位指令

执行该指令时，新值被同时写到物理输出点和相应的输出映像寄存器。

在语句表（STL）中，当栈顶值为 1 时，把从指令操作数指定的地址开始的 N 个物理输出点立即置位且保持，置位后即使栈顶值变为 0，仍保持置位；执行立即复位指令时，把从指令操作数指定的地址开始的 N 个物理输出点立即复位且保持，复位后即使栈顶值变为 0，仍保持复位。

三、逻辑堆栈指令

逻辑堆栈指令只用于语句表（STL）编程。使用梯形图（LAD）、功能块图（FBD）编程时，梯形图（LAD）、功能块图（FBD）编辑器会自动插入相关的指令处理堆栈操作。

对复杂的逻辑关系进行编程时，要用到逻辑堆栈指令。逻辑堆栈指令有：栈装载与

（ALD）、栈装载或（OLD）、逻辑推入栈（LPS）、逻辑读栈（LRD）、逻辑弹出栈（LPP）、装入堆栈（LDS）。其中栈装载与（ALD）、栈装载或（OLD）指令用于两个或两个以上的触点组的串联或并联编程，编程指令无操作数，属压入/弹出堆栈的操作指令；逻辑推入栈（LPS）、逻辑读栈（LRD）、逻辑弹出栈（LPP）指令，用于一个触点（或触点组）同时控制两个或两个以上线圈的编程，指令无操作数。

（一）栈装载"与"（ALD）指令

ALD（And load）指令表示两个或两个以上的触点组的串联编程。执行 ALD 指令，将堆栈中的第一级和第二级的值进行逻辑"与"操作，结果置于栈顶（堆栈第 1 级），并将堆栈中的第三级至第九级的值依次上弹一级。

（二）栈装载"或"（OLD）指令

OLD（or Load）指令表示两个或两个以上的触点组的并联编程。执行 OLD 指令，将堆栈中的第一级和第二级的值进行逻辑"或"操作，结果放入栈顶，并将堆栈中其余各级的内容依次上弹一级。

栈装载"与"和栈装载"或"指令的操作过程如图 5-14 所示，图中"x"表示不确定值。

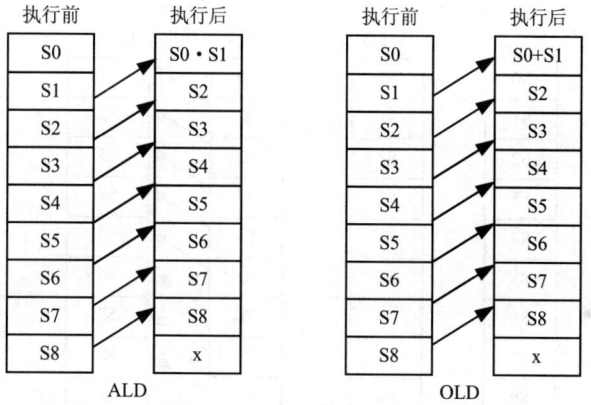

图 5-14　栈装载"与"、栈装载"或"指令操作过程

注："x"表示不确定值

逻辑堆栈指令编程的例子（一）如图 5-15 所示。

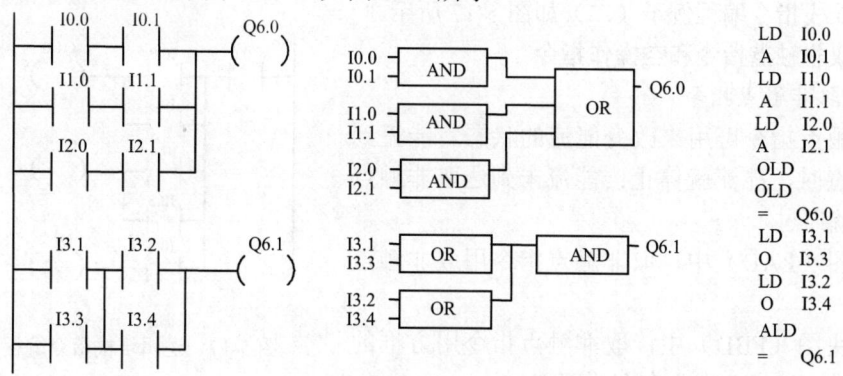

图 5-15　逻辑堆栈指令编程（一）

（三）逻辑推入栈（LPS）指令

执行 LPS（Logic Push）逻辑推入栈指令，复制栈顶的值并将这个值推入栈顶，原堆栈

中各级栈值依次下压一级，栈底值丢失。

（四）逻辑读栈（LRD）指令

执行 LRD（Logic Read）读栈指令，把堆栈中第二级的值复制到栈顶。堆栈没有推入栈或弹出栈操作，但原栈顶值被新的复制值取代。

（五）逻辑弹出栈（LPP）指令

执行 LPP（Logic POP）出栈指令，堆栈作弹出栈操作，将栈顶的值弹出，原堆栈各级栈值依次上弹一级，堆栈第二级的值成为新的栈顶值。

合理运用 LPS、LRD、LPP 指令可达到简化程序的目的。但应注意，LPS 与 LPP 必须配对使用。

（六）装入堆栈（LDS）指令

执行 LDS（Load Stack）装入堆栈指令，复制堆栈中的第 n 级的值到栈顶。原堆栈各级栈值依次下压一级，栈底值丢失。

LPS、LRD、LPP、LDS 指令的堆栈操作过程如图 5-16 所示。

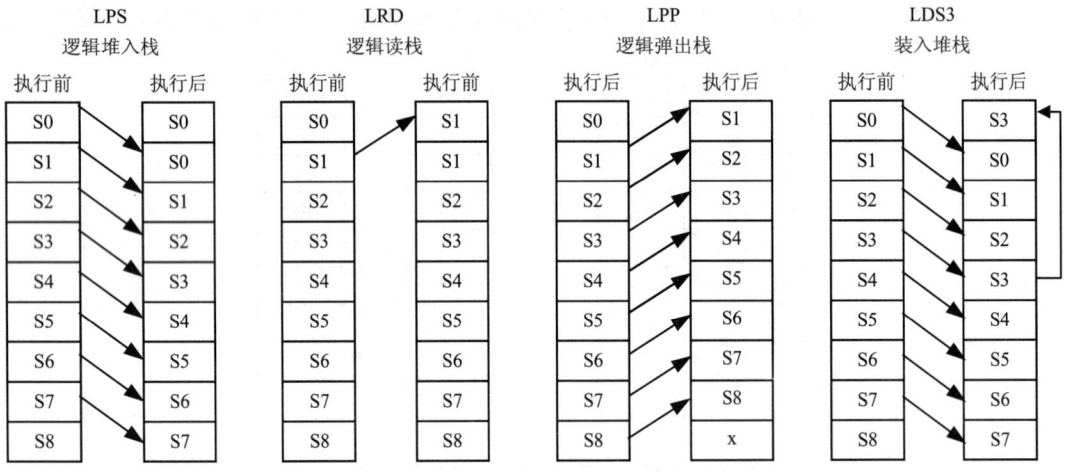

图 5-16　LPS、LRD、LPP、LDS 指令的操作过程

注："x"表示不确定值

逻辑堆栈指令编程例子（二）如图 5-17 所示。

四、取非触点指令和空操作指令

（一）取非触点指令

取非触点指令可用来改变能流的状态。能流到达取非触点时，能流就停止；能流未到达取非触点时，能流就通过。

梯形图（LAD）中，取非触点指令用取非触点表示。

功能块图（FBD）中，取非触点指令用方框的输入端表示，该输入端带有取非圆圈。

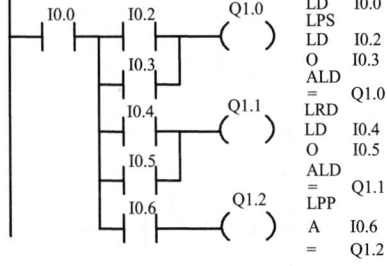

图 5-17　逻辑堆栈指令编程（二）

语句表（STL）中，取非触点指令对堆栈的栈顶作取反操作，改变栈顶值。栈顶值由 0 变为 1，或者由 1 变为 0。取非触点指令无操作数。

取非触点指令编程举例如图 5-18 所示。

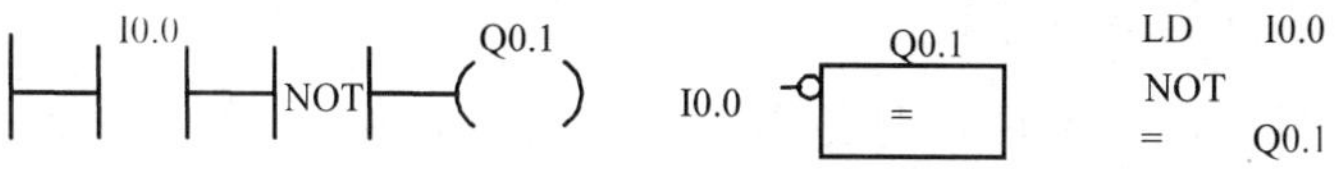

图 5-18 取非触点指令编程

（二）空操作指令

空操作（NOP N）指令不影响程序的执行，操作数 N 是一个 0～255 之间的常数。

五、正/负跳变触点指令

正跳变（Positive Transition）触点指令在检测到每一次正跳变（由 off 到 on）信号后，让能流通过一个扫描周期的时间，产生一个宽度为一个扫描周期的脉冲。

负跳变（Negative Transition）触点指令在检测到每一次负跳变（由 on 到 off）信号后，也让能流通过一个扫描周期的时间。

梯形图（LAD）中，正/负跳变指令用正/负跳变触点表示。

功能块图（FBD）中，正/负跳变指令用 P/N 指令方框表示。

语句表（STL）中，正跳变触点指令由 EU（Edge Up）描述，一旦发现栈顶的值出现正跳变（由 0 到 1）时，该栈顶值被置"1"，并持续一个扫描周期的时间；负跳变触点指令由 ED（Edge Down）来描述。一旦发现栈顶的值出现负跳变（由 1 到 0）时，该栈顶值被置"1"，并持续一个扫描周期的时间。可以用正/负跳变触点检测上升沿/下降沿信号。

正、负跳变触点指令编程举例如图 5-19 所示。

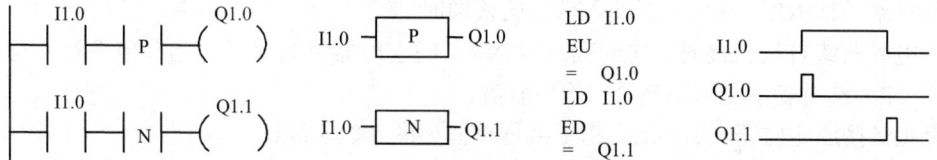

图 5-19 正、负跳变触点指令编程

六、定时器和计数器指令

（一）定时器指令

S7-200 PLC 的定时器类型有三种：接通延时定时器（TON）、有记忆接通延时定时器（TONR）、断开延时定时器（TOF）。

定时器分辨率（时基）有三种：1ms、10ms、100ms。定时器的分辨率由定时器号决定，如表 5-6 所示。

表 5-6 定时器号和分辨率

定时器类型	分辨率/ms	计时范围/s	定时器号
TONR	1	32.767	T0，T64
	10	327.67	T1～T4，T65～T68
	100	3276.7	T5～T31，T69～T95
TON，TOF	1	32.767	T32，T96
	10	327.67	T33～T36，T97～T100
	100	3276.7	T37～T63，T101～T255

定时器总数有 256 个，定时器号范围为（T0～T255）。每个定时器有两个相关的变量：

当前值：定时器累计时间的当前值，它存放在定时器的当前值寄存器（16bit）中。

定时器位：当定时器当前值等于或大于设定值时，该定时器位被置为"1"。

1. 接通延时定时器（TON）

输入端（IN）接通时，接通延时定时器（TON）开始计时，当定时器的当前值等于或大于设定值（PT）时，该定时器位被置位为"1"。定时器（TON）累计值达到设定时间后，TON

继续计时，一直计到最大值 32767。

输入端（IN）断开时，定时器 TON 复位，即当前值为 0，定时器位为"0"。定时器的实际设定时间 T = 设定值（PT）× 分辨率，设定值（PT）的数据类型是有符号整数（INT）。接通延时定时器 TON 是模拟通电延时型物理时间继电器的功能。

接通延时定时器（TON）指令编程示例如图 5-20 所示。

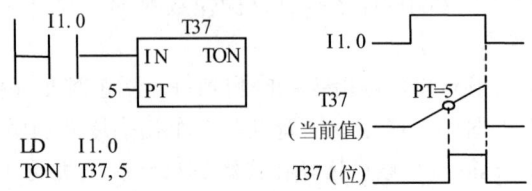

图 5-20　TON 指令编程

2. 有记忆接通延时定时器（TONR）

输入端（IN）接通时，接通有记忆接通延时定时器（TONR），并开始计时，当定时器（TONR）的当前值等于或大于设定值时，该定时器位被置位为"1"。定时器（TONR）累计值达到设定值后，定时器（TONR）继续计时，一直计到最大值 32767。

输入端（IN）断开时，定时器（TONR）的当前值保持不变，定时器位不变。

输入端（IN）再次接通，定时器当前值从原保持值开始再往上累计时间，继续计时。可以用定时器（TONR）累计多次输入信号的接通时间。

上电周期或首次扫描时，定时器（TONR）的定时器位为"0"，当前值保持，可利用复位指令（R）清除定时器（TONR）的当前值。

有记忆接通定时器（TONR）指令编程举例如图 5-21 所示。

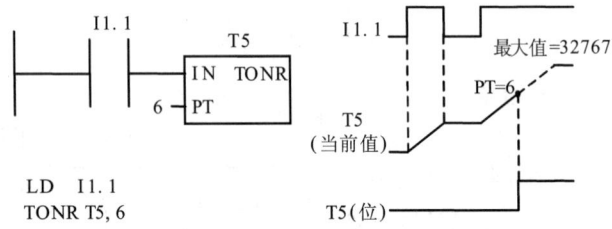

图 5-21　TONR 指令编程

3. 断开延时定时器（TOF）

输入端（IN）接通时，定时器位立即为"1"，并把当前值设为 0。

输入端（IN）断开时，定时器开始计时，当断开延时定时器（TOF）的计时当前值等于设定时间时，定时器位断开为"0"，并且停止计时。TOF 指令必须用负跳变（由 on 到 off）的输入信号启动计时。以上过程是模拟断电延时型物理时间继电器功能。

断开延时定时器（TOF）指令编程举例如图 5-22 所示。

应用定时器指令应注意的几个问题：

（1）不能把一个定时器号同时用作断开延时定时器（TOF）和接通延时定时器（TON）（相当于同一定时器号既用作模拟断电延时型的物理时间继电器功能，又用作模拟通电延时型的物理时间继电器功能）。

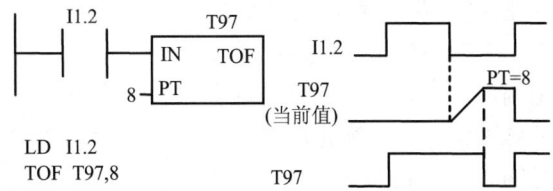

图 5-22 TOF 指令编程

（2）使用复位（R）指令对定时器复位后，定时器位为"0"，定时器当前值为 0。

（3）有记忆接通延时定时器（TONR）只能通过复位指令进行复位操作。

（4）对于断开延时定时器（TOF），需在输入端有一个负跳变（由 on 到 off）的输入信号启动计时。

（5）不同分辨率的定时器，它们当前值的刷新周期是不同的，具体情况如下：

1）1ms 分辨率定时器　1ms 分辨率定时器启动后，定时器对 1ms 的时间间隔（即时基信号）进行计时。定时器当前值每隔 1ms 刷新一次，在一个扫描周期中要刷新多次，而不和扫描周期同步。

1ms 定时器的编程例子如图 5-23 所示。在图 5-23a 中，T32 定时器 1ms 更新 1 次。当定时器当前值 100 在图示 A 处刷新，Q0.0 可以接通一个扫描周期，若在其他位置刷新，Q0.0 则永远不会接通。而在 A 点刷新的概率是很小的。若改为图 5-23b，就可保证当定时器当前值达设定值时，Q0.0 会接通一个扫描周期。

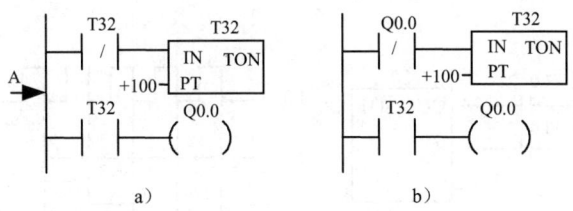

图 5-23　1ms 定时器编程

2）10ms 分辨率定时器　10ms 分辨率定时器启动后，定时器对 10ms 时间间隔进行计时。程序执行时，在每次扫描周期的开始对 10ms 定时器刷新，在一个扫描周期内定时器当前值保持不变。图 5-23a 的模式同样不适合 10ms 分辨率定时器。

3）100ms 分辨率定时器　100ms 定时器启动后，定时器对 100ms 时间间隔进行计时。只有在定时器指令执行时，100ms 定时器的当前值才被刷新。

在子程序和中断程序中不宜用 100ms 的定时器。子程序和中断程序不是每个扫描周期都执行的，那么在子程序和中断程序中的 100ms 定时器的当前值就不能及时刷新，造成时基脉冲丢失，致使计时失准；在主程序中，不能重复使用同一个 100ms 的定时器号，否则该定时器指令在一个扫描周期中多次被执行，定时器的当前值在一个扫描周期中被多次刷新。这样，该定时器就会多计了时基脉冲，同样造成计时失准。因而 100ms 定时器只能用于每个扫描周期内同一定时器指令执行一次，且仅执行一次的场合。100ms 定时器的编程例子如图 5-24 所示。

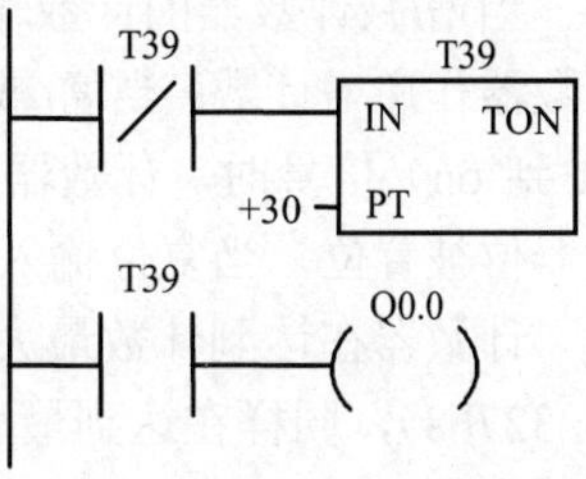

图 5-24　100ms 定时器编程

图 5-24 所示的定时器是一种自复位式的定时器。定时器 T39 的常开触点每隔 100ms×30=3s 就闭合一次,且持续一个扫描周期。可以利用这种特性产生脉宽为一个扫描周期的脉冲信号。改变定时器的设定值,就可改变脉冲信号的频率。T39 常开触点状态的时序图如图 5-25 所示。

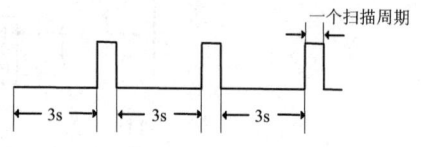

图 5-25 T39 常开触点状态的时序图

(二)计数器指令

定时器是对 PLC 内部的时钟脉冲进行计数,而计数器是对外部的或由程序产生的计数脉冲进行计数。计数器是累计其计数输入端的计数脉冲由低到高的次数。S7-200 PLC 有三种类型的计数器:增计数、减计数、增/减计数器。计数器总数有 256 个,计数器号范围为 C(0~255)。计数器有两个相关的变量:

当前值:计数器累计计数的当前值,它存放在计数器的当前值寄存器(16bit)中。

计数器位:当计数器的当前值等于或大于设定值时,计数器位被置为"1"。

1. 增计数器(CTU)指令

当增计数器的计数输入端(CU)有一个计数脉冲的上升沿(由 off 到 on)信号时,增计数器被启动,计数值加 1,计数器作递增计数。计数至最大值 32767 时停止计数。当计数器当前值等于或大于设定值(PV)时,该计数器位被置位(ON)。复位输入端(R)有效时,计数器被复位,计数器位为"0",并且当前值被清零。也可用复位指令(R)复位计数器。设定值(PV)的数据类型为有符号整数(INT)。增计数器指令编程的例子如图 5-26 所示。

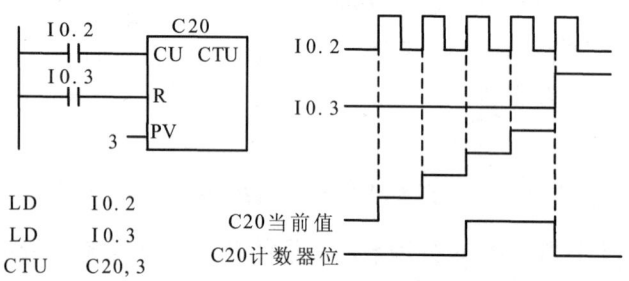

```
LD    I0.2
LD    I0.3
CTU   C20, 3
```

图 5-26 增计数器指令编程及时序图

2. 增/减计数器(CTUD)指令

当增/减计数器的计数输入端(CU)有一个计数脉冲的上升沿(由 off 到 on)信号时,计数器作递增计数;当增/减计数器的另一个计数输入端(CD)有一个计数脉冲的上升沿(由 off 到 on)信号时,计数器作递减计数。当计数器当前值等于或大于设定值(PV)时,该计数器位被置位。当复位输入端(R)有效时,计数器被复位。

计数器在达到计数最大值 32767 后,下一个 CU 输入端上升沿将使计数值变为最小值(-32768),同样在达到最小计数值(-32768)后,下一个 CD 输入端上升沿将使计数值变为最大值(32767)。

当用复位指令(R)复位计数器时,计数器位被复位,计数器位为"0",并且当前值清零。增/减计数器指令编程的例子如图 5-27 所示。

3. 减计数器（CTD）指令

当装载输入端（LD）有效时，计数器复位并把设定值（PV）装入当前值寄存器（CV）中。当减计数器的计数输入端（CD）有一个计数脉冲的上升沿（由 off 到 on）信号时，计数器从设定值开始作递减计数，直至计数器当前值等于 0 时，停止计数，同时计数器位被置位。减计数器（CTD）指令无复位端，它是在装载输入端（LD）接通时，使计数器复位并把设定值装入当前值寄存器中。

注意：每个计数器只有一个 16bit 的当前值寄存器地址。在一个程序中，同一计数器号不要重复使用，更不可分配给几个不同类型的计数器。减计数器指令编程的例子如图 5-28 所示。

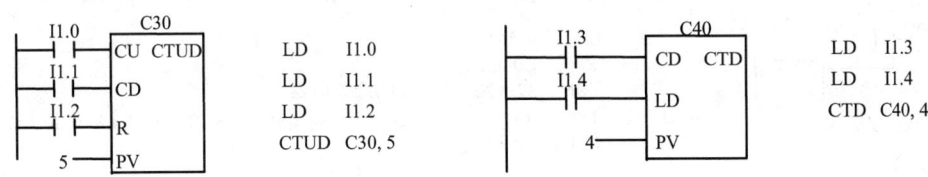

图 5-27 增/减计数器编程　　　　　　图 5-28 减计数器编程

七、顺序控制继电器指令

工业控制中常有顺序控制的要求。所谓顺序控制，是使生产过程按工艺要求事先安排的顺序自动地进行控制。对于复杂的控制系统，由于内部联锁关系复杂，其梯形图冗长，通常要由熟练的电气工程师才能编制出控制程序。

顺序功能图（Sequential Function Chart）编程语言是基于工艺流程的高级语言。顺序控制继电器（SCR）指令是基于 SFC 的编程方式。它依据被控对象的顺序功能图（SFC）进行编程，将控制程序进行逻辑分段，从而实现顺序控制。用 SCR 指令编制的顺序控制程序清晰、明了，统一性强，尤其适合初学者和不熟悉继电器控制系统的人员运用。

（一）SCR 指令的功能

SCR 指令包括 LSCR（程序段的开始）、SCRT（程序段的转换）、SCRE（程序段的结束）指令，从 LSCR 开始到 SCRE 结束的所有指令组成一个 SCR 程序段。一个 SCR 程序段对应顺序功能图中的一个顺序步。

装载顺序控制继电器（Load Sequential Control Relay，LSCR n）指令标记一个顺序控制继电器（SCR）程序段的开始。LSCR 指令把 S 位（例 S0.1）的值装载到 SCR 堆栈和逻辑堆栈栈顶。SCR 堆栈的值决定该 SCR 段是否执行。当 SCR 程序段的 S 位置位时，允许该 SCR 程序段工作。顺序控制继电器转换（Sequential Control Relay Transition，SCRT）指令执行 SCR 程序段的转换，SCRT 指令有两个功能，一方面使当前激活的 SCR 程序段的 S 位复位，以使该 SCR 程序段停止工作；另一方面使下一个将要执行的 SCR 程序段 S 位置位，以便下一个 SCR 程序段工作。顺序控制继电器结束（Sequential Control Relay Eed，SCRE）指令表示一个 SCR 程序段的结束，它使程序退出一个激活的 SCR 程序段，SCR 程序段必须由 SCRE 指令结束。

（二）使用 SCR 指令的限制

同一地址的 S 位不可用于不同的程序分区。例如，不可把 S0.5 同时用于主程序和子程序中。在 SCR 段内不能使用 JMP、LBL、FOR、NEXT、END 指令，可以在 SCR 段外使用

JMP、LBL、FOR、NEXT 指令。

（三）SCR 指令的编程举例

根据舞台灯光效果的要求，控制红、绿、黄三色灯。要求：红灯先亮，2s 后绿灯亮，再过 3s 后黄灯亮。待红、绿、黄灯全亮 3min 后，全部熄灭。试用 SCR 指令设计其控制程序。图 5-29 所示是用 SCR 指令编写的梯形图程序。

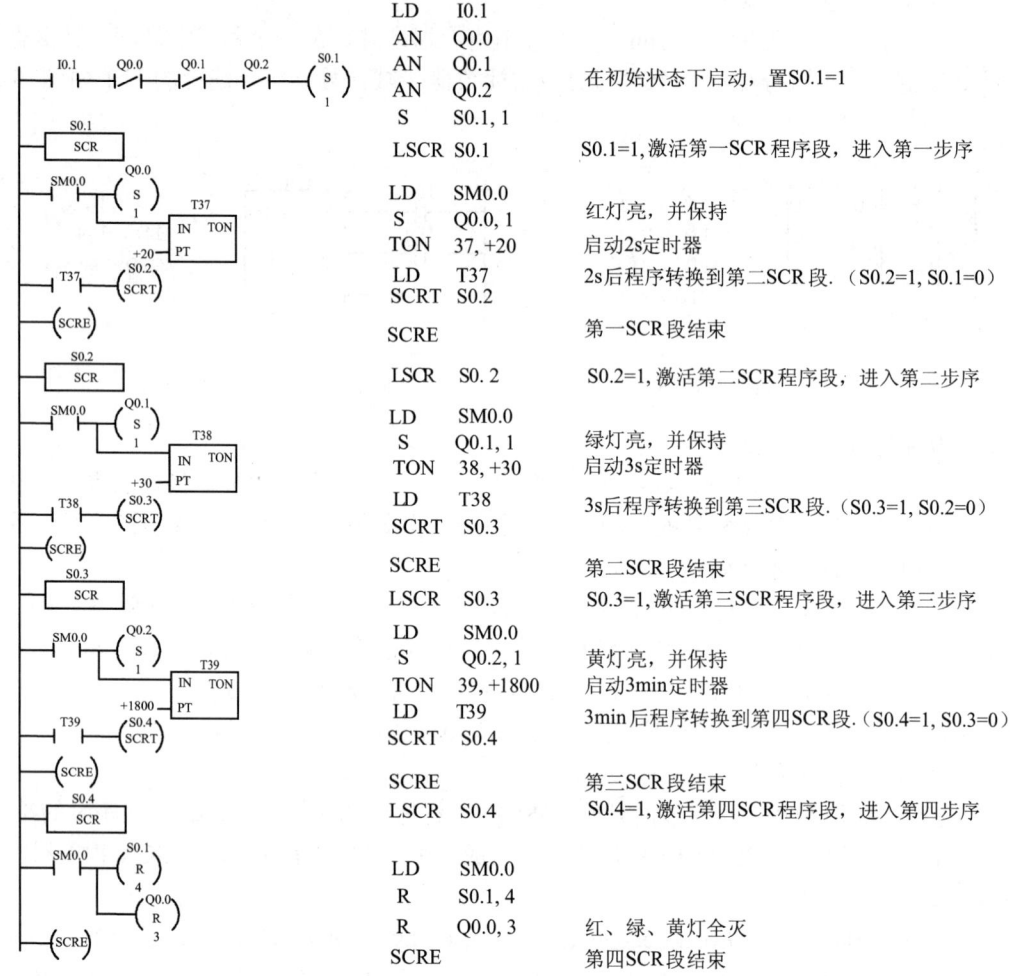

```
LD      I0.1
AN      Q0.0
AN      Q0.1           在初始状态下启动，置S0.1=1
AN      Q0.2
S       S0.1, 1

LSCR    S0.1           S0.1=1，激活第一SCR程序段，进入第一步序

LD      SM0.0
S       Q0.0, 1        红灯亮，并保持
TON     37, +20        启动2s定时器
LD      T37            2s后程序转换到第二SCR段.（S0.2=1，S0.1=0）
SCRT    S0.2

SCRE                   第一SCR段结束

LSCR    S0.2           S0.2=1，激活第二SCR程序段，进入第二步序

LD      SM0.0
S       Q0.1, 1        绿灯亮，并保持
TON     38, +30        启动3s定时器
LD      T38            3s后程序转换到第三SCR段.（S0.3=1，S0.2=0）
SCRT    S0.3

SCRE                   第二SCR段结束

LSCR    S0.3           S0.3=1，激活第三SCR程序段，进入第三步序

LD      SM0.0
S       Q0.2, 1        黄灯亮，并保持
TON     39, +1800      启动3min定时器
LD      T39            3min后程序转换到第四SCR段.（S0.4=1，S0.3=0）
SCRT    S0.4

SCRE                   第三SCR段结束

LSCR    S0.4           S0.4=1，激活第四SCR程序段，进入第四步序

LD      SM0.0
R       S0.1, 4
R       Q0.0, 3        红、绿、黄灯全灭
SCRE                   第四SCR段结束
```

图 5-29　SCR 指令编程

每一个 SCR 程序段中均包含三个要素：
1）输出对象：在这一步序中应完成的动作；
2）转换条件：满足转换条件后，实现 SCR 段的转换；
3）转换目标：转换到下一个步序。

八、移位寄存器指令

移位寄存器指令可用来进行顺序控制、物流及数据流控制。

移位寄存器指令（SHRB）把输入端（DATA）的数值移入移位寄存器，并进行移位。该移位寄存器是由 S-BIT 和 N 决定的。其中，S-BIT 指定移位寄存器的最低位，N 指定移位寄存器的长度。N 为正数表示正向移位，N 为负数表示反向移位。移位寄存器指令编程及时序图如图 5-30 所示。

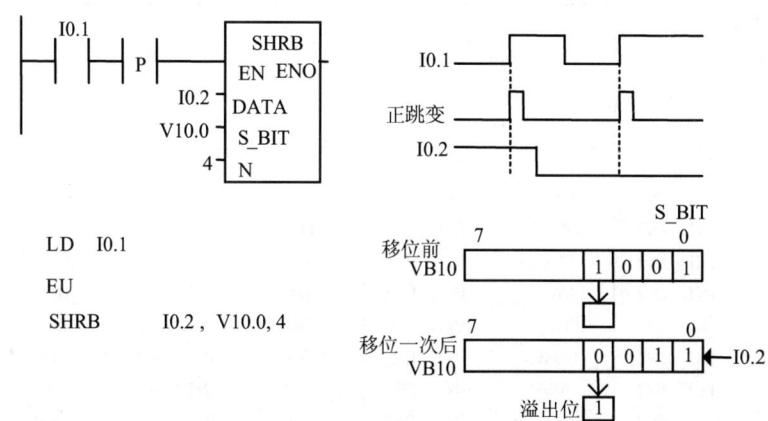

图 5-30　移位寄存器指令编程及时序图

由移位寄存器的最低有效位（S-BIT）和移位寄存器的长度（N）可计算出移位寄存器最高有效位（MSB.b）的地址。计算公式：

MSB.b=[S-BIT 的字节号+(|N|-1+S-BIT 的位号)÷8].[被 8 除所得余数]

例如，如果 S-BIT 是 V22.5，N 是 8，那么 MSB.b 是 V23.4。具体计算如下：

MSB.b=V22+(8-1+5)÷8=V22+12÷8=V22+1(余数为 4)=V23.4

当允许输入端（EN）有效时，移位寄存器指令使移位寄存器各位在每个扫描周期都移动一位，且在允许输入端（EN）的每个上升沿时刻对 DATA 端采样一次，把输入端（DATA）的数值移入移位寄存器。正向移位时，输入数据从移位寄存器的最低有效位移入，从最高有效位移出；反向移位时，输入数据从移位寄存器的最高有效位移入，从最低有效位移出。移出的数据送入溢出存储器位（SM1.1）。N 为字节型数据类型，移位寄存器的最大长度为 64 位。操作数 DATA、S_BIT 为 BOOL 型数据类型。

九、比较触点指令

比较指令为上、下限控制提供了方便。比较指令实际上是一个比较触点，比较触点指令编程如图 5-31 所示。

梯形图（LAD）中，如果"能流"存在，则执行比较指令，该指令是将两个操作数（IN1、IN2）按指定的比较关系作比较，比较关系成立则比较触点闭合。

语句表（STL）中比较触点使用 LD 指令时，当比较条件成立则将栈顶置 1。使用 A/O 指令时，当比较条件成立则在栈顶执行 A/OR 操作，并将结果放入栈顶。

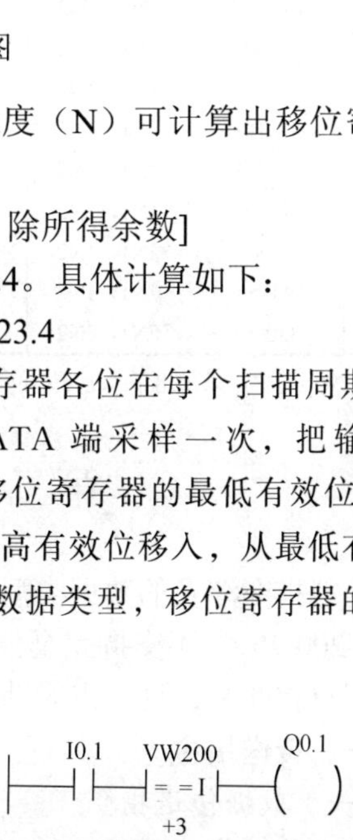

图 5-31　比较触点指令编程

比较关系有 6 种：IN1=IN2、IN1>=IN2、IN1<=IN2、IN1>IN2、IN1<IN2、IN1<>IN2，其中"< >"表示不等于。

比较触点指令的两个操作数（IN1，IN2）的数据类型可以是字节型（BYTE）、有符号整数型（INT）、有符号双字整数型（DINT）、实数型（REAL）。按操作数的数据类型，比较触点指令可分为字节比较、整数比较、双字整数比较、实数比较指令。其中字节比较是无符号的，其余的比较指令均为有符号的。各类比较指令如表 5-7 所示。

表 5-7 比较指令

	字节比较		整数比较		双字整数比较		实数比较	
LAD	IN1 —|==B|— IN2		IN1 —|==I|— IN2		IN1 —|==D|— IN2		IN1 —|==R|— IN2	
STL	LDB==	IN1, IN2	LDW==	IN1, IN2	LDD==	IN1, IN2	LDR==	IN1, IN2
	AB==	IN1, IN2	AW==	IN1, IN2	AD==	IN1, IN2	AR==	IN1, IN2
	OB==	IN1, IN2	OW==	IN1, IN2	OD==	IN1, IN2	OR==	IN1, IN2
	LDB<>	IN1, IN2	LDW<>	IN1, IN2	LDD<>	IN1, IN2	LDR<>	IN1, IN2
	AB<>	IN1, IN2	AW<>	IN1, IN2	AD<>	IN1, IN2	AR<>	IN1, IN2
	OB<>	IN1, IN2	OW<>	IN1, IN2	OD<>	IN1, IN2	OR<>	IN1, IN2
	LDB<	IN1, IN2	LDW<	IN1, IN2	LDD<	IN1, IN2	LDR<	IN1, IN2
	AB<	IN1, IN2	AW<	IN1, IN2	AD<	IN1, IN2	AR<	IN1, IN2
	OB<	IN1, IN2	OW<	IN1, IN2	OD<	IN1, IN2	OR<	IN1, IN2
	LDB<=	IN1, IN2	LDW<=	IN1, IN2	LDD<=	IN1, IN2	LDR<=	IN1, IN2
	AB<=	IN1, IN2	AW<=	IN1, IN2	AD<=	IN1, IN2	AR<=	IN1, IN2
	OB<=	IN1, IN2	OW<=	IN1, IN2	OD<=	IN1, IN2	OR<=	IN1, IN2
	LDB>	IN1, IN2	LDW>	IN1, IN2	LDD>	IN1, IN2	LDR>	IN1, IN2
	AB>	IN1, IN2	AW>	IN1, IN2	AD>	IN1, IN2	AR>	IN1, IN2
	OB>	IN1, IN2	OW>	IN1, IN2	OD>	IN1, IN2	OR>	IN1, IN2
	LDB>=	IN1, IN2	LDW>=	IN1, IN2	LDD>=	IN1, IN2	LDR>=	IN1, IN2
	AB>=	IN1, IN2	AW>=	IN1, IN2	AD>=	IN1, IN2	AR>=	IN1, IN2
	OB>=	IN1, IN2	OW>=	IN1, IN2	OD>=	IN1, IN2	OR>=	IN1, IN2

注：梯形图中，只示出了"等于"的比较关系。

第三节　S7-200 PLC 的功能指令

功能指令涉及的数据类型多，编程时应确保操作数在表 5-5 所示规定的合法范围内。由于 S7-200 PLC 不支持完全数据类型检查。因此，格外要注意操作数所选的数据类型应与指令标识符相匹配，这一点对功能指令尤为突出。

一、传送指令

（一）数据传送指令

数据传送指令把输入端（IN）指定的数据传送到输出端（OUT），传送过程中数据值保持不变。数据传送指令按操作数的数据类型可分为字节传送（MOVB）、字传送（MOVW）、双字传送（MOVD）、实数传送（MOVR）指令，如图 5-32 所示。

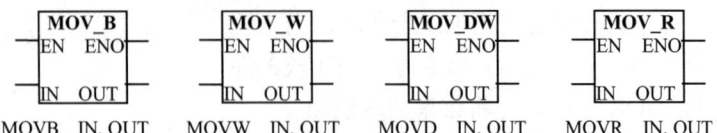

图 5-32　数据传送指令

（二）数据块传送指令

数据块传送指令把从输入端（IN）指定地址的 N 个连续字节、字、双字的内容传送到从输出端（OUT）指定地址开始的 N 个连续字节、字、双字的存储单元中去。传送过程中各存储单元的内容不变。N 为 1～255。数据块传送指令按操作数的数据类型可分为字节块传送（BMB）、字块传送（BMW）、双字块传送（BMD）指令，如图 5-33 所示。它们均为无符号数操作。

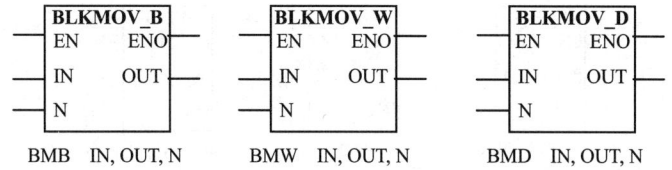

图 5-33 数据块传送指令

（三）交换字节指令

交换字节（SWAP）指令，把输入端（IN）指定字的高字节内容与低字节内容互相交换。交换结果仍存放在输入端（IN）指定的地址中。交换字节指令如图 5-34 所示。操作数数据类型为无符号整数型（WORD）。

（四）传送字节立即读、写指令

传送字节立即读（BIR）指令，读取输入端（IN）指定字节地址的物理输入点（IB）的值，并写入输出端（OUT）指定字节地址的存储单元中。

传送字节立即写（BIW）指令，将从输入端（IN）指定字节地址的内容写入输出端（OUT）指定字节地址的物理输出点（QB）。

传送字节立即读、写指令如图 5-35 所示。传送字节立即读、写指令操作数数据类型为字节型（BYTE）。

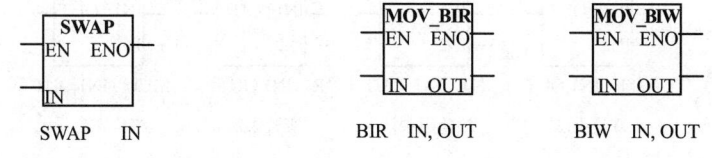

图 5-34 字节交换指令　　图 5-35 传送字节立即读、写指令

二、数学运算指令

（一）四则运算指令

1. 加法指令

加法指令，把两个输入端（IN1，IN2）指定的数相加，结果送到输出端（OUT）指定的存储单元中。

加法指令可分为整数、双整数、实数加法指令（见图 5-36）它们各自对应的操作数数据类型分别是有符号整数（INT）、有符号双整数（DINT）、实数（REAL）。

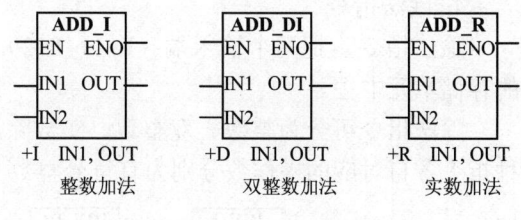

图 5-36 加法指令

执行加法操作时，将操作数 IN2 与 OUT 共用一个地址单元，因而在语句表中 IN1+OUT=OUT。

2. 减法指令

减法指令，把两个输入端（IN1，IN2）指定的数相减，结果送到输出端（OUT）指定的存储单元中去。

减法指令可分为整数、双整数、实数减法指令（见图 5-37），它们各自对应的操作数分别是有符号整数（INT）、有符号双整数（DINT）、实数（REAL）。

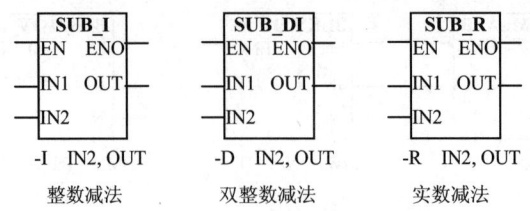

图 5-37 减法指令

执行减法操作时，将操作数 IN1 与 OUT 共用一个地址单元，因而语句表中 OUT-IN2=OUT。

3. 乘法指令

乘法指令，把两个输入端（IN1，IN2）指定的数相乘，结果送到输出端（OUT）指定的存储单元中去。

乘法指令可分为整数、双整数、实数乘法指令和整数完全乘法指令（见图 5-38）。前三种指令各自对应的操作数的数据类型分别为有符号整数（INT）、有符号双整数（DITN）、实数（REAL）。整数完全乘法指令，把输入端（IN1、IN2）指定的两个 16bit（位）整数相乘，产生一个 32bit 乘积，并送到输出端（OUT）指定的存储单元中去。

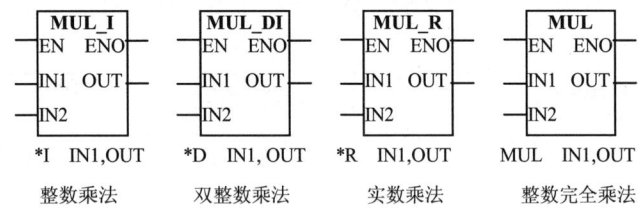

图 5-38 乘法指令

执行乘法操作时，将操作数 IN2 与 OUT 共用一个地址单元（整数完全乘法指令的 IN2 与 OUT 的低 16bit 用的是同地址单元），因而语句表中 IN1×OUT=OUT。

加法、减法、乘法指令影响的特殊存储器位：SM1.0（零）、SM1.1（溢出）、SM1.2（负）

4. 除法指令

除法指令，把两个输入端（IN1，IN2）指定的数相除，结果送到输出端（OUT）指定的存储单元中去。

除法指令可分为整数、双整数、实数除法指令和整数完全除法指令（见图 5-39）。前三种指令各自对应的操作数分别为有符号整数（INT）、有符号双整数（DINT）、实数（REAL）。

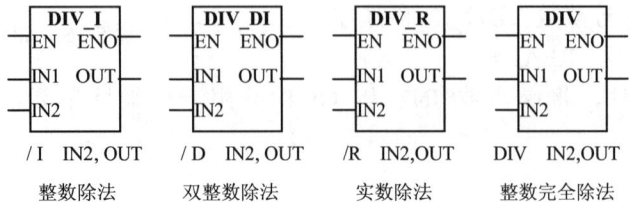

图 5-39 除法指令

整数完全除法指令，把输入端（IN）指定的两个 16bit 整数相除，产生一个 32bit 结果，并送到输出端（OUT）指定的存储单元中去。其中高 16bit 是余数，低 16bit 是商。

执行除法操作时，将操作数 IN1 与 OUT 共用一个地址单元，（整数完全除法指令的 IN1 与 OUT 的低 16bit 用的是同地址单元），因而语句表中 OUT/IN2=OUT，除法指令影响的特殊存储器位：SM1.0（零）、SM1.1（溢出）、SM1.2（负）、SM1.3（除数为 0），四则运算指令编程举例如图 5-40 所示。

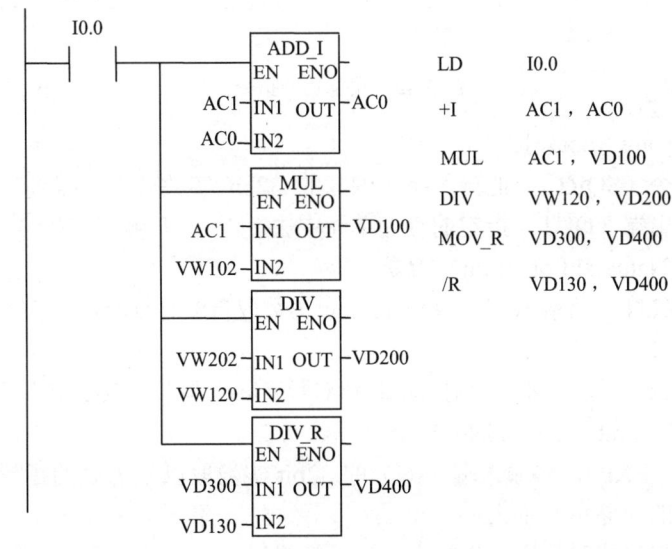

图 5-40 四则运算举例（LAD、STL）

图 5-40 中，实数除法指令中 IN1（VD300）与 OUT（VD400）不是用同一地址单元。操作时，先用 MOV_R 指令将 IN1（VD300）传送到 OUT（VD400），然后再执行除法操作/R IN2（VD130），OUT（VD400）。事实上，加法、减法、乘法等指令遇到上述情况，也可作类似的处理。

5. 加 1 和减 1 指令

加 1 和减 1 指令把输入端（IN）数据加 1 或减 1，并把结果存放到输出单元（OUT），加 1 和减 1 指令按操作数的数据类型可分为字节、字、双字加 1/减 1 指令，如图 5-41 所示。

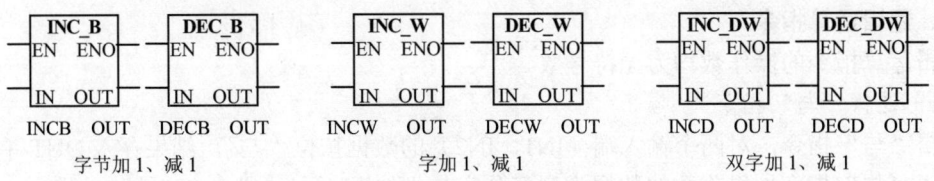

图 5-41 加 1、减 1 指令

执行加 1 和减 1 指令操作时，将操作数 IN 和 OUT 共用一个地址单元，因而在语句表中 OUT+1=OUT，OUT-1=OUT。

字节加 1 和减 1 指令的操作数数据类型是无符号字节（Byte）型，指令影响的特殊存储器位：SM1.0（零）、SM1.1（溢出）。

字、双字加 1 和减 1 指令的操作数的数据类型分别是有符号整数（INT）、有符号双字整数（DINT），指令影响的特殊存储器位：SM1.1（零）、SM1.1（溢出）、SM1.2（负）。

（二）数学功能指令

数学功能指令包括平方根、自然对数、自然指数、三角函数指令（见图 5-42）。数学功能指令的操作数均为实数（REAL）。

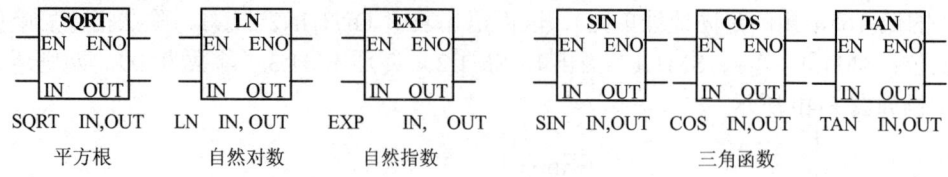

图 5-42 数学功能指令

1. 平方根（Square Root）指令

实数的开方指令（SQRT），把输入端（IN）的 32bit 实数开方，得到 32bit 实数结果，并把结果存放到输出端（OUT）指定的存储单元中去。

2. 自然对数（Natuaral Logarthm）指令

自然对数指令（LN），将输入端（IN）的 32bit 实数取自然对数，结果存放到输出端（OUT）指定的存储单元中去。

求常用对数（lgx）时，只要将其对应的自然对数（lnx）除以 2.302585 即可。

3. 自然指数（Natural Exponential）指令

自然指数指令（EXP），将输入端（IN）的 32bit 实数取以 e 为底的指数，结果存放到输出端（OUT）指定的存储单元中去。

自然指数指令与自然对数指令相配合，即可完成以任意实数为底的指数运算。例如：

$$5^3 = EXP（3 \times \ln 5）=125$$

$$\sqrt[3]{125} = EXP\left(\frac{\ln 125}{3}\right) = 5$$

4. 正弦、余弦、正切指令

正弦、余弦、正切指令，对输入端（IN）指定的 32bit 实数的弧度值取正弦、余弦、正切，结果存入输出端（OUT）指定的存储单元。

如果输入值为角度值，应将该角度值转换为弧度值。

数学功能指令影响的特殊存储器位：SM1.0（零），SM1.1（溢出），SM1.2（负数）。

三、逻辑运算指令

逻辑运算指令的操作数均为无符号数。

（一）逻辑"与"指令

逻辑"与"指令，对两个输入端（IN1，IN2）的数据按位"与"，结果存入 OUT 单元。

逻辑"与"指令按操作数的数据类型可分字节"与"、字"与"、双字"与"指令，如图 5-43 所示。

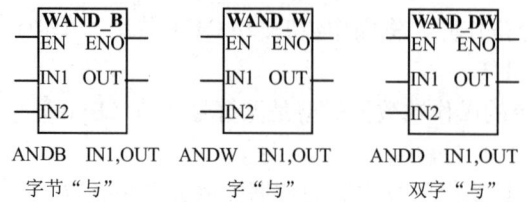

图 5-43 逻辑"与"指令

(二)逻辑"或"指令

逻辑"或"指令,对两个输入端(IN1、IN2)的数据按位"或",结果存入 OUT 单元。逻辑"或"指令按操作数的数据类型可分为字节"或"、字"或"、双字"或"指令,如图 5-44 所示。

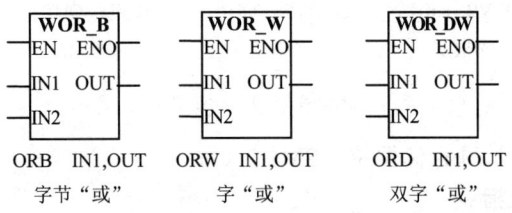

图 5-44 逻辑"或"指令

(三)逻辑"异或"指令

逻辑"异或"指令,对两个输入端(IN1、IN2)的数据按位"异或",结果存入 OUT 单元。

逻辑"异或"指令按操作数的数据类型可分为字节"异或"、字"异或"、双字"异或"指令,如图 5-45 所示。

图 5-45 逻辑"异或"指令

逻辑运算指令的操作如图 5-46 所示。图中指令 ANDW AC1,AC0 的结果存放在 AC0。

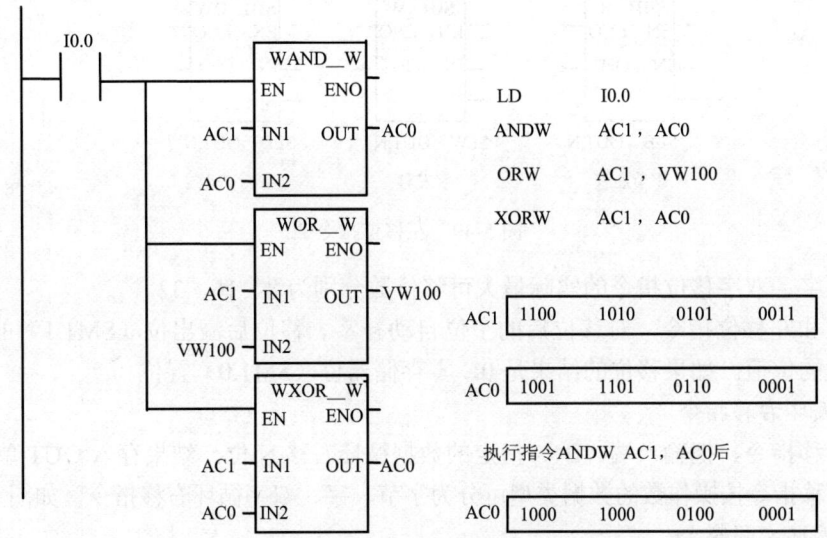

图 5-46 逻辑运算指令的操作

(四)取反指令

取反指令,对输入端(IN)指定的数据按位取反,结果存入 OUT 单元。

取反指令按操作数的数据类型可分为字节、字、双字取反指令（见图5-47）。

图 5-47 取反指令

逻辑运算指令影响的特殊存储器位：SM1.0（零）

四、移位和循环移位指令

移位和循环移位指令均为无符号数操作。

（一）右移位指令

右移位指令，把输入端（IN）指定的数据右移 N 位，结果存入 OUT 单元。

右移位指令按操作数的数据类型可分为字节、字、双字右移位指令，如图 5-48 所示。

图 5-48 右移位指令

（二）左移位指令

左移位指令，把输入端（IN）指定的数据左移 N 位，结果存入 OUT 单元。

左移位指令，按操作数的数据类型可分为字节、字、双字左移位指令，如图 5-49 所示。

图 5-49 左移位指令

字节、字、双字移位指令的实际最大可移位数分别为 8、16、32。

右移位和左移位指令，对移位后的空位自动补零。移位后溢出位（SM1.1）的值就是最后一次移出的位值。如果移位的结果是 0，零存储器位（SM1.0）置位。

（三）循环右移指令

循环右移指令，把输入端（IN）指定的数据循环右移 N 位，结果存入 OUT 单元。

循环右移指令按操作数的数据类型可分为字节、字、双字循环右移指令，如图 5-50 所示。

（四）循环左移指令

循环左移指令，把输入端（IN）指定的数据循环左移 N 位，结果存入 OUT 单元。

循环左移指令，按操作数的数据类型可分为字节、字、双字循环左移指令，如图 5-51 所示。

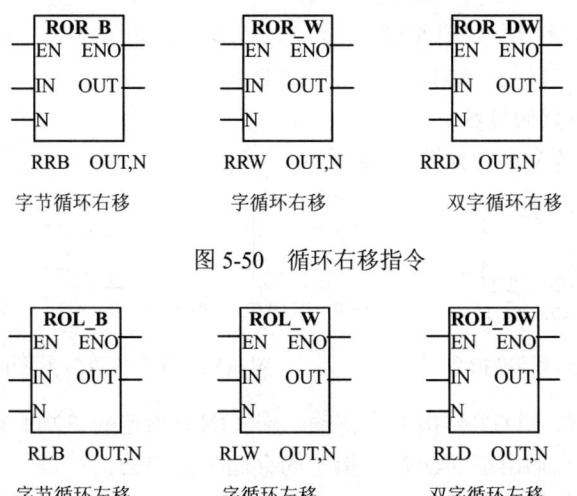

图 5-50 循环右移指令

图 5-51 循环左移指令

对于字节、字、双字循环移位指令，如果所需移位的位数 N 大于或等于 8、16、32，那么在执行循环移位前，先对 N 取以 8、16、32 为底的模，其结果 0～7、0～15、0～31 为实际移动位数。

执行循环移位后溢出位（SM1.1）的值就是最后一次循环移出位的值。如果移位的结果是 0，零存储器位（SM1.0）置位。移位和循环移位指令影响的特殊存储器位：SM1.0（零）、SM1.1（溢出）。移位和循环移位指令编程举例如图 5-52 所示。

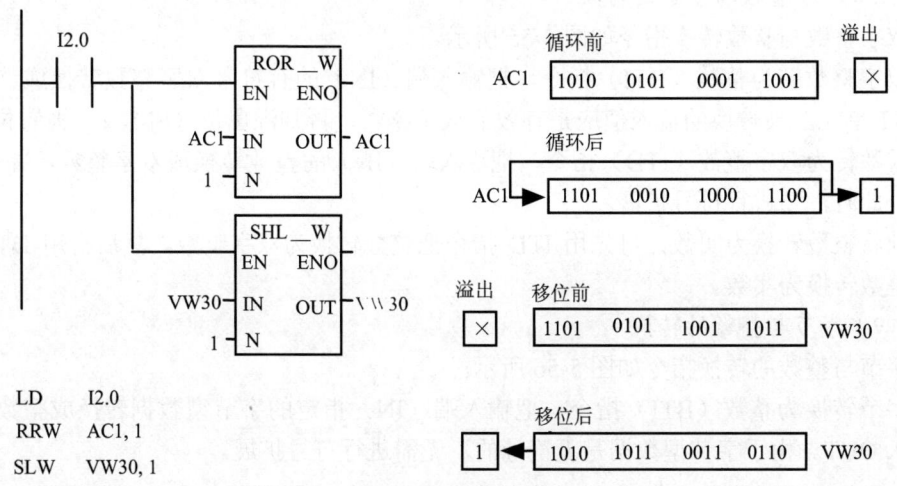

```
LD    I2.0
RRW   AC1, 1
SLW   VW30, 1
```

图 5-52 移位和循环指令编程

五、数据转换指令

（一）BCD 码与整数的转换

BCD 码转为整数（BCDI）指令，将输入端（IN）指定的 BCD 码转换成整数，并将结果存放到输出端（OUT）指定的存储单元中去。输入数据的范围是 0～9999。

整数转为 BCD 码（IBCD）指令，将输入端（IN）指定的整数转换成 BCD 码，并将结果存放到输出端（OUT）指定的存储单元中去。输入数据的范围是 0～9999。

BCD 码与整数的转换指令如图 5-53 所示，它们均为无符号数操作。

指令影响的特殊存储器位：SM1.6（非法 BCD 码）。

（二）双字整数与实数的转换

双字整数与实数的转换指令如图 5-54 所示。

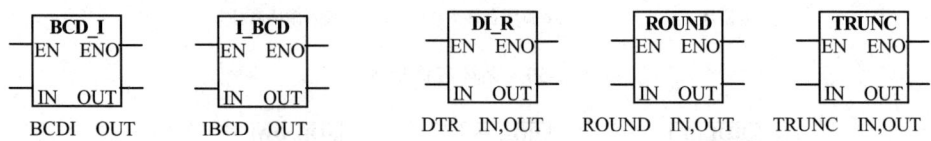

图 5-53　BCD 码与整数的转换指令　　　图 5-54　双字整数与实数的转换

双字整数转换为实数（DTR）指令，将输入端（IN）指定的 32bit 有符号双字整数转换成实数，并将结果存放到输出端（OUT）指定的存储单元中去。

实数转换为双字整数指令可分为四舍五入取整（ROUND）和舍去尾数后取整（TRUNC）指令。

ROUND 取整指令，将输入端（IN）指定的实数转换成有符号双字整数，并将结果存放到输出端（OUT）指定的存储单元中去。转换时实数的小数部分四舍五入。

TRUNC 取整指令，将输入端（IN）指定的实数舍去小数部分后，再转换成 32bit 有符号双字整数，结果存入输出端（OUT）指定的存储单元中。

取整指令被转换的输入值应是有效的实数，如果实数值太大，使输出无法表示，那末溢出位（SM1.1）被置位。

（三）双字整数与整数的转换

双字整数与整数转换指令如图 5-55 所示。

双字整数转为整数（DTI）指令，把输入端（IN）的有符号双字整数转换成整数，并存入 OUT 单元。被转换的输入值应是有效的双字整数，否则溢出位（SM1.1）被置位。

整数转为双字整数（ITD）指令，把输入端（IN）的整数转换成双字整数，并存入 OUT 单元。此时，要进行符号扩展。

欲将整数转换为实数，可先用 ITD 指令把整数转换为双字整数，然后再用 DTR 指令把双字整数转换为实数。

（四）字节与整数的转换

字节与整数的转换指令如图 5-56 所示。

字节转换为整数（BTI）指令，把输入端（IN）指定的字节型数据转换成整数型数据，并存入 OUT。由于字节型数据是无符号的，无需进行符号扩展。

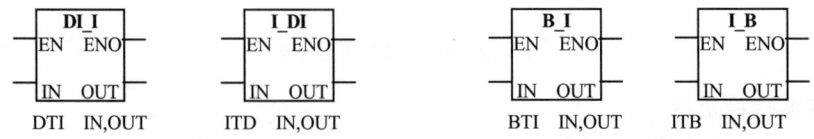

图 5-55　双整数与整数的转换指令　　　图 5-56　字节与整数的转换指令

整数转换为字节指令（ITB），把输入端（IN）的无符号整数，转换成一个字节型数据，送入 OUT 单元。被转换的值应是有效的整数。否则溢出位（SM1.1）被置位。转换指令编程举例如图 5-57 所示。

第五章 S7-200 可编程序控制器的指令系统　91

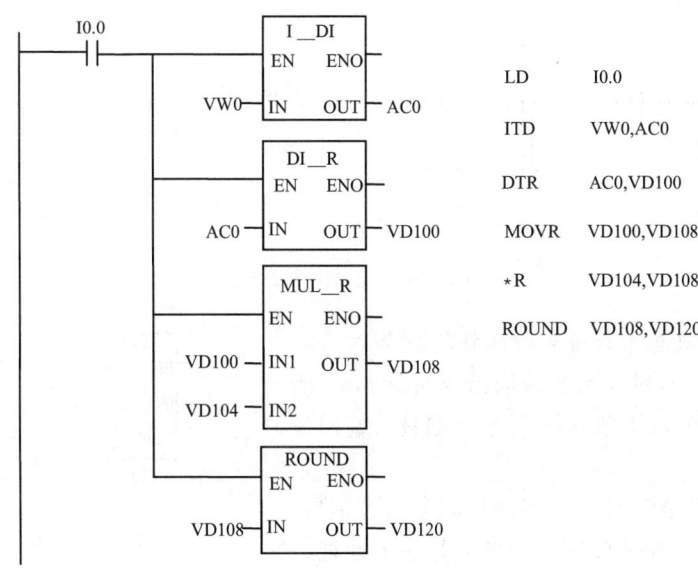

图 5-57　转换指令编程举例

（五）译码、编码指令

译码（DECO）指令，根据输入字节（IN）的低四位的二进制值所对应的十进制数（0~15），置输出字（OUT）的相应位为"1"，其他位置"0"。

编码（ENCO）指令，将输入字（IN）中值为 1 的最低有效位的位号编码成 4 位二进制数，写入输出字节（OUT）的低四位。

译码和编码指令编程举例如图 5-58 所示。

图 5-58a 中，AC0 存放错误码 5，译码指令使 VW400 的第 5 位置"1"。图 5-58b 中，VW10 存放错误位，编码指令把错误位转换成错误码存于 VB20。

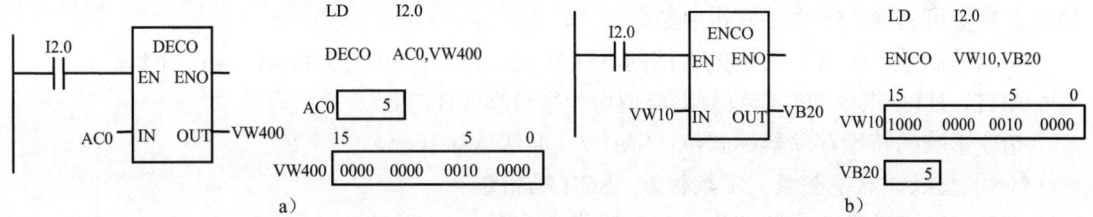

图 5-58　译码和编码指令编程举例

a）用译码指令按错误码设定错误位　b）用编码指令把错误位转换成错误码

（六）段码（SEG）指令

段码（SEG）指令，把输入字节（IN）低 4 位的有效值（16#0~F）转换成七段显示码，送入 OUT 单元。

段码指令（SEG）的七段显示码编码如图 5-59 所示。每个七段显示码占用一个字节，用它显示一个字符。段码指令编程举例如图 5-60 所示。

(IN) LSD	段显示	(OUT) .gfe dcba		(IN) LSD	段显示	(OUT) .gfe dcba	
0	0	0011	1111	8	8	0111	1111
1	1	0000	0110	9	9	0110	0111
2	2	0101	1011	A	A	0111	0111
3	3	0100	1111	B	B	0111	1100
4	4	0110	0110	C	C	0011	1001
5	5	0110	1101	D	D	0101	1110
6	6	0111	1101	E	E	0111	1001
7	7	0000	0111	F	F	0111	0001

图 5-59　七段显示编码

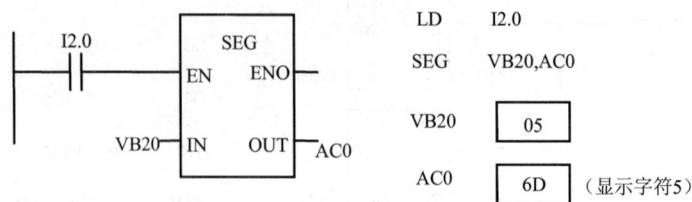

图 5-60 段码指令编程

（七）ASCII 码与十六进制数的转换指令

ASCII 码与十六进制数的转换指令如图 5-61 所示。ASCII 码到十六进值转换指令（ATH）编程举例如图 5-62 所示。

ATH 指令，把 ASCII 字符串转换成十六进制数。输入端（IN）指定 ASCII 字符串的起始字节地址，LEN 指定字符串的长度（最大为 255 个字符），OUT 指定存放转换结果的存储区的起始字节地址。

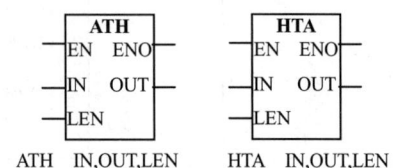

图 5-61 ATH、HTA 指令

图 5-62 中，IN 为 VB30，LEN 为 3，则将 VB30、VB31、VB32 的 ASCII 字符串：33、45、41 转换成十六进制数，并把转换结果（3EA）存放在 OUT 指定的起始字节地址的存储单元中（即 VB40、VB41）。

HTA 指令，是 ATH 指令的逆操作。HTA 指令把从输入端（IN）指定的起始字节地址开始，长度为 LEN 的十六进制数转换成 ASCII 码字符串，并将转换结果存入由 OUT 指定的起始字节地址的存储区。最多可转换 255 个十六进制数。

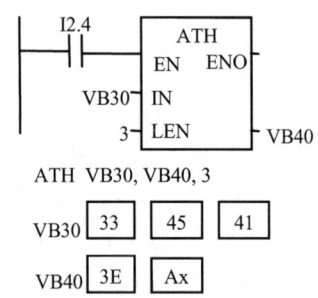

图 5-62 ATH 指令编程举例

十六进制数（0~F）对应的合法的 ASCII 码字符为：30~39 和 41~46 之间。

AHT、HTA 指令的操作数数据类型均为字节型（BYTE）。

指令影响的特殊存储器标志位：SM1.7（非法 ASCII 码）

（八）整数、双字整数、实数转为 ASCII 码指令

整数、双字整数、实数转为 ASCII 码指令如图 5-63 所示。

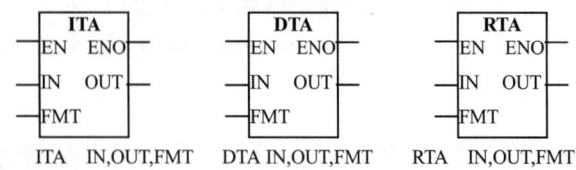

图 5-63 ITA、DTA、TA 指令

（1）整数转为 ASCII 码指令（ITA），把输入端（IN）的有符号整数（INT）转换成 ASCII 码字符串。转换的结果存入以 OUT 为起始字节地址的 8 个连续字节的输出缓冲区中。指令的格式操作数（FMT）指定 ASCII 字符串中分隔符的位置和表示方法。FMT 的定义如图 5-64 所示。FMT 占用一个字节，高 4 位必须为 0，C 位指定整数和小数之间的分隔符：C=1，用

逗号","分隔；C=0，用小数点"."分隔。nnn 区用于指定右对位的转换精度，nnn 区的值指定输出缓冲区中的十进制数对位时分隔符右边的位数。nnn 的数值有效范围为（0～5）。它指明小数点的位置（若以小数点作分隔符）。若 nnn=0，指定十进制数右对位为 0，表示转换的值没有小数位；若 nnn>5（例 nnn 为 110）为非法格式。此时无输出，输出缓冲区用 ASCII 码空格填充。

	MSB							LSB
	7	6	5	4	3	2	1	0
FMT	0	0	0	0	c	n	n	n

	OUT	OUT+1	OUT+2	OUT+3	OUT+4	OUT+5	OUT+6	OUT+7
IN=12					0	.	0	1	2
IN=-123				-	0	.	1	2	3
IN=1234				1	.	2	3	4
IN=-12345		-	1	2	.	3	4	5

图 5-64 ITA 指令的 FMT 操作数及输出缓冲区

输出缓冲区始终是 8 个字节（可表示 8 个 ASCII 字符），如图 5-64 所示。图中将输入端（IN）的整数（INT）按 FMT 格式进行格式化：若 FMT=3.（0011），则 C=0，表示用小数点作分隔符；nnn=（011）=3，说明小数点右边有三位数字，如将整数（INT）-12345 转换为 ASCII 码-12.345。

输出缓冲区格式化的规则：
1) 正值不带符号写入输出缓冲区；
2) 负值带负号写入输出缓冲区；
3) 对小数点左边的无效零进行删除处理；
4) 在缓冲区中数值采用右对齐。

（2）双字整数转为 ASCII 码指令（DTA），把输入端（IN）的双整数（DINT）转换成 ASCII 码字符串，转换的结果存入以 OUT 为起始字节地址的 12 个连续字节中。

DTA 指令的输出缓冲区为 12 个字节。指令格式操作数（FMT）的定义和输出缓冲区格式化的规则与 ITA 指令相同。

图 5-65 中，指令格式操作数 FMT=4（0100），则 C=0；nnn=100。那么，格式化的数据格式：采用小数点作为整数和小数之间的分割符；在小数点右边有 4 位数字。

	MSB							LSB
	7							0
FMT	0	0	0	0	c	n	n	n

	OUT	OUT+1	OUT+2	OUT+3	OUT+4	OUT+5	OUT+6	OUT+7	OUT+8	OUT+9	OUT+10	OUT+11
IN=-12							-	0	.	0	0	1	2
IN=1234567					1	2	3	.	4	5	6	7

图 5-65 DTA 指令的 FMT 操作数及输出缓冲区

（3）实数转为 ASCII 码指令（RTA），把输入端（IN）的实数（REAL）转换成 ASCII 码字符串。转换的结果存入以 OUT 为起始字节地址的（3～15）个连续字节中。

指令的格式操作数（FMT）的定义如图 5-66 所示。FMT 操作数占用一个字节，高 4 位 ssss 区的值指定输出缓冲区的字节数（3～15 个字节）。并规定输出缓冲区的字节数应大于输入实数小数点右边的位数。如实数-3.67526，小数点右边有 5 位，ssss 应大于 5，至少为 6。

即输出缓冲区应至少为6个字节。

C位及nnn区的值的定义与ITA指令相同。

输出缓冲区格式化的规则：

1）ITA指令输出缓冲区格式化的4条规则都适用。

2）转换前实数的小数部分的位数若大于nnn区的值，则用四舍五入的方法删去多余的小数部分。

3）输出缓冲区的字节数必须不小于3，还要大于输入实数小数点右边的位数。

图5-66中，指令格式操作数（FMT）的高4位取：ssss=0110，缓冲区的字节数是6个字节；FMT的低4位取：C=0；nnn=001。那么，格式化的数据格式：采用小数点作为整数和小数之间的分割符；在小数点右边有一位数字。例如，输入端（IN）的实数3.67525，因其小数部分有5位多于nnn区的值（nnn=001），则用四舍五入的方法删去多余的4位，转换结果为3.7。

FMT	MSB 7							LSB 0
	s	s	s	s	c	n	n	n

	OUT	OUT +1	OUT +2	OUT +3	OUT +4	OUT +5
IN=1234.5	1	2	3	4	.	5
IN=−0.0004				0	.	0
IN=3.67526				3	.	7
IN=1.95				2	.	0

图5-66 RTA指令的FMT操作数

六、表功能指令

（一）填表、查表指令

填表（ATT）指令，向表（TBL）中填入DATA端的数据。TBL指明表格的首地址，表中第一个数是最大填表数（TL），第二个数是实际填表数（EC），指出已填入表的数据个数。新的数据填加在表的末尾。每向表中填加一个新的数据，EC会自动加1。最多可向表中填入100个数据。DATA数据类型是INT型，TBL为WORD型。

填表指令编程举例如图5-67所示。

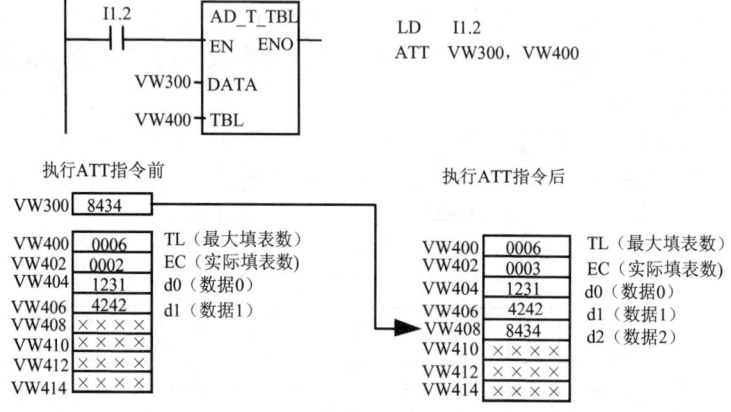

图5-67 ATT指令编程举例

注：×表示无效数据。

查表（FND）指令从INDX开始搜索表（TBL），寻找满足查找条件的数据。TBL指明被访问表格的首地址；PTN端用来描述查表时进行比较的数据；命令参数CMD表明查找条件，它是一个1~4的数值，分别代表=、<>、<、>符号；INDX用来指定表中符合查找条件的数据的编号，查表前；INDX值必须置为0。

如果发现一个符合条件的数据，那么 INDX 指向表中该数的编号。为了查找下一个符合条件的数据，在激活查表指令前，必须先对 INDX 加 1。如果没有发现符合条件的数据，那么 INDX 等于 EC。

表中数据的编号总数（搜索区域）为 0～99。

指令中操作数 TBL 为 WORD 型数据，PTN 为 INT 型数据、INDX 为 WORD 型数据，CMD 为 BYTE 型数据。

如果查找由指令 ATT，LIFO 和 FIFO 生成的表时，原表中的最大填表数（TL）对 FND 指令无意义。FND 指令的操作数 TBL 的首地址是指向 EC 的地址，如图 5-68 所示。

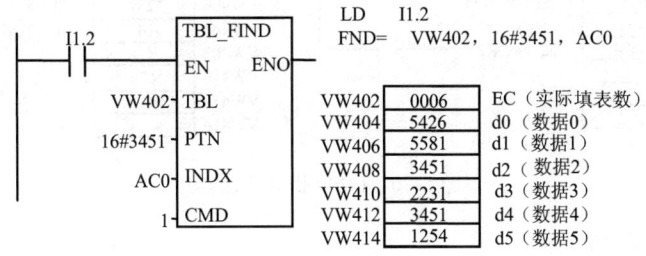

图 5-68　FND 指令及表格式

（二）先进先出、后进先出指令

先进先出（FIFO）指令，从表（TBL）中移走第一个数据（最先进入表中的数据），并将此数输出到 DATA 端。剩余数据依次上移一个位置。每执行一次指令，表中的实际填表数（EC）减 1。图 5-69 所示是 FIFO 指令的操作过程。

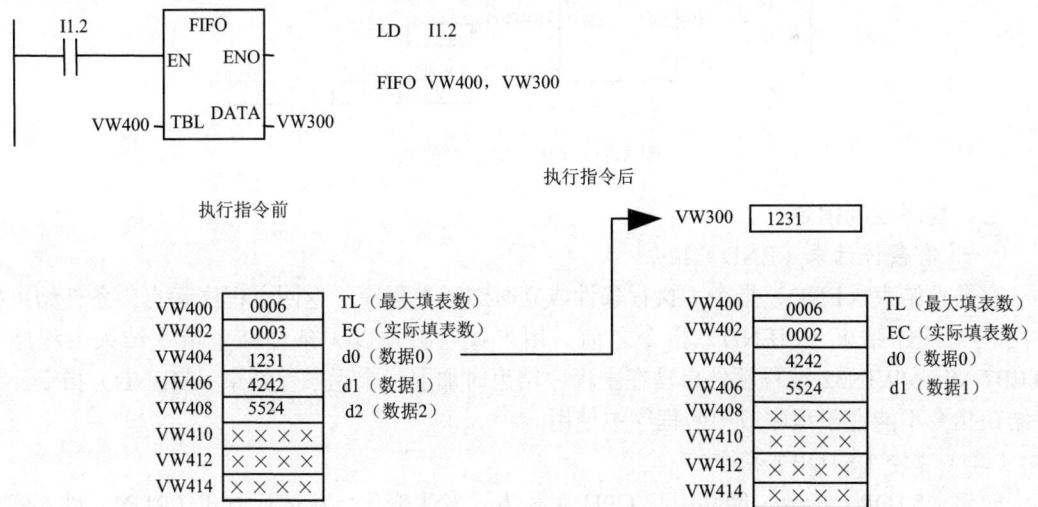

图 5-69　FIFO 指令的操作

注：×表示无效数据。

后进先出（LIFO）指令从表（TBL）中移走最后一个数据（最后进入表中的数据），并将此数输出到 DATA 端。每执行一次指令，表中的实际填表数（EC）减 1，如图 5-70 所示。FIFO、LIFO 指令操作数 TBL 为 WORD 型数据，DATA 为 INT 型数据。FIFO、LIFO 指令影响的特殊存储器标志位：SM1.5（表空）。

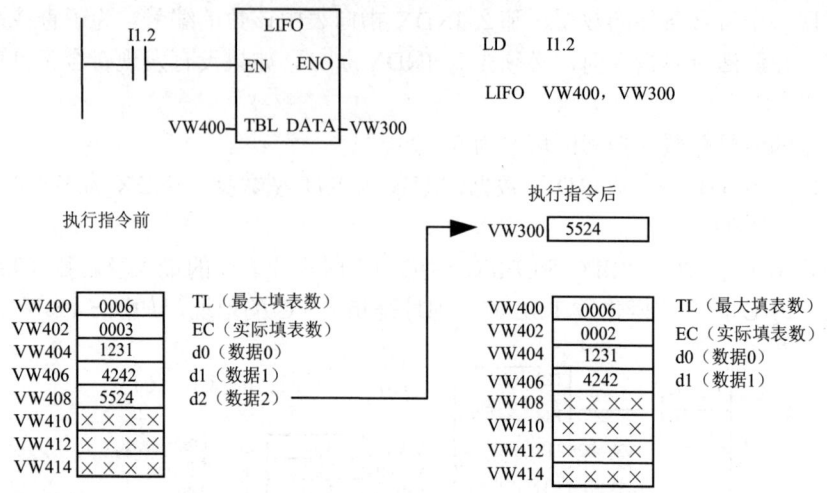

图 5-70 LIFO 指令的操作

（三）存储器填充指令

存储器填充（FILL）指令用输入值（IN）填充从输出单元（OUT）开始的 N 个字的内容。N 为（1～255）。

指令操作数 IN，OUT 为 INT 型，N 为 BYTE 型。

FILL 指令编程举例如图 5-71 所示，执行 FILL 指令后，VW400～VW418 的区域被清零。

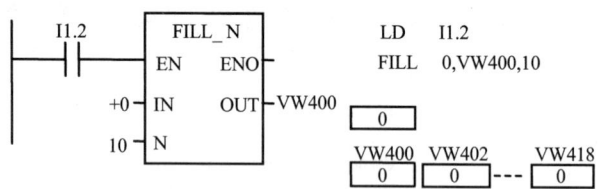

图 5-71 FILL 指令编程举例

七、程序控制指令

（一）有条件结束（END）指令

有条件结束（END）指令，执行条件成立时结束主程序，返回主程序起点。条件结束指令用在无条件结束（MEND）指令之前。用户程序必须以无条件结束指令结束主程序。STEP7-Micro/WIN32 编程软件自动在主程序结束时加上一个无条件结束（MEND）指令。条件结束指令不能在子程序或中断程序中使用。

（二）暂停（STOP）指令

暂停（STOP）指令，能够引起 CPU 工作方式发生变化，从运行方式（RUN）进入停止方式（STOP），立即终止程序的执行。如果 STOP 指令在中断程序中执行，那么该中断程序立即终止，并且忽略所有挂起的中断，继续扫描主程序的剩余部分。在本次扫描的最后，完成 CPU 从 RUN 到 STOP 方式的转换。

（三）监视定时器复位（Watchdog Reset，WDR）指令

为了保证系统可靠运行，PLC 内部设置了系统监视定时器 WDT，用于监视扫描周期是否超时。每当扫描到 WDT 定时器时，WDT 定时器将复位。WDT 定时器有一设定值（100～

300ms），系统正常工作时，所需扫描时间小于 WDT 的设定值，WDT 定时器被及时复位。系统故障情况下，扫描时间大于 WDT 定时器设定值，该定时器不能及时复位，则报警并停止 CPU 运行，同时复位输入、输出。这种故障称为 WDT 故障，以防止因系统故障或程序进入死循环而引起的扫描周期过长。

系统正常工作时，有时会因为用户程序过长或使用中断指令、循环指令使扫描时间过长而超过 WDT 定时器的设定值，为防止这种情况下监视定时器动作，可使用监视定时器复位（WDR）指令，使 WDT 定时器复位。使用 WDR 指令时，在终止本次扫描之前，下列操作过程将被禁止：通信（自由端口方式除外）；I/O 更新（立即 I/O 除外）；强制更新；SM 位更新（SM0，SM5～SM29 不能被更新）；运行时间诊断；在中断程序中的 STOP 指令等。

Stop、End 和 WDR 指令编程举例如图 5-72 所示。

（四）跳转与标号指令

跳转（JMP）指令，可使程序流程转到同一程序中的具体标号（n）处，当这种跳转执行时，栈顶的值总是逻辑 1。标号指令（LBL），标记跳转目的地的位置（n）。指令操作数 n 为常数（0～255）。跳转指令和相应的标号指令必须用在同一个程序段中，如图 5-73 所示。

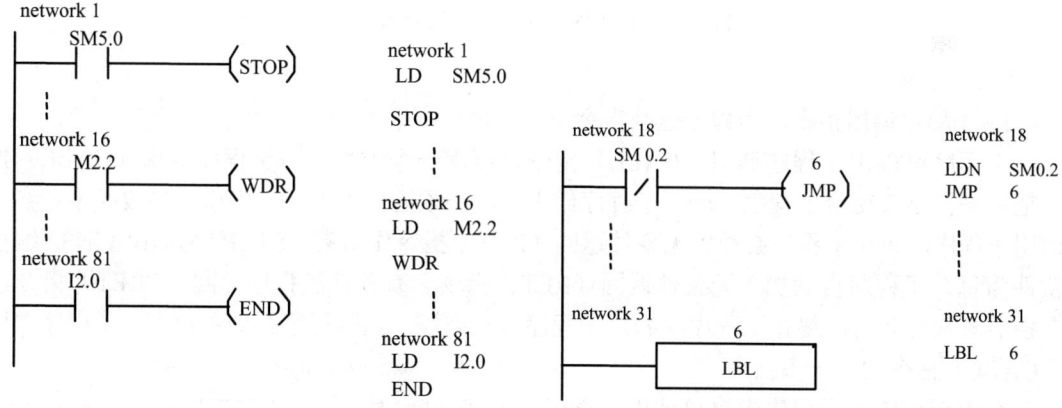

图 5-72　STOP、END 和 WDR 指令编程举例　　　　图 5-73　JMP 和 LBL 指令

（五）循环指令（FOR，NEXT）

循环开始（FOR）指令标记循环体的开始；循环结束（NEXT）指令标记循环的结束，并置栈顶值为"1"。FOR 与 NEXT 之间的程序部分为循环体。必须为 FOR 指令设定当前循环次数的计数器（INDX）、初值（INIT）和终值（FINAL）。每执行一次循环体，当前计数值增加 1，并将其值同终值作比较，如果大于终值，那么终止循环。例如，给定初值（INIT）为 1，终值（FINAL）为 10，那么随着当前计数值（INDX）从 1 增加到 10，FOR 与 NEXT 之间的指令被执行 10 次。

允许输入端有效时，执行循环体直到循环结束。在 FOR/NEXT 循环执行的过程中可以修改终值。当允许输入端重新有效时，指令自动将各参数复位（初值 INIT 和终值 FINAL，并将初值拷贝到计数器 INDX 中）。FOR 指令和 NEXT 指令必须成对使用。允许循环嵌套，嵌套深度可达 8 层。

FOR/NEXT 指令的嵌套编程举例如图 5-74 所示，指令操作数 INDX、INIT、FINAL 的数据类型都是 INT 型。

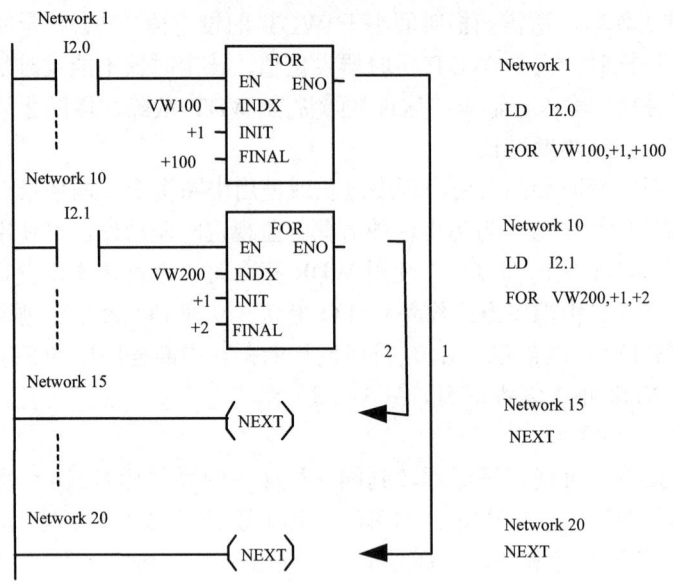

图 5-74　FOR/NEXT 指令的嵌套编程举例

（六）子程序

1. 子程序调用指令、子程序返回指令

主程序可以用子程序调用（CALL）指令来调用一个子程序。子程序调用（CALL）指令把程序控制权交给子程序（n）。子程序结束后，必须返回主程序。可以带参数或不带参数调用子程序。每个子程序必须以无条件返回（RET）指令作结束，STEP7-Micro/WIN32 编程软件为每个子程序自动加入无条件返回（RET）指令。有条件子程序返回（CRET）指令，在控制条件有效时，终止子程序（n）。子程序执行完毕，控制程序回到主程序中子程序调用（CALL）指令的下一条指令。

在中断程序、子程序中也可调用子程序，但在子程序中不能调用自己，子程序的嵌套深度为 8 层。调用子程序并从子程序返回的举例如图 5-75 所示。

子程序被调用时，系统会保存当前的逻辑堆栈。保存后再置栈顶值为 1，堆栈的其他值为零，把控制权交给被调用的子程序。子程序执行完毕，通过返回指令自动恢复逻辑堆栈原调用点的值，把控制权交还给调用程序。

主程序和子程序共用累加器，调用子程序时无须对累加器作存储及重装操作。

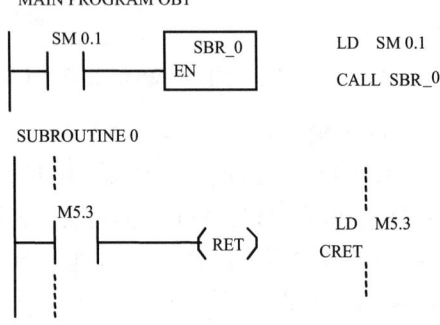

图 5-75　子程序指令编程举例

2. 带参数调用子程序

可带参数调用子程序，带参数调用的子程序指令如图 5-76 所示。参数在子程序的局部变量表中定义（见表 5-8）。参数由地址、参数名称（最多 8 个字符）、变量类型和数据类型描述。子程序最多可以传递 16 个参数。

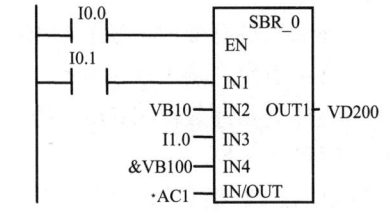

CALL SBR_0, I0.1, VB10, I1.0, &VB100, ·AC1, VD200

图 5-76　带参数调用子程序

局部变量表中的变量类型区定义的变量有：传入子程序参数（IN）、传入/传出子程序参数（IN/OUT）、传出子程序参数（OUT）、暂时变量（TEMP）4 种类型。

表 5-8 STEP7-Micro/WIN32 局部变量表

L 地址	参数名称	变量类型	数据类型	注释
	EN	IN	BOOL	
L0.0	IN1	IN	BOOL	
LB1	IN2	IN	BYTE	
L2.0	IN3	IN	BOOL	
LD3	IN4	IN	DWORD	
LW7	IN/OUT	IN/OUT	WORD	
LD9	OUT1	OUT	DWORD	

IN：传入子程序参数。传入子程序参数可以是直接寻址数据（如：VB10）、间接寻址数据（如：*AC1）、常数（如：16#1234）或地址（&VB100）。

IN/OUT：传入/传出子程序参数。调用子程序时，将指定参数位置的值传到子程序，子程序返回时，从子程序得到的结果值被返回到指定参数的地址。参数可采用直接寻址和间接寻址，但常数和地址不允许作为输入/输出参数。

OUT：传出子程序参数。将从子程序来的结果值返回到指定参数的位置。输出参数可以采用直接寻址和间接寻址，但不可以是常数或地址。

TEMP：暂时变量。只能在子程序内部暂时存储数据。不能用来传递参数。

在带参数调用子程序指令中，参数必须按照一定顺序排列，输入参数（IN）在最前面，其次是输入/输出参数（IN/OUT），最后是输出参数（OUT）。

局部变量表使用局部变量存储器，在局部变量表中加入一个参数时，系统自动给该参数分配局部变量存储空间。当给子程序传递值时，参数放在子程序的局部变量存储器中。局部变量表的最左列（见表 5-8）是每个被传递的参数的局部变量存储器地址。当子程序调用时，输入参数值被拷贝到子程序的局部变量存储器。当子程序完成时，从局部变量存储器区拷贝输出参数值到指定的输出参数地址。在子程序中，局部变量存储器的参数值的分配如下：

按照子程序指令的调用顺序，参数值分配给局部变量存储器，起始地址是 L0.0；8 个连续位的参数值分配一个字节，从 LX.0 到 LX.7。字节、字和双字值按照字节顺序分配在局部变量存储器中（LBx，LWx，或 LDx）。

八、中断指令

中断指令使系统暂时中断正在执行的程序，而转到中断服务程序去处理那些急需处理的事件，处理后再返回原程序执行。中断指令对特定的内部和外部事件作快速响应。

（一）全局中断允许、全局中断禁止指令

全局中断允许（ENI）指令，全局地允许所有被连接的中断事件。

全局中断禁止（DISI）指令，全局地禁止处理所有中断事件。执行 DISI 指令后，出现的中断事件就进入中断队伍排队等候，直到 ENI 指令重新允许中断。

CPU 进入 RUN 模式时自动禁止了中断。在 RUN 模式执行 ENI 指令后，允许所有中断。

（二）中断连接指令、中断分离指令

中断连接（ATCH）指令，用来建立某个中断事件（EVNT）和某个中断程序（INT）之间的联系。并允许这个中断事件。

在调用一个中断程序前，必须用中断连接指令，建立某中断事件与中断程序的连接。当把某个中断事件和中断程序建立连接后，该中断事件发生时会自动开中断。多个中断事件可调用同一个中断程序，但一个中断事件不能同时与多个中断程序建立连接。否则，在中断允许且某个中断事件发生时，系统默认执行与该事件建立连接的最后一个中断程序。

中断分离（DTCH）指令，用来解除某个中断事件（EVNT）和某个中断程序之间的联系，并禁止该中断事件。指令操作数 INT、EVNT 的数据类型均为 BYTE。

可以用 DTCH 指令截断某中断事件和中断程序之间的联系，以单独禁止某中断事件。DTCH 指令使中断回到不激活或无效状态。

（三）中断返回指令

有条件中断返回（CRETI）指令，根据控制的条件从中断程序中返回到主程序。

可用中断程序入口点处的中断程序标号来识别每个中断程序。中断程序由位于中断程序标号和无条件中断返回指令间的所有指令组成。中断程序在响应与之关联的内部或外部中断事件时执行。可以用无条件中断返回（RETI）指令或有条件中断返回（CRETI）指令退出中断程序，从而将控制权交还给主程序。在中断程序中，必须用 RETI 指令结束每个中断程序。程序编译时，由编程软件自动在中断程序结尾加上 RETI 指令。

中断处理提供了对特殊的内部或外部事件的快速响应。应优化中断程序，使其简短，在执行某特殊的任务后立即返回主程序。尽可能减少中断程序的执行时间。否则有可能引起主程序控制设备的异常操作。

所有的中断程序必须放在主程序的无条件结束指令之后。在中断程序中不能使用 DISI、ENI、HDEF、LSCR 和 END 指令。

中断前后，系统保存和恢复逻辑堆栈、累加寄存器、特殊存储器标志位（SM）。从而避免了中断程序返回后对主程序执行现场所造成的破坏。中断指令编程举例如图 5-77 所示。

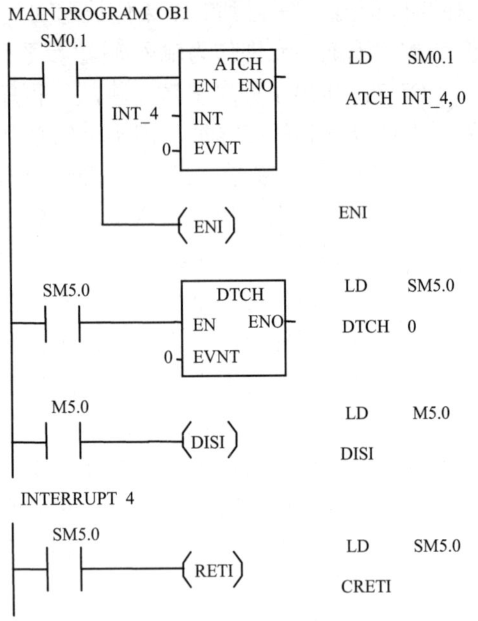

（四）中断的分类

中断可分为三类：

1. 通信口中断

PLC 的串行通信口可由用户程序来控制。通信口的这种操作模式称为自由端口模式。在自由端口模式下，用户程序定义波特率、每个字符位数、奇偶校验和通信协议。利用接收和发送中断可简化程序对通信的控制。通信口中断事件事件号有 8、9、23～26（见表 5-10）。

2. I/O 中断

I/O 中断包含了上升沿或下降沿中断、高速计数器中断和脉冲串输出（PTO）中断。S7-200 CPU 可用输入点（I0.0～I0.3）的上升沿或下降沿产生中断，CPU 检测这些上升沿或下降沿事件，可用来指示某个事件发生时的故障状态。

高速计数器中断，允许响应诸如当前值等于预置值、轴转动方向变化的计数方向改变和计数器外部复位等事件而产生中断。

脉冲串输出中断，允许对完成指定脉冲数输出的响应。I/O 中断事件的事件号有 0～7、12～20、27～33，（见表 5-10）。

必须用 ATCH 指令将一个中断程序连接到相应的 I/O 中断事件上以允许上述的中断。

3. 时基中断

时基中断包括定时中断和定时器 T32/T96 中断。

图 5-77 中断指令编程举例

定时中断按指定的周期时间循环执行。以 1ms 为周期增量，周期时间可从 1～255ms。定时中断 0、定时中断 1 把周期时间分别写入特殊存储器 SMB34、SMB35。

用 ATCH 指令把一个定时中断事件与一个中断程序连接起来后，系统捕捉周期时间值。如果要改变周期时间，首先必须修改 SMB34 或 SMB35 中的值，然后重新建立中断程序与定时中断事件的连接。重新建立连接后，定时中断功能清除前一次连接时的周期时间值，并用新值重新开始计时。

当定时中断设定的周期时间到，定时中断事件把控制权交给相应的中断程序。定时中断一旦允许就连续地运行，按指定的时间间隔反复执行被连接的中断程序。常用定时中断以固定的时间间隔去控制模拟量的采集和执行 PID 回路程序。如果退出 RUN 模式或分离定时中断，则定时中断被禁止。执行了全局中断禁止指令后，定时中断事件仍会继续发生，并进入中断队列直到中断允许或队列排满为止。

定时器 T32/T96 中断，在给定时间间隔到达时及时地产生中断。这些中断只支持 1ms 分辨率的定时器（TON 和 TOF）T32 和 T96。T32 和 T96 定时器与其他定时器的功能相同。只是 T32、T96 在中断允许后，当定时器的当前值等于预置值时就产生中断。编程时应先建立 T32/T96 中断事件与某中断程序的连接。定时中断事件号有 10、11、21、22（见表 5-10）。

定时中断指令采集模拟量的程序如图 5-78 所示。

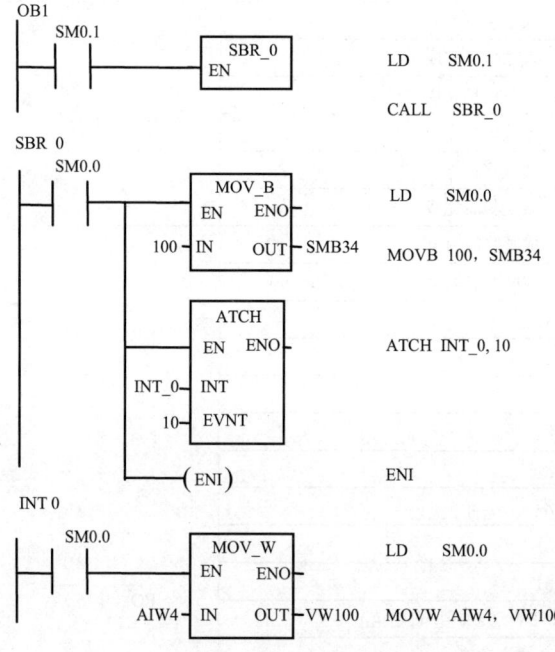

图 5-78　定时中断指令采集模拟量的程序

（五）中断优先级

中断按以下固定的次序来决定优先级：
1）通信（最高优先级）；
2）I/O 中断（中等优先级）；
3）时基中断（最低优先级）。

在各个优先级范围内，CPU 按先来先服务的原则处理中断。任何时刻只能执行一个用户中断程序。一旦中断程序开始执行，它会一直执行到结束。而且不会被别的中断程序（甚至是更高优先级的中断程序）所打断。正在处理某中断程序时，新出现的中断事件需排队等待，以待处理。三个中断队列及其能保存的最大中断事件个数如表 5-9 所示。

表 5-9 中断队列和每个队列的最大中断事件数

队列	CPU221	CPU222	CPU224	CPU226
通信中断队列	4	4	4	8
I/O 中断队列	16	16	16	16
定时中断队列	8	8	8	8

在中断队列排满后，有时还可能出现中断事件。这时由队列溢出存储器位表明丢失的中断事件的类型。通信口中断、I/O 中断、定时中断的中断队列溢出位分别是 SM4.0、SM4.1、SM4.2。中断队列溢出标志位只在中断程序中使用。因为在队列变空或控制返回到主程序时，这些标志位就会被复位。

按优先级排列的中断事件及其事件号如表 5-10 所示。

表 5-10 按优先级排列的中断事件

事件号	中断描述	优先组	优先组中的优先级
8	通信口 0：接收字符	通信（最高）	0
9	通信口 0：发送信息完成		0
23	通信口 0：接收信息完成		0
24	通信口 1：接收信息完成		1
25	通信口 1：接收字符		1
26	通信口 1：发送信息完成		1
19	PTO 0 完成脉冲数输出	I/O（中等）	0
20	PTO 1 完成脉冲数输出		1
0	I0.0 上升沿		2
2	I0.1 上升沿		3
4	I0.2 上升沿		4
6	I0.3 上升沿		5
1	I0.0 下降沿		6
3	I0.1 下降沿		7
5	I0.2 下降沿		8
7	I0.3 下降沿		9
12	HSC0 CV=PV（当前值=设定值）		10
27	HSC0 输入方向改变		11
28	HSC0 外部复位		12
13	HSC1 CV=PV（当前值=设定值）		13
14	HSC1 输入方向改变		14
15	HSC1 外部复位		15
16	HSC2 CV=PV（当前值=设定值）		16
17	HSC2 输入方向改变		17
18	HSC2 外部复位		18
32	HSC3 CV=PV（当前值=设定值）		19

事件号	中断描述	优先组	优先组中的优先级
29	HSC4 CV=PV（当前值=设定值）	I/O（中等）	20
30	HSC4 输入方向改变		21
31	HSC4 外部复位		22
33	HSC5 CV=PV（当前值=设定值）		23
10	定时中断 0	定时（最低）	0
11	定时中断 1		1
21	定时器 T32　CT=PT 中断		2
22	定时器 T96　CT=PT 中断		3

九、PID 回路指令

（一）PID 算法

在闭环控制系统中广泛应用 PID 控制（即比例—积分—微分控制）。PID 控制器调节回路输出。为使系统达到稳定状态，应让偏差 e 趋于零。偏差 e 是给定值 SP 和过程变量 PV 的差。回路的输出变量 $M(t)$ 是时间 t 的函数，见式（5-1）。它可以看作是比例项、积分项、微分项三项之和

$$M(t) = k_c e + k_c \int_0^t e \mathrm{d}t + M_{\text{initial}} + k_d \mathrm{d}e/\mathrm{d}t \tag{5-1}$$

式中　$M(t)$——PID 回路的输出，是时间函数；

　　　　k_c——PID 回路的增益；

　　　　k_i——积分项的系数；

　　　　e——PID 回路的偏差；

　　　　k_d——微分项的系数；

　　　　M_{initial}——PID 回路输出的初始值。

数字计算机处理这个函数关系式，必须将连续函数离散化，对偏差周期采样后，计算输出值。式（5-2）是式（5-1）的离散形式

$$M_n = K_C e_n + K_I \sum_{i=1}^n e_i + M_{\text{initial}} + K_D(e_n - e_{n-1}) \tag{5-2}$$

式中　M_n——在第 n 采样时刻 PID 回路输出的计算值；

　　　　K_C——PID 回路增益；

　　　　e_n——在第 n 采样时刻的偏差值；

　　　　e_{n-1}——在第 $n-1$ 采样时刻的偏差值（偏差前值）；

　　　　K_I——积分项的系数；

　　　　M_{initial}——PID 回路输出的初值；

　　　　K_D——微分项的系数。

式（5-2）中，积分项是包括从第 1 个采样周期到当前采样周期的所有误差的累积值。计算中，没有必要保留所有采样周期的误差项。只需保留积分项前值 MX 即可

$$M_n = K_C e_n + K_I e_n + MX + K_D(e_n - e_{n-1}) = MP_n + MI_n + MD_n \tag{5-3}$$

式中　MX——积分项前值（在第 $n-1$ 采样时刻的积分项）；

　　　　MP_n——第 n 采样时刻的比例项；

　　　　MI_n——第 n 采样时刻的积分项；

MD_n——第 n 采样时刻的微分项。

1. 比例项

比例项 MP_n 是增益 K_C 和偏差 e 的乘积。

增益 K_C 决定输出对偏差的灵敏度。增益为正的回路为正作用回路,反之为反作用回路。选择正、反作用回路的目的是使系统处于负反馈控制

$$MP_n = K_C e_n = K_C (SP_n - PV_n) \qquad (5\text{-}4)$$

式中　SP_n——第 n 采样时刻的给定值;

PV_n——第 n 采样时刻的过程变量值。

2. 积分项

积分项 MI_n 与偏差的和成正比

$$MI_n = K_I e_n + MX = K_C T_S / T_I (SP_n - PV_n) + MX \qquad (5\text{-}5)$$

式中　T_S——采样周期;

T_I——积分时间常数。

积分项前值 MX 是第 n 采样周期前所有积分项之和。在每次计算出 MI_n 之后,都要用 MI_n 去更新 MX。第一次计算时 MX 的初值被设置为 $M_{initial}$(初值)。采样周期 T_S 是重新计算输出的时间间隔,而积分时间常数 T_I 控制积分项在整个输出结果中影响的程度。

3. 微分项

微分项 MD_n 与偏差的变化成正比。

$$MD_n = K_D (e_n - e_{n-1}) = \frac{K_C T_D}{T_S} [(SP_n - PV_n) - (SP_{n-1} - PV_{n-1})] \qquad (5\text{-}6)$$

为了避免给定值变化的微分作用而引起的跳变,可设定给定值不变($SP_n = SP_{n-1}$)。那末

$$MD_n = \frac{K_C T_D}{T_S}(SP_n - PV_n - SP_{n-1} + PV_{n-1}) = \frac{K_C T_D}{T_S}(PV_{n-1} - PV_n) \qquad (5\text{-}7)$$

式中　T_D——微分时间常数;

SP_{n-1}——第 n-1 采样时刻的给定值;

PV_{n-1}——第 n-1 采样时刻的过程变量值。

(二) PID 回路指令

PID 回路指令运用回路表中的输入信息和组态信息,进行 PID 运算,编程极其简便。该指令有两个操作数:TBL 和 LOOP(见图 5-79)。其中 TBL 是回路表的起始地址,操作数限用 VB 区域(BYTE 型);LOOP 是回路号,可以是 0 到 7 的整数(BYTE 型)。进行 PID 运算的前提条件是逻辑堆栈栈顶值必须为 1。在程序中最多可以用 8 条 PID 指令。PID 回路指令不可重复使用同一个回路号(即使这些指令的回路表不同),否则会产生不可预料的结果。

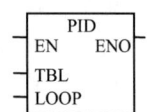

图 5-79　PID 指令

回路表包含 9 个参数,用来控制和监视 PID 运算。这些参数分别是过程变量当前值 PV_n,过程变量前值 PV_{n-1},给定值 SP_n,输出值 M_n,增益 K_C,采样时间 T_S,积分时间 T_I,微分时间 T_D 和积分项前值 MX。36 个字节的回路表格式如表 5-11 所示。

若要以一定的采样频率进行 PID 运算,采样时间必须输入到回路表中。且 PID 指令必

须编入定时发生的中断程序中，或者在主程序中由定时器控制 PID 指令的执行频率。

表 5-11 回路表格式

偏移地址	变量名	数据类型	变量类型	描述
0	过程变量（PV_n）	实数	输入	必须在 0.0~1.0 之间
4	给定值（SP_n）	实数	输入	必须在 0.0~1.0 之间
8	输出值（M_n）	实数	输入/输出	必须在 0.0~1.0 之间
12	增益（K_C）	实数	输入	比例常数，可正可负
16	采样时间（T_S）	实数	输入	单位为 s，必须是正数
20	积分时间（T_I）	实数	输入	单位为 min，必须是正数
24	微分时间（T_D）	实数	输入	单位为 min，必须是正数
28	积分项前值（MX）	实数	输入/输出	必须在 0.0~1.0 之间
32	过程变量前值（PV_{n-1}）	实数	输入/输出	最近一次 PID 运算的过程变量值，必须在 0.0~1.0 之间

（三）控制方式

S7-200 PLC 执行 PID 指令时为"自动"运行方式。不执行 PID 指令时为"手动"方式。

PID 指令有一个允许输入端（EN）。当该输入端检测到一个正跳变（从 0 到 1）信号，PID 回路就从手动方式无扰动地切换到自动方式。无扰动切换时，系统把手动方式的当前输出值填入回路表中的 M_n 栏，用来初始化输出值 M_n，且进行一系列的操作，对回路表中的值进行组态：

置给定值 SP_n = 过程变量 PV_n

置过程变量前值 PV_{n-1} = 过程变量当前值 PV_n

置积分项前值 MX = 输出值 M_n

梯形图中，若 PID 指令的允许输入端（EN）直接接至左母线，在启动 CPU 或 CPU 从 STOP 方式转换到 RUN 方式时，PID 使能位的默认值是 1，可以执行 PID 指令，但无正跳变信号，因而不能实现无扰动的切换。

（四）回路输入输出变量的数值转换

1. 回路输入变量的转换和标准化

每个 PID 回路有两个输入变量，给定值 SP 和过程变量 PV。给定值通常是一个固定的值，如水箱水位的给定值。过程变量与 PID 回路输出有关，并反映了控制的效果。在水箱控制系统中，过程变量就是水位的测量值。

给定值和过程变量都是实际工程物理量，其数值大小、范围和测量单位都可能不一样。执行 PID 指令前必须把它们转换成标准的浮点型实数。

（1）回路输入变量的数据转换。把 A/D 模拟量单元输出的整数值转换成浮点型实数值，程序如下：

    ITD   AIW0，AC0   把待转换的模拟量转换为双整数并存入 IC0

DTR　　　AC0，AC0　　　　　　　把 32 位双整数转换为实数

（2）实数值的标准化。把实数值进一步标准化为 0.0～1.0 之间的实数。实数标准化的公式

$$R_{\text{norm}} = (R_{\text{raw}} / S_{\text{pan}} + Off_{\text{set}}) \tag{5-8}$$

式中　R_{norm}——标准化的实数值；
　　　R_{raw}——未标准化的实数值；
　　　Off_{set}——补偿值或偏置，单极性为 0.0，双极性为 0.5；
　　　S_{pan}——值域大小，为最大允许值减去最小允许值，单极性为 32000（典型值）双极性为 64000（典型值）。

双极性实数标准化的程序如下：
/R　　　　64000.0，AC0　　　//累加器中的实数值除以 64000.0
+R　　　　0.5，AC0　　　　　//加上偏置，使其落在 0.0～1.0 之间
MOVR　　　AC0，VD100　　　　//标准化的实数值存入回路表

2. 回路输出变量的数据转换

回路输出变量是用来控制外部设备的，例如，控制水泵的速度。PID 运算的输出值是 0.0～1.0 之间的标准化了的实数值，在输出变量传送给 D/A 模拟量单元之前，必须把回路输出变量转换成相应的整数。这一过程是实数值标准化的逆过程。

（1）回路输出变量的刻度化。把回路输出的标准化实数转换成实数，公式如下：

$$R_{\text{scal}} = (M_n - Off_{\text{set}}) S_{\text{pan}} \tag{5-9}$$

式中　R_{scal}——回路输出的刻度实数值；
　　　M_n——回路输出的标准化实数值；
　　　Off_{set}、S_{pan} 的定义同式（5-8）。

回路输出变量的刻度化的程序如下：
MOVR　　　VD108，AC0　　　　把回路输出变量移入累加器
-R　　　　0.5，AC0　　　　　 对双极性输出值，Off_{set} 为 0.5
*R　　　　64000.0，AC0　　　得到回路输出变量的刻度值

（2）将实数转换为整数（INT）。把回路输出变量的刻度值转换成整数（INT）的程序为：
ROUND　　　AC0 AC0　　　　　把实数转换为双字整数
DTI　　　　AC0，AC0　　　　 把双字整数转换为整数
MOVW　　　AC0，AQW0　　　　把整数写入模拟量输出寄存器

（五）变量和范围

过程变量和给定值是 PID 运算的输入变量，因此，在回路表中这些变量只能被回路指令读取而不能改写。

输出变量是由 PID 运算产生的，在每一次 PID 运算完成之后，需要把新的输出值写入回路表，以供下一次 PID 运算。输出值被限定为 0.0～1.0 之间的实数。

如果使用积分控制，积分项前值 MX 要根据 PID 运算结果更新。每次 PID 运算后更新了的积分项前值要写入回路表，用作下一次 PID 运算的输入。当输出值超过范围（大于 1.0 或小于 0.0），那么积分项前值必须根据下列公式进行调整：

$$MX = 1.0 - (MP_n + MD_n) \quad 当计算输出值 M_n > 1.0 \tag{5-10}$$

$$MX = -(MP_n + MD_n) \quad 当计算输出值 M_n < 0.0 \tag{5-11}$$

式中，MX 是经过调整了的积分项前值；MP_n 是第 n 采样时刻的比例项；MD_n 是第 n 采样时刻的微分项。

修改回路表中积分项前值时，应保证 MX 的值在 0.0～1.0 之间。调整积分项前值后使输出值回到（0.0～1.0）范围，可以提高系统的响应性能。

（六）选择回路控制类型

对于比例、积分、微分回路的控制，有些控制系统只需要其中的一种或两种回路控制类型。通过设置相关参数可选择所需的回路控制类型。

如果只需要比例、微分回路控制，可以把积分时间常数设为无穷大。此时积分项为初值 MX。

如果只需要比例、积分回路控制，可以把微分时间常数置为零。

如果只需要积分或积分微分回路，可以把回路增益 K_C 设为 0.0，在计算积分项和微分项时，系统把回路增益 K_C 当作 1.0。

（七）出错条件

如果指令操作数超出范围，CPU 会产生编译错误，致使编译失败。PID 指令不检查回路表中的值是否在范围之内，必须确保过程变量、给定值、输出值、积分项前值、过程变量前值在 0.0 到 1.0 之间。

如果 PID 运算发生错误，那么特殊存储器标志位 SM1.1（溢出或非法值）会被置 1，并且中止 PID 指令的执行。要想消除这种错误，单靠改变回路表中的输出值是不够的，正确的方法是在执行 PID 运算之前，改变引起运算错误的输入值，而不是更新输出值。

（八）PID 指令编程举例

某水箱需要维持一定的水位，该水箱里的水以变化的速度流出。这就需要有一个水泵以变化的速度给水箱供水以维持水位（满水位的 75%）不变，这样才能使水箱不断水。

分析：本系统的给定值是水箱满水位的 75%时的水位，过程变量由水位测量仪提供。输出值是水泵的速度，可以从允许最大值的 0%变到 100%。

给定值可以预先设定后直接输入到回路表中，过程变量值是来自水位测量仪的单极性模拟量，回路输出值也是一个单极性模拟量，用来控制水泵速度。

本系统中选择比例和积分控制，其回路增益和时间常数可以通过工程计算初步确定。但还需要进一步调整以达到最优控制效果。初步确定的回路增益和时间常数为：$K_C = 0.25$，$T_S = 0.1s$，$T_I = 30min$，$T_D = 0$。

系统起动时关闭出水口，用手动方式控制水泵速度使水位达到满水位的 75%，然后打开出水口，同时水泵控制从手动方式切换到自动方式。这种切换可由一个手动开关（编址 I0.0）控制。I0.0 位控制手动与自动的切换，0 代表手动；1 代表自动。无扰动切换时系统把手动方式下的当前输出值 M_n，即水泵速度（0.0～1.0 之间的实数）填入回路表中的 M_n 栏（VD108）。

水箱水位 PID 控制的程序如图 5-80 所示。

PID 指令的编程方法总结如下：

（1）采用主程序、子程序、中断程序的程序结构形式，可优化程序结构，减少周期扫描时间。

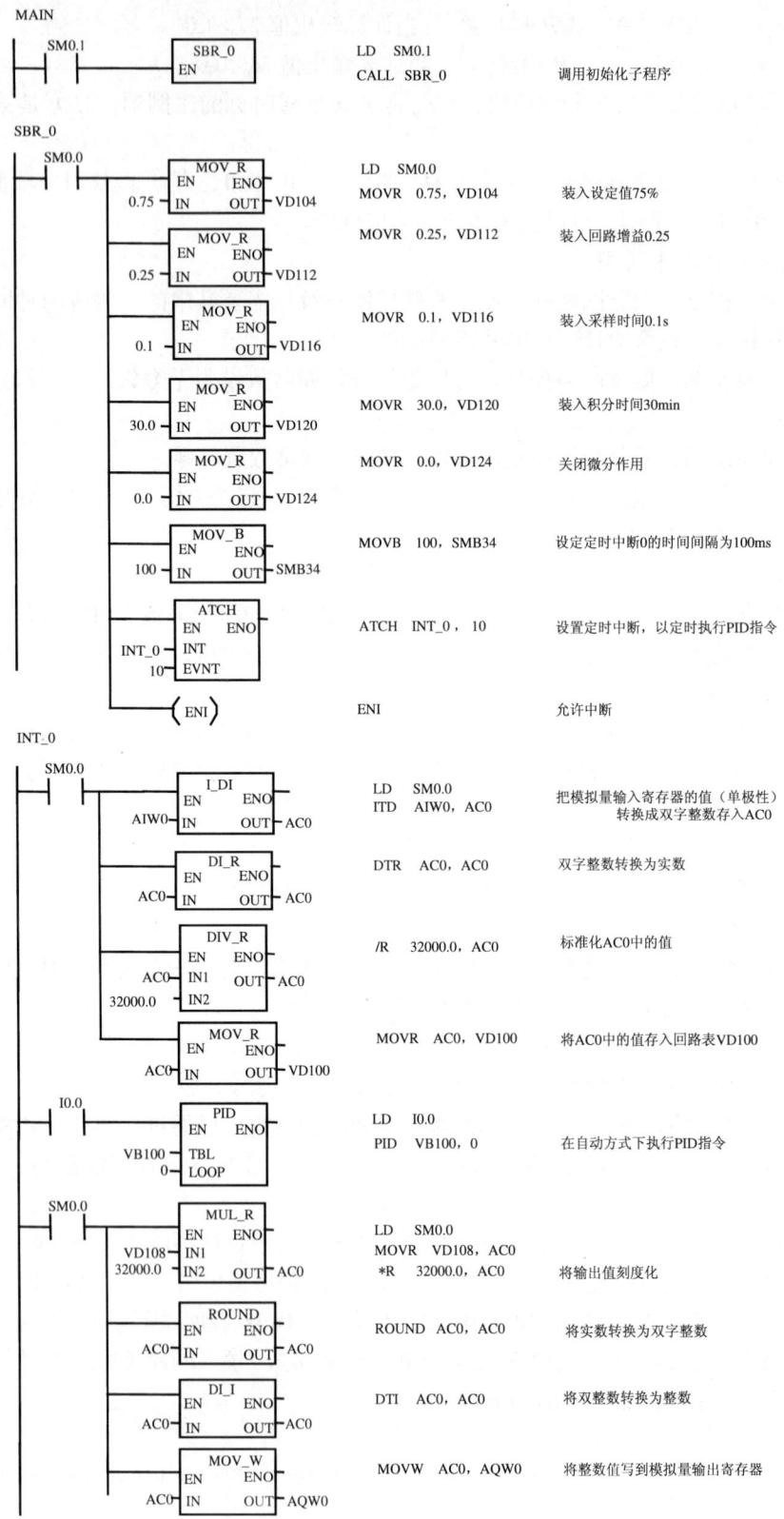

图 5-80 水箱水位 PID 控制

(2) 在子程序中，先进行组态编程的初始化工作，将 5 个固定值的参数（SP_n、K_C、T_S、T_I、T_D）填入回路表。然后再设置定时中断，以便周期地执行 PID 指令。

(3) 在中断程序中要做三件事。第一，将由模拟量输入模块提供的过程变量 PV_n 转换成标准化的实数（0.0～1.0 之间的实数）并填入回路表。第二，设置 PID 指令的无扰动切换的条件（例 I0.0），并执行 PID 指令。使系统由手动方式无扰动地切换到自动方式，将参数 M_n、SP_n、PV_{n-1}、MX 先后填入回路表，完成回路表的组态编程。从而实现周期地执行 PID 指令。第三，将 PID 运算输出的标准化实数值 M_n 先刻度化，然后再转换成有符号整数（INT），最后送至模拟量输出模块，以实现对外部设备的控制。

十、高速计数器指令

普通计数器要受 CPU 扫描速度的影响，对高速脉冲信号的计数会发生脉冲丢失的现象。高速计数器脱离主机的扫描周期而独立计数，它可对脉宽小于主机扫描周期的高速脉冲准确计数。高速计数器常用于电动机转速检测等场合，使用时，可由编码器将电动机的转速转化成脉冲信号，再用高速计数器对转速脉冲信号进行计数。

（一）高速计数器指令

高速计数器指令包含定义高速计数器（HDEF）指令和高速计数器（HSC）指令（见图 5-81），高速计数器的时钟输入速率可达 10～30kHz。

定义高速计数器（HDEF）指令，为指定的高速计数器（HSCx）选定一种工作模式（有 12 种不同的工作模式）。

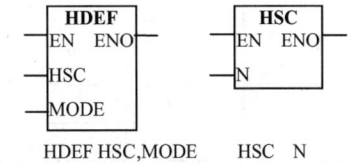

图 5-81 高速计数器的两条指令

使用 HDEF 指令可建立起高速计数器（HSCx）和工作模式之间的联系。操作数 HSC 是高速计数器编号（0～5），MODE 是工作模式（0～11）。在使用高速计数器之前必须使用 HDEF 指令来选定一种工作模式。对每一个高速计数器只能使用一次 HDEF 指令。

高速计数器（HSC）指令，根据有关特殊标志位来组态和控制高速计数器的工作。操作数 N 指定了高速计数器号（0～5）。

高速计数器装入预置值后，当前计数值小于当前预置值时计数器处于工作状态。当当前值等于预置值或外部复位信号有效时，可使计数器产生中断；除模式（0～2）外，计数方向的改变也可产生中断。可利用这些中断事件完成预定的操作。每当中断事件出现时，采用中断的方法在中断程序中装入一个新的预置值，从而使高速计数器进入新一轮的工作。

由于中断事件产生的速率远低于高速计数器的计数速率，用高速计数器可以实现精确的高速控制，而不会延长 PLC 的扫描周期。

（二）高速计数器输入端

高速计数器的输入端不可任意选择，必须按系统指定的输入点输入信号。各高速计数器的计数脉冲、方向控制、复位和启动所指定的输入端如表 5-12、表 5-13 所示，表 5-12、表 5-13 是高速计数器的外部输入信号及工作模式。

边沿中断输入点指定为 I0.0～I0.3，与高速计数器指定的某些输入点是重叠的。使用时，同一输入端不能同时用于两个不同的功能。例如，HSC0 没有使用输入端 I0.1，那么该输入端（I0.1）可以用作 HSC3 的输入端或边沿中断输入端，……而当 HSC0、HSC4 分别使用输入点 I0.1、I0.3，那么输入点 I0.0、I0.3 不能作它用。

（三）高速计数器的工作模式

高速计数器有 12 种不同的工作模式（0～11），可分为 4 大类：

表 5-12　HSC0，HSC3～HSC5 的外部输入信号及工作模式

输入端 模式	HSC0			HSC3	HSC4			HSC5
	I0.0	I0.1	I0.2	I0.1	I0.3	I0.4	I0.5	I0.4
0	计数			计数	计数			计数
1	计数		复位		计数		复位	
3	计数	方向			计数	方向		
4	计数	方向	复位		计数	方向	复位	
6	增计数	减计数			增计数	减计数		
7	增计数	减计数	复位		增计数	减计数	复位	
9	A相计数	B相计数			A相计数	B相计数		
10	A相计数	B相计数	复位		A相计数	B相计数	复位	

表 5-13　HSC1 和 HSC2 的外部输入信号及工作模式

输入端 模式	HSC1				HSC2			
	I0.6	I0.7	I1.0	I1.1	I1.2	I1.3	I1.4	I1.5
0	计数				计数			
1	计数		复位		计数		复位	
2	计数		复位	启动	计数		复位	启动
3	计数	方向			计数	方向		
4	计数	方向	复位		计数	方向	复位	
5	计数	方向	复位	启动	计数	方向	复位	启动
6	增计数	减计数			增计数	减计数		
7	增计数	减计数	复位		增计数	减计数	复位	
8	增计数	减计数	复位	启动	增计数	减计数	复位	启动
9	A相计数	B相计数			A相计数	B相计数		
10	A相计数	B相计数	复位		A相计数	B相计数	复位	
11	A相计数	B相计数	复位	启动	A相计数	B相计数	复位	启动

（1）内部方向控制的单向增/减计数器（模式 0～2），它没有外部控制方向的输入信号，由内部控制计数方向，只能作单向增或减计数，有一个计数输入端。

（2）外部方向控制的单向增/减计数器（模式 3～5），它由外部输入信号控制计数方向，只能作单向增或减计数，有一个计数输入端。

（3）有增和减计数脉冲输入的双向计数器（模式 6～8），它有两个计数输入端，增计数输入端和减计数输入端。

（4）A/B 相正交计数器（模式 9～11），它有两个计数脉冲输入端；A 相计数脉冲输入端和 B 相计数脉冲输入端。A、B 相计数脉冲的相位差互为 90°。当 A 相计数脉冲超前 B 相计数脉冲时，计数器进行增计数，反之，进行减计数。在正交模式下，可选择 1 倍（1×）或 4 倍（4×）模式。

相同模式下的计数器具有相同的功能。

（四）高速计数器与特殊标志位存储器（SM）

特殊标志位存储器（SM）是用户程序与系统程序之间的界面，它为用户提供一些特殊

的控制功能和系统信息,用户的特殊要求也可通过它通知系统。高速计数器指令使用过程中,利用相关的特殊存储器位可对高速计数器实施状态监视、组态动态参数、设置预置值和当前值等操作。

1. 高速计数器的状态字节

每个高速计数器都有一个状态字节,其中某些位指出了当前计数方向,当前值是否等于预置值,当前值是否大于预置值。每个高速计数器的状态位的定义如表 5-14 所示。

表 5-14 高速计数器的状态字节

HSC0	HSC1	HSC2	HSC3	HSC4	HSC5	描 述
SM36.0 ~ SM36.4	SM46.0 ~ SM46.4	SM56.0 ~ SM56.4	SM136.0 ~ SM136.4	SM146.0 ~ SM146.4	SM156.0 ~ SM156.4	不用
SM36.5	SM46.5	SM56.5	SM136.5	SM146.5	SM156.5	当前计数方向状态位:0=减计数;1=增计数
SM36.6	SM46.6	SM56.6	SM136.6	SM146.6	SM156.6	当前值等于预置值状态位:0=不等;1=等于
SM36.7	SM46.7	SM56.7	SM136.7	SM146.7	SM156.7	当前值大于预置值状态位:0=小于、等于;1=大于

只有执行高速计数器的中断程序时,状态位才有效。监视高速计数器的状态的目的是使外部事件可产生中断,以完成重要的操作。

2. 高速计数器的控制字节

只有定义了计数器和计数器模式,才能对计数器的动态参数进行编程。

每个高速计数器都有一个控制字节(见表 5-15)。控制字节控制计数器的工作:设置复位与启动输入的有效状态、选择 1× 或 4× 计数倍率(只用于正交计数器)、初始化计数方向、允许更新计数方向(除模式 0、1、2 外)、装入计数器预置值和当前值、允许或禁止计数。在执行 HDEF 指令前,必须设置好控制位。否则,计数器对计数模式的选择取缺省设置。缺省的设置为:复位输入和启动输入高电平有效、正交计数倍率是 4×(4 倍输入时钟频率)。一旦 HDEF 指令被执行,就不能再更改计数器的设置,除非先进入 STOP 方式。执行 HSC 指令时,CPU 检验控制字节及调用当前值、预置值。

表 5-15 高速计数器的控制字节

HSC0	HSC1	HSC2	HSC3	HSC4	HSC5	描 述
SM37.0	SM47.0	SM57.0		SM147.0		复位有效电平控制位: 0=复位高电平有效,1=复位低电平有效
—	SM47.1	SM57.1		—		启动有效电平控制位: 0=启动高电平有效;1=启动低电平有效
SM37.2	SM47.2	SM57.2		SM147.2		正交计数器计数速率选择: 0=4×计数速率;1=1×计数速率
SM37.3	SM47.3	SM57.3	SM137.3	SM147.3	SM157.3	计数方向控制位: 0=减计数;1=增计数
SM37.4	SM47.4	SM57.4	SM137.4	SM147.4	SM157.4	允许更新计数方向: 0=不更新;1=更新计数方向
SM37.5	SM47.5	SM57.5	SM137.5	SM147.5	SM157.5	向 HSC 中写入预置值: 0=不更新;1=更新预置值
SM37.6	SM47.6	SM57.6	SM137.6	SM147.6	SM157.6	向 HSC 中写入新的当前值: 0=不更新;1=更新当前值
SM37.7	SM47.7	SM57.7	SM137.7	SM147.7	SM157.7	HSC 允许:0=禁止 HSC 1=允许 HSC

3. 预置值和当前值的设置

每个计数器都有一个预置值和一个当前值。预置值和当前值都是有符号双字整数。

为了向高速计数器装入新的预置值和当前值，必须先设置控制字节，并把预置值和当前值存入特殊存储器中（见表 5-16），然后执行 HSC 指令，才能将新的值传送给高速计数器。用双字直接寻址可访问读出高速计数器的当前值，而写操作只能用 HSC 指令来实现。高速计数器编程举例如图 5-82 所示，图中子程序（SBR_0）是 HSC1（模式 11）的初始化子程序。

表 5-16 HSC 的当前值和预置值

要装入的值	HSC0	HSC1	HSC2	HSC3	HSC4	HSC5
新当前值	SMD38	SMD48	SMD58	SMD138	SMD148	SMD158
新预置值	SMD42	SMD52	SMD62	SMD142	SMD152	SMD162

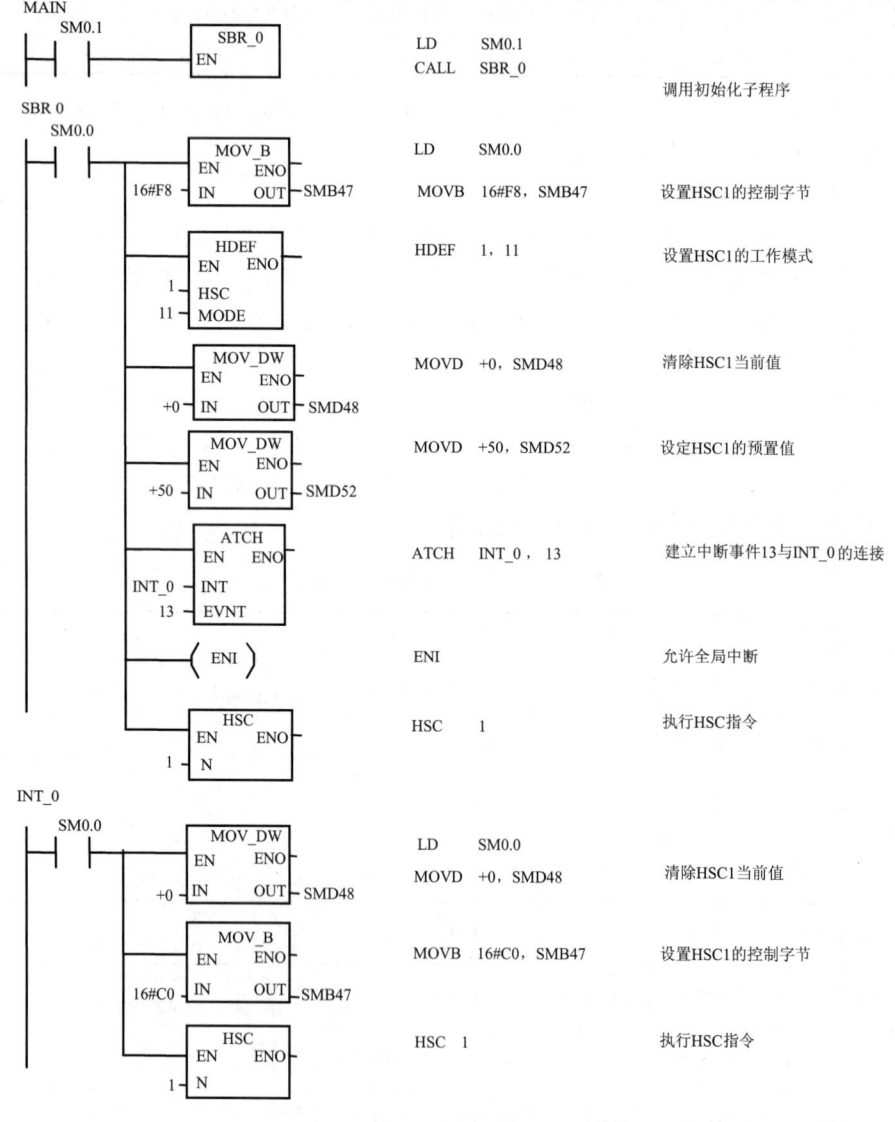

图 5-82 HSC1 初始化程序

十一、高速脉冲输出指令

（一）高速脉冲输出指令

高速脉冲输出指令，使 PLC 某些输出端产生高速脉冲，用来驱动负载实现精确控制（例如对步进电动机的控制）。

高速脉冲输出（PLS）指令如图 5-83 所示，检测为脉冲输出（Q0.0 或 Q0.1）设置的特殊存储器位，然后激活由特殊存储器定义的脉冲输出指令。指令操作数 Q 为 0 或 1。

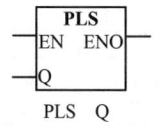

图 5-83　高速脉冲输出指令

S7-200 CPU 有两个 PTO/PWM 发生器，分别产生高速脉冲串和脉冲宽度可调的波形。PTO/PWM 发生器的编号分配在数字输出点 Q0.0 和 Q0.1。

PTO/PWM 发生器和输出映像寄存器共同使用 Q0.0 和 Q0.1。当 Q0.0 或 Q0.1 设置为 PTO 或 PWM 功能功能时，PTO/PWM 发生器控制输出，在输出点禁止使用数字量输出的通用功能。输出波形不受输出映像寄存器的状态、输出强置或立即输出指令的影响。当不使用 PTO/PWM 发生器功能时，输出点 Q0.0、Q0.1 使用通用功能，输出由输出映像寄存器控制。建议在允许 PTO 或 PWM 操作前把 Q0.1 和 Q0.1 的输出映像寄存器设定为 0。

脉冲串（PTO）功能提供方波（50%占空比）输出，用户控制脉冲周期和脉冲数。脉冲宽度调制（PWM）功能提供连续、占空比可调的脉冲输出，用户控制脉冲周期和脉冲宽度。

PTO/PWM 发生器有一个控制字节寄存器（8bit）、一个无符号的周期值寄存器（16bit），PWM 有一个无符号的脉宽值寄存器（16bit），PTO 有一个无符号的脉冲计数值寄存器（32bit）。这些值全部存储在指定的特殊存储器（SM）中，特殊存储器的各位设置完毕，即可执行脉冲（PLS）指令。PLS 指令使 CPU 读取特殊存储器中的位，并对相应的 PTO/PWM 发生器进行编程。修改特殊存储器（SM）区（包括控制字节），并执行 PLS 指令，可以改变 PTO 或 PWM 特性。当 PTO/PWM 控制字节的允许位（SM67.7 或 SM77.7）置为 0，则禁止 PTO 或 PWM 的功能。

所有控制字节、周期、脉冲宽度和脉冲数的默认值都是 0。

（二）PTO/PWM 控制寄存器

PLS 指令从 PTO/PWM 控制寄存器中读取数据，使程序按控制寄存器中的值控制 PTO/PWM 发生器。因此执行 PLS 指令前，必须设置好控制寄存器。控制寄存器各位的功能如表 5-17 所示。SMB67 控制 PTO/PWM Q0.0，SMB77 控制 PTO/PWM Q0.1；SMW68/SMW78、SMW70/SMW80、SMD72/SMD82 分别存放周期值、脉冲宽度值、脉冲数值。在多段脉冲串操作中，执行 PLS 指令前应在 WMW166/SMW176 中填入管线的总段数、在 SMW168/SMW178 中装入包络表的起始偏移地址，并填好包络表的值。状态字节用于监视 PTO 发生器的工作。

（三）PWM 操作

PWM 功能提供占空比可调的脉冲输出。周期和脉宽的增量单位为微秒（μs）或毫秒（ms）。周期变化范围分别为 50～65535μs 或 2～65635ms。脉宽变化范围分别为 0～65535μs 或 0～65535ms。当脉宽大于等于周期时，占空比为 100%，即输出连续接通。当脉宽为 0 时，占空比为 0%，即输出断开。如果周期小于最小值，那末周期时间被默认为最小值。

有两个方法可改变 PWM 波形的特性：同步更新和异步更新。

同步更新：PWM 的典型操作是当周期时间保持常数时变化脉冲宽度。所以，不需要改变时间基准。不改变时间基准，就可以进行同步更新。同步更新时，波形特性的变化发生在周期边沿，可提供平滑过渡。

表 5-17 PTO/PWM 控制寄存器

	Q 0.0	Q 0.1	描 述
状态字节	SM66.4	SM76.4	PTO 包络由于增量计算错误而终止 0=无错误；1=有错误
	SM66.5	SM76.5	PTO 包络由于用户命令而终止 0=不终止；1=终止
	SM66.6	SM76.6	PTO 管线溢出 0=无溢出；1=有溢出
	SM66.7	SM76.7	PTO 空闲 0=执行中；1=PTO 空闲
控制字节	SM67.0	SM77.0	PTO/PWM 更新周期值 0=不更新；1=更新周期值
	SM67.1	SM77.1	PWM 更新脉冲宽度值 0=不更新；1=更新脉冲宽度值
	SM67.2	SM77.2	PTO 更新脉冲数 0=不更新；1=更新脉冲数
	SM67.3	SM77.3	PTO/PWM 时间基准选择 0=1μs；1=1ms
	SM67.4	SM77.4	PWM 更新方法：0=异步更新；1=同步更新
	SM67.5	SM77.5	PTO 操作：0=单段操作；1=多段操作
	SM67.6	SM77.6	PTO/PWM 模式选择 0=选择 PTO；1=选择 PWM
	SM67.7	SM77.7	PTO/PWM 允许 0=禁止 PTO/PWM；1=允许 PTO/PWM
其他寄存器	SMW68	SMW78	PTO/PWM 周期值（范围：2~65535）
	SMW70	SMW80	PWM 脉冲宽度值（范围：0~65535）
	SMD72	SMD82	PTO 脉冲计数值（范围：1~4294967295）
	SMW166	SMW176	操作中的段数（仅用在多段 PTO 操作中）
	SMW168	SMW178	包络表的起始位置，用从 V0 开始的字节偏移量表示（仅用在多段 PTO 操作中）

异步更新：如果需要改变 PWM 发生器的时间基准，就要使用异步更新。异步更新会造成 PWM 功能被瞬时禁止，和 PWM 输出波形不同步。这会引起被控设备的振动。因此，建议选择一个适合于所有周期时间的时间基准来采用 PWM 同步更新。

控制字节中的 PWM 更新方法状态位（SM67.4 或 SM77.4）用来指定更新类型。执行 PLS 指令激活这些改变。

（四）PTO 操作

PTO 功能提供指定脉冲数和周期的方波（50%占空比）脉冲串发生功能。周期以微秒或毫秒为单位。周期的范围是 50~65535μs，或 2~65535ms。如果设定的周期是奇数，会引起占空比的一些失真。脉冲数的范围是：1~4294967295。

如果周期时间小于最小值，就把周期默认为最小值。如果指定脉冲数为 0，就把脉冲数默认为 1 个脉冲。

状态字节中的 PTO 空闲位（SM66.7 或 SM76.7）为 1 时，则指示脉冲串输出完成。可根据脉冲串输出的完成调用中断程序。

若要输出多个脉冲串，PTO 功能允许脉冲串的排队，形成管线。当激活的脉冲串输出完成后，立即开始输出新的脉冲串。这保证了脉冲串顺序输出的连续性。

PTO 发生器有单段管线和多段管线两种模式。

1. 单段管线模式

单段管线中，只能存放一个脉冲串的控制参数。一旦启动了 PTO 起始段，就必须立即为下一个脉冲串更新控制寄存器，并再次执行 PLS 指令。第二个脉冲串的属性在管线一直保持到第一个脉冲串发送完成。第一个脉冲串发送完成，紧接着就输出第二个脉冲串。重复上述过程可输出多个脉冲串。单段管线编程较复杂。

如果时间基准变化或在用 PLS 指令捕捉到新脉冲前，启动的脉冲已经发送完毕，则在脉冲串之间会出现不平滑转换。

当管线满时，如果试图装入另一个脉冲串的控制参数，状态寄存器中的 PTO 溢出位（SM66.6 或 SM76.6）将置位。在检测到溢出后，必须手动清除这个位，以便恢复检测功能。当 PLC 进入 RUN 方式时，这个位初始化为 0。

2. 多段管线模式

多段管线中，CPU 在变量（V）存储区建立一个包络表。包络表中存储各个脉冲串的控制参数。多段管线用 PLS 指令启动。执行指令时，CPU 自动从包络表中按顺序读出每个脉冲串的控制参数，并实施脉冲串输出。当执行 PLS 指令时，包络表内容不可改变。

在包络表中周期增量可以选择微秒或毫秒，但在同一个包络表中的所有周期值必须使用同一个时间基准。包络表由包络段数和各段参数构成，包络表的格式如表 5-18 所示。

表 5-18 多段 PTO 操作的包络表格式

从包络表开始的字节偏移	包络段数	描 述
0		段数（1～255）；数 0 产生一个非致命性错误，将不产生 PTO 输出
1	#1	初始周期（2～65535 时间基准单位）
3	#1	每个脉冲的周期增量（有符号数）（-32768～32767 时间基准单位）
5	#1	脉冲数（1～4294967295）
9	#2	初始周期（2～65535 时间基准单位）
11	#2	每个脉冲的周期增量（有符号数）（-32768～32767 时间基准单位）
13	#2	脉冲数（1～4294967295）
⋮	⋮	⋮

包络表每段的长度是 8 个字节，由周期值（16bit）、周期增量值（16bit）和脉冲计数值（32bit）组成。8 个字节的参数表征了脉冲串的特性，多段 PTO 操作的特点是按照每个脉冲的个数自动增减周期。周期增量区的值为正值，则增加周期；负值，则减少周期；0 值则周期不变。除周期增量为 0 外，每个输出脉冲的周期值都发生着变化。

如果在输出若干个脉冲后指定的周期增量值导致非法周期值，会产生溢出错误，SM66.6 或 SM76.6 被置为 1，同时停止 PTO 功能，PLC 的输出变为通用功能。另外，状态字节中的增量计算错误位（SM66.4 或 SM76.4）被置为 1。

如果要人为地终止一个正进行中的 PTO 包络，只需要把状态字节中的用户终止位（SM66.5 或 SM76.5）置为 1。

（五）包络表参数的计算

PTO 发生器的多段管线功能在实际应用中非常有用。例如步进电动机的控制，控制时电动机的转动受脉冲控制。

图 5-84 示出了步进电动机起动加速、恒速运行、减速停止过程中脉冲频率-时间关系。

下面按图 5-84 的频率-时间关系生成包络表参数。

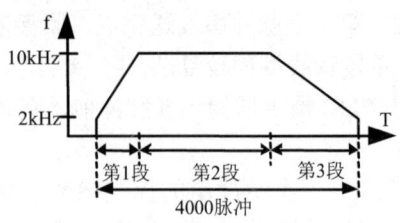

图 5-84 脉冲频率-时间关系图

步进电动机的运动控制分成 3 段（起动、运行、减速）共需要 4000 个脉冲。起动和结束时的频率是 2kHz，最大脉冲频率是 10kHz。由于包络表中的值是用周期表示的，而不是用频率，需要把给定的频率值转换成周期值。起动和结束时的周期是 500μs，最大频率对应的周期是 100μs。

要求加速部分在 200 个脉冲内达到最大脉冲频率（10kHz），减速部分在 400 个脉冲内完成。

PTO 发生器用来调整给定段脉冲周期的周期增量为：

$$周期增量=（ECT-ICT）/Q \qquad (5-12)$$

式中　ECT——该段结束周期；

　　　ICT——该段初始周期；

　　　Q——该段脉冲数。

计算得出：加速部分（第 1 段）的周期增量是-2。减速部分（第 3 段）的周期增量是 1。第 2 段是恒速控制，该段的周期增量是 0。

假定包络表存放在从 VB500 开始的 V 存储器区，相应的包络表参数如表 5-19 所示。则依据表 5-19 设计的步进电动机控制程序如图 5-85 所示。

表 5-19　包络表值

V 存储器地址	参 数 值
VB500	3（总段数）
VW501	500（1 段初始周期）
VW503	-2（1 段周期增量）
VD505	200（1 段脉冲数）
VW509	100（2 段初始周期）
VW511	0（2 段周期增量）
VD513	3400（2 段脉冲数）
VW517	100（3 段初始周期）
VW519	1（3 段周期增量）
VD521	400（3 段脉冲数）

十二、时钟指令

读实时时钟（TODR）指令从实时时钟读取当前时间和日期，并装入以 T 为起始字节地址的 8 个字节缓冲区，依次存放年、月、日、时、分、秒、0 和星期。操作数 T 的数据类型为字节型。

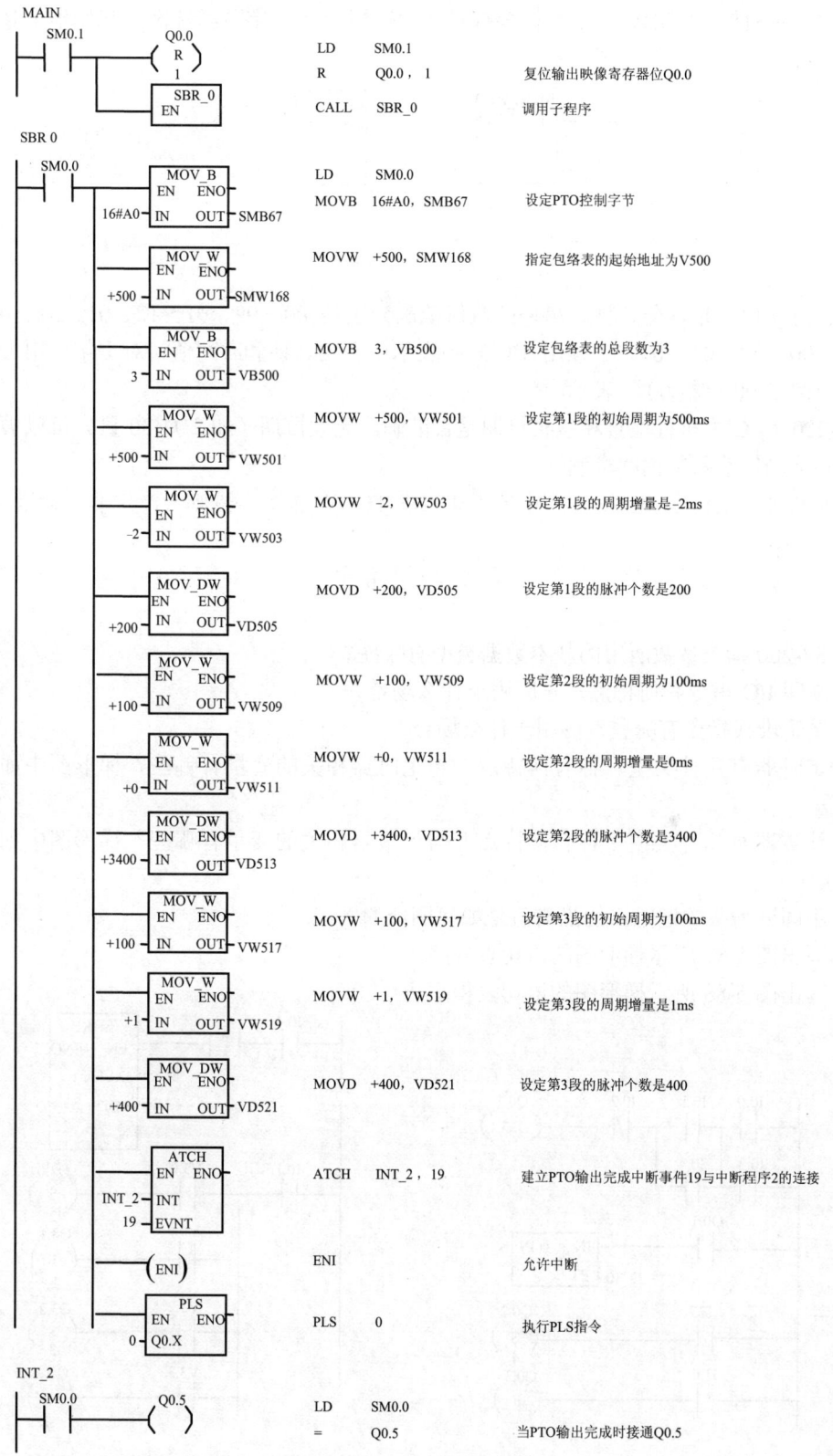

图 5-85 步进电动机控制程序

设定实时时钟（TODW）指令把含有时间和日期的 8 个字节缓冲区（起始地址是 T）的内容装入时钟。时钟指令如图 5-86 所示。

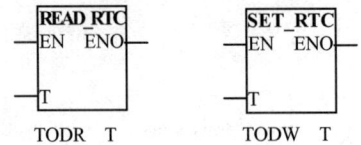

图 5-86 时钟指令

年、月、日、时、分、秒、星期的数值范围分别是 00~99、01~12、01~31、00~23、00~59、00~59、01~07。必须用 BCD 码表示所有的日期和时间值。对于年份用最低两位数表示，例 2000 年用 00 年表示。

S7-200 PLC 不执行检查和核实日期是否准确。无效日期（如 2 月 30 日）可以被接受，因此，必须确保输入数据的准确性。

不要同时在主程序和中断程序中使用 TODR/TODW 指令。否则会产生非致命错误。

习题与思考题

1. S7-200 指令参数所用的基本数据类型有哪些？
2. 立即 I/O 指令有何特点？它应用于什么场合？
3. 逻辑堆栈指令有哪些？各用于什么场合？
4. 定时器有几种类型？各有何特点？与定时器相关的变量有哪些？梯形图中如何表示这些变量？
5. 计数器有几种类型，各有何特点？与计数器相关的变量有哪些？梯形图中如何表示这些变量？
6. 不同分辨率的定时器的当前值是如何刷新的？
7. 写出图 5-87 所示梯形图的语句表程序。
8. 写出图 5-88 所示梯形图的语句表程序。

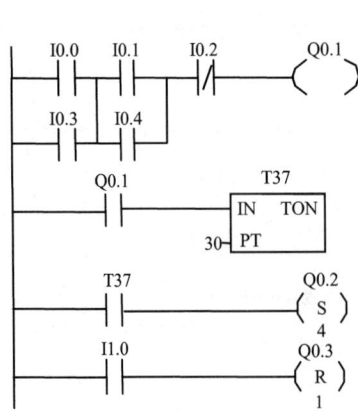

图 5-87 习题 7 梯形图

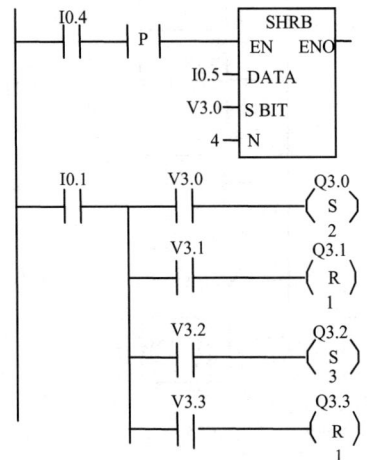

图 5-88 习题 8 梯形图

9. 用自复位式定时器设计一个周期为 5s，脉宽为一个扫描周期的脉冲串信号。

10. 设计一个计数范围为 50000 的计数器。

11. 用置位、复位（S、R）指令设计一台电动机的起、停控制程序。

12. 用顺序控制继电器（SCR）指令设计一个居室通风系统控制程序，使三个居室的通风机自动轮流地打开和关闭。轮换时间间隔为 50min。

13. 用移位寄存器指令（SHRB）设计一个路灯照明系统的控制程序，三路路灯按 H1→H2→H3 的顺序依次点亮。各路灯之间点亮的间隔时间为 10s。

14. 用循环移位指令设计一个彩灯控制程序，8 路彩灯串按 H1→H2→H3…→H8 的顺序依次点亮，且不断重复循环。各路彩灯之间的间隔时间为 0.1s。

15. 用整数除法指令将 VW100 中的（240）除以 8 后存放到 AC0 中。

16. 将 AIW0 中的有符号整数（3400）转换成（0.0~1.0）之间的实数、结果存入 VD200。

17. 将 PID 运算输出的标准化实数 0.75 先进行刻度化，然后再转换成一个有符号整数（INT），结果存入 AQW2。

18. 用定时中断设置一个每 0.1s 采集一次模拟量输入值的控制程序。

19. 按模式 6 设计高速计数器 HSC1 初始化子程序，设控制字节 SMB47=16#F8。

20. 以输出点 Q0.1 为例，简述 PTO 多段操作初始化及其操作过程。

21. 用 TODR 指令从实时时钟读取当前日期，并将"星期"的数字用段码指令（SEG）显示出来。

22. 指出图 5-89 所示的梯形图中的语法错误，并改正。

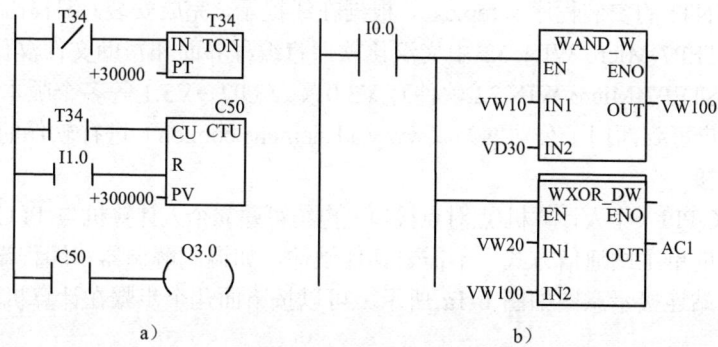

图 5-89　习题 22 梯形图

第六章 STEP7-Micro/WIN32 编程软件功能及使用

STEP7-Micro/WIN 32 编程软件是基于 Windows 的应用软件，由西门子公司专门为 SIMATIC S7-200 系列 PLC 设计开发。该软件功能强大，界面友好，并有方便的联机帮助功能。用户可利用该软件开发 PLC 应用程序，同时也可实时监控用户程序的执行状态。该软件是 SIMATIC S7-200 用户不可缺少的开发工具。本章主要介绍 STEP7-Micro/WIN32（V3.1 SP2 中文版本）软件的安装、基本功能以及如何用编程软件进行编程、调试和运行监控等内容。

第一节 软件安装及硬件连接

一、软件安装

为了实现 PLC 与计算机间的通信，必须使用具有 Windows95 以上操作系统的计算机，同时必须配备下列三种设备的一种：一根 PC/PPI 电缆、一个通信处理器（CP）卡和多点接口（MPI）电缆、或一块 MPI 卡和配套的电缆。其中 PC/PPI 电缆价格便宜，用得最多。

STEP7-Micro/WIN32 编程软件可以从西门子公司网站下载，也可用光盘安装，双击 STEP7-Micro/WIN32 的安装程序 setup.exe，根据在线提示，完成安装。编程语言可选择英语，安装完后可用 STEP7-Micro/WIN 32 中文汉化软件将编程界面和帮助文件汉化，使编程环境成为中文状态。STEP7-Micro/WIN 32 软件有 V3.01、V3.02、V3.1 等多个版本，V3.1 有 SP1、SP2 升级版。用户可到西门子公司网站（www.ad.siemens.com.cn）进行软件的升级。

二、硬件连接

利用一根 PC/PPI（个人计算机/点对点接口）电缆可建立个人计算机与 PLC 之间的通信。这是一种低成本的单主站通信方式，不需要其他硬件，如调制解调器和编程设备等。

典型的单主站连接示意图如图 6-1a 所示。可以按下面几个步骤在计算机和 PLC 之间建立连接和通信。

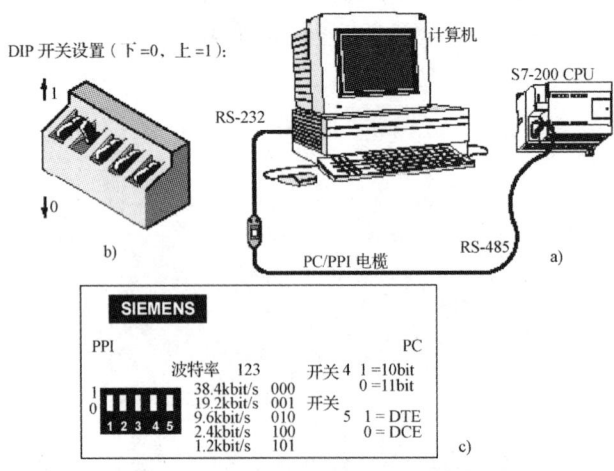

图 6-1 PLC 与计算机间的连接示意图

（1）把 PC/PPI 电缆的标有"PC"的 RS-232 端连接到计算机的 RS-232 通信口，可以是 COM1 或 COM2 中的一个；把标有"PPI"的 RS-485 端连接到 PLC 的任一 RS-485 通信口，拧紧连接螺钉。

（2）设置 PC/PPI 电缆上的 DIP 开关（见图 6-1b），选定计算机所支持的波特率和帧模式。DIP 开关中用开关 1、2、3 设定波特率，具体设置方法如图 6-1c 所示。初学者可选择通信速率的默认值 9.6kbit/s。开关 4 用来选择 10 位数据传输模式或 11 位模式。开关 5 用于选择将 RS-232 口设置为数据通信设备（DCE）模式或数据终端设备（DTE）模式。没有调制解调器时，开关 4、5 均应设置为 0。

三、通信参数的设置和修改

安装完软件并且设置连接好硬件之后，可以按下面的步骤设置通信参数：

（1）运行 STEP7-Micro/WIN 32，在引导条中单击"通讯"图标，或从主菜单中选择"检视"中的"通讯"项，则会出现一个"通讯设定"对话框。

（2）在对话框中双击 PC/PPI 电缆的图标，将出现设置 PG/PC 接口的对话框，这时可安装或删除通信接口、设置检查通信接口参数等操作。系统默认设置为：远程设备站地址是 2，通信波特率为 9.6kbit/s，采用 PC/PPI 电缆通信（计算机的 COM1 口），PPI 协议。具体方法可参见第九章相关内容。

设置好参数后，可双击"通讯设定"对话框中的刷新图标，STEP7-Micro/WIN 32 将检查所连接的所有 S7-200 CPU 站（默认站地址为 2），并为每个站建立一个 CPU 图标。

建立了计算机和 PLC 的在线联系后，就可利用软件检查和修改 PLC 的通信参数。单击引导条中的"系统块"图标，或从主菜单中选择"检视"菜单中的"系统块"项，将出现"系统块"对话框，单击"通讯口"选项，可检查和修改 PLC 通信参数。然后单击"确认"按钮后退出。

设置好后的通信参数可连同程序块一起下载到 PLC 主机。

此外，要想了解 PLC 的型号、工作方式、扫描速度、I/O 模块配置等信息时，可选择主菜单"PLC"中的"信息"项，显示出 PLC 的 RUN/STOP 方式、以 ms 为单位的扫描速度、CPU 版本及各模块的信息等。

第二节 编程软件的主要功能

一、基本功能

STEP7-Micro/WIN 32 的基本功能是协助用户完成应用软件的开发任务，例如，创建用户程序，修改和编辑原有的用户程序。利用该软件可设置 PLC 的工作方式和参数，上载和下载用户程序，进行程序的运行监控。它还具有简单语法的检查、对用户程序的文档管理和加密等功能，并提供在线帮助。

上载和下载用户程序指的是用 STEP7-Micro/WIN32 编程软件进行编程时，PLC 主机和计算机之间的程序、数据和参数的传送。

上载用户程序是将 PLC 中的程序和数据通过通信设备（如 PC/PPI 电缆）上载到计算机中进行程序的检查和修改；下载用户程序是将编制好的程序、数据和 CPU 组态参数通过通信设备下载到 PLC 中以进行运行调试。

程序编辑中的语法检查功能可以避免一些语法和数据类型方面的错误。梯形图错误检查结果如图 6-2 所示。梯形图中的错误处下方自动加红色曲线。

软件功能的实现可以在联机工作方式（在线方式）下进行，部分功能的实现也可以在离线工作方式下进行。

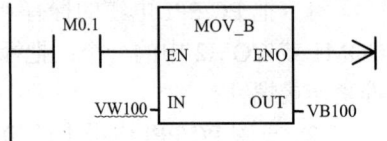

图 6-2　自动语法错误检查

联机方式是指带编程软件的计算机或编程器与 PLC 直接连接，此时可实现该软件的大部分基本功能；离线方式是指带编程软件的计算机或编程器与 PLC 断开连接，此时只能实现部分功能，如编辑、编译及系统组态等。

二、主界面各部分功能

启动 STEP7-Micro/WIN 32 编程软件，其主界面外观如图 6-3 所示。

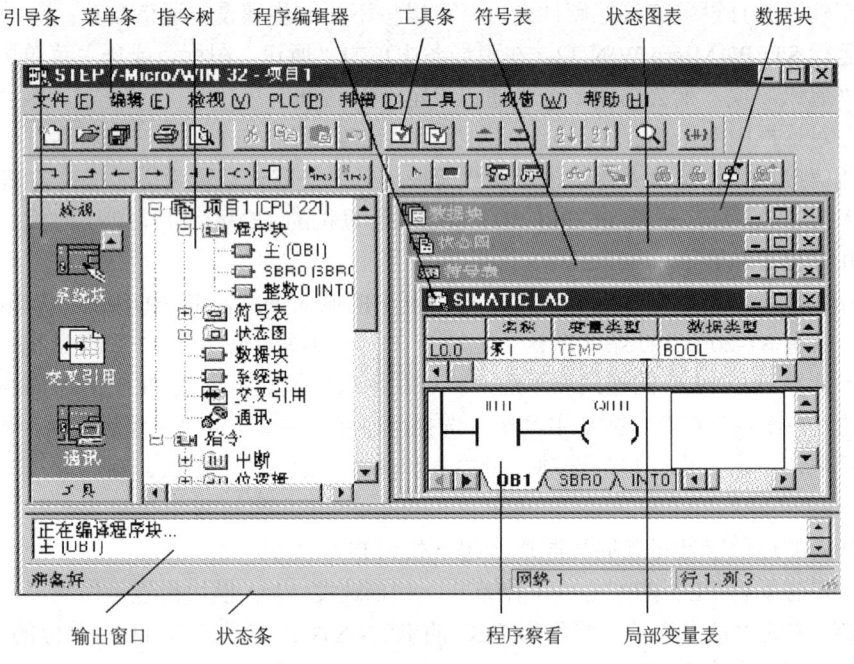

图 6-3　编程软件主界面

界面一般可分以下几个区：菜单条（包含 8 个主菜单项）、工具条（快捷按钮）、引导条（快捷操作窗口）、指令树（快捷操作窗口）、输出窗口、状态条和程序编辑器、局部变量表等（可同时或分别打开 5 个用户窗口）。除菜单条外，用户可根据需要决定其他窗口的取舍和样式设置。

（一）菜单条

菜单条使用鼠标单击或采用对应热键操作，打开各项菜单，各主菜单项功能如下：

（1）文件（File）　文件操作可完成如新建、打开、关闭、保存文件，上载和下载程序，文件的打印预览、打印设置和操作等。

（2）编辑（Edit）　编辑菜单能完成选择、复制、剪切、粘贴程序块或数据块，同时提供查找、替换、插入、删除、快速光标定位等功能。

（3）检视（View）　可以设置软件开发环境的风格，如决定其他辅助窗口（引导条窗口、指令树窗口、工具条按钮区）的打开与关闭；执行引导条窗口的任何项；选择不同语言的编程器（包括 LAD、STL、FBD 三种）；设置三种程序编辑器的风格，如字体、指令盒大小等。

（4）可编程序控制器（PLC） 可建立与 PLC 联机时的相关操作，如改变 PLC 的工作方式、在线编译、查看 PLC 的信息、清除程序和数据、时钟、存储器卡操作、程序比较、PLC 类型选择及通信设置等。还可提供离线编译的功能。

（5）排错（调试，Debug） 主要用于联机调试。在离线方式下，该菜单的下拉菜单呈现灰色，表示此下拉菜单不具备执行条件。

（6）工具（Tools） 可以调用复杂指令向导（包括 PID 指令、NETR/NETW 指令和 HSC 指令），使复杂指令的编程工作大大简化；安装 TD200 本文显示器；改变界面风格（如设置按钮及按钮样式，并可添加菜单项）；用"选项"子菜单也可以设置三种程序编辑器的风格，如语言模式、颜色、字体、指令盒的大小等。

（7）视窗（Window） 可以打开一个或多个窗口，并可进行窗口之间的切换，可以设置窗口的排放形式，如层叠、水平、垂直等。

（8）帮助（Help） 通过帮助菜单上的目录和索引项可以检阅几乎所有相关的使用帮助信息，帮助菜单还提供网上查询功能。而且在软件操作过程中的任何步或任何位置都可以按 F1 键来显示在线帮助，大大方便了用户的使用。

（二）工具条

提供简便的鼠标操作，将最常用的 STEP7-Micro/WIN 32 操作以按钮形式设定到工具条中。可用"检视"菜单的"工具栏"项自定义工具条。可添加和删除三种按钮：标准、调试和指令。

（三）引导条

引导条提供按钮控制的快速窗口切换功能。可用"检视"菜单的"浏览栏"项选择是否打开。引导条包括程序块（Program Block）、符号表（Symbol Table）、状态图表（Status Chart）、数据块（Data Block）、系统块（System Block）、交叉索引（Cross Reference）和通讯（Communications）七个组件。一个完整的项目（Project）文件通常包括前六个组件。

程序块由可执行的代码和注释组成，可执行的代码由主程序（OB1）、可选的子程序（SBR0）和中断程序（INT0）组成，程序代码经编译后可下载到 PLC 中，而程序注释被忽略。

数据块由数据（存储器的初始值和常数值）和注释组成。在引导条中双击数据块图标可以对 V 存储器（变量存储器）进行初始数据赋值或修改，并可加必要的注释说明，开关量控制程序一般不需要数据块。

符号表允许程序员使用带有实际含义的符号来作为编程元件，而不是直接用元件在主机中的直接地址。例如编程时用 start 作为编程元件，而不用 I0.3。符号表用来建立自定义符号与直接地址之间的对应关系，并附加注释，使程序结构清晰、易读、便于理解。程序编译后下载到 PLC 中时，所有的符号地址被转换为绝对地址，符号表中的信息不下载到 PLC，具体操作见本章第三节。

状态图表用在联机调试时监视和观察程序执行时各变量的值和状态。状态图表不下载到 PLC 中，它仅是监控用户程序执行情况的一种工具。

交叉引用表列举出程序中使用的各操作数在哪一个程序块的什么位置出现，以及使用它们的指令的助记符。还可以查看哪些内存区域已经被使用，作为位使用还是字节使用。在运行方式下编辑程序时，可以查看程序当前正在使用的跳变信号的地址。交叉引用表不下载到

PLC，只有在程序编辑成功后才能看到交叉引用表的内容。在交叉引用表中双击某操作数，可以显示出包含该操作数的那一部分程序。交叉索引使编程使用的 PLC 资源一目了然。

单击引导条中的任何一个按钮，则主窗口将切换成此按钮对应的窗口，或用指令树窗口或主菜单中的"检视"项来完成。

（四）指令树

指令树提供编程时用到的所有快捷操作命令和 PLC 指令。可用"检视"菜单的"指令树"项决定是否将其打开。

（五）输出窗口

用来显示程序编译的结果信息。如程序的各块（主程序、子程序的数量及子程序号、中断程序的数量及中断程序号）及各块的大小、编译结果有无错误及错误编码和位置等。

（六）状态条

也称任务栏，显示软件执行状态，编辑程序时，显示当前网络号、行号、列号；运行时，显示运行状态、通信波特率、远程地址等。

（七）程序编辑器

可用梯形图、语句表或功能图表编辑器编写用户程序，或在联机状态下从 PLC 上载用户程序进行程序的编辑或修改。

（八）局部变量表

每个程序块都对应一个局部变量表，在带参数的子程序调用中，参数的传递就是通过局部变量表进行的。具体设置见本章第三节内容。

三、系统组态

系统组态主要包括：通信组态、设置数字量或模拟量输入滤波、设置脉冲捕捉、输出表配置、定义存储器保持范围、设置密码和后台通信时间等内容，系统组态设置主要在引导条中的"系统块"中进行。通信组态的方法可以参考第九章。

（一）数字量输入滤波

S7-200 允许为部分或全部本机数字量输入点设置输入滤波，合理定义延迟时间可以有效地抑制甚至滤除输入噪声干扰。选择"检视"菜单的"系统块"项（或在引导条"检视"窗口单击"系统块"按钮），选中"输入过滤器"项，就可以 4 个为 1 组对各个数字量输入点进行延迟时间的设置，如图 6-4 所示。当输入状态发生 ON/OFF 变化时，输入信号须在设置的延迟时间内保持新的状态，才被认为有效。延时时间范围为 0.2～12.8ms，默认值为 6.4ms。

（二）模拟量输入滤波

对于 S7-200CPU222/224/226 这三种机型，在模拟量输入信号变化缓慢的场合，可以对不同的模拟量输入选择软件滤波。设置模拟量滤波的方法同数字量输入滤波相似，只是在"系统块"中选择"模拟输入过滤器"选项卡，如图 6-5 所示。可选择需要进行滤波的模拟量输入点、设置采样

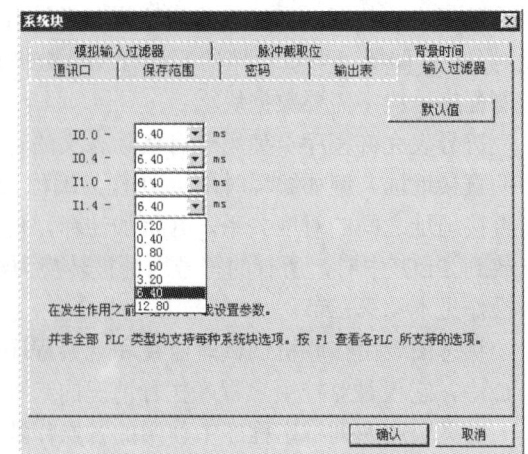

图 6-4 设置数字输入滤波

次数（样本数目）和静区值。滤波后的值是预选采样次数的各次模拟量输入的平均值。系统默认参数为：模拟量输入点全部滤波、采样次数为 64、静区值为 320。

当输入量有较大的变化时，滤波值可迅速地反映出来。当前的输入值与平均值之差超过设定值时，滤波器相对上一次模拟量输入值产生一个阶跃变化。这一设定值称为静区，并用模拟量输入的数字值来表示。

模拟量滤波功能不能用于用模拟量字传递数字量信息或报警信息的模块。AS-i 主站模块、热电偶模块及 RTD 模块要求 CPU 禁止模拟量输入滤波。

（三）设置脉冲捕捉

在处理数字量输入时，PLC 采用周期扫描方式进行输入和输出映像寄存器的读取和刷新。如果数字量输入点有一个持续时间小于扫描周期的脉冲，则 CPU 不能捕捉到此脉冲，PLC 将不能按预定的程序正确运行。

S7-200 为每个主机数字量输入点提供脉冲捕捉功能。用来捕捉持续时间很短的高电平脉冲或低电平脉冲。如果已经为数字量输入设置了输入滤波，则可以使主机能够捕捉小于一个扫描周期的短脉冲，并将其保持到主机读到这个信号。但如果一个扫描周期内有多个输入脉冲，只能检测出第一个脉冲。

设置脉冲捕捉功能时，首先要正确设置输入滤波器的时间，使之不能将脉冲滤掉。然后在"系统块"对话框中选择"脉冲截取位"选项卡，对输入要求脉冲捕捉的数字量输入点进行选择，如图 6-6 所示。系统默认为所有数字量输入点都不用脉冲捕捉。

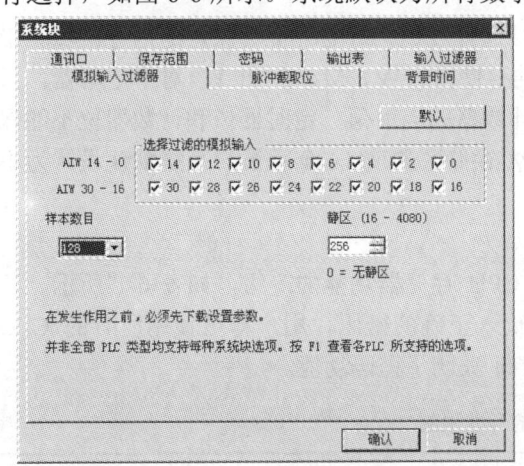

图 6-5　设置模拟输入滤波

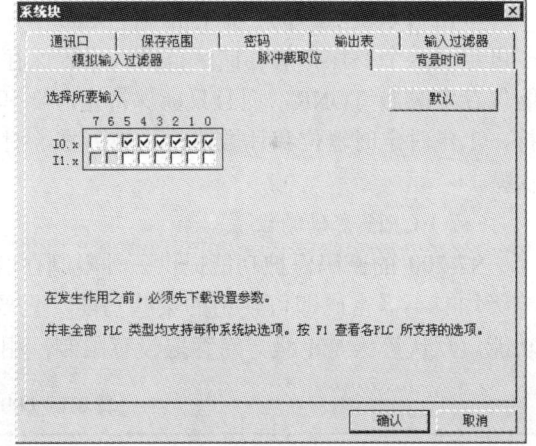

图 6-6　设置脉冲捕捉

（四）输出表的设置

在"系统块"选项中选择"输出表"选项卡，可设置 CPU 由 RUN 方式转变为 STOP 方式后，各数字量输出点的状态。

如选择"冻结输出"方式，则 CPU 由 RUN 方式转变为 STOP 方式后，所有数字量输出点将冻结在 CPU 进入 STOP 方式之前的状态；如未选择"冻结输出"，则 CPU 由 RUN 方式转变为 STOP 方式后，各数字量输出点的状态用输出表来设置，即把填写好的输出表复制到相应的输出点。如果希望某一输出位为 1（ON），则在输出表相应位置选中该位，如图 6-7 所示。输出表的默认值是未选"冻结"方式，且 CPU 从 RUN 方式转变为 STOP 方式时，所有输出点的状态被置为 0（OFF）。

必须注意：输出表只用于数字量输出，CPU 由 RUN 方式转变为 STOP 方式时，模拟输出量保持不变。这是因为模拟量输出只有用户程序才能刷新，CPU 没有更新模拟量输出的功能。

（五）PLC 断电后的数据保存方式

S7-200 提供了几种方法来保存用户程序、程序数据和 CPU 的组态数据，以确保它们不会丢失。如 CPU 用 EEPROM 保存用户程序、程序数据及 CPU 组态数据；S7-200 还提供了一个大容量的超级电容器，使 PLC 在掉电时保存整个 RAM 中的信息。根据 CPU 的类型不同，该电容可保存 RAM 中的数据达几天之久。

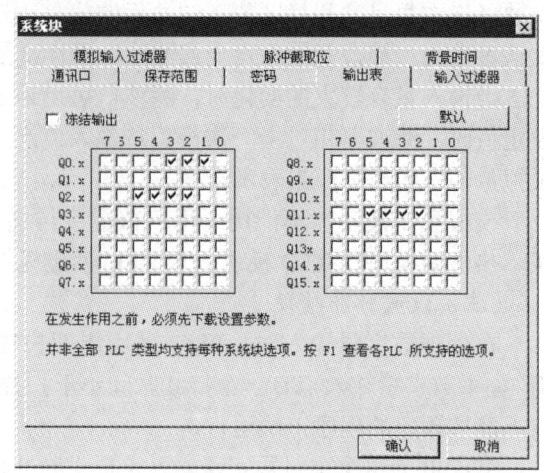

图 6-7 设置输出表

S7-200 还可选用存储器卡保持用户程序。它是一个便携式的 EEPROM，可存储用户程序（程序块、数据块、系统块）和强制值。CPU 模块在 STOP 方式下，点击菜单"PLC"中的"程序存储器卡"项就可将用户程序、CPU 组态信息以及 V、M、T、C 的当前值复制到存储器卡中。

单击"系统块"的"保存范围"选项卡，可选择 PLC 断电时希望保持的内存区域。最多可定义六个要保存的存储区范围，设置保存的存储区有 V、M、C 和 T。对于定时器，只能保存定时器 TONR，而且只能保持定时器和计数器的当前值，定时器位和计数器位不能保持，上电时定时器位和计数器位均被清零。对 M 存储区的前 14 个字节，系统默认设置为不保持。

（六）CPU 密码的设置

S7-200 的密码保护功能提供三种限制存取 CPU 存储器功能的等级，如表 6-1 所示。各等级均有不需密码即可使用的某些功能。只要输入正确的密码，用户即可使用所有的 CPU 功能。默认等级是 1 级，对存取没有限制，相当于关闭了密码功能。

表 6-1 CPU 的存取限制

任　　务	1 级	2 级	3 级
读写用户数据	无限制	无限制	无限制
启动、停止和重新启动 CPU			
读写实时时钟			
上传用户程序、数据和配置			要密码
下载到 CPU		要密码	
语句表状态			
删除用户程序、数据和配置			
强制数据或单次/多次扫描			
复制到存储器卡			
在停止模式写输出			

用编程软件给 CPU 创建密码时,在"系统块"窗口中点击"密码"选项卡。首先选择适当的限制级别(如 2、3 级),需输入密码(密码不区分大小写)并确认密码。要使密码设置生效,必须先运行一次程序。

如果忘记了密码,必须清除存储器,重新下载程序。清除存储器会使 CPU 进入 STOP 方式,并将它设置为厂家设定的默认状态(CPU 地址、波特率和时钟除外)。具体操作是:选择"PLC"菜单中的"清除"命令,显示出清除对话框后,选中"所有"项,并单击"确认"。如果配置了密码,就会显示密码配置对话框,输入清除密码"clearplc"(不分大小写),可以继续清除全部(Clear All)操作。

清除全部操作并不把程序从存储器卡中去掉,因为密码与程序一起保存在存储器卡中,必须重新写存储器卡,才能从程序中去掉遗忘的密码。

清除 CPU 的存储器卡将关闭所有的数字量输出,模拟量输出将处于某一固定的值。如果 PLC 与其他设备相连,应注意输出的变化是否会影响设备和人身安全。

其他方面的系统组态操作,如模拟量电位器设置、高速计数器、高速脉冲输出等方面的配置也可用相似方法操作。

系统组态完成后,在下载程序时,组态数据会连同编译好的用户程序一起装入与编程软件相连的 PLC 的存储器中。

第三节 编程软件的使用

本节介绍如何用 STEP7-Micro/WIN32 编程软件进行编程。

一、项目生成

项目(Project)文件来源有三个:新建一个项目、打开已有的项目和从 PLC 上载已有项目。

(一)新建项目

在为 PLC 控制系统编程时,首先应创建一个项目文件,单击菜单"文件"中的"新建"项或工具条中的"新建"按钮,在主窗口将显示新建的项目文件主程序区。图 6-8 所示为一个新建程序文件的指令树,系统默认初始设置如下:

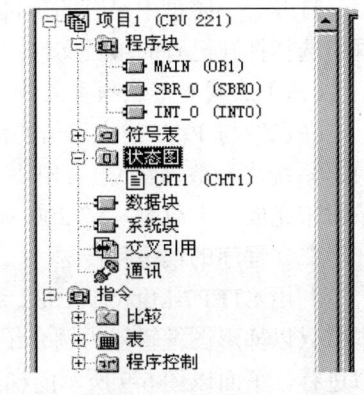

图 6-8 新建程序结构

新建的项目文件以"项目 1"(CPU221)命名,括号内为系统默认 PLC 的 CPU 型号。

一个项目文件包含七个相关的块。其中程序块中包含一个主程序(MAIN)、一个可选的子程序 SBR_0 和一个中断程序 INT_0。

一般小型开关量控制系统只要主程序,当系统规模较大、功能复杂时,除了主程序外,可能还有子程序、中断程序和数据块。

主程序(OB1)在每个扫描周期被顺序执行一次。子程序的指令存放在独立的程序块中,仅在被别的程序调用时才执行。中断程序的指令也存放在独立的程序块中,用来处理预先规定的中断事件。中断程序不由主程序调用,在中断事件发生时由操作系统调用。

用户可以根据实际编程需要作以下操作:

1. 确定 PLC 的 CPU 型号

右击项目"Project 1"(CPU 221)图标,在弹出的按钮中单击"类型",就可在对话框中选择所用的 PLC 型号。也可用"PLC"菜单中"类型"项来选择 PLC 型号。

2. 项目文件更名

如果新建了一个项目文件,点击菜单"文件"中"另存为"项,然后在弹出的对话框中键入希望的名称。项目文件以 .mwp 为扩展名。

对子程序和中断程序也可更名,方法是在指令树窗口中,右击要更名的子程序或中断程序名称,在弹出的选择按钮中单击"重命名",然后键入名称。

主程序的默认名称为 MAIN,任何项目文件的主程序只有一个。

3. 添加一个子程序

添加一个子程序的方法有三种。一是在指令树窗口中,右击"程序块"图标,在弹出的选择按钮中单击"插入子程序"项;二是点击"编辑"菜单中的"插入"项下的"子程序"项实现;或在编辑窗口右击编辑区,在弹出的菜单选项中选择"插入"下的"子程序"。新生成的子程序根据已有子程序的数目,默认名称为 SBR_n,用户可以自行更名。

4. 添加一个中断程序

添加一个中断程序方法同添加一个子程序的方法相似,也有三种方法。新生成的中断程序根据已有中断程序的数目,默认名称为 INT_n,用户可以更名。

5. 编辑程序

编辑程序块中的任何一个程序,只要在指令树窗口中双击该程序的图标即可。

(二)打开已有项目文件

打开一个磁盘中已有的项目文件,可单击菜单"文件"中的"打开"项,在弹出的对话框中选择打开已有的项目文件;也可用工具条中的"打开"按钮来完成。

(三)上载和下载项目文件

在已经与 PLC 建立通信的前提下,如果要上载一个 PLC 存储器的项目文件(包括程序块、系统块、数据块),可用"文件"菜单中的"上载"项,也可点击工具条中的"上载"按钮来完成。上载时,S7-200 从 RAM 中上载系统块,从 EEPROM 中上载程序块和数据块。

二、程序的编辑和传送

利用 STEP7-Micro/WIN32 编程软件编辑和修改控制程序是程序员要做的最基本的工作,本节只以梯形图编辑器为例介绍一些基本编辑操作。其语句表和功能块图编辑器的操作可类似进行。下面以图 6-9 所示的梯形图程序的编辑过程,介绍程序编辑的各种操作。

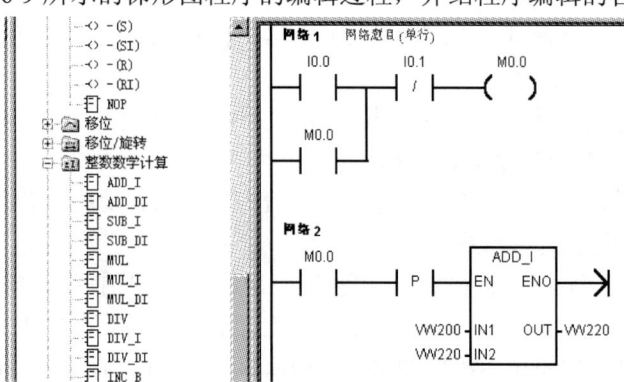

图 6-9 梯形图程序示例

（一）输入编程元件

梯形图的编程元件（编程元素）主要有线圈、触点、指令盒、标号及连接线。输入方法有两种：

（1）用指令树窗口中所列的一系列指令，双击要输入的指令，就可在矩形光标处放置一个编程元件，如图 6-9 所示。

（2）用工具条上的一组编程按钮，按钮如图 6-10 所示。单击触点、线圈或指令盒按钮，从弹出的窗口下拉菜单所列出的指令中选择要输入指令，单击即可。

1. 顺序输入

在一个梯级/网络中，如果只有编程元件的串联连接，输入和输出都无分叉，则视作顺序输入。输入时只需从网络的开始依次输入各编程元件即可，每输入一个元件，矩形光标自动移动到下一列，如图 6-11 所示。

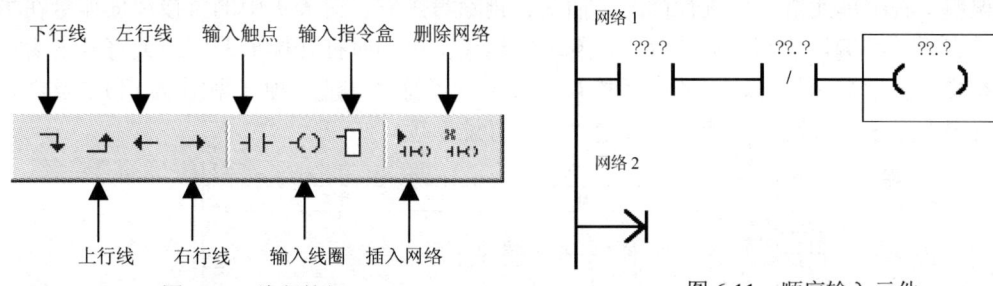

图 6-10　编程按钮　　　　图 6-11　顺序输入元件

图 6-11 中，已经连续在一行上输入了两个触点，若想再输入一个线圈，可以直接在指令树中双击点亮的线圈图标。图中的方框为大光标，编程元件就是在矩形光标处被输入。图中网络 2 中的 → 表示一个梯级的开始，→ 表示可在此继续输入元件。

图 6-11 中的"？？.？"表示此处必须有操作数。此处的操作数为两个触点和一个线圈的名称。可单击"？？.？"，然后键入合适的操作数。

2. 任意添加输入

如在任意位置要添加一个编程元件，只需单击这一位置，将光标移到此处，然后输入编程元件。

用工具条中的指令按钮可编辑复杂结构的梯形图，如图 6-9 所示。单击网络 1 中第一行下方的编程区域，则在开始处显示小图标，然后输入触点新生成一行。

将光标移到要合并的触点处，单击上行线按钮 ↑ 即可。

如果要在一行的某个元件后向下分支，方法是将光标移到该元件，单击 ↓ 按钮。然后输入元件。

（二）插入和删除

编辑中经常用到插入和删除一行、一列、一个梯级（网络）、一个子程序或中断程序等。方法有两种：在编辑区右击要进行操作的位置，弹出图 6-12 所示的下拉菜单，选择"插入"或"删除"选项，弹出子菜单，单击要插入或删除的项，然后进行编辑。也可用"编辑"菜单中相应的"插入"或"编辑"中的"删除"项完成相同的操作。

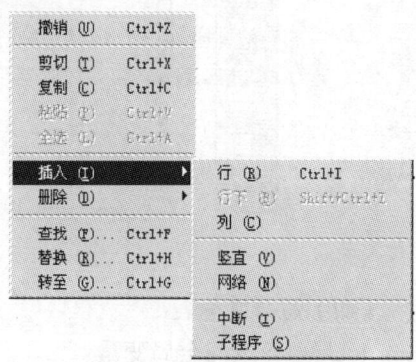

图 6-12　插入或删除网络

图 6-12 是编辑区已有网络的情况下右击时的结果，此时"剪切"和"复制"项处于有效状态，可以对元件进行剪切或复制。

（三）符号表

使用符号表可将梯形图中的直接地址编号用具有实际含义的符号代替，使程序更直观、易懂。使用符号表有两种方法：

（1）在编程时使用直接地址（如 I0.0），然后打开符号表，编写与直接地址对应的符号（如与 I0.0 对应的符号为 start），编译后由软件自动转换名称。

（2）在编程时直接使用符号名称，然后打开符号表，编写与符号对应的直接地址，编译后得到相同的结果。

要进入符号表，可点击"检视"菜单中的"符号表"项或引导条窗口中的"符号表"按钮，符号表窗口如图 6-13 所示。单击单元格可进行符号名、对应直接地址的录入，也可加注释说明。右击单元格，可进行修改、插入、删除等操作。图 6-9 中的直接地址编号在填写了符号表后，经编译后形成如图 6-14 所示的结果。可同时打开梯形图窗口或符号表窗口，要想在梯形图中显示符号，可选中"检视"菜单下"符号寻址"项（见图 6-14）。反之，要在梯形图中显示直接地址，则单击取消"符号寻址"项。

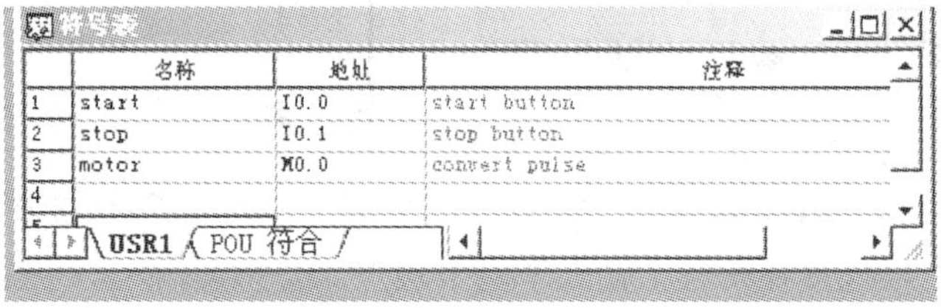

图 6-13 符号表窗口

图 6-14 是在 STEP7-Micro/WIN32 V3.1 SP2 软件下的执行结果，在其他版本（V3.01、V3.02）的编程软件下结果有所不同。

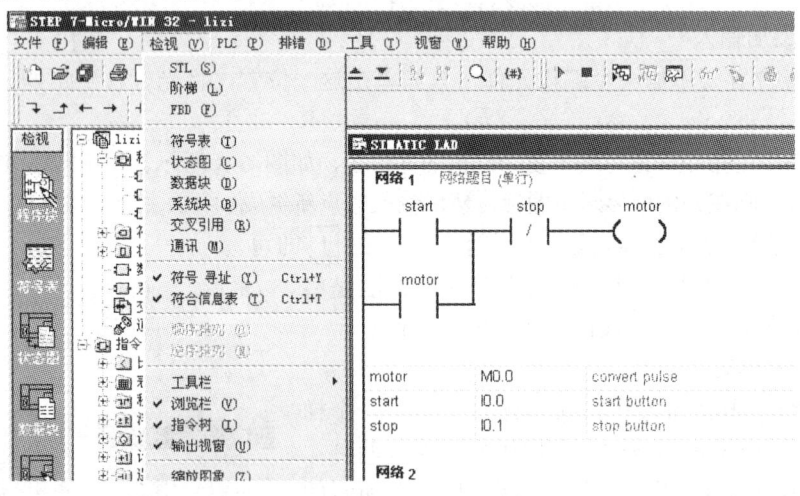

图 6-14 用符号表编程

（四）局部变量表

1. 局部变量与全局变量

程序中的每个程序组织单元（POU，Program Organizational Unit）都有 64KB（字节）L

存储器组成的局部变量表。用它们来定义有范围限制的变量,局部变量只在它被创建的 POU 中有效。而全局变量在各 POU 中均有效,只能在符号表(全局变量表)中定义。当全局变量与局部变量名称相同时,在定义局部变量的 POU 中,该局部变量的定义优先,而全局变量则在其他 POU 中使用。在子程序中使用局部变量,可使子程序方便地移植到其他项目中去。

2. 局部变量的设置

将光标移到编辑器的程序编辑区的上边缘,向下拖动上边缘,则自动出现局部变量表,此时可为子程序和中断服务程序设置局部变量。图 6-15 为一个子程序调用指令和它的局部变量表,在表中可设置局部变量的参数名称、变量类型、数据类型及注释,局部变量的地址由程序编辑器自动地在 L 存储区中分配,不必人为指定。在子程序中对局部变量表赋值时,变量类型有输入(IN)子程序参数、输出(OUT)子程序参数、输入-输出(IN-OUT)及暂时(TEMP)变量四种,根据不同的参数类型可选择相应的数据类型(如 BOOL、BYTE、INT、WORD 等)。

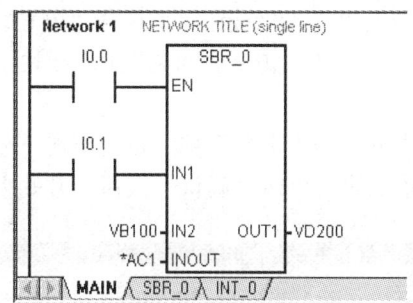
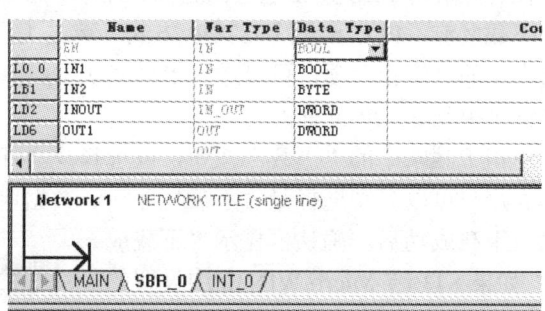

图 6-15 子程序调用指令及其局部变量表

局部变量作为参数向子程序传送时,在子程序的局部变量表中指定的数据类型必须与调用 POU 中的数据类型值相匹配。例如,在主程序 OB1 调用子程序 SBR-1,使用名为 IN1 的全局符号作为子程序的输入参数。在 SBR-1 的局部变量表中,已经定义了一个名为 LEN 的局部变量作为该输入参数。当 OB1 调用 SBR-1 时,IN1 的数值被传入 LEN,IN1 和 LEN 的数据类型必须匹配。

要加入一个参数到局部变量表中,可右击变量类型区,得到一个选择菜单,选择"插入",在选择"行"或"行下"即可。当在局部变量表中加入一个参数时,系统自动给各参数分配局部变量存储空间。

(五)注释

梯形图编辑器中的 Network n 表示每个网络或梯级,同时又是标题栏,可在此为每个网络或梯级加标题或必要的注释说明,使程序清晰易读。双击 Network n 区域,弹出如图 6-16 所示的对话框,此时可以在"题目"文本框中键入相关标题,在"注释"文本框中键入注释。

图 6-16 标题和注释对话框

（六）语言转换

STEP7 Micro/WIN32 软件可实现语句表、梯形图和功能块图三种编程语言（编辑器）之间的任意切换。具体方法是：选择菜单"检视"项，然后单击 STL（语句表）、LAD（梯形图）或 FBD（功能块图）便可进入对应的编程环境。如采用 LAD 编辑器编程时，经编译没有错误后，可查看相应的 STL 程序和 FBD 程序。但编译有错误时，则无法改变程序模式。

（七）编译用户程序

程序编辑完成，可用菜单"PLC"中的"编译"项进行离线编译。编译结束后在输出窗口显示程序中的语法错误的数量、各条错误的原因和错误在程序中的位置。双击输出窗口中的某一条错误，程序编辑器中的矩形光标将会移到程序中该错误所在的位置。必须改正程序中的所有错误，编译成功后才能下载程序。

（八）程序的下载和清除

在计算机与 PLC 建立起通信连接且用户程序编译成功后，可以将程序下载到 PLC 中去。

下载之前，PLC 应处于 STOP 方式。单击工具条中的"停止"按钮，或选择"PLC"菜单命令中的"停止"项，可以进入 STOP 方式。如果不在 STOP 方式，可将 CPU 模块上的方式开关扳到 STOP 位置。

单击工具条中的"下载"按钮，或选择"文件"菜单下的"下载"项，将会出现下载对话框。用户可以分别选择是否下载程序块、数据块和系统块。单击"确认"按钮，开始下载信息。下载成功后，确认框显示"下载成功"。如果 STEP7-Micro/WIN32 中设置的 CPU 型号与实际的型号不符，将出现警告信息，应修改 CPU 的型号后再下载。

下载程序时，程序存储在 RAM 中，S7-200 会自动将程序块、数据块和系统块复制到 EEPROM 中作永久保存。

为了使下载的程序能正确执行，下载前必须将 PLC 存储器中的原程序清除。清除的方法是：单击菜单"PLC"中的"清除"项，会出现清除对话框，选择"清除全部"即可。

三、程序的打印输出

单击菜单"文件"中的"打印"项，可选择需要打印的组件的复选框，如图 6-17 所示，图中选择打印主程序网络 1 至网络 20 的梯形图程序。但如果还希望打印程序的附加组件，例如，还要打印符号表等，则所选打印范围无效，将打印全部 LAD 网络。

单击图 6-17 中的左下角的"选项"按钮，则会出现图 6-18 所示的对话框，可选择每页打印的列数、是否打印程序属

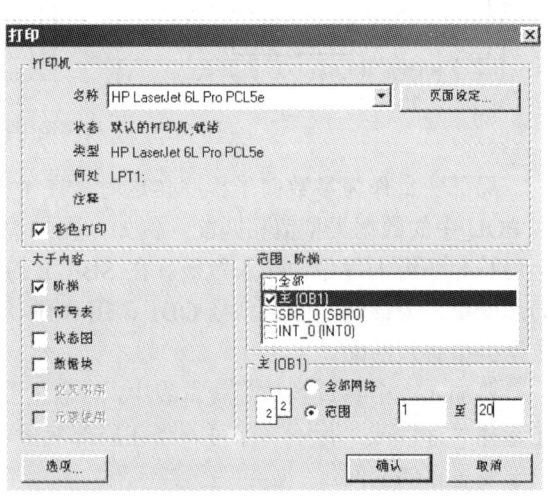

图 6-17 打印输出对话框

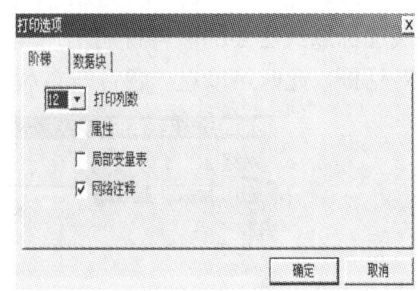

图 6-18 打印选项设置

性、是否打印局部变量表和网络注释。

第四节 程序的监控和调试

STEP7-Micro/WIN32 编程软件提供了一系列工具，使用户可直接在软件环境下调试并监视用户程序的执行。

一、选择扫描次数

STEP7-Micro/WIN32 可选择单次或多次扫描来监视用户程序，可以指定主机以有限的扫描次数执行用户程序。通过选择主机扫描次数，当过程变量改变时，可监视用户程序的执行。

设置多次扫描时，应使 PLC 置于 STOP 方式，使用菜单命令"排错"中的"多次扫描"来指定执行的扫描次数，然后单击"确认"按钮。

初次扫描时，则将 PLC 置于 STOP 方式，然后使用"排错"菜单命令中的"单次扫描"进行。

二、用状态表监控程序

STEP7-Micro/WIN32 编程软件可使用状态表来监视用户程序，在程序运行时，可以用状态表来读、写监视和强制 PLC 的内部变量。并可以用强制操作修改用户程序，如图 6-19 中的 CHT1。这一方法的使用，大大方便了程序的调试。

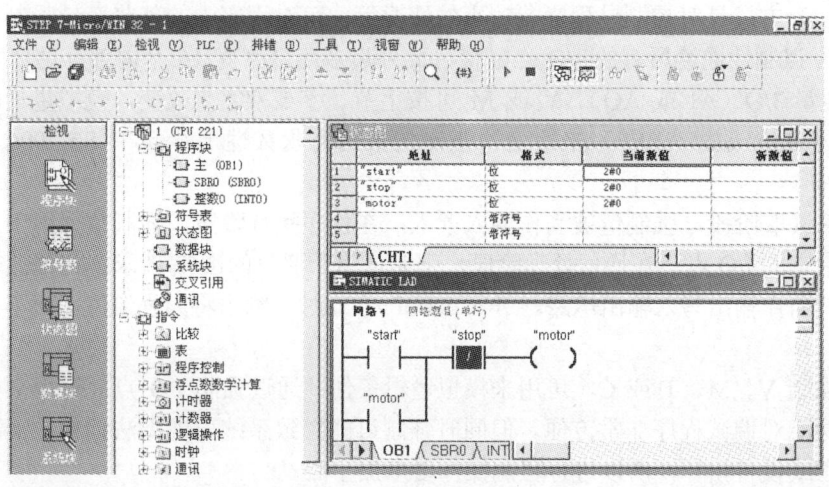

图 6-19 用状态表监视、调试程序

（一）打开和编辑已有的状态表

要打开状态表，可单击引导条中的状态表图标或目录树中的状态表项，或单击"检视"菜单中的"状态表"选项，这两种方法均可打开已有的状态表，并对它进行编辑。如果项目中有多个状态表，可用状态表底部的标签切换。

未启动状态表时，可在状态表中输入要监视的变量的地址和数据类型，定时器和计数器可按位或按字监视。如果按位监视，显示的是它们的输出位的 0/1 状态；如果按字监视，显示的是它们的当前值。

用"编辑"菜单中的"插入"选项或右击状态表中的单元，可在状态表中当前光标位置的上部插入新的行，也可以将光标置于最后一行中的任意单元后，按向下的箭头键，将新的行插在状态表的底部。在符号表中选择变量并将其复制在状态表中，可以加快创建状态表的速度。

（二）创建新的状态表

如果要监视的元件很多，可将要监视的元件分组，把它们放在几个状态表中，因此要分别创建状态表。用鼠标右键单击目录树中的状态表图标，在弹出的窗口中选择"插入状态表"选项，即就创建新的状态表。新的状态表标签名为CHTn。

（三）启动和关闭状态表

STEP7-Micro/WIN32 与 PLC 的通信成功后，打开状态表，用"排错"菜单中的"图状态"选项或单击工具条上的"状态表"图标，可启动状态表，再操作一次可关闭状态表。状态表被启动后，编程软件可监视程序运行时的状态信息，并对表中的数据更新。这时还可以强制修改状态表中的变量。注意：打开状态表并不能查看程序状态，必须启动状态图后才能获取状态信息；如果状态表是空的，则启动状态表也毫无意义，必须先建立状态表。

（四）单次读取状态信息

状态表被关闭时，用"排错"菜单命令中的"单次读取"或单击工具条上的"单项读取"按钮（一副眼镜图标），可以获得 PLC 的当前数据，并在状态表中将当前数值显示出来，执行用户程序时并不进行数据的更新。要连续收集状态表信息，应启动状态表。

（五）用状态表强制改变数值

在 RUN 方式且对控制过程影响较小的情况下，可对程序中的某些变量强制性地赋值。S7-200 允许强制性地给所有的 I/O 点赋值，此外最多还可改变 16 个内部存储器数据（V 或 M）或模拟量 I/O（AI 或 AQ）。V 或 M 可按字节、字或双字来改变，模拟量只能从偶字节开始以字为单位（如 AIW6）来改变。强制的数据将永久性地存储在 S7-200CPU 模块的 EEPROM 中。

在输入读取阶段，强制值被当作输入读入；在程序执行阶段，强制数据用于立即读和立即写指令指定的 I/O 点；在通信处理阶段，强制值用于通信的读/写请求；在修改输出阶段，强制数据被当作输出写入输出电路。进入 STOP 方式时，输出将为强制值，而不是系统块中设置的值。

通过强制 V、M、T 或 C，可用来模拟逻辑条件；通过强制 I/O 点，可用来模拟物理条件。这一功能对调试程序非常方便。但同时强制可能导致系统出现无法预料的情况，甚至引起人员伤亡或设备损坏，所以进行强制操作要多加小心。

显示状态表后，可用"排错"菜单中的选项或工具条中与调试有关的按钮执行下列操作：单次读取、全部写入、强制、取消强制、取消全部强制、读取全部强制。其工具条如图 6-20 所示。用鼠标右键单击状态表中的操作数，从弹出的窗口中可选择对该操作数强制或取消强制。

1. 全部写入

完成了对状态表中变量的改变后，可用全部写入功能将所有的改动传送到 PLC。执行程序时，修改的数值可能被改写成新数值。物理输入点不能用此功能改动。

2. 强制

在状态表的地址列中选中一个操作数，在"新数值"列中写入希望的数据，然后按工具条中的"强制"按钮。一旦使用了强制功能，每次扫描都会将修改的数值用于该操作数，直到取消对它的强制。被强制的数值旁边将显示锁定图标。

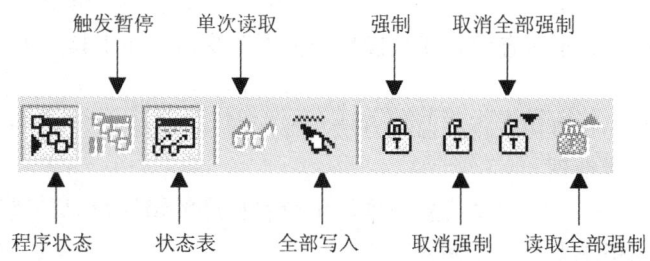

图 6-20 用状态表监视与调试程序的工具条

3. 对单个操作数取消强制

选择一个被强制的操作数，然后作取消强制操作，锁定图标将会消失。

4. 读取全部强制

执行读取全部强制功能时，状态表中被强制的地址的当前值列将在曾被显式强制（Explicitly）、隐式强制（Implicitly）或部分隐式强制的地址处显示一个图标。

灰色的锁定图标表示该地址被隐式强制，对它取消强制之前不能改变此地址的值。例如，如果 VW100 被显式强制，则 VB100 与 VB101 将被隐式强制，因为它们被包含在 VW100 中。被隐式强制的数值本身不能取消强制，在改变 VB100 中的数值之前，必须取消对 VW100 的强制。

半块锁定图标表示该地址的一部分被强制。例如，如果 VW100 被显式强制，因为 VW101 的第一字节是 VW100 的第二字节，VW101 的一部分也被强制。不能对部分强制的数值本身取消强制，要改变该地址数值，必须先取消使它被部分强制的地址的强制。

三、在 RUN 方式下编辑程序

在 RUN 方式下，可对用户程序作少量的修改，修改后的程序下载时，将立即影响系统的控制运行，所以使用时应特别注意。S7-200 可进行这种操作的有 CPU224 和 CPU226 两种模块。具体操作时可选择"排错"菜单中的"在运行状态下编辑程序"项进行。编辑前应退出程序状态监视，修改程序后，需将改动的程序下载到 PLC。但下载之前需认真考虑可能会产生的后果。在 RUN 方式下，只能下载项目文件中的程序块，PLC 需要一定的时间对修改的程序进行背景编译。

在 RUN 方式下，编辑程序并下载后应退出此模式，可用"排错"菜单中的"在运行状态下编辑程序"，然后单击"确认"选项。

四、梯形图程序的状态监视

利用三种程序编辑器都可在 PLC 运行时监视各元件的执行结果，并可监视操作数的数值。

利用梯形图编辑器可以监视在线程序运行状态。如图 6-19 的梯形图窗口所示，图中被点亮的元件表示处于接触状态，未点亮的元件表示处于非接触状态。

梯形图中显示所有操作数的值，所有这些操作数状态都是 PLC 在扫描周期完成时的结果。STEP7-Micro/WIN32 经过多个扫描周期采集状态值，然后刷新梯形图中各值的状态显示。STOP 方式下，梯形图中的状态显示为每个编程元素的实际状态。

打开监视梯形图的方法有两种：

一种方法是打开"工具"菜单中的"选项"对话框,选择"LAD 状态"选项,然后选择一种梯形图的样式。梯形图可选择的样式有三种:指令内部显示地址,外部显示值;指令外部显示地址和值;只显示状态值。或直接打开梯形图窗口,在工具条见图 6-20 中单击"程序状态"按钮。

功能块图程序监视和语句表程序监视方法与梯形图程序类似,不再一一介绍。

五、S7-200 的出错处理

使用"PLC"菜单命令中的"信息"项,可查看程序的错误信息。错误的代码及含义见附录 C。S7-200 的出错主要有以下两类:

(一) 致命错误

致命错误会导致 PLC 停止执行程序,根据错误的严重程度,致命错误可以使 PLC 无法执行某一功能或全部功能。CPU 检测到致命错误时,自动进入 STOP 方式,点亮系统错误 LED(发光二极管)和"STOP"LED 指示灯,并关闭输出(off)。在消除致命错误之前,CPU 一直保持这种状态。消除了致命错误后,必须用下面的方法重新启动 CPU:

(1) 将 PLC 断电后再通电。

(2) 将方式开关从 TERM 或 RUN 扳至 STOP 位置。

如果发现其他致命错误条件,CPU 将会重新点亮系统错误 LED。有些错误可能会使 PLC 无法进行通信,此时在计算机上看不到 CPU 的错误代码。这表示硬件出错,CPU 模块需要修理,修改程序或清除 PLC 的存储器不能消除这种错误。

(二) 非致命错误

非致命错误会影响 CPU 的某些性能,但不会使用户程序无法执行。有以下几类非致命错误:

(1) 程序编译错误　程序经编译成功后才能下载到 PLC,如果编译时检测到语法错误,则不会下载,并在输出窗口生成错误代码。CPU 的 EEPROM 中原有的程序依然存在,不会丢失。

(2) 程序执行错误　程序运行时,用户程序可能会产生错误。例如,一个编译时正确的间接地址指针,因在程序执行过程中被修改,可能指向超出范围的地址。可用"PLC"菜单命令中的"信息"项来判断错误的类型,只有通过修改用户程序才能改正运行时的编程错误。

在 RUN 方式下发现的非致命错误会反映在特殊存储器标识位(SM)上,用户程序可以监视这些位。上电时 CPU 读取 I/O 配置,并存储在 SM 中。如果 CPU 发现 I/O 变化就会在模块错误字节中设置配置改变位。当 I/O 模块与系统数据存储器中的 I/O 配置相符时,CPU 会对该位复位。而在被复位之前,不会更新 I/O 模块。例如,可以用 SM5.5(I/O 错误)的常开触点控制 STOP 指令,在出现 I/O 错误时使 CPU 切换到 STOP 方式。

第七章　可编程序控制器的控制系统设计

学习 PLC 的最终目的是把它应用到实际的工业控制系统中去。虽然各种工业控制系统的功能、要求不同，但在设计 PLC 控制系统时，基本步骤、设计方法基本相同。本章将应用前面所讲的 PLC 硬件及软件知识，联系实际，介绍小型 PLC 控制系统设计所必须遵循的基本原则、一般的步骤和方法。

第一节　PLC 控制系统设计的内容和步骤

PLC 控制系统的设计原则：在最大限度地满足被控对象控制要求的前提下，力求使控制系统简单、经济、安全可靠；并考虑到今后生产的发展和工艺的改进，在选择 PLC 机型时，应适当留有余地。

一、PLC 控制系统设计的内容

（1）分析控制对象，明确设计任务和要求。这是整个设计的依据。
（2）选定 PLC 的型号及所需的输入/输出模块，对控制系统的硬件进行配置。
（3）编制 PLC 的输入/输出分配表和绘制输入/输出端子接线图。
（4）根据系统设计的要求编写程序规格要求说明书，然后再用相应的编程语言（常用梯形图）进行程序设计。
（5）设计操作台、电气柜，选择所需的电器元件。
（6）编写设计说明书和操作使用说明书。
根据具体控制对象，上述内容可适当调整。

二、PLC 控制系统设计的步骤

PLC 控制系统设计的一般步骤如图 7-1 所示。

（一）分析控制对象

在确定采用 PLC 控制后，应对被控对象（机械设备、生产线或生产过程）工艺流程的特点和要求作深入了解、详细分析、认真研究，明确控制的任务、范围和要求，根据工业指标，合理地制定和选取控制参数，使 PLC 控制系统最大限度地满足被控对象的工艺要求。

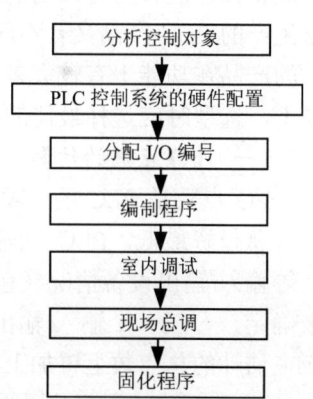

图 7-1　PLC 控制系统设计步骤

控制要求，主要指控制的基本方式、必须完成的动作时序和动作条件、应具备的操作方式（手动、自动、间断和连续等）、必要的保护和联锁等，可用控制流程图或系统框图的形式来描述。

在明确了控制任务和要求后，须选择电气传动方式和电动机、电磁阀等执行机构的类型和数量，拟定电动机起动、运行、调速、转向、制动等控制要求；确定输入、输出设备的种类和数量，分析控制过程中输入、输出设备之间的关系，了解对输入信号的响应速度等。

（二）PLC 控制系统的硬件配置

PLC 控制系统的硬件设计包括 PLC 机型的选择、输入/输出模块的选择、画出输入/输出端子的接线图等内容。具体的硬件配置方法详见本章第二节内容。

（三）软件设计

软件设计就是在硬件设计的基础上，分配输入输出元件地址号，应用相关编程软件编写用户应用程序。根据控制要求设计出梯形图、或功能块图、或语句表等语言的程序，这是整个设计的核心工作。具体内容详见本章第三节的介绍。

（四）输入程序并调试程序

将编译通过的程序可下载到 PLC 中，先进行室内模拟调试，然后再进行现场系统调试。如果控制系统是由几个部分组成，则应先做局部调试，然后再进行整体调试。调试中出现的问题，要逐一排除，直至调试成功。

（五）程序固化

若程序需频繁修改，可选用 RAM；若长期使用不需改变或试运行期结束，可选用 EPROM 或 EEPROM。把已调试通过的程序写入 EPROM 或 EEPROM，将程序固化，PLC 控制系统就可正式投运。

第二节　PLC 控制系统的硬件配置

一、选择 PLC 机型

选择合适的机型是 PLC 控制系统硬件配置的关键问题。目前，国内外生产 PLC 的厂家很多，如西门子、三菱、松下、欧姆龙、LG、ABB 公司等，不同厂家的 PLC 产品虽然基本功能相似，但有些特殊功能、价格、服务及使用的编程指令和编程软件都不相同。而同一厂家生产的 PLC 产品又有不同的系列，同一系列中又有不同的 CPU 型号，不同系列、不同型号的产品在功能上有较大差别。因此，如何选择合适的机型至关重要。在满足控制要求的前提下，选型时应选择最佳的性能价格比，一般可从以下几个方面加以考虑：

（一）I/O 点数的估算

I/O 点数是 PLC 的一项重要指标。合理选择 I/O 点数既可使系统满足控制要求，又可使系统总投资最低。PLC 的输入/输出总点数和种类应根据被控对象所需控制的模拟量、开关量等输入/输出设备情况（包括模拟量、开关量等输入信号和需控制的输出设备数目及类型）来确定，一般一个输入/输出元件要占用一个输入/输出点。考虑到今后的调整和扩充，一般应在估计的总点数上再加上 20%～30% 的备用量。

（二）用户存储器容量的估算

PLC 常用的内存有 EPROM、EEPROM 和带锂电池供电的 RAM。一般微型和小型 PLC 的存储容量是固定的，介于 1～2KB 之间。用户应用程序占用多少内存与许多因素有关，如 I/O 点数、控制要求、运算处理量、程序结构等。因此在程序设计之前只能粒略地估算。根据经验，每个 I/O 点及有关功能元件占用的内存量大致如下：

开关量输入元件：10～20B/点；

开关量输出元件：5～10B/点；

定时器/计数器：2B/个；

模拟量：100～150B/点；

通信接口：一个接口一般需要 300B 以上；

根据上面算出的总字节数再考虑增加 25% 左右的备用量，就可估算出用户程序所需的内存容量，从而选择合适的 PLC 内存。

（三）CPU 功能与结构的选择

PLC 的功能日益强大，一般 PLC 都具有开关量逻辑运算、定时、计数、数据处理等基本功能，有些 PLC 还可扩展各种特殊功能模块，如通信模块、位置控制模块等，选型时可考虑以下几点：

1. 功能与任务相适应

对于开关量控制的应用系统，当对控制速度要求不高时，选用小型 PLC 就能满足要求，例如，对小型泵的顺序控制、单台机械的自动控制等。

对于以开关量控制为主，带有部分模拟量控制的应用系统，如工业生产中常遇到的温度、压力、流量、液位等连续量的控制，应选用带有 A/D 转换的模拟量输入模块和带 D/A 转换的模拟量输出模块，并且选择运算功能较强的小型 PLC。

对于工艺复杂、控制要求较高的系统，如需要 PID 调节、位置控制、快速控制、通信联网等功能的系统，可选用中、大型 PLC。

2. PLC 的处理速度应满足实时控制的要求

PLC 工作时，从输入信号到输出控制存在着滞后现象，即输入量的变化，一般要在 1～2 个扫描周期之后才能反映到输出端，这对于一般的工业控制是允许的。但对于实时性要求较高设备，不允许有较大的滞后时间。滞后时间一般应控制在几十毫秒之内（相当于普通继电器的动作时间），否则就没有意义了。滞后时间的长短与 I/O 总点数、应用程序的长短、编程质量等有很大关系。

为了提高 PLC 的实时处理速度，可选择 CPU 处理速度快的 PLC，使执行一条基本指令的时间不超过 0.5μs；同时对编制的程序进行优化，缩短扫描周期；必要时可采用高速响应模块，其响应时间不受 PLC 扫描周期的影响，而只取决于硬件的延时。

3. PLC 结构合理、机型统一

PLC 的结构主要有整体式和模块式两种，对于单机控制系统、集中控制系统往往选用整体式结构；对于控制规模较大的集散控制系统、远程 I/O 系统常选用模块式结构，模块式结构组态灵活、易于扩充。

在一个单位或一个企业里，应尽量使机型统一，这不仅使模块通用性好，减少备件量，而且给编程和维修带来极大的方便，也给扩展系统升级留有余地。

4. 在线编程和离线编程的选择

小型 PLC 一般使用简易编程器，它必须插在 PLC 上才能进行编程操作，其特点是编程器与 PLC 共用一个 CPU。通过编程器上的方式开关选择 PLC 的编程、监控和运行工作状态。这种方法就是"离线编程"。简易编程器结构简单、体积小，携带方便，很适合在生产现场调试、修改程序用。

现在很多 PLC 都有相应的编程软件，与个人计算机或笔记本电脑相配合，就可以实现"在线编程"。如运用西门子 STEP7-Micro/WIN32 编程软件编写、调试程序并下载到 PLC 中，让 PLC 完成相应的控制任务。还可以在 PLC 运行模式下调试程序，非常方便。在线编程需要计算机，并配备编程软件。

二、开关量 I/O 模块的选择

为了适应各种各样的控制信号，PLC 有多种 I/O 模块供选择，包括数字量输入/输出模块、模拟量输入/输出模块及各种智能模块。

（一）开关量输入模块的选择

开关量输入模块种类很多，按输入点数分：常用的有 8 点、12 点、16 点、32 点等；按工作电压分：常用的有直流 5V、12V、24V、48V 几种，交流 110V、220V 两种；按外部接线方式又可分为：汇点输入、分隔输入等。

选择开关量输入模块时主要考虑以下几点。

1. 选择工作电压等级

电压等级主要根据现场检测元件与模块之间的距离来选择。距离较远时可选用较高电压的模块来提高系统的可靠性，以免信号衰减后造成误差。距离较近时，可选择电压等级低一些的模块，如 5V、12V、24V 等。

2. 选择模块密度

模块密度主要根据分散在各处输入信号的多少和信号动作的时间选择。集中在一处的输入信号尽可能集中在一块或几块模块上，以便于电缆安装和系统调试。对于高密度输入模块，如 32 点或 64 点，同时接通点数取决于输入电压和环境温度。一般来讲，同时接通点数最好不超过模块总点数的 60%，以保证输入/输出点承受负载能力在允许范围内。

3. 门槛电平

为了提高控制系统的可靠性，必须考虑门槛电平的大小。所谓门槛电平指输入点的接通电平和关断电平的差值。门槛电平值越大，抗干扰能力越强，传输距离也就越远。

4. 输入端漏电流的控制

在进行连接配线时，存在着不同程度的漏电流。如连接电缆和双绞线的线路电容可能引起交流漏电；晶闸管截止时也会存在少量漏电流；带 LED 指示的开关也可能会产生较大的漏电流。这些漏电流会像信号一样输入到输入点去，形成干扰。解决的方法是在输入端并联适当的电阻和电容，以降低输入总阻抗。

目前许多型号的 PLC 内部都提供 DC 24V 电源，用做集电极开路传感器的电源。但该电源容量较小，当用做本机输入信号的工作电源时，需考虑电源的容量。如果电源容量要求超出了内部 DC 24V 电源的定额，须采用外接电源，建议采用稳压电源。

（二）开关量输出模块的选择

1. 输出方式的选择

继电器输出方式价格便宜，使用电压范围广，导通压降小，承受瞬时过电压和过电流的能力较强，且有隔离作用。但继电器有触点，寿命较短，且响应速度较慢，适用于动作不频繁的交直流负载。当驱动电感性负载时，最大开闭频率不得超过 1Hz。

晶闸管输出方式（交流）和晶体管输出方式（直流）都属于无触点开关输出，使用寿命长，适用于通断频繁的感性负载。对于开关频率高、电感大、低功率因数的交流负载可选用晶闸管输出模块；而对于开关频率较高的直流负载，可选用晶体管输出模块。

2. 输出电流的选择

模块的输出电流必须大于负载电流的额定值，如果负载电流较大，输出模块不能直接驱动时，应增加中间放大环节。对于电容性负载、热敏电阻负载，考虑到接通时有冲击电流，要留有足够的余量。选用输出模块还应注意同时接通点数的电流累计值必须小于公共端所允许通过的电流值。

为防止由于负载短路等原因而烧坏 PLC 的输出模块，输出回路必须外加熔断器作短路保护。对于继电器输出方式可选用普通熔断器；对于晶体管输出方式和晶闸管输出方式应选用快速熔断器。

当 PLC 基本单元所提供的输入/输出点数不能满足应用系统 I/O 总点数需求时,可增加输入/输出扩展模块。对于 S7-200,可选的扩展模块有 EM221 数字量输入模块(8 点 24V 直流输入)、EM222 数字量输出模块(8 点直流继电器输出)、EM223 数字量组合模块(有 24V 直流 4 输入/4 输出、MOSFET 或继电器输出;24V 直流 8 输入/8 输出;16 输入/16 输出三种规格)等。这些扩展模块通过 E-Stand 10 针扩展连接器及扁平电缆与主机直接相连,安装方便。

三、模拟量 I/O 模块的选择

(一)模拟量输入模块的选择

(1)模拟量值的输入范围。模拟量的输入可以是电压信号或电流信号。标准值为 0~5V、0~10V(单极性)、-2.5~2.5V、-5~5V(双极性)、0~20mA、4~20mA 等。在选用时一定要注意与现场过程检测信号范围相对应。如变送器离模拟量输入模块较远时,系统设计时尽量选用 0~20mA 或 4~20mA 型。

(2)模拟量输入模块的分辨率、精度、转换时间等参数指标应符合具体的系统要求。

(3)在应用中要注意抗干扰措施。其主要方法有:注意与交流信号和可产生干扰源的供电电源保持一定距离;模拟量输入信号线要采用屏蔽措施;采用一定的补偿措施,减少环境变化对模拟量输入信号的影响。

(二)模拟量输出模块的选择

模拟量输出模块的输出类型有电压输出和电流输出两种,输出范围有 0~10V,-10~10V,0~20mA,4~20mA 等。一般的模拟量输出模块都同时具有这两种输出类型,只是在与负载连接时接线方式不同。另外,模拟量输出模块还有不同的输出功率,在使用时要根据负载情况选择。

模拟量输出模块的输出精度、分辨率、抗干扰措施等都与模拟量输入模块的情况类似。西门子提供了 EM231 4 路模拟量输入、EM231 AI 4 路热电偶、EM231 AI 2 路热电阻(RTD)、EM232 2 路模拟量输出模块、EM235 4 输入 1 输出组合模块等,可根据实际需要选用。

四、智能 I/O 模块的选择

一般的智能 I/O 模块包括通信处理模块(如西门子 EM277 模块)、调制解调器模块(如 EM241 模块)、高速计数模块、带有 PID 调节的模拟量控制模块、中断控制模块、位置控制模块(如西门子 EM253)等。需要注意的是:一般智能 I/O 模块价格比较昂贵,而有些功能采用一般 I/O 模块也可以实现,只是要增加软件的工作量,因此应根据实际情况决定取舍。

对 PLC 机型、开关量 I/O 模块、模拟量 I/O 模块以及智能 I/O 模块进行选择后,就粗略地完成了 PLC 系统的硬件配置工作。根据控制要求,如果有些参数需要监控和设定,则可以选择文本编辑器(如 TD200)、操作面板(如 OP27)、触摸屏(TP27)等人机接口单元。硬件设计还包括画出 I/O 硬件接线图,它表明 PLC 输入输出模块与现场设备之间的连接。I/O 硬件接线图的具体画法可参见本章第五节相关内容。

第三节 PLC 控制系统应用程序的设计

在完成 PLC 控制系统硬件配置和画好 I/O 接线图后,可进行应用程序设计。事实上,PLC 控制系统软件设计与硬件设计有时需交叉进行,就系统的控制功能而言,有些可由硬件电路实现,也可由软件实现,大多数功能是软件和硬件相配合才得以实现。所以,设计时应通盘考虑，总体服务于设计的综合要求。

一、应用程序设计的内容及步骤

（一）程序设计的主要内容

PLC 控制系统的程序设计就是根据被控对象（机电设备或生产过程）的控制要求及系统功能设计的要求，为应用程序的编程提出明确的目的、依据、要求和指标，编制出程序规格说明书，然后在程序规格说明书的基础上，使用相应的编程语言、指令进行程序设计。

对于一个可以在工程上应用的 PLC 控制系统，程序设计一般包含：PLC 程序功能分析和设计、程序的结构分析、编制程序规格说明书、程序设计等内容。

1. PLC 程序功能分析和设计

PLC 程序功能分析和设计实际上是 PLC 系统功能分析设计中的一个组成部分。系统的整体功能要求，可以通过硬件和程序两方面来实现。就软件而言，对工程设计人员就是编制应用程序。在编写程序之前，首先要确定应用程序的功能，大体上可以从控制功能、操作功能、自诊断功能三个方面来考虑。

控制功能是 PLC 的基本功能，主要依据受控对象和生产工艺要求来设计。根据受控设备的动作时序、精度、控制条件等规定，分析这些规定是否合理、能否实现。必要时可修改与之配合的硬件系统，直至所有的控制功能都被证明是可行的为止。

为了便于操作人员的操作，PLC 系统就需要有友善的人机对话界面。而且系统的规模越大，自动化程度越高，对这部分的要求也越高。如下拉式菜单设计、I/O 信息的显示、趋势报警、有关的数据、表格的更新、存储和输出等。

自诊断功能，它包括 PLC 自身工作状态的自诊断和系统中受控设备工作状态的自诊断两部分。对于前者可利用 PLC 自身的一些信息和手段来完成。对于后者，则可以通过分析受控设备接收到的控制指令及受控动作的反馈信息，来判断受控设备的工作状态，如果有故障发生，则以电、声、光报警，并通过计算机还可显示发生故障的原因以及处理故障的方法和步骤。

当然并不是每个 PLC 系统都需有自诊断功能。但如果有条件的话，设计良好的自诊断功能与操作功能相结合，可以给系统的调试和维护带来极大的方便。

2. 程序结构的分析和设计

模块化的程序设计方法，是 PLC 程序设计最有效、最基本的方法。程序结构分析和设计的基本任务就是以模块化程序结构为前提，以系统功能要求为依据，按照相对独立的原则，将全部程序划分为若干个"程序模块"，并对每一"模块"提供程序要求、规格说明。

程序设计常采用"自顶而下"的设计方法（Top to Down），使编出的程序清楚、易读。

3. 编制程序规格说明书

程序规格说明书应包括技术要求、编制依据等内容。如整体应用程序功能要求；程序模块功能要求；受控设备（生产过程）及其动作时序、精度、计时（计数）和响应速度要求；输入装置、输入条件、执行装置、输出条件和接口条件；输入模块和输出模块接口或 I/O 分配表等。

4. 程序设计

根据 PLC 控制系统硬件结构和生产工艺要求，在程序规格说明书的基础上，使用相应的编程语言指令，编制实际应用程序的过程就是程序设计。

（二）程序设计步骤

PLC 控制系统程序设计一般包括程序框图设计、应用程序的编写、程序的调试和编写程序说明书等几个步骤。

1. 程序框图设计

这步的主要工作是根据程序规格说明书的总体要求和控制系统具体情况，确定应用程序的基本结构，绘制出程序结构框图；然后再根据工艺要求，绘制出各功能单元的详细功能框图。框图是编程的主要依据，要尽可能地详细，以便对全部控制功能有一个整体概念。

2. 分配 I/O 编号

在编写程序前，还要给每一个输入/输出信号分配相应的地址，给出每个地址对应的信号的含义、名称并列成表，以便软件编程和系统调试时使用，这种表称为 I/O 分配表，也叫输入输出地址表。具体分配方法可参见本书的应用实例。

3. 编写程序

编写程序就是根据设计出的框图逐条地编写控制程序，这是整个程序设计工作的核心部分。应尽量使用编程软件，如 STEP7-Micro/WIN32 等。梯形图语言是最普遍使用的编程语言，对初学者来讲，应熟悉并掌握"指令系统及简单编程"后，再来编写用户应用程序。在编写程序的过程中，可以借鉴现成的典型控制环节程序，如电动机正反转程序。另外，编写程序过程中要及时对编出的程序进行注释，以免忘记其间相互关系，最好随编随注，以便阅读和调试。

4. 程序调试

程序调试是整个程序设计工作中一项很重要的内容，它可以初步检查程序的实际效果。程序调试和程序编写是分不开的，程序的许多功能是在调试中修改和完善的。调试时可先设定输入信号，观察输出信号（对应输出点的发光二极管）的变化情况；确认无误后再现场调试，必要时可以借用某些仪器仪表，测试各部分的接口情况，直到满意为止。

5. 编写程序说明书

程序说明书是对程序的综合说明，是整个程序设计工作的总结。编写程序说明书的目的是便于程序的使用者和现场调试人员使用，它是程序文件的组成部分。程序说明书一般应包括程序设计的依据、程序的基本结构、各功能单元分析、使用的公式和原理、各参数的来源和运算过程、程序调试情况等。

二、应用程序的设计方法

应用程序设计过程中，应正确选择能反映生产过程的变化参数作为控制参量进行控制；应正确处理各执行电器、各编程元件之间的互相制约、互相配合的关系，即联锁关系（参见第一章第二节）。应用程序的设计方法有多种，常用的设计方法有经验设计法、顺序功能图法等。

（一）经验设计法

经验设计法要求设计者具有较丰富的实践经验，掌握较多的典型应用程序的基本环节。根据被控对象对控制系统的要求，凭经验选择基本环节，并把它们有机地组合起来。其设计过程是逐步完善的，一般不易获得最佳方案，程序初步设计后，还需反复调试、修改和完善，直至满足被控对象的控制要求。

经验设计法的设计不规范，没有一个普遍的规律可循，具有一定的试探性和随意性，对于同一被控对象，设计出的程序不是惟一的，程序设计的质量与设计者的经验有关。对于复杂的控制系统的设计，由于联锁关系复杂，用经验设计法进行设计一般难于掌握，且设计周期较长，设计出的程序可读性差，即使有经验的工程师阅读它也很费时。同时，给日后产品的使用、维护带来诸多不便。对于简单的控制系统的设计，用经验设计法进行设计简单、易行，可以收到明显的效果。对于一些旧设备的改造也常采用经验设计法，借鉴原设备继电器控制电路图，并综合考虑 PLC 的特点，加以修改和完善，可较方便地得到符合控制要求的程序。

(二) 顺序功能图法

1. 顺序功能图

工业控制中，许多场合要应用顺序控制的方式进行控制。所谓顺序控制，使生产过程按生产工艺的要求预先安排的顺序自动地进行生产的控制方式。

顺序功能图（Sequence Function Chart，SFC）是 IEC 标准规定的用于顺序控制的标准化语言。顺序功能图用以全面描述控制系统的控制过程、功能和特性，而不涉及系统所采用的具体技术，这是一种通用的技术语言，可供进一步设计和不同专业的人员之间进行技术交流使用。例如，可以根据顺序功能图设计 PLC 的顺序控制程序。顺序功能图以功能为主线，表达准确、条理清晰、规范、简洁是设计 PLC 的顺序控制程序的重要工具。顺序功能图主要由步、有向连线、转换和转换条件及动作（或命令）组成。

(1) 步（Step） 顺序功能图中把系统的一个工作循环过程分解成若干个顺序相连的阶段，称为"步"。步用矩形框表示，框内的数字表示步的编号。在控制过程进展的某一给定时刻，一个步可以是活动的或非活动的。当步处于活动状态时，称作"活动步"，反之，称作"非活动步"。控制过程开始阶段的活动步与初始状态相对应，称作"初始步"，它表示操作开始。初始步用双线方框表示，每一个顺序功能图至少应该有一个初始步。

(2) 与步相关的动作（或命令） 控制系统中的每一步都有要完成的某些"动作"（或命令），当该步处于活动状态时，该步内相应的动作（或命令）即被执行；反之，不被执行。与步相关的动作（或命令）用矩形框表示，框内的文字或符号表示动作或命令的内容，该矩形框应与相应步的矩形框相连。在顺序功能图中，动作（或命令）可分为"非存储型"和"存储型"两种。当相应步活动时，动作（或命令）即被执行，当相应步不活动时，如果动作（或命令）返回到该步活动前的状态，是"非存储型"的；如果动作（或命令）继续保持它的状态，则是"存储型"的。当"存储型"的动作（或命令）被后续的步失励复位，仅能返回到它的原始状态。顺序功能图中表达动作（或命令）的语句应清楚地表明该动作（或命令）是"存储型"或是"非存储型"的，例如，"起动电动机 M1"与"起动电动机 M1 并保持"两条命令语句，前者是"非存储型"命令；后者是"存储型"命令。

(3) 有向连线 在顺序功能图中，会发生步的活动状态的进展。步之间的进展，采用有向连线表示，它将步连接到转换并将转换连接到步。步的进展按有向连线规定的路线进行，有向连线是垂直的或水平的，按习惯进展的方向总是从上到下或从左到右，如果不遵守上述习惯必须加箭头，必要时为了更易于理解也可加箭头。箭头表示步进展的方向。

(4) 转换和转换条件 在顺序功能图中，步的活动状态的进展是由一个或多个转换的实现来完成，并与控制过程的发展相对应。转换的符号是一根与有向连线垂直的短划线，步与步之间由"转换"分隔。转换条件是在转换符号短划线旁边用文字表达或符号说明。当两步之间的转换条件得到满足时，转换得以实现，即上一步的活动结束而下一步的活动开始，因此不会出现步的重叠，每个活动步持续的时间取决于步之间转换的实现。

2. 顺序功能图的基本结构

依据步之间的进展形式，顺序功能图有以下几种基本结构：

（1）单序列结构　单序列由一系列相继激活的步组成。每一步的后面仅有一个转换条件，每一个转换条件后面仅有一步，如图 7-2 所示。

（2）选择序列结构

1）选择序列的开始称为分支。某一步的后面有几个步，当满足不同的转换条件时，转向不同的步。如图 7-3a 所示，当步 5 为活动步时，若满足条件 e=1，则步 5 转向步 6；若满足条件 f=1，则步 5 转向步 8；若满足条件 g=1，则步 5 转向步 12。

2）选择序列的结束称为合并。几个选择序列合并到同一个序列上，各个序列上的步在各自转换条件满足时转换到同一个步。如图 7-3b 所示，当步 7 为活动步，且满足条件 h=1，则步 7 转向步 16，当步 9 为活动步，且满足条件 j=1 时，则步 9 转向步 16；当步 12 为活动步，且满足条件 k=1 时，则步 12 转向步 16。

（3）并行序列结构

1）并行序列的开始称为分支。当转换的实现导致几个序列同时激活时，这些序列称为并行序列。它们被同时激活后，每个序列中的活动步的进展将是独立的。如图 7-4a 所示，当步 11 为活动步时，若满足条件 b=1，步 12、14、18 同时变为活动步；步 11 变为不活动步。并行序列中，水平连线用双线表示，用以表示同步实现转换。并行序列的分支中只允许有一个转换条件，并标在水平双线之上。

2）并行序列的结束称为合并。在并行序列中，处于水平双线以上的各步都为活动步，且转换条件满足时，同时转换到同一个步。如图 7-4b 所示，当步 13、15、17 都为活动步，若满足条件 d=1 时，则步 13、15、17 同时变为不活动步，步 18 变为活动步。并行序列的合并只允许有一个转换条件，标在水平双线之下。

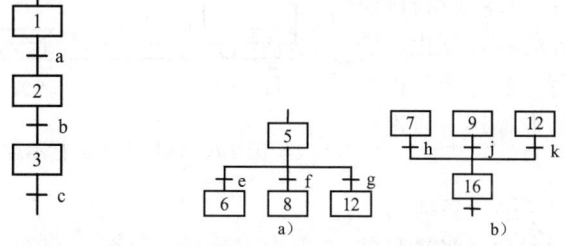

图 7-2　单序列结构　　图 7-3　选择序列的分支与合并　　图 7-4　并行序列的分支与合并

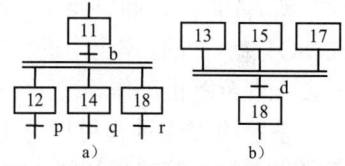

（4）子步（microstep）　根据需要，在顺序功能图中，某一步又可分为几个子步。如图 7-5 所示。图 7-5a 是以简略形式表示的步 3；如图 7-5b 所示将步 3 细分为 5 个子步；详细表示了步 3 的具体细节。这种步的详细表示方法（即子步）可以使系统的设计者在总体设计时以更加简洁的方式表达系统的总体功能和概貌，从功能入手对整个系统简要地进行全面描述。在总体设计被确认后，再进行深入的细节设计。这样，使系统设计者在设计初期抓住系统的主要矛盾而免于陷入某些细节的纠缠，减少总体设计的错误。同时，也便于设计人员和其他相关人员设计思想的沟通，便于程序的分工设计和检查调试。从而可以缩短程序设计时间和调试时间。

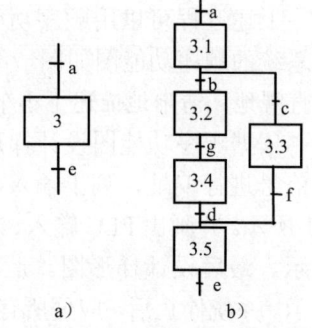

图 7-5　顺序功能图的子步

"子步"在大型系统中的设计中得到极为广泛的应用。子步中还可以包含更详细的子步。

3. 顺序功能图法

顺序功能图法首先根据系统的工艺流程设计顺序功能图，然后再依据顺序功能图设计顺序控制程序。在顺序功能图中，实现转换时使前级步的活动结束而使后续步的活动开始，步之间没有重叠。这使系统中大量复杂的联锁关系在步的转换中得以解决。而对于每一步的程序段，只需处理极其简单的逻辑关系。因而这种编程方法简单易学，规律性强。设计出的控制程序结构清晰、可读性好，程序的调试、运行也很方便，可以极大地提高工作效率。S7-200 PLC 采用顺序功能图法设计时，可用顺序控制继电器（SCR）指令、置位/复位（S/R）指令、移位寄存器（SHRB）指令等实现编程。

（1）顺序控制继电器（SCR）指令编程

S7-200 PLC 的顺序控制继电器（SCR）指令是基于顺序功能图（SFC）的编程方式，专门用于编制顺序控制程序。使用它必须依据顺序功能图进行编程。顺序控制继电器指令的 SCR 程序段对应着顺序功能图中的步。当顺序控制继电器 S 位的状态为"1"（例 S0.1=1）时，对应的 SCR 段被激活，即顺序功能图对应的步被激活，成为活动步，否则是非活动步。SCR 段中执行程序所完成的动作（或命令）对应着顺序功能图中该步相关的动作（或命令）。程序段的转换（SCRT）指令相当于实施了顺序功能图中的步的转换功能。由于 PLC 周期循环扫描地执行程序，编制程序时各 SCR 段只要按顺序功能图有序地排列，各 SCR 段活动状态的进展就能完全按照顺序功能图中有向连线规定的方向进行。

下面以运料小车为例，介绍顺序控制继电器（SCR）指令的编程方法。运料小车运行示意图如图 7-6 所示。

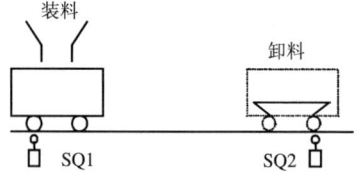

系统起动后首先在原位进行装料。15s 后装料停止，小车右行。右行至行程开关 SQ2 处右行停止，进行卸料。10s 后，卸料停止，小车左行。左行至行程开关 SQ1 处，左行停止，进行装料。如此循环一直进行下去，直至停止工作。

图 7-6 运料小车运行示意图

系统的工作过程可以分为若干步（第一步装料，第二步右行，第三步卸料，第四步左行等），当满足某个条件时（如时间 15s、碰到行程开关等），系统从当前步转入下一步，同时上一步的动作结束。

上述过程可以用顺序功能图来描述。运料小车控制系统的顺序功能图如图 7-7 所示，该顺序功能图非常直观地、清晰地描述了小车自动工作的过程。

依据顺序功能图设计梯形图，首先对各输入、输出信号进行编址，列出输入、输出信号分配表，如表 7-1 所示。并画出 PLC 输入、输出端子接线图，如图 7-8 所示。最后设计梯形图。运料小车控制程序如图 7-9 所示。系统停止后，应使所有的输出线圈（S0.1～S0.3，Q0.0～Q0.3）复位，返回初始状态。

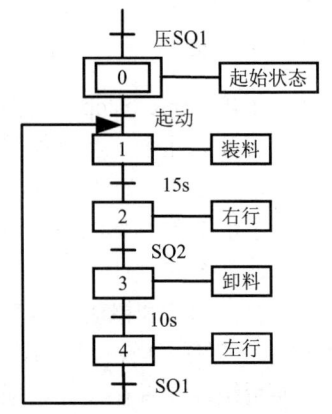

图 7-7 运料小车顺序功能图

（2）置位、复位（S、R）指令编程

依据顺序功能图用置位、复位（R、S）指令编制顺序控制程序。

表　7-1

输入信号		输出信号	
起动按钮 SB1	I 0.0	装料 YV1	Q 0.0
停止按钮 SB2	I 0.1	左行 KM2	Q 0.3
SQ1	I 0.2	卸料 YV2	Q 0.1
SQ2	I 0.3	右行 KM1	Q 0.2

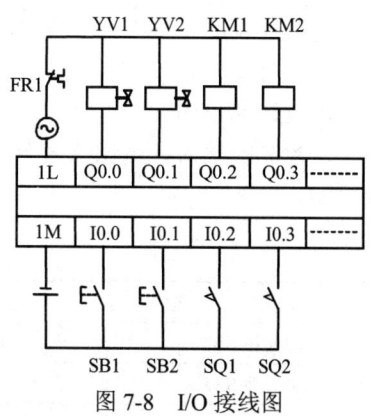

YV1 YV2 KM1 KM2
FR1
1L Q0.0 Q0.1 Q0.2 Q0.3
1M I0.0 I0.1 I0.2 I0.3
SB1 SB2 SQ1 SQ2

图 7-8　I/O 接线图

I0.0 I0.2 Q0.0 Q0.1 Q0.2 Q0.3 S0.1 S 1
在初始状态下起动，置S0.1=1
S0.1 SCR
激活第一SCR程序段，控制开始
I0.2 Q0.0 T37 IN TON +150 PT
小车在原位装料
启动15s定时器
T37 S0.2 SCRT
15s后程序转换到第二SCR程序段
SCRE
第一SCR段结束
S0.2 SCR
第二SCR段控制开始
SM0.0 Q0.2
小车右行
I0.3 S0.3 SCRT
右行到位，程序转换到第三SCR程序段
SCRE
第二SCR段结束
S0.3 SCR
第三SCR段控制开始
SM0.0 Q0.1 T38 IN TON +100 PT
小车卸料
起动10s 定时器
T38 S0.4 SCRT
10s后程序转换到第四 SCR程序段
SCRE
第三SCR段结束
S0.4 SCR
第四SCR段控制开始
SM0.0 Q0.3
小车左行
I0.2 S0.1 SCRT
左行到位，程序转换到第一SCR程序段
SCRE
第四SCR段结束
I0.1 S0.1 R 4
停车后，返回初始状态

图 7-9　运料小车控制程序

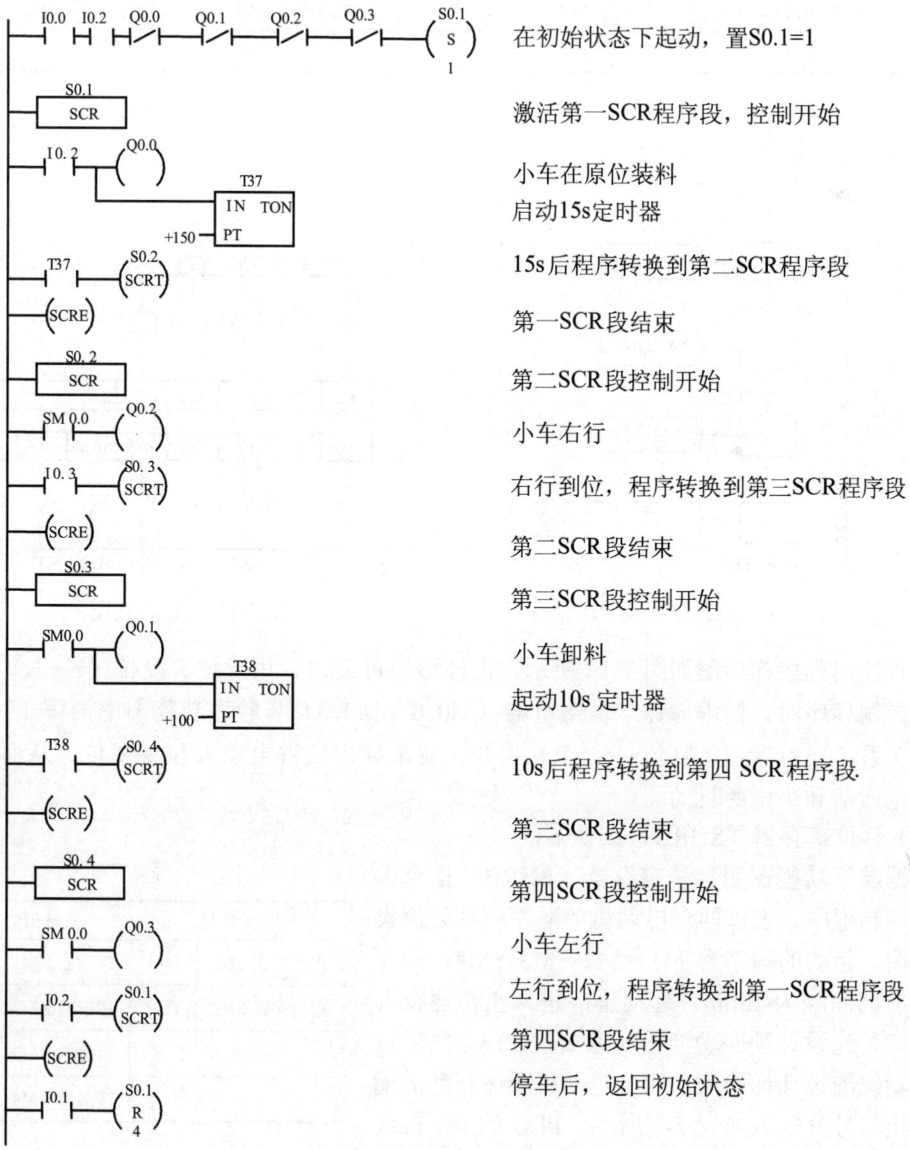

继电器控制的步进控制电路（参见图 1-25），现在用置位、复位（S、R）指令编制步进控制程序。首先根据步进控制电路的功能，设计顺序功能图，如图 7-10 所示。然后依据顺序功能图设计梯形图。

步进控制的输入、输出信号分配表如表 7-2 所示。PLC 输入/输出端子（I/O）接线如图 7-11 所示。

表 7-2

输入信号		输出信号	
起动按钮 SB2	I0.1	电磁阀线圈 YV1	Q0.0
停止按钮 SB1	I0.2	电磁阀线圈 YV2	Q0.1
行程开关 SQ1	I0.3	电磁阀线圈 YV3	Q0.2
行程开关 SQ2	I0.4	中间继电器 KA4	Q0.3
行程开关 SQ3	I0.5		

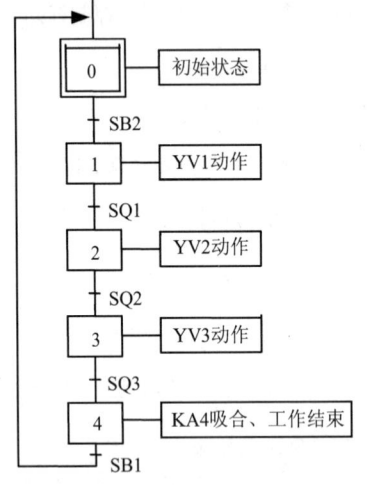
图 7-10 步进控制顺序功能图

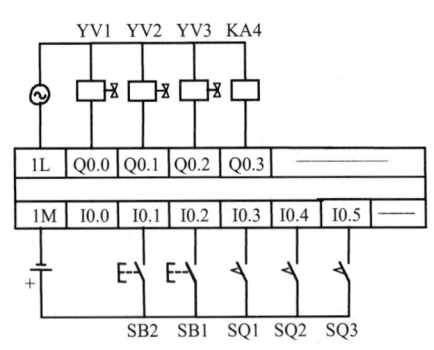
图 7-11 I/O 接线图

步进控制程序梯形图如图 7-12 所示，由梯形图可看出，用置位、复位（S、R）指令编制顺序控制程序时，使内部标志位继电器（M0.0～M0.3）与顺序功能图中的第 1～4 步建立对应关系。通过置位、复位（S、R）指令，使某标志位继电器置位或复位，从而达到使相应步的激活和失励的目的。

（3）移位寄存器（SHRB）指令编程

依据顺序功能图用移位寄存器（SHRB）指令编制顺序控制程序。现以四台电动机的顺序起动为例设计梯形图。起动的顺序为 M1→M2→M3→M4，顺序起动的时间间隔为 2min，起动毕，进入正常运行，直至停车。先设计顺序功能图（见图 7-13）。然后依据顺序功能图设计梯形图。四台电动机顺序起动的输入、输出信号分配表如表 7-3 所示。PLC 的 I/O 接线如图 7-14 所示。四台电动机顺序起动的梯形图如图 7-15 所示。

表 7-3

输入信号		输出信号	
停止按钮 SB1	I 0.1	接触器 KM1	Q 0.0
起动按钮 SB2	I 0.2	接触器 KM2	Q 0.1
		接触器 KM3	Q 0.2
		接触器 KM4	Q 0.3

第七章 可编程序控制器的控制系统设计

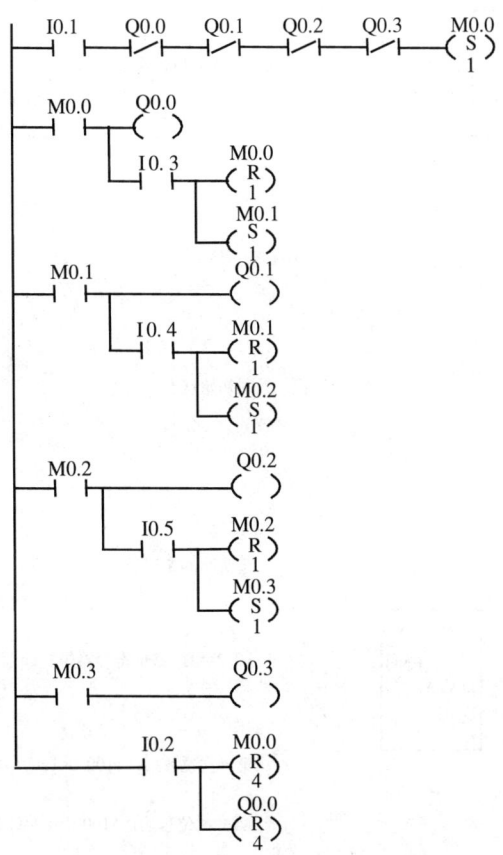

图 7-12 步进控制梯形图

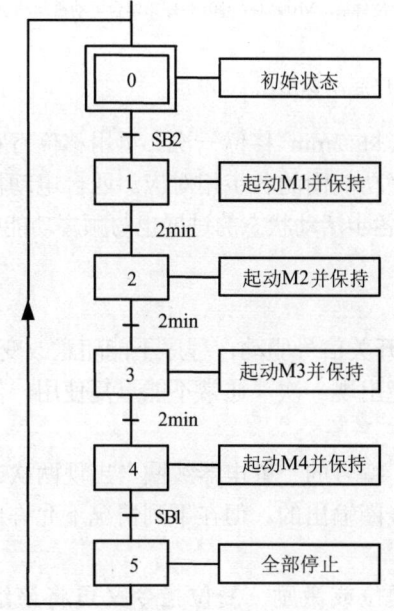

图 7-13 四台电动机顺序起动的顺序功能图

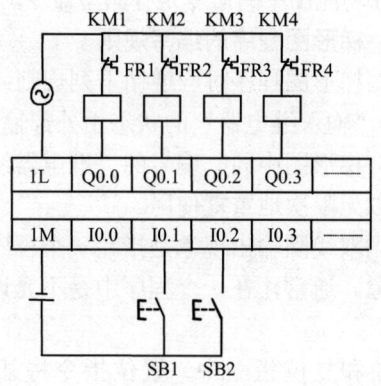

图 7-14 四台电动机顺序起动 I/O 接线图

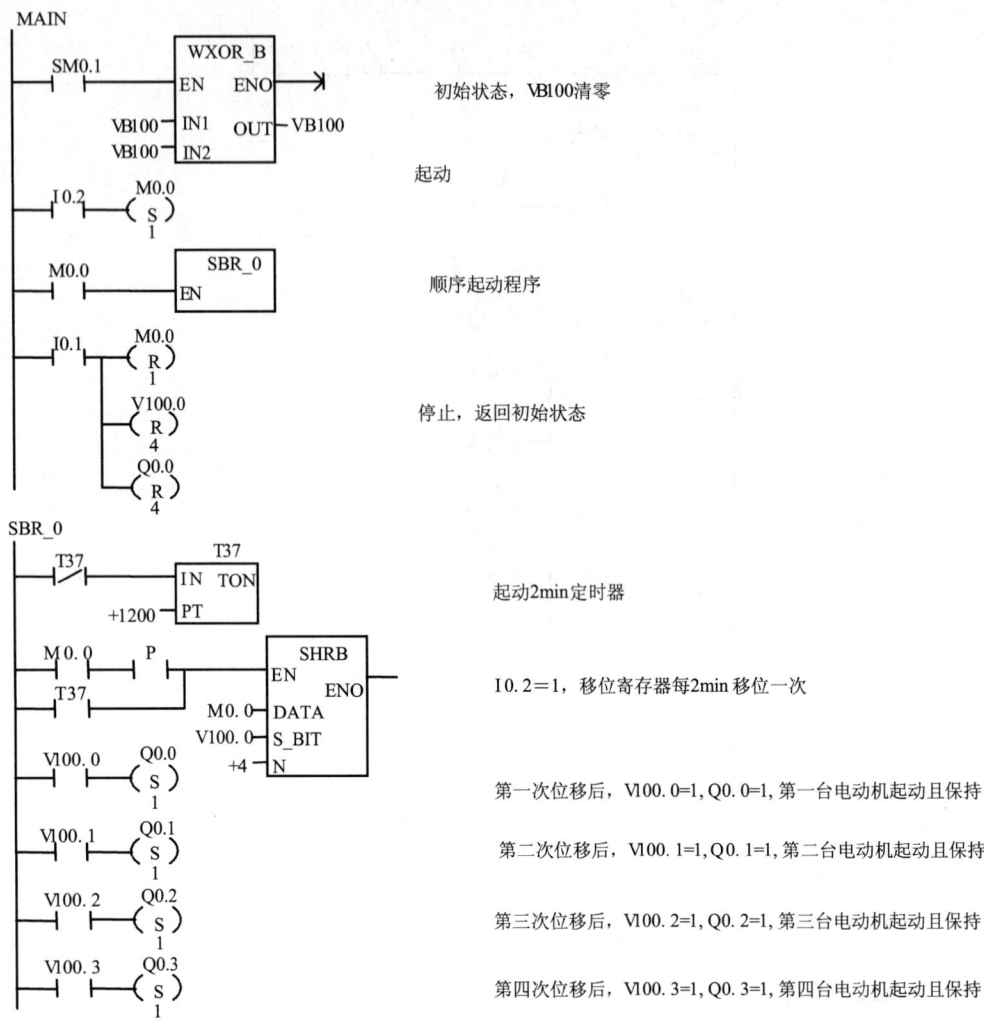

图 7-15 四台电动机顺序起动梯形图

梯形图中，先设置移位寄存器的参数，且让其每 2min 移位一次。再用移位寄存器的各位分别控制各输出信号。移位寄存器的各位与顺序功能图的各步相对应。四台电动机顺序起动的顺序功能图中的命令是存储型命令，梯形图中各步活动状态的进展也与顺序功能图一致。

三、梯形图程序的编写规则

编写梯形图程序时应遵循下列规则：

（1）"输入继电器"的状态由外部输入设备的开关信号驱动，程序不能随意改变它。

（2）梯形图中同一编号的"继电器线圈"只能出现一次，通常不能重复使用，但是它的触点可以无限次地重复使用。

所谓双线圈输出现象是指在一个程序中，同一编号的"继电器线圈"出现两次或两次以上的现象。通常，在一个程序中是不允许出现双线圈输出的。但在下列情况下允许出现双线圈输出：

置位和复位指令中，置位指令将某继电器置位或激励，复位指令又可将该继电器复位或失励。这时在程序中出现的双线圈是允许的，它们实际上是一个"继电器线圈"的两个输入端。

(3) 几个串联支路相并联,应将触点多的支路安排在上面;几个并联回路的串联,应将并联支路数多的安排在左面。按此规则编制的梯形图可减少用户程序步数、缩短程序扫描时间,如图 7-16 所示。

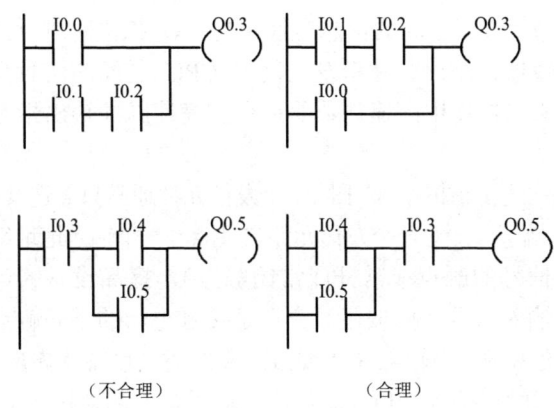

图 7-16　梯形图的合理画法

(4) 程序的编写按照从左至右、由上至下顺序排列。一个梯级开始于左母线,终止于右母线,线圈与右母线直接相连(S7-200 绘图时,将右母线省略)。

1) 桥式电路必须修改后才能画出梯形图,如图 7-17 所示。

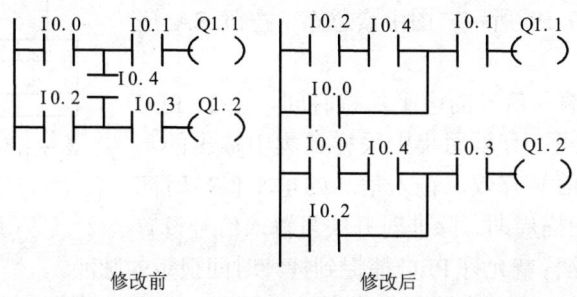

图 7-17　桥式电路修改后画成的梯形图

2) 非桥式复杂电路必须修改后才能画出梯形图。修改方法可按照前几条规则,举例如图 7-18 所示。

四、应用程序设计过程中应注意的几个问题

(1) 先编制 I/O 分配表,后设计梯形图。先对输入输出信号及内部线圈进行编号分配,再确定 PLC 各输入输出接线端子的实际接线图。尤其要注意各输入信号是电器的常开触点还是常闭触点接入 PLC 的输入端子,然后再设计梯形图。

(2) 合理排列梯形图,使输入、输出响应滞后现

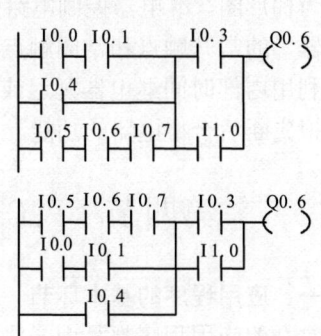

图 7-18　复杂电路修改后画成的梯形图

象不影响实际响应速度。由于 PLC 的工作方式是周期循环扫描的工作方式,因而语句的安排直接影响着输入输出响应速度。通常可根据工艺流程图按动作先后顺序排列各输出线圈,同时兼顾内部线圈、时间继电器等线圈的排列顺序,使输入/输出延迟响应不影响实际输出对响应速度的要求。通常 PLC 最大动作延迟时间为 2 个扫描周期+输入输出电路延迟时间。

(3)高速计数指令、高速脉冲输出指令应尽量放在整个用户程序的前部。由于高速计数器和高速脉冲串发生器与 CPU 之间的信息交换是在 I/O 扫描时进行的,所以在执行其他命令时就可能影响高速计数器、高速脉冲串发生器与 CPU 之间的信息交换,甚至有可能丢失脉冲。为了防止这种现象,在使用高速计数器指令和高速脉冲输出指令时,应将它们放在整个用户程序的前部。

(4)在 PLC 输入端子接线图中,对于同一个发信元件通常只需选其中某一触点(例常开触点或常闭触点)接入输入端子,即对一个发信元件它只能占一个输入地址编号。

(5)合理接入输入信号的触点(常开或常闭触点),提高设备的可靠性、安全性,PLC 实际 I/O 接线图中,某输入信号(如按钮)究竟是接入电器的常开触点还是常闭触点应从设备的可靠性、安全性角度考虑。当输入端接线故障断线时,设备状态应向着安全的状态发展。因此,停止按钮应以常闭触点接入 PLC 输入接线端子,而起动按钮应以常开触点接入 PLC 输入接线端子(为便于理解本书前面章节各图均按常开触点接入处理)。

(6)从安全考虑,重大安全部分不接入 PLC 的输入端,而作硬件处理。例如,紧急停车按钮、互锁触点、紧急限位开关(超程保护)、热继电器控制触点等,可将上述电器的触点接至 PLC 的输出端子上,直接对输出负载(KM1、KM2)进行控制。以保证 PLC 故障时不损坏设备,不造成重大安全事故,如图 7-19 所示。图中紧急停车按钮 SA 应是闭锁按钮。

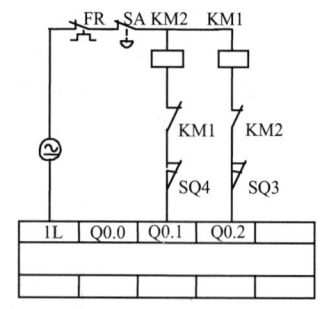

图 7-19 PLC 的重大安全部分作硬件处理

(7)应保证有效输入信号的电平保持时间。由于 PLC 是周期循环的扫描方式,且采用集中采样、集中输出的形式。如果要保证输入信号有效,输入信号的电平保持时间必须大于 PLC 一个扫描周期。除非对开关量输入信号设置允许脉冲捕捉功能,这样就允许 PLC 捕捉到持续时间很短的脉冲。

(8)PLC 指令的执行条件有信号电平有效和跳变有效的区别,编程时应加以注意。

(9)由电气控制图转换为梯形图时应注意:对旧设备改造时可借鉴原继电器控制电路图转换为梯形图。继电器控制电路图中的电器触点大多为先断后合型,而 PLC 梯形图中的"软继电器"的常开触点和常闭触点的状态的转换是同时发生的。设计梯形图时可使用延迟电路(如利用内部时间继电器延迟或利用 PLC 循环扫描工作方式而产生的输入输出延迟响应)来模拟先断后合型电器的功能。

第四节 PLC 应用程序的基本环节及设计技巧

一、应用程序的基本环节

复杂的应用程序都是由一些典型的基本环节有机地组合而成的,因此,掌握这些基本环节尤为重要。它有助于应用程序设计水平的提高。

第七章 可编程序控制器的控制系统设计

（一）电动机的起动与停止控制程序

电动机的起动与停止是最常见的控制，通常需要设置起动按钮、停止按钮及接触器等电器进行控制。I/O 分配表如表 7-4 所示，PLC 的 I/O 接线图如图 7-20 所示。

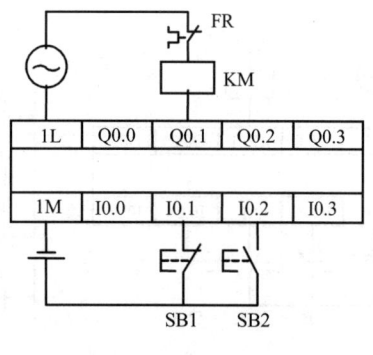

表 7-4

输入信号		输出信号	
停止按钮 SB1	I 0.1	接触器 KM	Q 0.1
起动按钮 SB2	I 0.2		

图 7-20 I/O 接线图

1. 停止优先控制程序

为确保安全，通常电动机的起、停控制总是选用图 7-21 所示的停止优先控制程序。对于该程序，若同时按下起动和停止按钮，则停止优先。

2. 起动优先控制程序

对于有些控制场合（例如消防水泵的起动），需要选用图 7-22 所示的起动优先的控制程序。对于该程序，若同时按下起动和停止按钮，则起动优先。

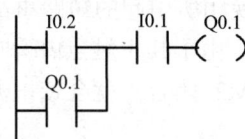

图 7-21 停止优先梯形图

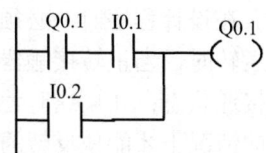

图 7-22 起动优先梯形图

（二）具有点动调整功能的电动机起、停控制程序

有些设备的运动部件的位置常常需要进行调整，这就要用到具有点动调整的功能。这样除了上述起动按钮、停止按钮外，还需要增添点动按钮 SB3，I/O 分配表如表 7-5 所示。PLC 的 I/O 接线图如图 7-23 所示。

表 7-5

输入信号		输出信号	
停止按钮 SB1	I 0.0	接触器 KM	Q 0.1
起动按钮 SB2	I 0.1		
点动按钮 SB3	I 0.2		

在继电器控制柜中，点动的控制是采用复合按钮实现的，即利用常开、常闭触点的先断后合的特点实现的。而 PLC 梯形图中的"软继电器"的常开触点和常闭触点的状态转换是同时发生的，这时，可采用图 7-24 所示的位存储器 M2.0 及其常闭触点来模拟先断后合型电器的特性。该程序中运用了 PLC 的周期循环扫描工作方式而造成的输入、输出延迟响应来达到先断后合的效果的。注意：若将 M2.0 内部线圈与 Q0.1 输出线圈两个线圈的位置对调一下，则不能产生先断后合的效果。

（三）电动机的正、反转控制程序

电动机的正、反转控制是常用的控制形式，输入信号设有停止按钮 SB1、正向起动按钮 SB2、反向起动按钮 SB3，输出信号应设正、反转接触器 KM1、KM2，I/O 分配表如表 7-6 所示。I/O 接线图如图 7-25 所示。

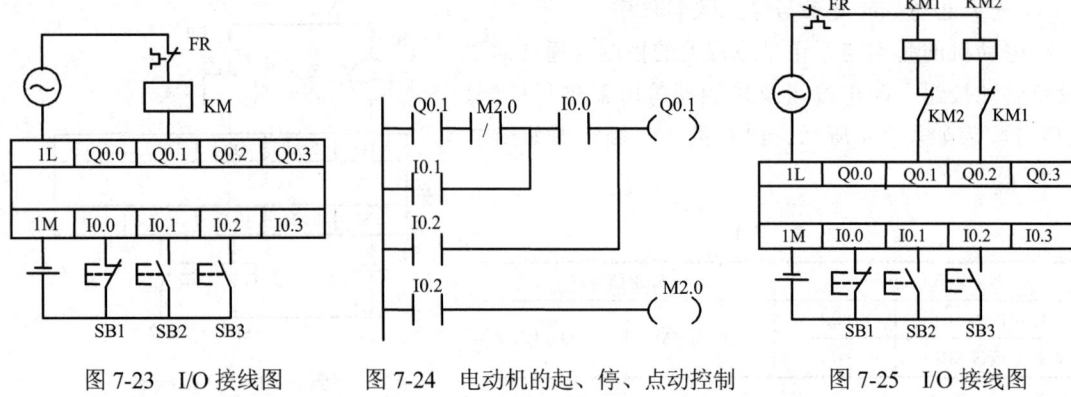

图 7-23 I/O 接线图　　图 7-24 电动机的起、停、点动控制　　图 7-25 I/O 接线图

表 7-6

输入信号		输出信号	
停止按钮 SB1	I 0.0	正转接触器 KM1	Q 0.1
正向起动按钮 SB2	I 0.1	反转接触器 KM2	Q 0.2
反向起动按钮 SB3	I 0.2		

电动机可逆运行方向的切换是通过两个接触器 KM1、KM2 的切换来实现的。切换时要改变电源的相序。在设计程序时，必须防止由于电源换相所引起的短路事故，例如，由正向运转切换到反向运转时，当正转接触器 KM1 断开时，由于其主触点内瞬时产生的电弧，使这个触点仍处于接通状态；如果这时使反转接触器 KM2 闭合，就会使电源短路。因此必须在完全没有电弧的情况下才能使反转的接触器闭合。

由于 PLC 内部处理过程中，同一元件的常开、常闭触点的切换没有时间的延迟，因此必须采用防止电源短路的方法，图 7-26 所示梯形图中，采用定时器 T33、T34 分别作为正转、反转切换的延迟时间，从而防止了切换时发生电源短路故障。

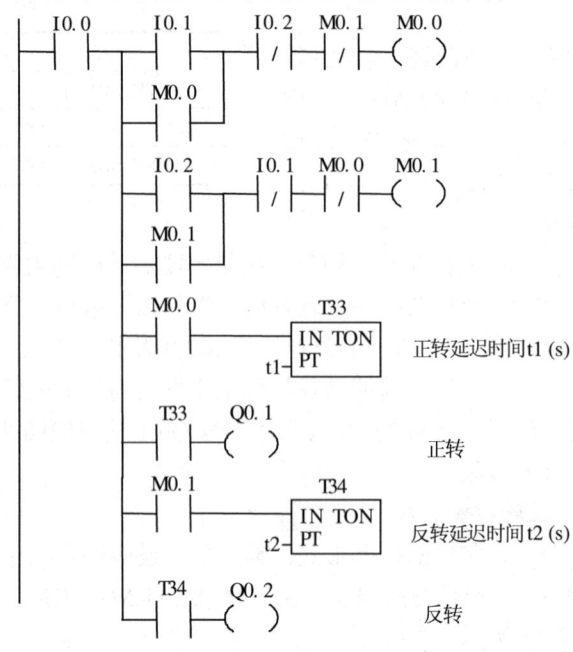

图 7-26 电动机正、反转梯形图

（四）大功率电动机的星-三角减压起动控制程序

大功率电动机的星-三角减压起动控制的主电路，如图 1-20 所示。图中，电动机由接触器 KM1、KM2、KM3 控制，其中 KM3 将电动机绕组连接成星形联结，KM2 将电动机绕组连接成三角形联结。KM2 与 KM3 不能同时吸合，否则将产生电源短路。在程序设计过程中，应充分考虑由星形向三角形切换的时间，即当电动机绕组从星形切换到三角形时，由 KM3 完全断开（包括灭弧时间）到 KM2 接通这段时间应锁定住，以防电源短路。

设置停止按钮 SB1、起动按钮 SB2，接触器 KM1、KM2、KM3。I/O 分配表如表 7-7 所示，I/O 接线图如图 7-27 所示。

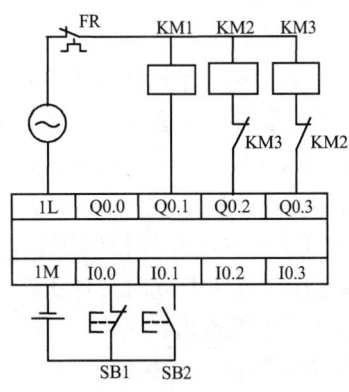

图 7-27 电动机星-三角减压起动控制的 I/O 接线图

表 7-7

输入信号		输出信号	
停止按钮 SB1	I 0.0	接触器 KM1	Q 0.1
起动按钮 SB2	I 0.1	接触器 KM2	Q 0.2
		接触器 KM3	Q 0.3

图 7-28 中，用 T34 定时器使 KM3 断电 t2s 后再让 KM2 通电，保证 KM3、KM2 不同时接通，避免电源相间短路。定时器 T33、T34、T35 的延时时间 t1、t2、t3 可根据电动机起动电流的大小、所用接触器的型号，通过实验调整，选定合适的数值。t1、t2、t3 的值过长或过短均对电动机起动不利。

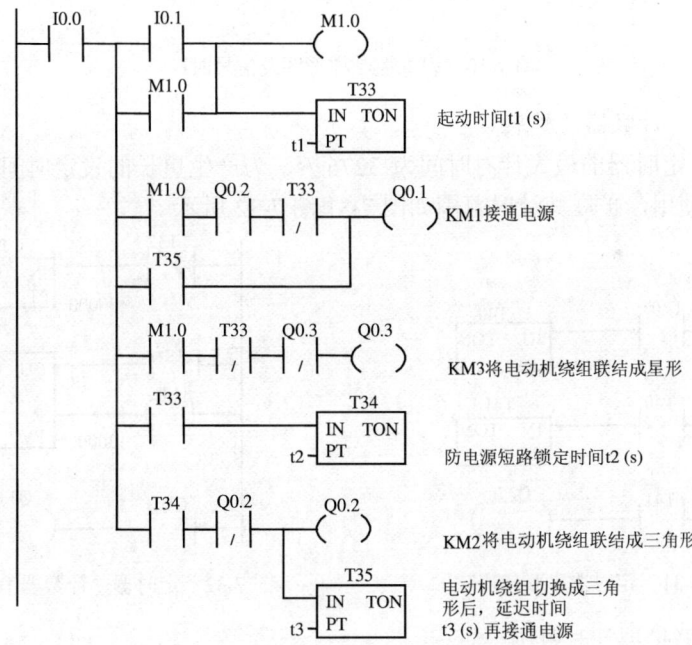

图 7-28 星-三角起动控制梯形图

（五）通电禁止输出程序

在实际工作中，因停电而停止生产（突击性）是常有的事。在复电时，有些设备是不允许立即恢复工作的，不然会发生严重事故。在这种场合必须采用通电禁止输出程序（见图 7-29）。PLC 上电进入 RUN 状态时，SM0.3 接通一个扫描周期。使 M1.0 置 1，M1.0 的常闭接点切断了输出线圈 Q1.0、Q1.0…Q2.3 的控制逻辑，故输出被禁止。只有接通允许工作的按钮 I1.0 时，M1.0 被复位，输出线圈 Q1.0、Q1.1…Q2.3 才有可能输出。

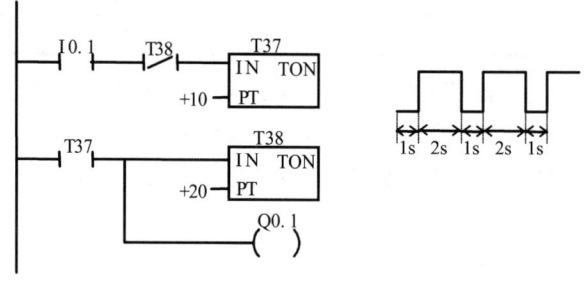

图 7-29 通电禁止输出梯形图

（六）闪烁控制程序

图 7-30 是闪烁控制梯形图及输出信号的时序图，当输入信号 I0.1 接通后（I0.1=1），定时器 T37 开始计时，1s 后使输出信号 Q0.1 激励，同时定时器 T38 开始计时；2s 后，T37 复位，Q0.1 失励，定时器 T38 也复位；一个扫描周期后，定时器 T37 又开始计时，重复上述过程。使输出线圈 Q0.1 每隔 1s，持续接通 2s 的时间。若时间调整得再短一些，则闪烁效果更明显。（如果负载是灯的话）。

这里输入信号 I0.1 可由带锁键的按钮驱动，使其在工作期间，始终保持接通状态，直至工作结束时，再次按此按钮使其断开。

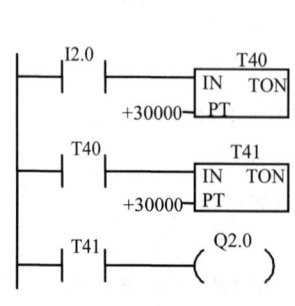

图 7-30 闪烁控制梯形图及信号时序

（七）定时器、计数器的扩展

S7-200 PLC 定时器的最大计时时间为 3276.7s。为产生更长的设定时间，可将多个定时器、计数器联合使用，扩展其计时范围如图 7-31 图 7-32 所示。

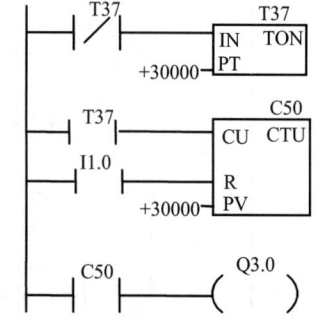

图 7-31 定时器串联使用　　　　图 7-32 定时器、计数器串联使用

1. 定时器串联扩展计时范围

图 7-31 中，从输入信号 I2.0 接通后到输出线圈 Q2.0 有输出，共延时 T=（30000+30000）

×0.1s=6000s。若还要增大计时范围,可增加串联的定时器数目。

2. 定时器、计数器串联扩展计时范围

图 7-32 中,从电源接通到输出线圈 Q3.0 有输出,共延时 $T=3000.0 \times 30000s=9 \times 10^7 s$,若还要增大计时范围,可增加串联的计数器数目。

3. 计数器串联扩展计数范围

S7-200CPU226 模块的最大计数值为 32767,若需要更大的计数范围可将多个计数器串联使用以扩大计数范围。

图 7-33 中,若输入信号 I0.3 是一个光电脉冲(如用来计工件数),从第一个工件产生的光电脉冲,到输出线圈 Q3.0 有输出,共计数 $N=30000 \times 30000=9 \times 10^8$ 个工件。

可用于班产量达规定值后,由输出线圈发出信号。

(八)高精度时钟程序

图 7-34 所示是高精度时钟程序,秒脉冲特殊存储器 SM0.5 作为秒发生器,用作计数器 C51 的计数脉冲信号,当计数器 C51 的计数累计值达设定值 60 次时(即为1min 时)计数器位置"1",即 C51 的常开触点闭合,该信号将作为计数器 C52 的计数脉冲信号;计数器 C51 的另一常开触点使计数器 C51 复位(称为自复位式)后,使计数器 C51 从 0 开始重新计数。相似地,计数器 C52 计数到 60 次时(即为 1h 时)其两个常开触点闭合,一个作为计数器 C53 的计数脉冲信号,另一个使计数器 C52 自复位,又重新开始计数;计数器 C53 计数到 24 次时(即为 1 天),其常开触点闭合,使计数器 C53 自复位,又重新开始计数。从而实现时钟功能。输入信号 I0.1、I0.2 用于建立期望的时钟设置,即调整分针、时针。

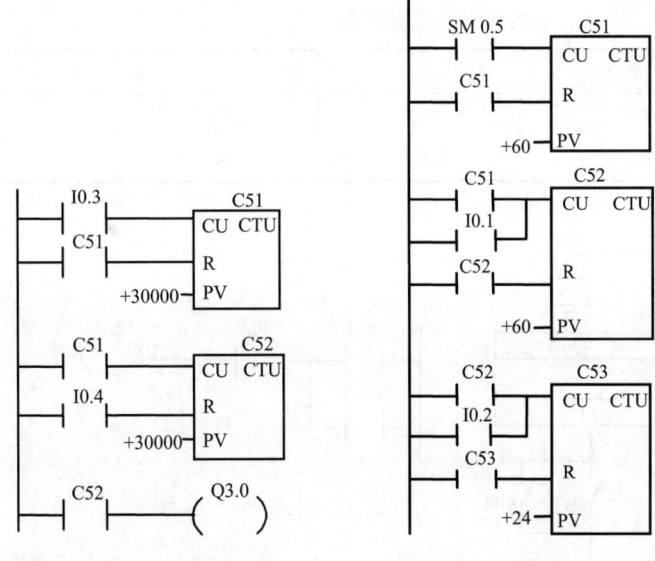

图 7-33 计数器串联使用   图 7-34 高精度时钟程序

二、应用程序的设计技巧

在工艺要求改变后,常常要改变程序,有时会出现 I/O 点数不够又不想增加 PLC 扩展单元,可采用一些方法来减少输入点和输出点。

(一)减少输入点的方法

1. 用二极管隔离的分组输入法

控制系统一般具有手动和自动的两种工作方式。由于手动与自动是不同时发生的,可分成两组，并由转换开关 SA 选择自动（位置 2）和手动（位置 1）的工作位置，如图 7-35 所示。这样一个输入点就可当作两个输入点使用。二极管的作用是避免产生寄生电路，保证信号的正确输入。

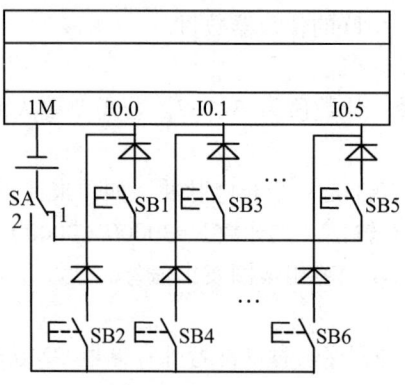

图 7-35 分组输入法

2. 触点合并式输入方法

在生产工艺允许条件下，将具有相同性质和功能的输入触点串联或并联后再输入 PLC 输入端，这样使几个输入信号只占用一个输入点。下面，以两地控制程序为例来说明。

设有一台电动机，要求分别在甲、乙两地均可对其进行起、停控制。甲地设停止按钮 SB1，起动按钮 SB3；乙地设停止按钮 SB2，起动按钮 SB4。如图 7-36a 和表 7-8 所示。

表 7-8 I/O 分配表

输入信号		输出信号	
甲、乙停止按钮串联（SB1·SB2）	I 0.0	接触器 KM	Q 0.5
甲、乙起动按钮并联（SB3+SB4）	I 0.2		

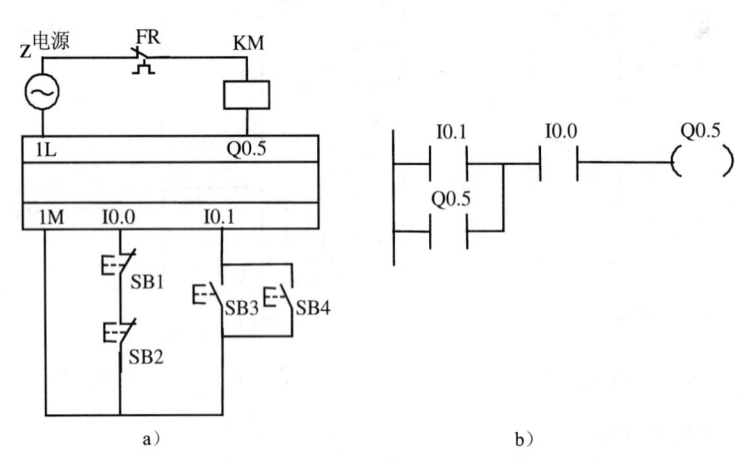

图 7-36 I/O 接线图及梯形图

对应的梯形图如图 7-36b 所示。这样，不管是在甲地或乙地均可对电动机进行起、停控制。而只占用了 PLC 两个输入点（I0.0、I0.2）。

推而广之，对于多地点控制，只要将 n 地的停止按钮的常闭触点串联起来，接入 PLC

的一个输入点；再将 n 地的起动按钮并联起来，接入 PLC 的一个输入点。

3. 单按钮起、停控制程序

通常起、停控制（例对某电动机的起、停控制）均要设置两个控制按钮作为起动控制和停止控制。现介绍只用一个按钮，通过软件编程，实现起动与停止的控制。

如图 7-37 所示，I0.0 作为起动、停止按钮的地址，第一次按下时 Q1.0 有输出，第二次按下时 Q1.0 无输出，第三次按下时 Q1.0 又有输出。图中示出了其工作时序图。

减少输入点的方法除了上述方法外，还有编码输入法等方法，不再一一介绍。

（二）减少输出点的方法

对于两个通断状态完全相同的负载，可将它们并联后共用一个 PLC 的输出点，如图 7-38 所示。

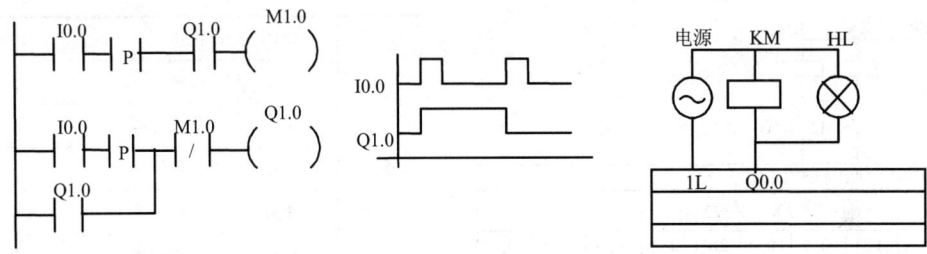

图 7-37 单按钮控制梯形图、时序图　　图 7-38 并联输出法

两个负载并联共用一个输出点，应注意两个输出负载电流总和不能大于输出端子的负载能力。

由于信号灯负载电流很小，故常用信号灯与被指示的负载并联的方法，这样可少占用 PLC 一个输出点。

第五节　PLC 在工业控制中的应用

一、深孔钻组合机床的 PLC 控制

（一）深孔钻组合机床的工作情况

深孔钻组合机床进行深孔钻削时，为利于钻头排屑和冷却，需要周期性地从工件中退出钻头，刀具进退与行程开关示意图如图 7-39 所示。

在起始位置 O 点时，行程开关 SQ1 被压合，按起动按钮 SB2，电动机正转起动，刀具前进。退刀由行程开关控制，当动力头依次压在 SQ3、SQ4、SQ5 上时电动机反转，刀具会自动退刀，退刀到起始位置时，SQ1 被压合，退刀结束，又自动进刀，直到三个过程全部结束。

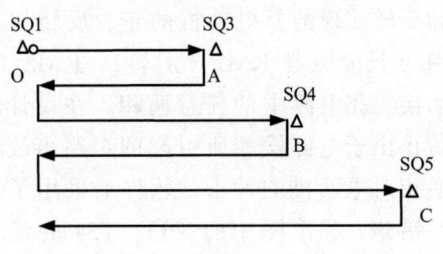

图 7-39 深孔钻组合机床工作示意图

（二）系统配置

1. 机型选择

（1）I/O 点数统计：输入 8 点（SB1、SB2、SB3、SB4、SQ1、SQ3、SQ4、SQ5）；输出 2 点（KM1、KM2），控制电动机的正反转。SB3 为正向调整点动按钮，SB4 为反向调整点

动按钮，SB1 为停止按钮。

（2）估算 PLC 用户程序长度：为 I/O 总点数的（10～20）倍，大约 135 字节，选用 S7-200CPU222 AC/DC/DC 继电器输出的 PLC 即能满足要求。

2. 系统配置

S7-200CPU222 单机集成 8 输入/6 输出共 14 个数字量 I/O 点，选用 AC/DC/DC 继电器输出的主机，构成一个独立的单机控制系统，该系统完全能满足上述控制要求。

（三）I/O 接线图

I/O 分配表如表 7-9 所示，I/O 接线图如图 7-40 所示。

表 7-9　深孔钻控制 I/O 分配表

输入信号	SB1	停止按钮	I0.1
	SB2	起动按钮	I0.2
	SQ1	原始位置行程开关	I0.6
	SQ3	退刀行程开关	I0.3
	SQ4	退刀行程开关	I0.4
	SQ5	退刀行程开关	I0.5
	SB3	正向调整点动按钮	I0.7
	SB4	反向调整点动按钮	I0.0
输出信号	KM1	钻头前进接触器线圈	Q0.1
	KM2	钻头后退接触器线圈	Q0.2

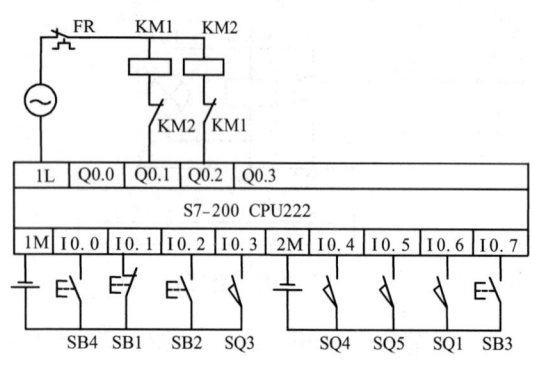

图 7-40　深孔钻控制 I/O 接线图

（四）画出顺序功能图

根据深孔钻工作示意图，可画出顺序功能图，如图 7-41 所示。

（五）由顺序功能图设计梯形图

由顺序功能图所设计的梯形图如图 7-42 所示。

注意：钻头进刀和退刀是由电动机正转和反转实现的，电动机的正、反转切换是使用两个接触器 KM1（正转）、KM2（反转）切换三相电源中的任意两相。在设计时，为防止由于电源换相所引起的短路事故，减少换相对电动机的冲击，软件上采用了换相延时措施，梯形图中的 T33、T34 的延时时间通常设定为 0.1～0.5s。同时在硬件电路上也采取了互锁措施。I/O 接线图中的 FR 用于过载保护。点动调整时应注意：若在系统启动后再进行调整，需先按停止按钮（即使工件加工完毕停在原位）。

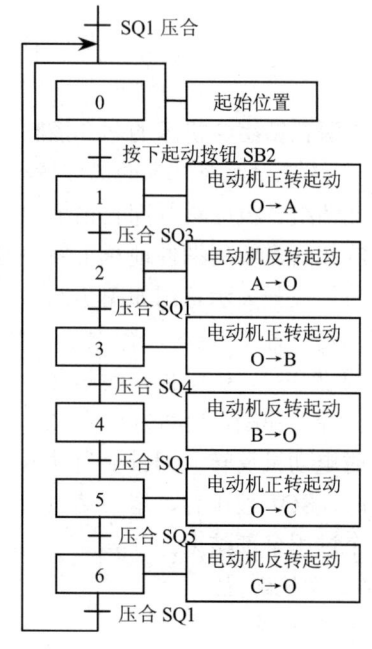

图 7-41　深孔钻顺序功能图

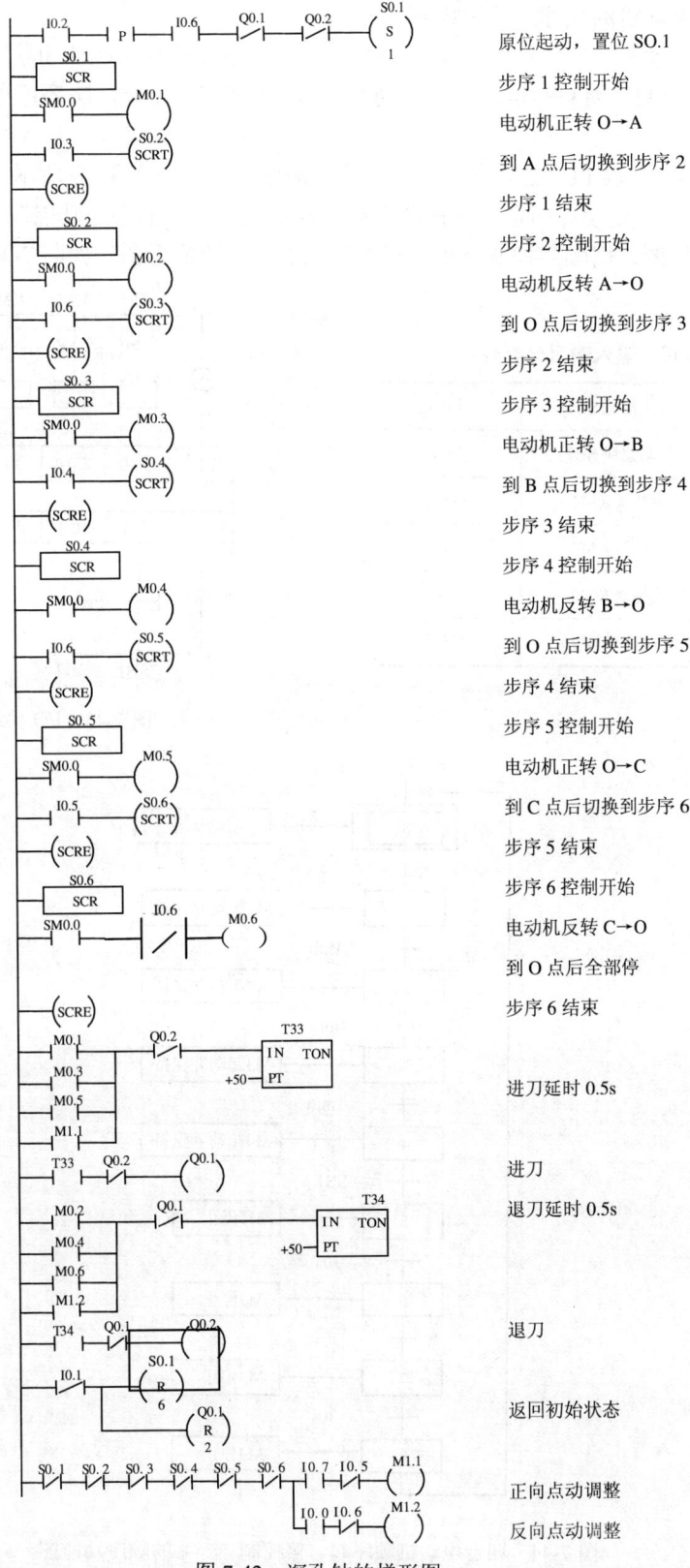

图 7-42 深孔钻的梯形图

二、四台电动机的顺序起、停控制（一）

现有四台电动机 M1、M2、M3、M4，要求四台电动机顺序起动和顺序停车。起、停的顺序均为 M1→M2→M3→M4。顺序起动时的时间间隔为 1min，顺序停车时的时间间隔为 30s。

可选用 S7-200（CPU222）进行控制。输入输出分配表如表 7-10 所示。PLC 的 I/O 接线图如图 7-43 所示，先设计四台电动机顺序起、停控制（一）的顺序功能图，如图 7-44 所示。再根据顺序功能图，用顺序控制继电器指令（SCR）设计梯形图，如图 7-45 所示。

表 7-10 输入输出分配表

输入信号	停止按钮 SB1	I 0.0
	起动按钮 SB2	I 0.1
输出信号	接触器 KM1	Q 0.0
	接触器 KM2	Q 0.1
	接触器 KM3	Q 0.2
	接触器 KM4	Q 0.3

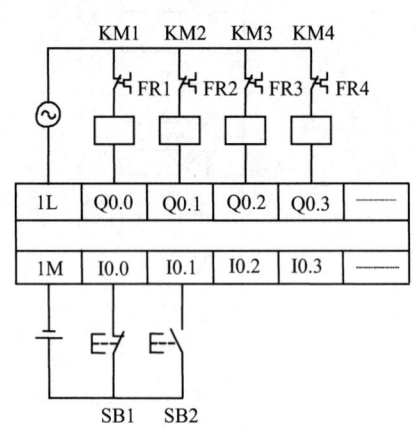

图 7-43 I/O 接线图

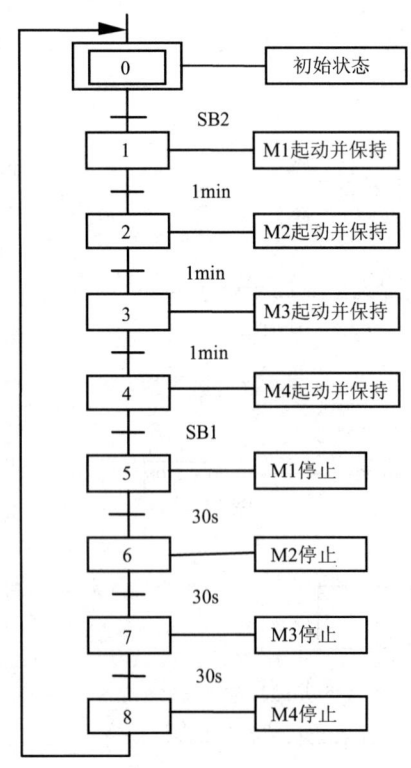

图 7-44 四台电动机顺序起、停控制（一）的顺序功能图

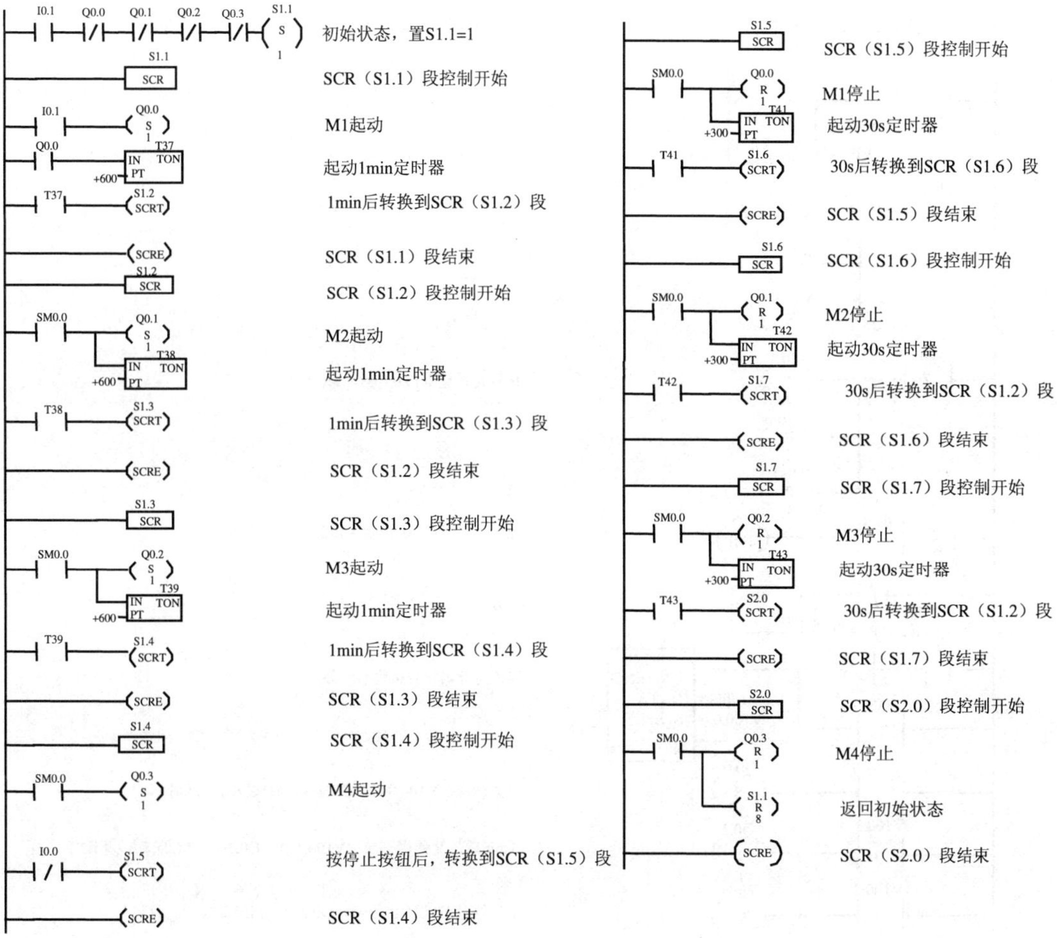

图 7-45 四台电动机顺序起、停控制（一）的梯形图

三、四台电动机的顺序起、停控制（二）

现有四台电动机 M1、M2、M3、M4，要求四台电动机顺序起动和顺序停车。起动时的顺序为 M1→M2→M3→M4，时间间隔为 1min。停车时的顺序为 M4→M3→M2→M1，时间间隔为 30s。

可选用 S7-200（CPU222）进行控制。输入输出分配表同表 7-10。PLC 的 I/O 接线图同图 7-43。四台电动机顺序起、停控制（二）的顺序功能图如图 7-46 所示。根据顺序功能图，用移位寄存器（SHRB）指令设计梯形图。四台电动机顺序起、停控制（二）的梯形图如图 7-47 所示。

四、节日彩灯的 PLC 控制

用 PLC 实现对节日彩灯的控制，结构简单，变幻形式多样、价格低。彩灯形式及变幻尽管花样繁多，但其负载不外乎三种：长通类负载、变幻类负载及流水类

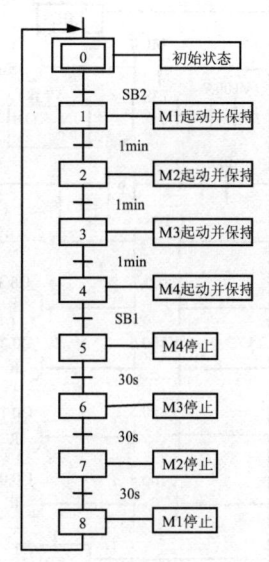

图 7-46 四台电动机顺序起、停控制（二）的顺序功能图

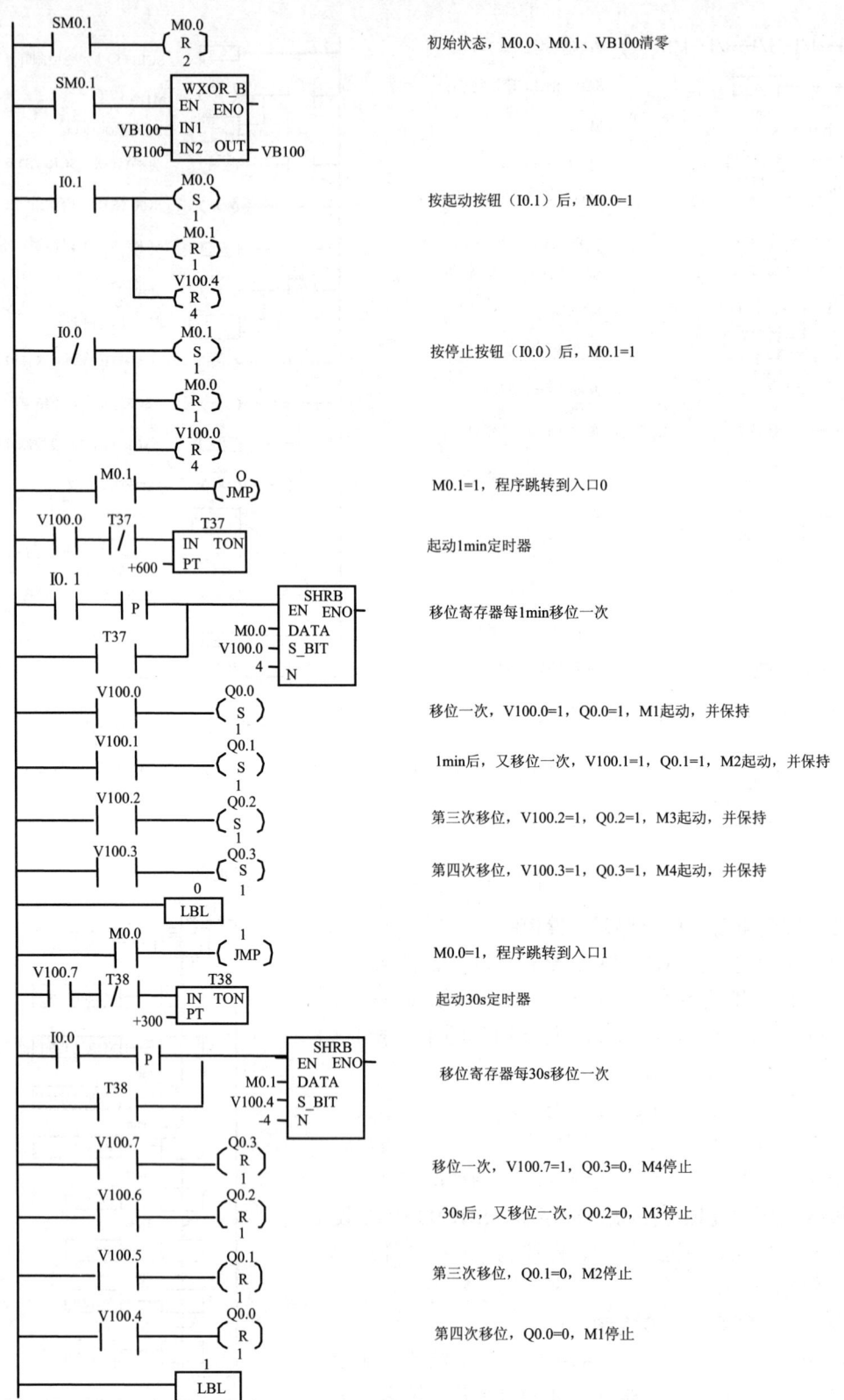

图 7-47 四台电动机顺序起、停控制（二）的梯形图

负载。长通类负载是指彩灯中用以照明或起衬托底色作用之类的负载，其特点是只要彩灯投入工作，则这类负载长期接通。变幻类负载则指某些在整个工作过程中定时进行花样变换的负载，如字形的变换，色彩的变幻或位置的变幻之类，其特点是定时通断，但频率不高。流水、闪烁类负载则指变幻速度快，犹如行云流水、星光闪烁、万马奔腾，其特点虽也是定时通断，但频率较高（通常间隔几十毫秒至几百毫秒）。

对于长通类负载，其控制十分简单，只需一次接通或断开。而对变幻类及流水、闪烁类负载的控制，则是按预定节拍产生一个"环形分配器"（一般可用 SHRB、ROL-W 产生），有了环形分配器，彩灯就能得到预设频率和预设花样的闪亮信号。彩灯就可实现花样的变幻。通常先根据花样变幻的规律例出动作时序表，再按预设彩灯变幻花样在表中"打点"，然后再依据动作时序表输出即可。

本例所选彩灯变幻花样为跳闪方式：1 隔 1 跳 2，回跳 1，隔 1 跳 2，回跳 1……。其动作时序表如表 7-11 所示。

表 7-11 节日彩灯动作时序表

节拍 输出	1	2	3	4	5	6	7	8	9	10	11	12	13	14	15	16
Q0.0	+											+	+			
Q0.1			+											+		+
Q0.2		+			+											+
Q0.3			+	+			+									
Q0.4				+		+		+								
Q0.5						+		+			+					
Q0.6							+		+				+			
Q0.7									+	+				+		

即本例的节拍是 16 位，输出是 8 位，环形分配器由 ROL-W 产生彩灯闪烁频率固定为 1Hz，如果需要现场改变频率，则 T33 的 PT 端需采用 VWZ 写入。节日彩灯控制的梯形图如图 7-48 所示。

五、十字路口交通信号灯的 PLC 控制

（一）交通信号灯设置示意图

交通信号灯设置示意图如图 7-49 所示。

（二）控制要求

（1）接通起动按钮后，信号灯开始工作，南北向红灯、东西向绿灯同时亮。

（2）东西向绿灯亮 25s 后，闪烁 3 次（1s/次），接着东西向黄灯亮，2s 后东西向红灯亮，30s 后东西向绿灯又亮……如此不断循环，直至停止工作。

（3）南北向红灯亮 30s 后，南北向绿灯亮，25s 后南北向绿灯闪烁 3 次（1s/次），接着南北向黄灯亮，2s 后南北向红灯又亮……如此不断循环，直至停止工作。

（三）交通信号灯时序图

交通信号灯时序图如图 7-50 所示。

（四）I/O 分配表及 I/O 接线图

I/O 分配表如表 7-12 所示。将南北红灯 HL1、HL2；南北绿灯 HL3、HL4；南北黄灯 HL5、HL6；东西红灯 HL7、HL8；东西绿灯 HL9、HL10；东西黄灯 HL11、HL12 均并联后共用一个输出点，这样可选用 CPU222 或 CPU224 机型即可。本例选用 CPU224，I/O 接线图如图 7-51 所示。使用时，应注意 PLC 输出端及公共端输出电流的允许值。

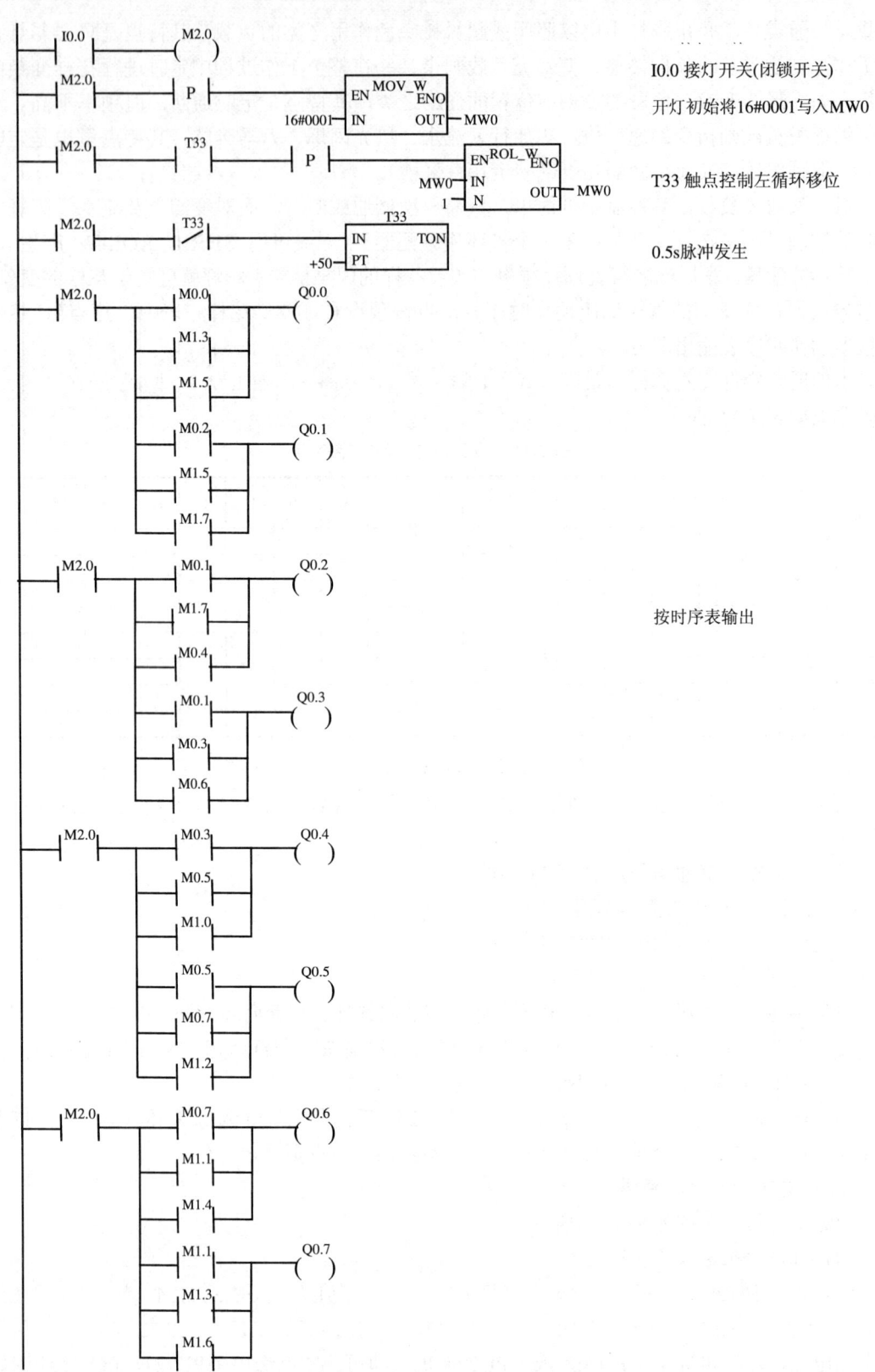

图 7-48 节日彩灯控制梯形图

第七章 可编程序控制器的控制系统设计

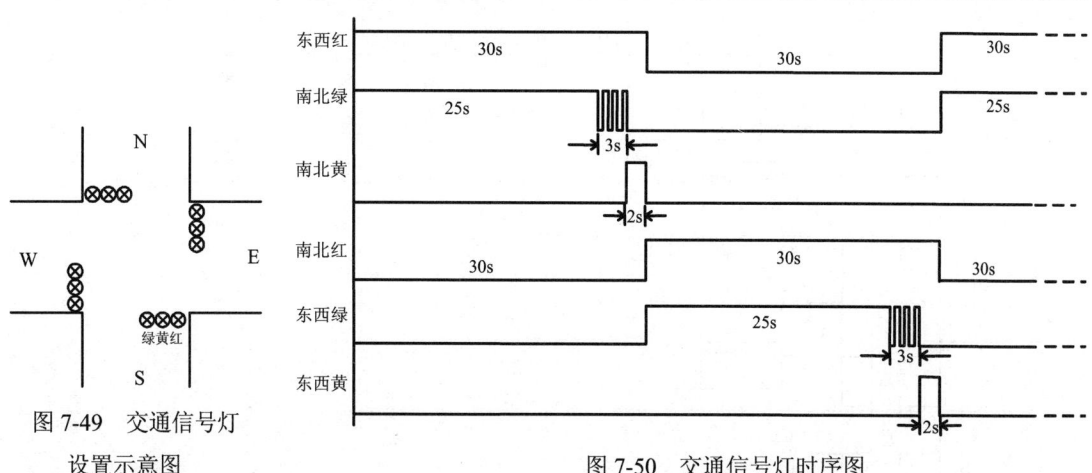

图 7-49 交通信号灯设置示意图

图 7-50 交通信号灯时序图

表 7-12 I/O 分配表

输入信号	起动按钮 SB1	I0.1
	停止按钮 SB2	I0.2
输出信号	南北红灯 HL1、HL2	Q0.0
	南北绿灯 HL3、HL4	Q0.4
	南北黄灯 HL5、HL6	Q0.5
	东西红灯 HL7、HL8	Q0.3
	东西绿灯 HL9、HL10	Q0.1
	东西黄灯 HL11、HL12	Q0.2

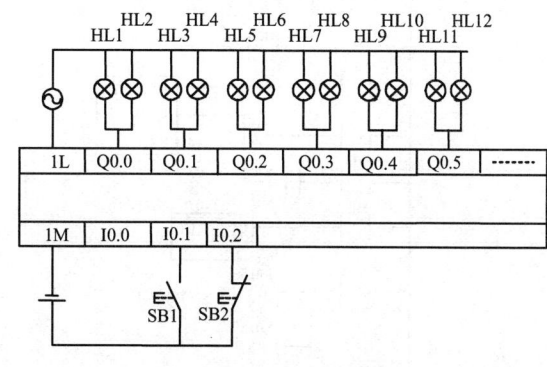

图 7-51 I/O 接线图

（五）程序设计

根据交通信号灯时序图设计顺序功能图（见图 7-52）。该顺序功能图是并列序列结构，并且带有 2 个子步，用于详细表示步 3 和步 7 的具体细节。这样就可依据顺序功能图设计梯形图（见图 7-53）。

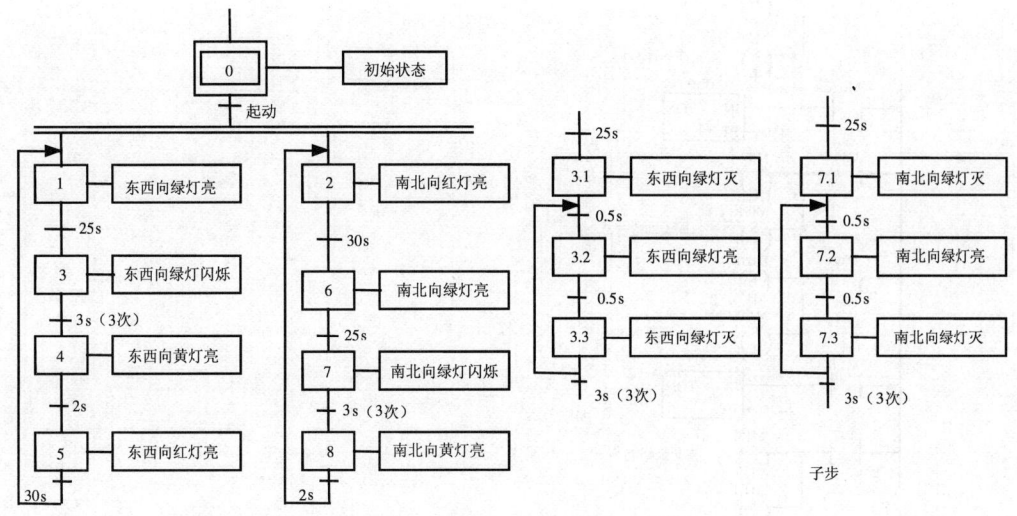

图 7-52 交通信号灯顺序功能图及其子步

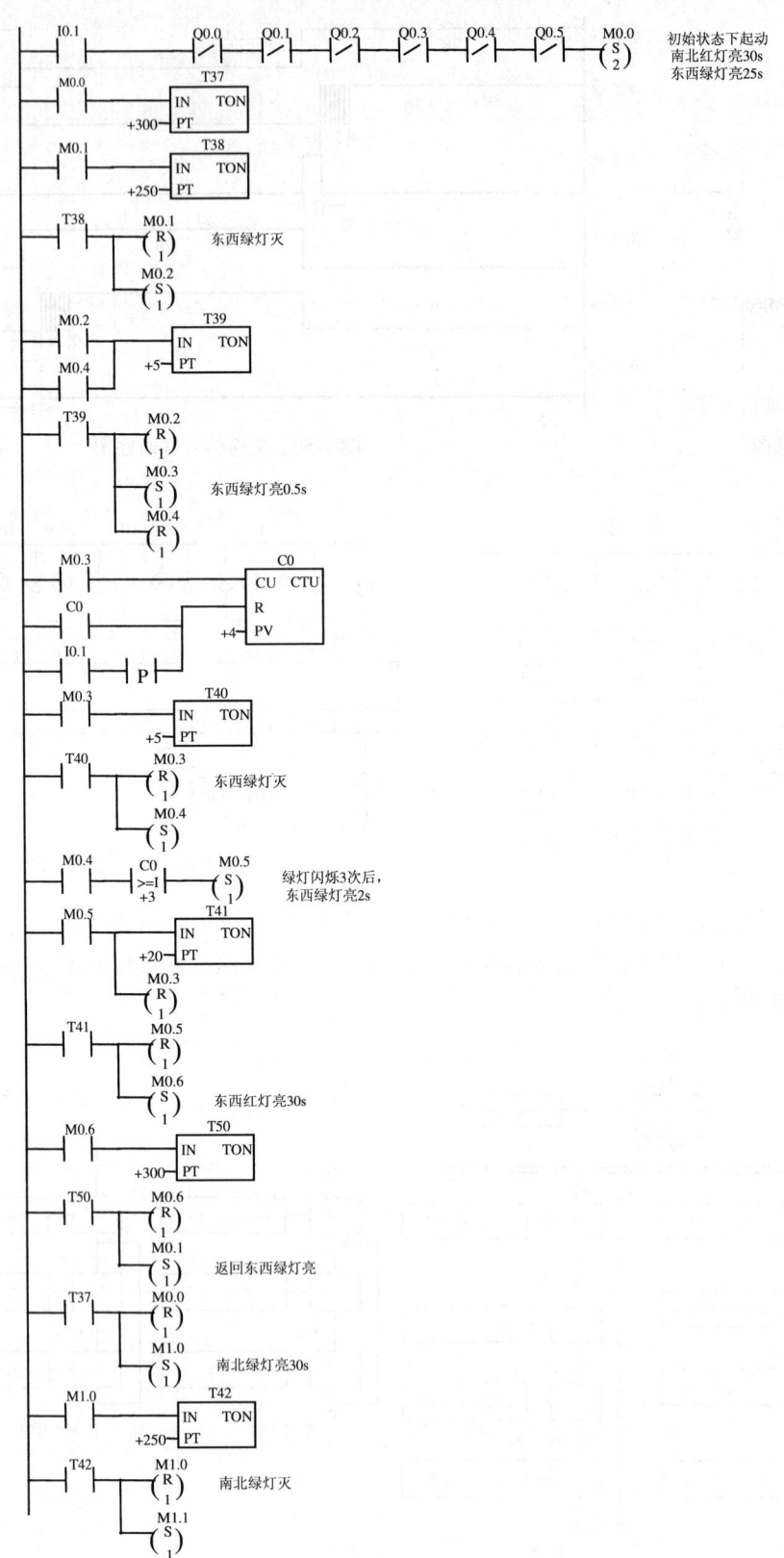

图 7-53 交通信号灯梯形图

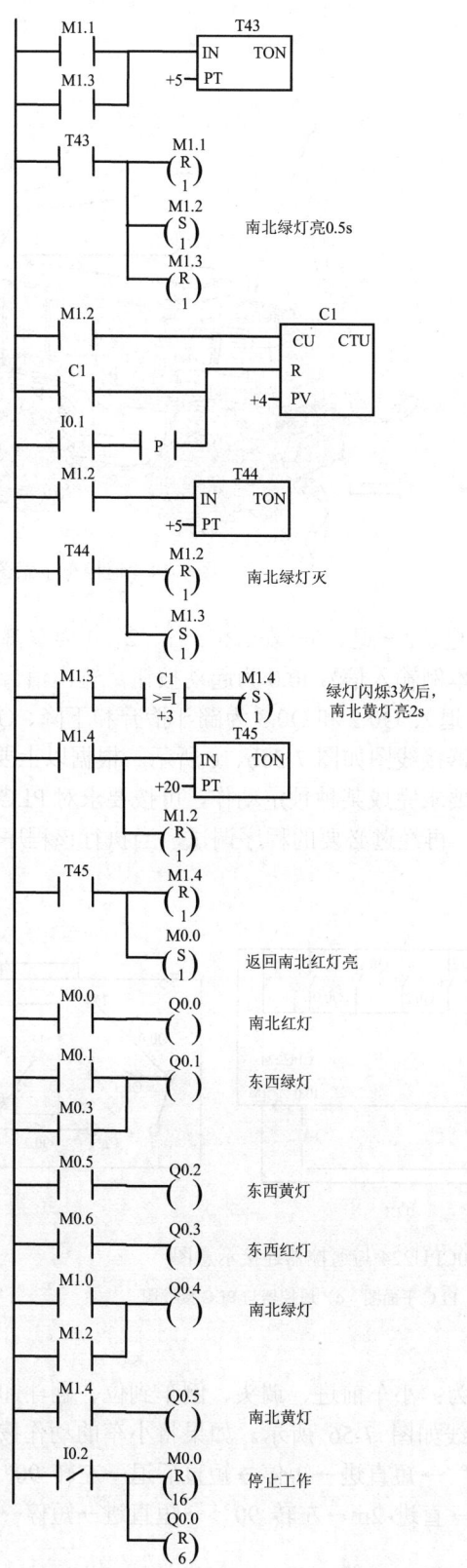

图 7-53 （续）

六、遥控自卸车模型的 PLC 控制

（一）简介

遥控自卸车模型是工程车仿真模型系列中的一种，这种系列模型基本是按 1:30 的比例制作而成的，以自卸车为例，它可以前进—后退，左转—右转，料斗上升—下降，并且模型具有减振器，后桥差速器等，如图 7-54 所示。它是提供给逻辑控制实验的一个实验模型，只要是逻辑控制的器件均可以对它进行控制。因此，继电—接触控制、单片机、可编程逻辑控制器件（PLD）、可编程控制器（PLC）都可以对它进行控制。这里以西门子 S7-200 为例对它进行控制设计。图 7-55a 为遥控车遥控

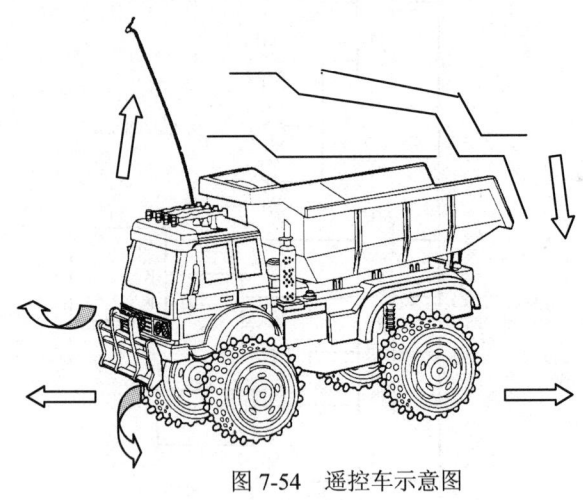

图 7-54 遥控车示意图

器的平面图，共有 10 个插孔，插孔 1→进、3→退、5→左、6→右，2、4 为双掷开关中点，7、8、10 为 COM 点、9 为 COM1 点。本例输入信号 I0.0 为起动按钮，输出信号共 6 个，分配的地址分别是 Q0.0（前进）、Q0.1（后退）、Q0.2 和 Q0.3 为翻斗抬升和下降、Q0.4 为左转、Q0.5 为右转输出。其 I/O 接线图及遥控器接线图如图 7-55b、c 所示。根据以上要求选用 S7-200CPU224 即可。如果需要小车按某种要求完成某种预定动作，可按要求对 PLC 进行编程，将 PLC 的输出点按程序要求进行连接，再经过必要的程序调试，当执行该程序时，小车即可通过 PLC 的控制完成预定动作。

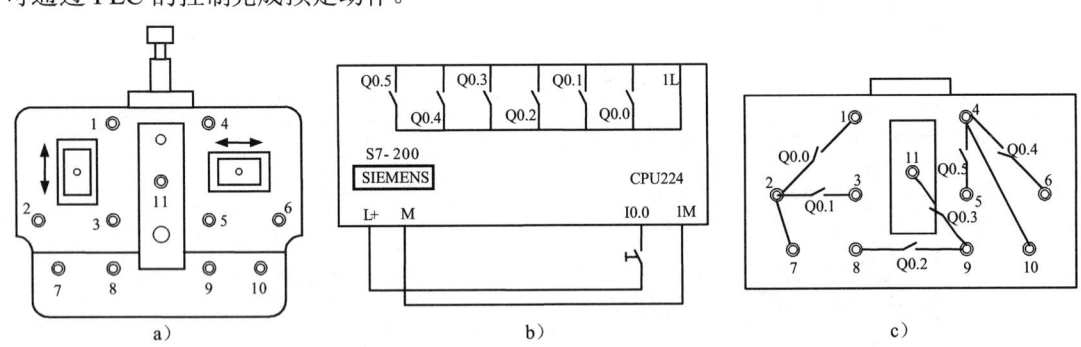

图 7-55 S7-220CPU224 与遥控器连接示意图
a）遥控器平面图 b）PLC 平面图 c）遥控器与 PLC 接线图

（二）小车动作顺序

小车一个周期内要完成的一组动作为：小车前进、调头、倒车到位、翻斗卸料后，调头回到出发时的原位，等待装料。行驶路线如图 7-56 所示。如果将小车的动作按顺序细分则工步为：小车起动→直进 2m→右转 90°→短直进→短停→短直后退→左转 90°→直退 2m→停车及翻斗抬升卸料和翻斗下降复位→直进 2m→左转 90°→短直进→短停→短进后退→右转 90°→直退回原位→结束。

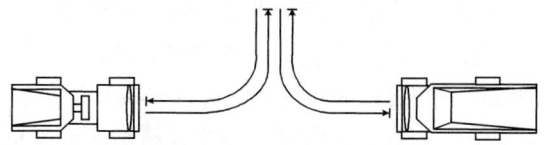

图 7-56 小车动作路线图

从以上工步和图 7-56 来看，小车的运行动作实际是一个顺控的过程，一般可用：顺序指令、移位寄存器，S、R 逻辑以及普通逻辑指令来编写程序。本例将采用 S、R 逻辑来编写。

（三）小车运行控制梯形图

编程的思路是以每个工步为一级，用置位、复位指令编程，对小车的运行进行控制，设计的梯形图如图 7-57 所示。

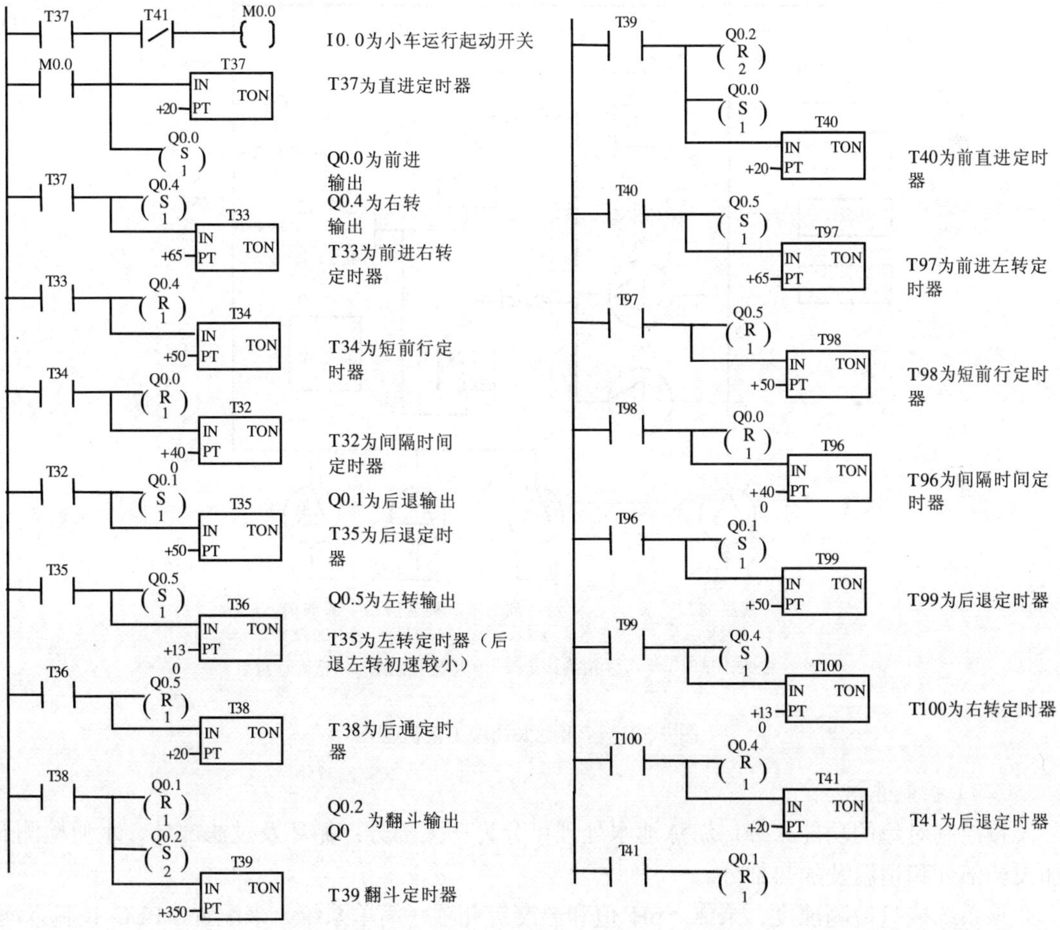

图 7-57 小车控制梯形图

七、游泳池水处理系统的 PLC 控制

（一）简介

现代游泳馆的池水处理系统类似于自来水厂的水处理系统，通过循环水泵将池水置换出

来检测水质，再通过化学和物理的方法来调整水质，然后将达到一定水质标准的"净水"回灌进游泳池。一般检测项有浊度、过氧化物、尿素含量、菌群总数、余氯值、pH 值等。以 pH 值调节为例，当 pH 值过高，超过控制值时，则通过精确计量泵加投稀盐酸以调低 pH 值，这就是化学的方法。再如当浊度达到一定值时，亦通过精确计量泵将絮凝剂（需搅拌）加投到循环泵前，絮凝剂可将水中悬浮物凝结成块，通过过滤沙缸"浊水"被过滤成"净水"回灌到泳池，这个过程基本是物理的过程。在水处理过程中除了水质调整外，在环境温度及水温较低时（如冬天），还需对池水进行加温，池水加温是通过 PID 控制伺服蒸汽调节阀，定量地给汽水管道混合器通以蒸汽，使池水按要求保持恒温，整个水处理工艺流程如图 7-58 所示。

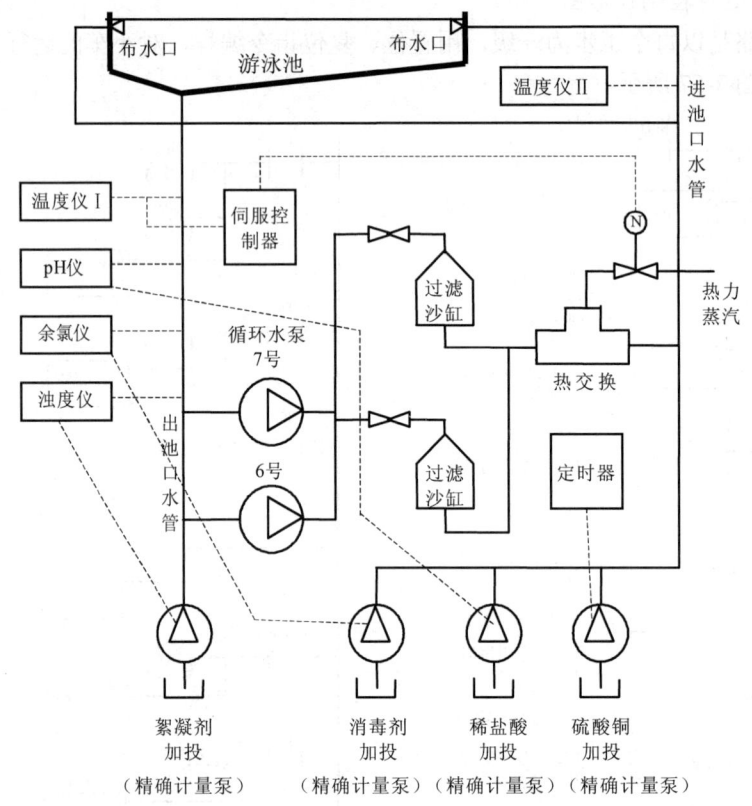

图 7-58 游泳池水处理工艺流程图

（二）控制系统

按控制对象的功能来分，游泳池水处理可分为三大部分：循环及过滤部分、水质检测及加投药部分和恒温及加热部分。

该系统按只检测浊度、余氯、pH 值和温度等几项（简单系统）来配置，PLC 按输入/输出点数、通信接口数等技术要求选定，检测仪、泵、伺服控制器及操作系统根据工艺流程选定或按甲方要求选定。

具体硬件配置如下：西门子 S7-200 CPU226 一台，4 入/1 出和 4 入/0 出的模拟量模块各一台；德国普罗明特温度传感器——变送器两支，浊度仪、pH 仪、余氯仪各一台；高温电动伺服阀一台；精确计量泵四台；循环水泵两台；大厅显示屏（自制）一台；5.7in 台达触摸屏一台；控制柜（定制）一台。

1. 水循环及过滤部分

水循环及过滤部分主程序流程图如图 7-59 所示。循环水泵的自动过程由两台泵互为备用，8h 自动切换和非正常停泵自动起动备用泵（如热继电器动作等）。循环水泵的手动过程，只是配合自动过程的辅助手段，手动状态除操作两台泵的起/停以外，还担当过滤缸反冲洗过程的操作。因手动程序直接简单，这里不再赘述。

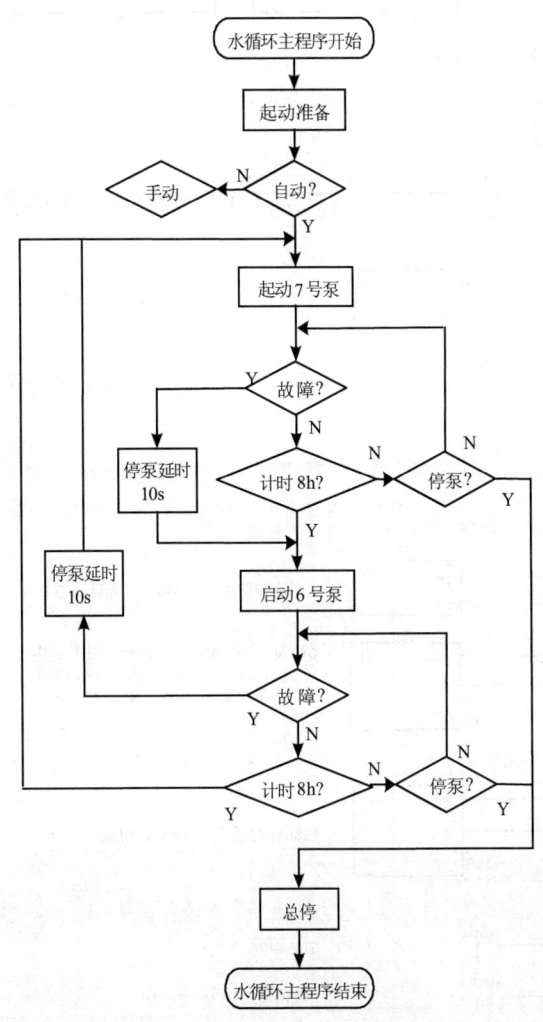

图 7-59　水处理主程序流程图

根据水循环主程序流程图，写出控制梯形图程序（自动程序段），如图 7-60 所示。

2. 水质检测及加投药部分

水质检测都是通过各检测项目的检测仪器送来的模拟量检测信息，输入到模拟量扩展模块 0 或模块 1 进行处理，处理后根据水质标准确定的控制量，分别控制各药剂精确计量加投泵，加投水处理药剂。各模拟量输入的处理及控制都基本相同，这里仅以浊度—絮凝剂为例说明模拟量输入及控制的基本方法。浊度—絮凝剂流程图如图 7-61 所示。浊度—絮凝剂部分主程序及子程序梯形图如图 7-62 所示。

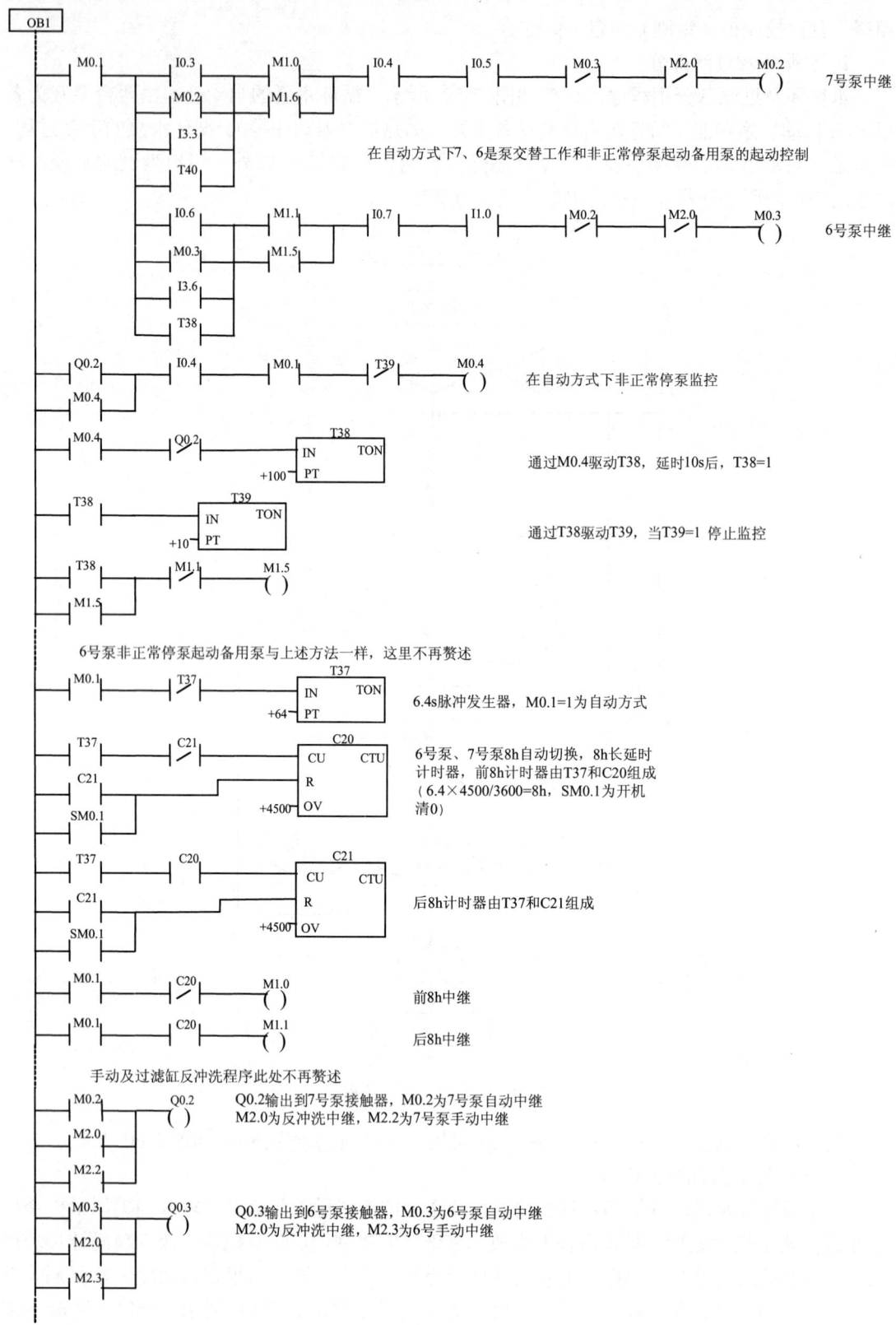

图 7-60 水循环控制梯形图

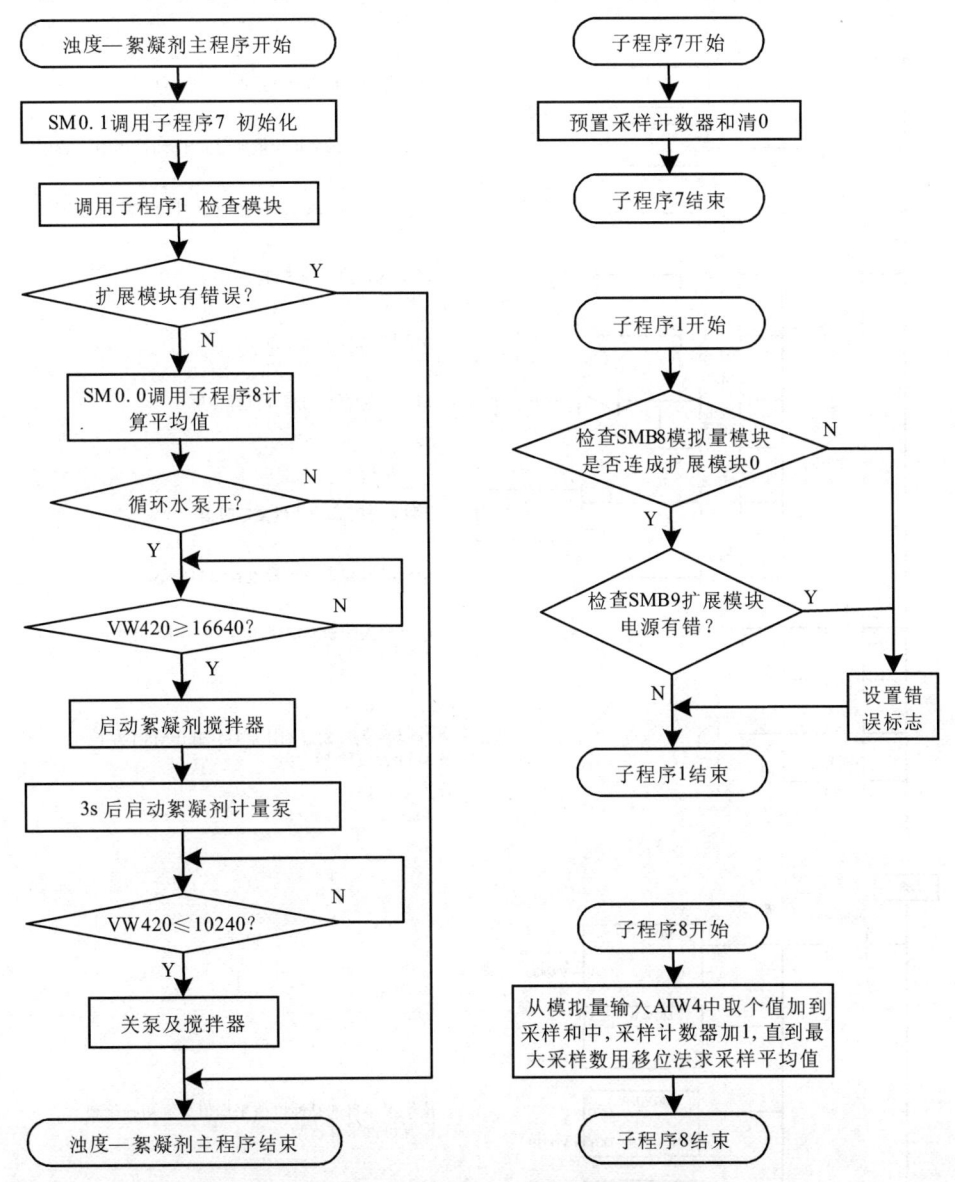

图 7-61 浊度—絮凝剂流程

通过对图 7-62 所示的梯形图程序的注释,读者可大体上了解程序各段上的含义。从图 7-63 所示浊度控制曲线看出,要求浊度控制值在 2～4NTU,5NTU 为浊度报警值,即当大于等于 4NTU 时开计量泵加投絮凝剂,当小于等于 2NTU 时关计量泵,大于等于 5NTU 报警。如果在编程时将控制值转换为程序刻度值,由于浊度仪输出范围是 4～20mA,因此需分两步换算,如图 7-64a、b 所示,第一步,将 2 和 4NTU 对应的电流值求出来,第二步,由电流值计算出对应的转换值,即:

$$x_2 = \frac{4 \times (20-4)}{10} + 4 = 10.4, \quad x_1 = \frac{2 \times (20-4)}{10} + 4 = 7.2$$

$$y_2 = \frac{10.4 \times 32000}{20} = 16640, \quad y_1 = \frac{7.2 \times 32000}{20} = 11520$$

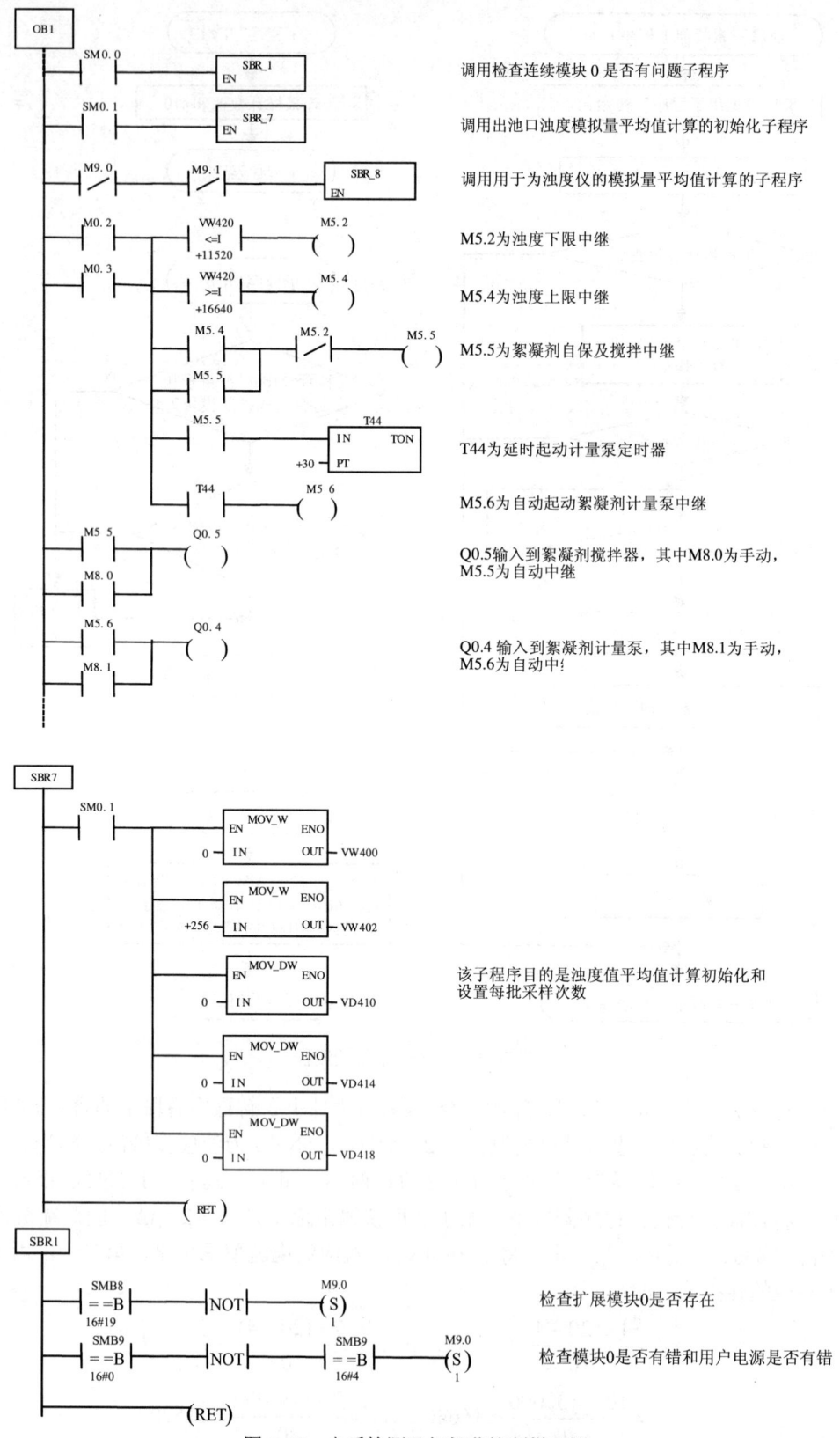

图 7-62 水质检测及加投药控制梯形图

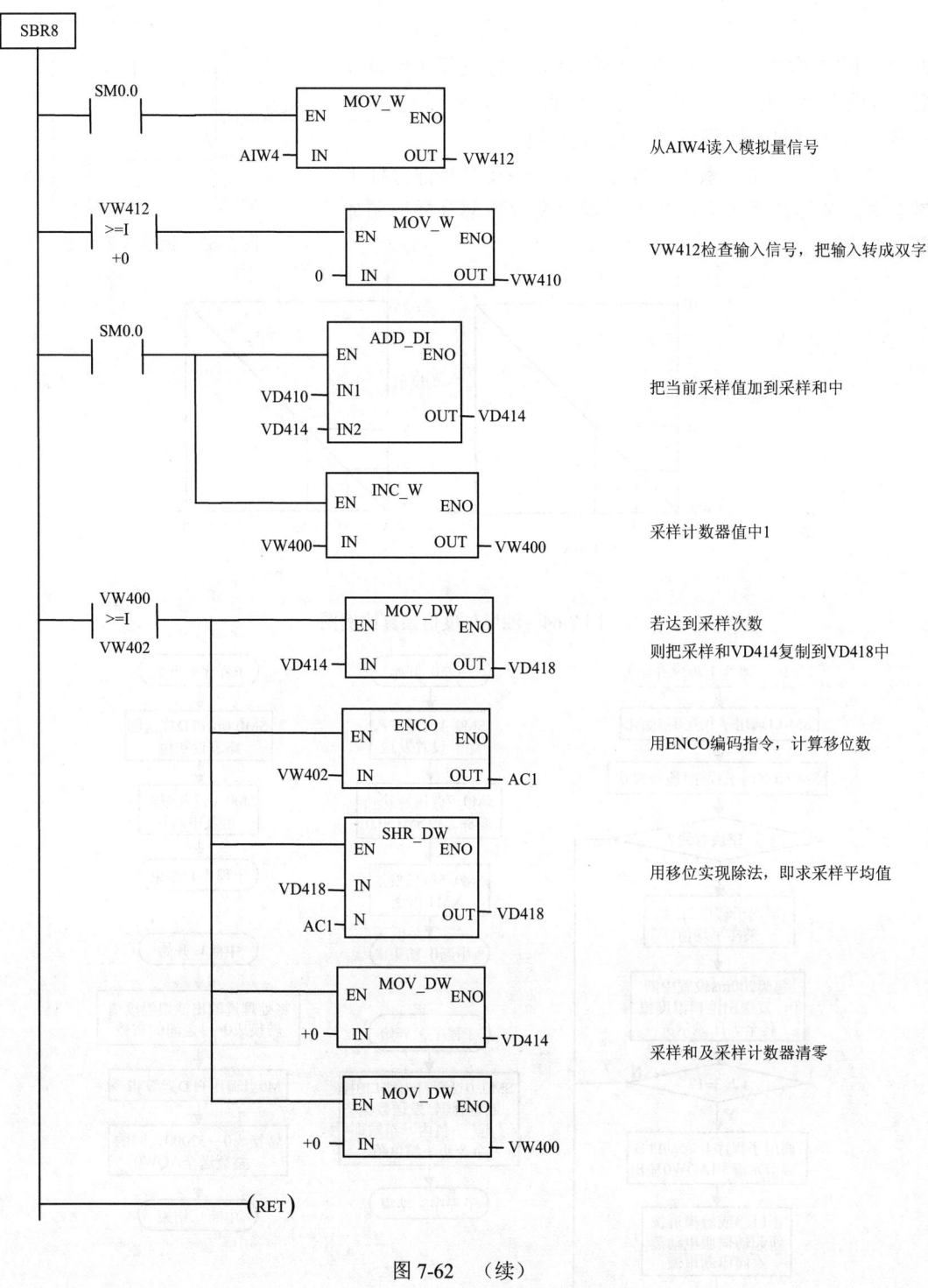

图 7-62 （续）

其中：浊度仪量程 0～10NTU；浊度仪输出 4～20mA；程序刻度值 0～32000（但 EM235 分辨率为 12 位。因此，最好是通过移位指令将程序刻度值变成 0～4000）。

在配置有人机界面的控制系统中，所有设定值都应由人机界面现场写入。

3. 恒温及加热系统控制

（1）流程图　该流程图仅介绍自动部分，如图 7-65 所示，其中子程序 0、1、2、中的有关内容在前面已有介绍，这里不再赘述，该部分主要介绍池水（冬天）恒温 PID 调节，温度值向大厅显示屏传送的有关内容。

（2）恒温及加热系统主程序、子程序及中断部分梯形图　恒温及加热系统主程序、子程序及中断部分梯形图如图 7-66 所示。

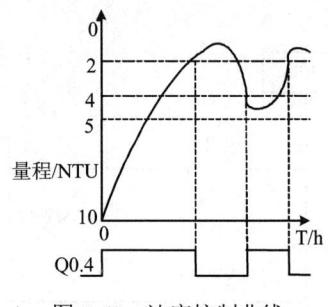

图 7-63　浊度控制曲线

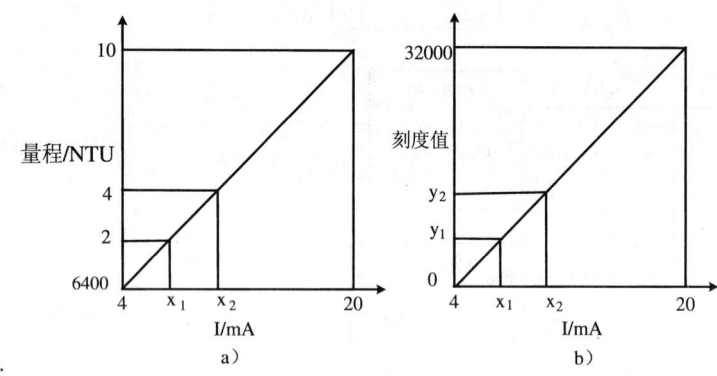

图 7-64　浊度刻度值换算比例图

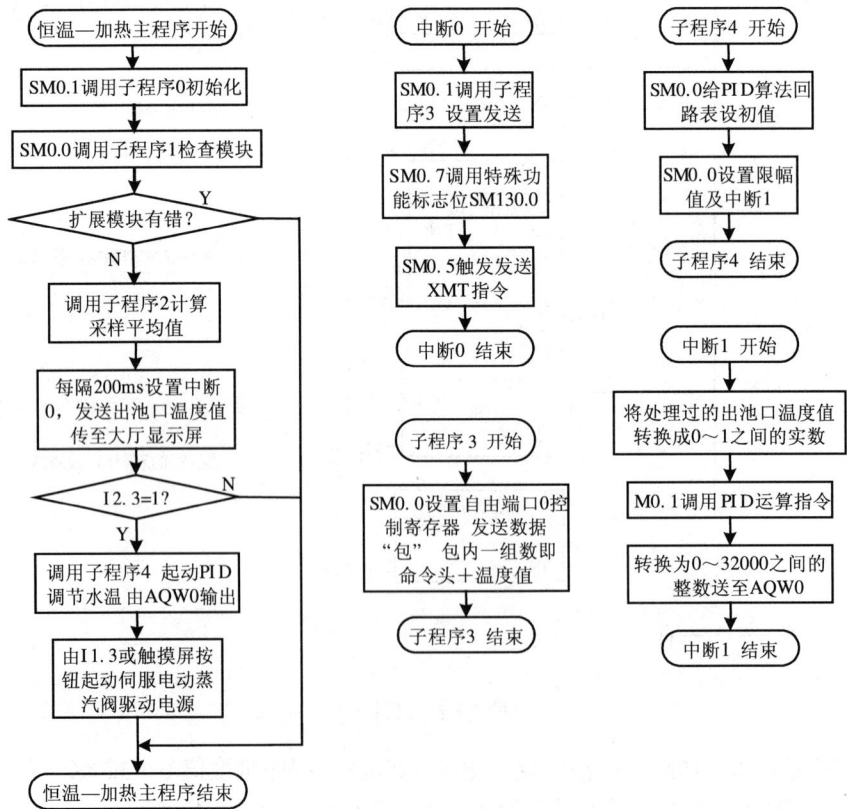

图 7-65　恒温及加热系统流程图

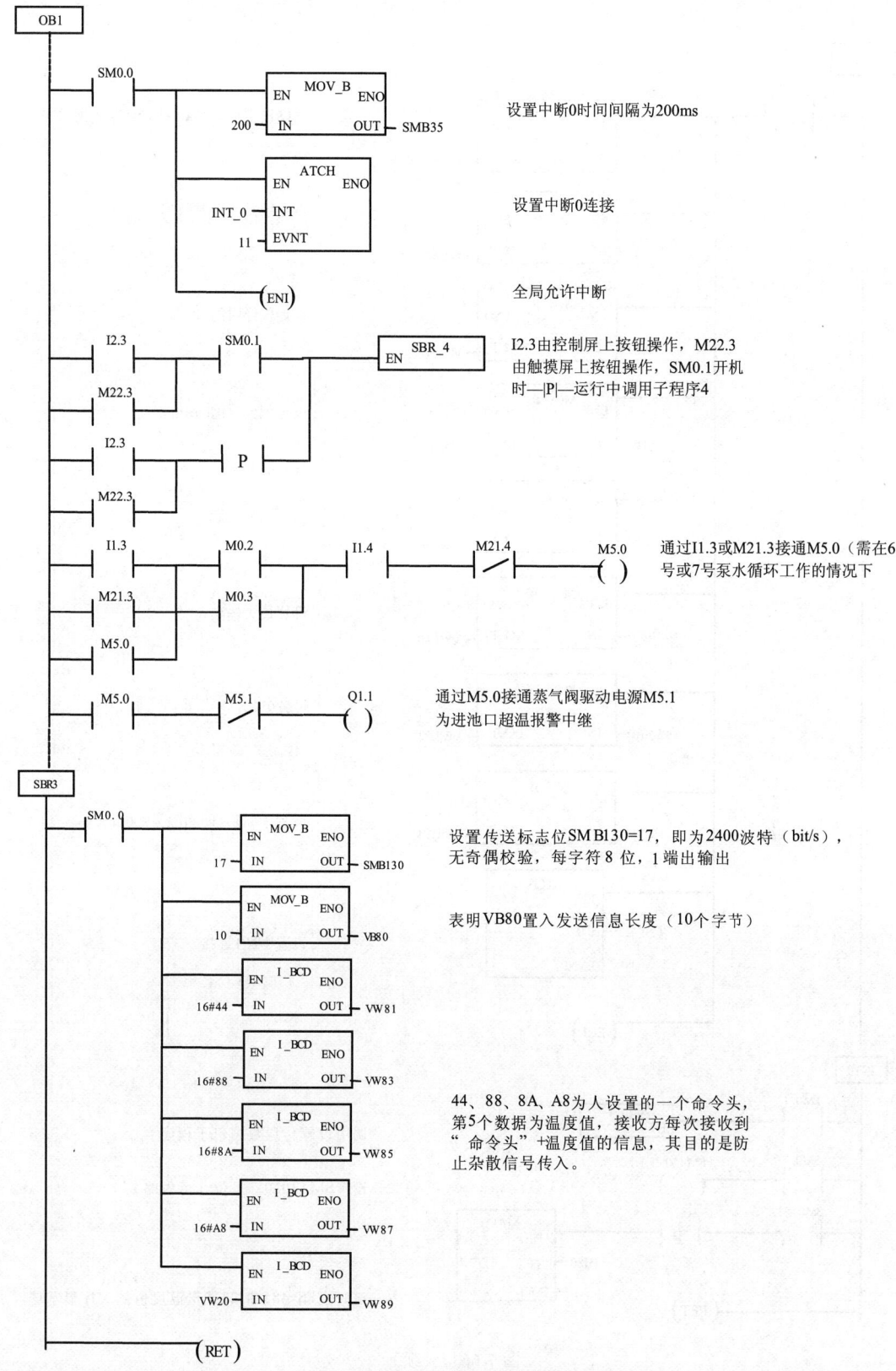

图 7-66　恒温及加热系统控制梯形图

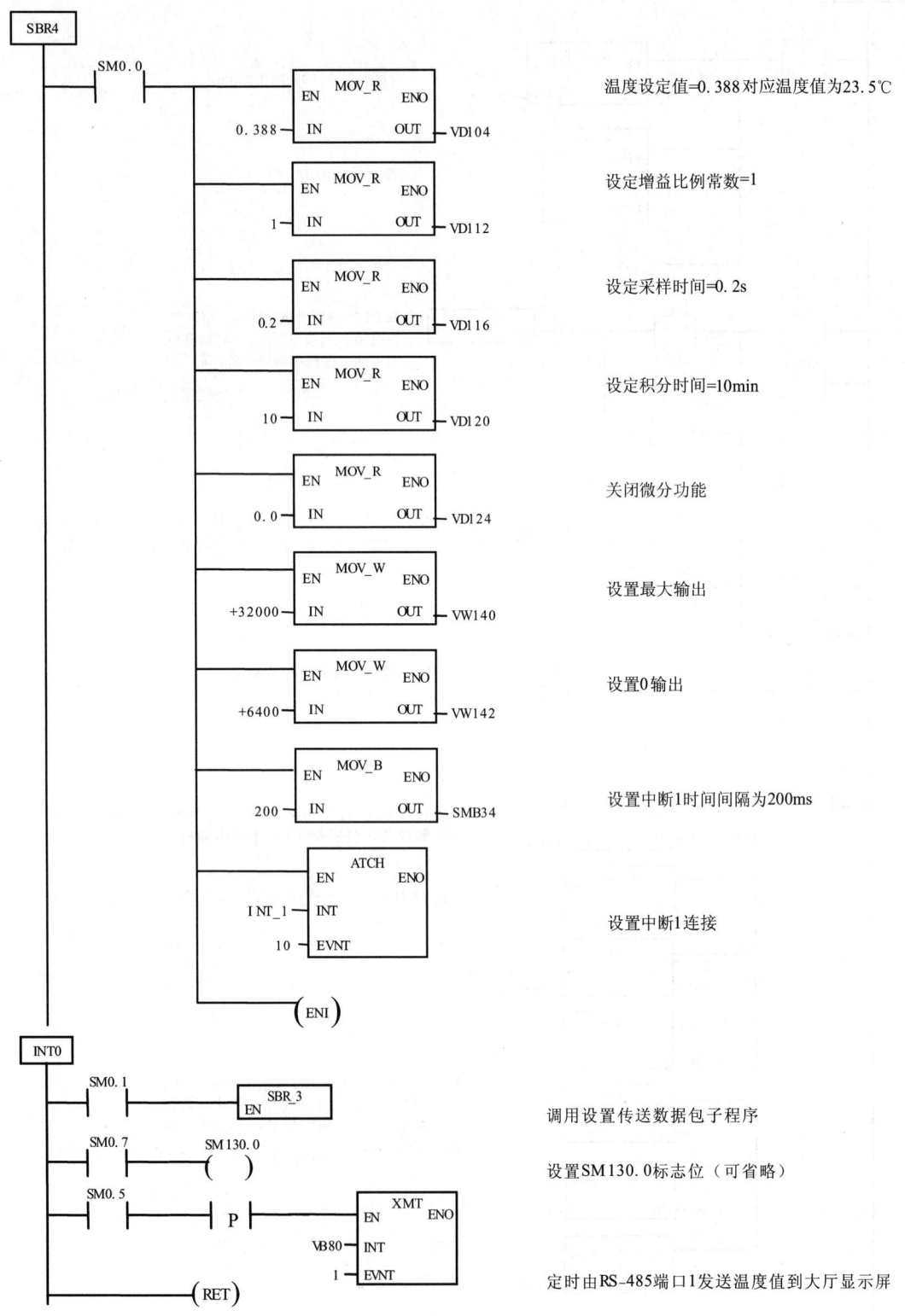

图 7-66 （续）

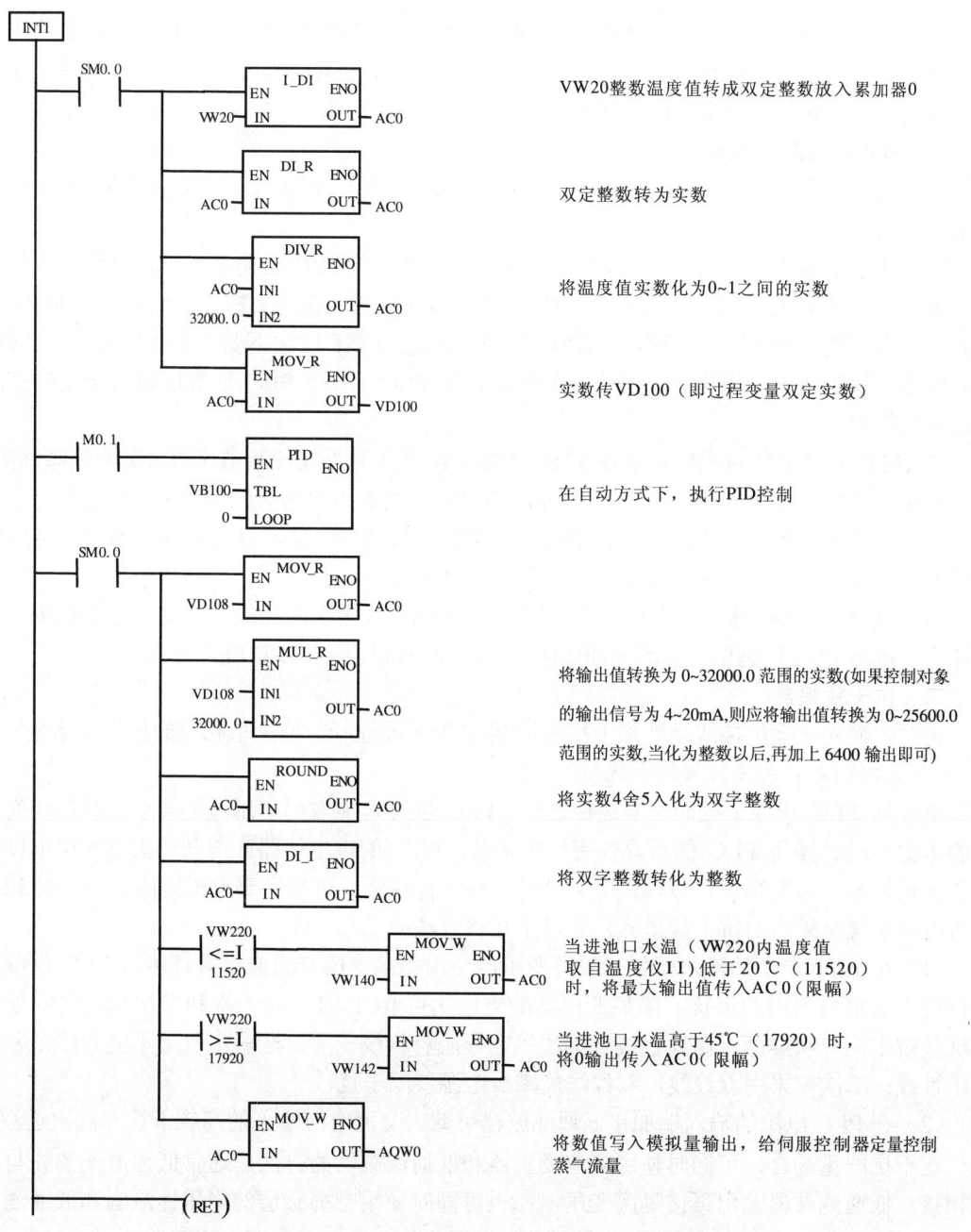

图 7-66 （续）

第六节 提高 PLC 控制系统可靠性的措施

PLC 专为在工业环境下应用而设计，其显著特点之一就是高可靠性，为了提高 PLC 的可靠性，PLC 本身在软、硬件上均采取了一系列抗干扰措施，在一般工厂内使用完全可以可靠地工作，一般平均无故障时间可达几万小时。但这并不意味着对 PLC 的环境条件及安装使用可以随意处理。在过于恶劣的环境条件下，如强电磁干扰、超高温、超低温、过欠电压等情况，或安装使用不当等，都可能导致 PLC 内部存储信息的破坏，引起控制紊乱，严重时还会使系统内部的元器件损坏。为了提高 PLC 控制系统运行的可靠性，必须选择合理的抗干扰措施，使系统正常可靠的工作。

一、PLC 安装的环境条件

良好的环境条件是 PLC 系统正常运行的重要保证。各厂家的 PLC 对安装环境都有规定，通常应满足以下条件：

（1）环境温度约在 0～55℃，环境温度过高或过低，使 PLC 长期处于极限温度下工作，会影响 PLC 工作的稳定性和可靠性。因而 PLC 安装时应远离热源。PLC 安装在控制柜内时，柜的上下应有通风散热的百叶窗，必要时应安装电风扇降温；注意不要把发热量大的元器件，如变压器、稳压电源、加热器、大功率电阻等放在 PLC 下方。PLC 四周应留有一定的空间供通风散热用。

（2）PLC 允许的相对湿度一般在 35%～80%，湿度太高不仅使漏电流增大影响绝缘性能，而且直接影响模拟量输入/输出装置的精度，必要时可设置小加热器或夜间不切断电源。

（3）周围不应有导电尘埃、油性物或有机溶剂、腐蚀性气体。以防锈蚀元器件，造成绝缘降低、严重漏电、局部短路等故障，甚至损坏设备。

（4）PLC 能承受的振动和冲击有一定规定，振动过大会引起插接件松动。为了减少震动和冲击，可将 PLC 控制柜与振动和冲击源分开，或用抗震垫来固定 PLC 控制柜。

二、抗干扰措施

电源、输入、输出接线是外部干扰入侵 PLC 的重要途径，应采取相应的抗干扰措施。

（一）抑制电源系统引入的干扰

电源是 PLC 引入干扰的主要途径之一，PLC 应尽可能取用电压波动较小、波形畸变较小的电源，这对提高 PLC 的可靠性有很大帮助。PLC 的供电线路应与其他大功率用电设备或强干扰设备（如高频炉、弧焊机等）分开。在干扰较强或可靠性要求很高的场合，对 PLC 交流电源系统可采用的抗干扰措施，有以下几种方法：

（1）在 PLC 电源的输入端加接隔离变压器，由隔离变压器的输出端直接向 PLC 供电，这样可抑制来自电网的干扰。隔离变压器的电压比可取 1：1，在一次和二次绕组之间采用双屏蔽技术，一次屏蔽层用漆包线或铜线等非导磁材料绕一层，注意电气上不能短路，并接到中性线；二次侧采用双绞线，双绞线能减少电源线间干扰。

（2）在 PLC 电源的输入端加接低通滤波器可滤去交流电源输入的高频干扰和高次谐波。

在干扰严重场合，可同时使用隔离变压器和低通滤波器的方法，通常低通滤波器先与电源相接，低通滤波器输出再接隔离变压器；也可同时使用带屏蔽层的电压扼流圈和低通滤波器的方法，如图 7-67 所示。图中 RV 是压敏电阻[可选 471KJ，击穿电压为 $220 \times \sqrt{2} \times (1.5 \sim 2)$ V]，其击穿电压略高于电源正常工作时的最高电压，正常时相当于开路。有尖峰干扰脉冲通过时，RV 被击穿，干扰电压被 RV 箝位，尖峰干扰脉冲消失后 RV 可恢复正常。如电压确实高于压敏电阻的击穿电压，压敏电阻导通，相当于电源短路，把熔丝熔断。电容 C1、C2 和扼流圈 L 组成低通滤波器，以滤除共模干扰。C3、C4 用来滤去差模干扰信号。C1、C2 电容量可选 1μF，L 电感量可选 1μH，C3、C4 电容量可选 0.001μF。

PLC 的电源和 PLC 输入/输出模块用电源应与被控系统的动力部分、控制部分分开配线，电源供电线的截面应有足够的余量，并采用双绞线。条件许可时，PLC 可采用单独的供电回路，以避免大容量设备的起停对 PLC 的干扰。系统的动力线应足够粗，以降低大容量异步电动机起动时的线路电压降,且动力线要远离 PLC 装置 20cm 以上。

外部输入电路用的外接直流电源最好采用稳压电源。

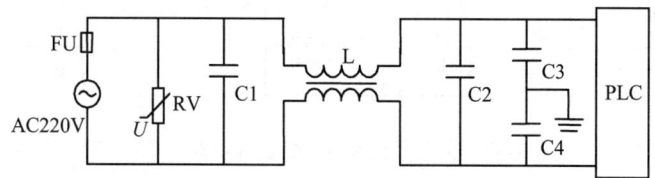

图 7-67　一种电源滤波电路

（二）抑制输入、输出电路引入的干扰

为了抑制输入、输出信号传输线引入的干扰,一般应注意以下几点。

（1）开关量信号不易受外界干扰,可用普通单根导线传输。

（2）数字脉冲信号频率较高,传输过程中易受外界干扰,应选用屏蔽电缆传输。

（3）模拟量信号是连续变化的信号,外界的各种干扰信号都会迭加在模拟信号上而造成干扰,因此要选用屏蔽电缆或带防护的双绞线。如果模拟量 I/O 信号距离 PLC 较远,应采用 4～20mA 或 0～10mA 的电流传输方式,而不用易受干扰的电压信号传输。对于功率较大的开关量输入、输出线最好与模拟量输入、输出线分开敷设。

（4）PLC 的输入、输出线要与动力线分开,距离应在 20cm 以上,如果不能保证上述最小距离,可将这部分动力线穿套管,并将管接地。绝对不允许把 PLC 的输入、输出线与动力线、高压线捆扎在一起。

（5）应尽量减小动力线与信号线平行敷设的长度,否则应增大两者的距离以减少噪声干扰。一般两线间距离为 20cm。当两线平行敷设的长度在 100～200m 时,两线间距离应在 40cm 以上；平行敷设的长度在 200～300m 时,两线间距离应在 60cm 以上。

（6）PLC 的输入、输出线最好单独敷设在封闭的电缆槽架内（线槽外壳良好接地）。不同种类信号（如不同电压等级、交流、直流等）的输入、输出线,不能放在同一根多芯屏蔽电缆内（引线部分更不许捆扎在一起）,而且在槽架内应隔开一定距离安放,屏蔽层应当接地。

（7）当 PLC 的输入线较长（大约 30m 以上）,如果使用交流输入模块,由于感应电动势的干扰,即使没有输入信号也可能会引起误动作。必要时可在输出端子两端并联电阻,如图 7-68 所示,或改用直流输入模块,以降低上述异常感应电动势。

在 PLC 的输出端,对于交流感性负载,为避免断开电源时产生的感应电动势,应在交流回路侧并联阻容吸收电路,如图 7-69 所示,图中 R 可取 51～120Ω, C 可取 0.1～0.47μF,电容的耐压要大于电源的峰值电压；对于直流感性负载,应在负载两端并联续流二极管,如图 7-70 所示,以防止感应电动势击穿 PLC 内部电路元器件,二极管可选 1A 的管子,耐压要大于负载电源电压的 3 倍,接线时要注意二极管的极性。

（8）对于输入、输出信号在 300m 以上的长距离场合,建议用中间继电器转换信号或使用远程 I/O 控制。

（三）PLC 的接地

良好的接地是 PLC 抑制干扰的重要措施。PLC 接地应注意以下几方面：

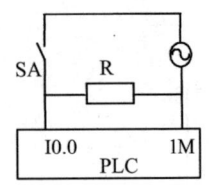 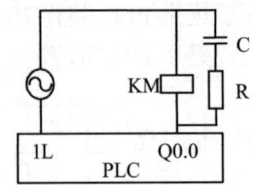 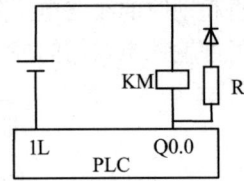

图 7-68　输入端并联电阻　　图 7-69　交流负载并联 RC 阻容电路　　图 7-70　直流负载并联续流二极管

（1）PLC 接地最好采用专用接地极。如果不可能，也可与其他盘板共用接地系统，但须用自己的接地线直接与公用接地极相连。绝对不允许与大功率晶闸管装置和大型电动机之类的设备共用接地系统。

（2）PLC 的接地极离 PLC 越近越好，即接地线越短越好。PLC 如由多单元组成，各单元之间应采用同一点接地，以保证各单元之间等电位。当然，一台 PLC 的 I/O 单元如果有的分散在较远的现场（超过 100m），这种情况可分开接地，但必须遵守上述相应规定。

（3）PLC 输入、输出信号线采用屏蔽电缆时，其屏蔽层应采用一点接地，并且在靠近 PLC 这一端的电缆接地，电缆另一端不接地。如果信号随噪声而波动，可连接一个 $0.1\sim0.47\mu F/25V$ 的电容器到接地端。

（4）接地线截面积应大于 $2mm^2$，接地线一般最长不超过 20m。PLC 控制系统的接地电阻一般应小于 4Ω。

实践证明，在 PLC 控制系统中，PLC 本身的故障率是很低的，系统中其他元器件的故障率往往比 PLC 的故障率高，特别是机械限位开关等比较容易出问题。为了提高整个 PLC 控制系统的可靠性，设计和应用时要注意这类易出故障元器件的选取与维护，以保证全系统稳定可靠地运行。

（四）应用灭弧器，提高抗干扰能力

1. 灭弧器

灭弧器是随着 PLC 的广泛使用而出现的一种新型实用电器。它是专为 PLC 配用的电器产品，用来吸收电弧。灭弧器分为直流灭弧器和交流灭弧器；交流灭弧器又分为单相灭弧器、三相灭弧器。

直流灭弧器由电阻、二极管组成，由环氧树脂密封而成。交流灭弧器由电阻、电容组成（阻容吸收器）。三相交流灭弧器由三相阻容电路组成。

2. 灭弧器的使用

（1）三相交流灭弧器用在主电路中　使用 PLC 控制时，对频繁起动的电动机，在接触器的主触点上安装三相灭弧器，以吸收开断电弧，消除触点火花，延长触点使用寿命。此外，电动机绕组通电或断电时会引起电磁场干扰及强烈的电压波动，为此也可在三相线间安装三相灭弧器以吸收高频电磁能量，如图 7-71 所示。

当接触器辅助触点用作 PLC 输入信号时，可在主电路中用三相交流灭弧器消除高频电磁干扰，组成触点防跳回路，消除触点火花毛刺。

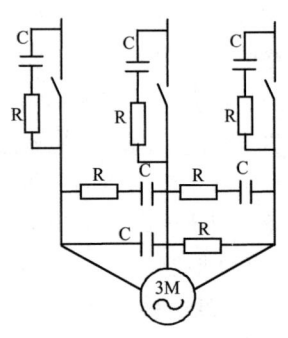

图 7-71　三相灭弧器

（2）在 PLC 输出端使用灭弧器　在 PLC 的输出端负

载励磁线圈的两端并联直流灭弧器或单相交流灭弧器，可提高 PLC 抗干扰能力。

对于交流负载（线圈），在负载两端并联阻容吸收电路（见图 7-69），可吸收负载接通瞬间产生的冲击电流及负载断开时产生的感应过电压。

对直流负载，可在负载两端并联直流灭弧器，构成吸收回路（见图 7-70）。以防止接触器开断时产生过大的感应电动势，损坏接触器线圈及 PLC 输出接口电路元器件。

习题与思考题

1. 用顺序控制继电器（SCR）指令设计第 1 章习题 11 的控制程序，要求列出 I/O 分配表，画出 I/O 接线图，设计顺序功能图、梯形图。

2. 用顺序控制继电器（SCR）指令设计第 1 章习题 12 的控制程序，要求列出 I/O 分配表，画出 I/O 接线图，设计顺序功能图、梯形图。

3. 用置位复位指令（S、R），配以内部标志位继电器（M）功能，设计第 1 章习题 13 的控制程序，要求列出 I/O 分配表，画出 I/O 接线图，设计顺序功能图、梯形图。

4. 用置位、复位指令（S、R），配以内部标志位继电器（M）功能，设计第 1 章习题 14 的控制程序，要求列出 I/O 分配表，画出 I/O 接线图，设计顺序功能图、梯形图。

5. 用移位寄存器（SHRB）指令设计彩灯控制程序，四路彩灯，按"H1H2→H2H3→H3H4→H4H1→…"顺序重复循环上述过程。一个循环周期为 2s。使四路彩灯轮翻发光，形似流水。要求列出 I/O 分配表，画出 I/O 接线图，设计顺序功能图、梯形图。

6. 在本章第五节实例四的基础上，试自选两种以上彩灯闪亮花式，编写彩灯变幻的程序。要求列出 I/O 分配表，画出 I/O 接线图，设计顺序功能图、梯形图。

7. 用移位寄存器（SHRB）指令设计一个居室安全系统的控制程序，使户主在度假期间，四个居室的百叶窗和照明灯有规律地打开和关闭或接通和断开。要求白天百叶窗打开，晚上百叶窗关闭；白天及深夜照明灯断开，晚上 6 时至 10 时使四个居室照明灯轮流接通 1 个小时。要求列出 I/O 分配表，画出 I/O 接线图，要求设计顺序功能图，梯形图。

8. 试设计一个抢答器系统并编程，要求用七段码显示抢答组号。具体控制要求：一个四组抢答器，任一组先按下按键后，显示器能及时显示该组编号并使蜂鸣器发出响声，同时锁住抢答器，使其他组按下的按键无效。抢答器设有复位按钮，复位后可重新抢答（提示：输入信号主要有按钮 1、2、3、4 及复位按钮；输出信号有蜂鸣器、七段码 a、b、c、d、e、f、g）。

9. 试设计一个污水排放系统的控制装置，污水排放系统由三台抽水机按次序自动轮流抽水，轮换时间间隔为 4h，同一时刻只有一台抽水机在工作。要求设计该控制系统的动力电路（即主电路）、选择 PLC 机型、画出 I/O 接线图、设计顺序功能图和梯形图（设计中应有必要的保护措施，确保系统在各种正常和异常的情况下都能做出正确的响应）。

第八章 S7-300 和 S7-400 可编程序控制器的系统配置及编程

第一节 S7-300 和 S7-400 的系统配置

一、S7-300 的结构及功能特点

前面所述 S7-200 为 SIMATIC 叠装结构的微型 PLC，在 S7 系列中，中小型的 PLC 有 S7-300，中高档性能的 PLC 有 S7-400。S7-300 采用模块化结构设计，便于灵活组合，能满足中等性能的要求。S7-400 的 CPU 功能强大，更有种类齐全的功能模板，用户能根据需要组合成不同的专用系统，从而可广泛应用在通用机械、汽车制造、立体仓库、工具机床、过程控制、仪表控制装置、控制设备、专用机床等行业。SIMATIC S7-300、S7-400 在 STEP7 标准软件包支持下，为其提供了功能强大的支持和帮助，以便用户进行硬件组态、软件编程、在线仿真调试和故障诊断等。其主要功能和特点如下：

（一）高速的指令处理

指令处理时间 0.6μs 以下，最短可达 0.1μs，在一般到中等的性能要求范围内开辟了全新的应用领域。

（二）浮点数运算

运用此功能可以更有效地实现复杂的算术运算。

（三）方便用户的参数赋值

软件工具带标准用户接口，可以给所有模块进行参数赋值。

（四）人机界面（HMI）

方便的人机界面服务集成在 S7-300 操作系统内。因此对人机对话的编程要求大大减少。SIMATIC 人机界面（HMI）从 S7-300 中取得数据，S7-300 操作系统自动地处理数据的传送，按用户指定的刷新速度传送这些数据，供人机界面（HMI）动态显示。

（五）诊断功能

CPU 的诊断系统智能化，可以连续监控系统的功能是否正常、记录错误和特殊系统事件（如超时、模块更换等）。

（六）口令保护

多级口令保护可以使用户有效地保护其系统安全，防止未经授权的复制和修改。

（七）操作方式选择开关

操作方式选择开关像钥匙一样可以拔出，当拔出时，就不能改变操作方式，从而防止非法地删除或改写用户程序。

二、S7-300 系统的基本组成

图 8-1 为 S7-300 系统的一个基本组态。它包括一个负载电源模块 1，一个 S7-300CPU 模块 2，一个信号模块 3，一台 PC 机或编程器（PG）。一

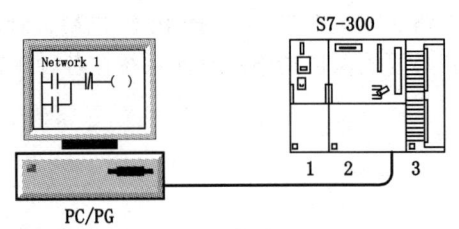

图 8-1 S7-300 系统的基本组成

个完整的 S7-300 系统主要包括：

（一）中央处理器单元（CPU）

SIMATIC S7-300 提供了多种性能不同的 CPU 模块，包括 CPU312IFM、CPU313、CPU314、CPU314IFM、CPU315/CPU315-2DP、CPU316-2DP 和 CPU318-2DP 等，以满足用户不同的要求。CPU 模块除执行用户程序外，还为 S7-300 背板总线提供 5V 电源，在 MPI（多点接口）网络中，通过 MPI 与其他 PLC 或编程设备进行通信。CPU312IFM、CPU313、CPU314、CPU315/CPU315-2DP 五种常用 CPU 模块的主要性能指标如表 8-1 所示。

表 8-1 S7-300 常用 CPU 模块的主要特性

特征\型号		CPU312IFM	CPU313	CPU314	CPU315/CPU315-2DP
装载存储器		内置 20KB RAM 内置 20KB EPROM	内置 20KB RAM 最大可扩展 512KB FLASHEPROM 存储卡	内置 40KB RAM 最大可扩展 512KB FLASHEPROM 存储卡	内置 40KB RAM 最大可扩展 512KB FLASHEPROM 存储卡
随机存储器/KB		6	12	24	48
执行时间/μs	位操作	0.6~1.2	0.6~1.2	0.3~0.6	0.3~0.6
	字操作	2	2	1	1
	定点加	3	3	2	2
	浮点加	60	60	50	50
最大数字量 I/O 点数		输入 128+10 本机点/输出 128+6 本机点	128	512	1024
最大模拟量 I/O 点数		32	32	64	128
最大配置		1 个机架 8 块模块		4 个机架 32 个模块	
时钟		软件时钟	软件时钟	硬件时钟	硬件时钟
定时器（个）		64	128	128	128
计数器（个）		32	64	64	64
位存储器/bit		1024	2048	2048	2048
可调用系统块资源	组织块（OB）	3	13	13	13/14
	功能块（FB）	32	128	128	128
	功能调用（FC）	32	128	128	128
	数据块（DB）	63	127	127	127
	系统数据块（SDB）	6	6	9	9
	系统功能块（SFC）	25	34	34	37/40
	系统功能块（SFB）	2	—	—	—
使用简介		用于小型设备，不采用模拟技术	具有更大的程序存储器、低成本的解决方案	用于要求高速处理和中等 I/O 的任务中	用于分布式自动化结构和集中式 I/O 的任务中

（二）信号模块（SM）

SM 使不同级的过程信号电平和 S7-300 的内部信号电平相匹配。用于数字量和模拟量输入/输出。对于每个模块都配有自编码的螺紧型前连接器，外部的过程信号可以很方便地连在信号模块的前连接器上。

（三）通信处理器（CP）

用于连接网络和点对点连接，减少了 CPU 的通信任务。例如，CPU342-5DP 与 Profibus-DP 的连接。

（四）功能模块（FM）

用于实时性要求高、存储器容量要求大的过程信号处理任务，如高速记数、定位操作（开环和闭环定位）和闭环控制。

（五）负载电源模块（PS）

用于将 AC 120V/230V 转换为 DC 24V 的工作电压，为 S7-300 和 DC 24V 负载电路提供电源。

（六）接口模块（IM）

用于多机架配置时连接主机架（CR）和扩展机架（ER）。S7-300 通过分布式的主机架（CR）和 3 个扩展机架（ER），可以操作多达 32 个模块。

三、S7-300 的系统配置

（1）S7-300 是模块化的组合结构。用户按照实际需求选取的各种模块可以直接安装在机架（导轨）上，通过背板总线的方式把这些模块连接起来。在机架上安装模块按顺序依次是：电源模块、CPU 模块、功能模块/通信处理器、I/O 信号模块。电源模块安装在 0 号机架的 1 号槽上，2 号槽安装 CPU，I/O 接口模块安装在 4 号槽。

（2）在一个机架上的配置应符合以下规定：

1）模块的数量。除电源模块、CPU 模块、接口模块外，一个机架上最多安装模块不得超过 8 个。

2）背板总线电流值的限制。装在一个机架上的全部模块都要受到 S7-300 背板总线提供的总电流值的限制。所有 S7-300 模块从一个机架各槽板上获取的总电流不能够超过 1.2A，除选用 CPU312IFM，则不超过 0.8A。

（3）根据实际应用，一个机架如果不够用，最多可扩展 4 个机架（与 CPU312IFM 和 CPU313 配套的模块只能装在一个机架上）。多个机架上的配置应符合以下规定：

1）需用接口模块（IM），它将 S7-300 背板总线从一个机架连接到下一个机架。

2）和一个机架上的配置规定一样，模块数同样要受到最多 8 个的限制以及 S7-300 背板总线允许提供总电流的限制。

S7-300 多机架配置，如图 8-2 所示。

四、S7-300 的数字量模块

S7-300 有多种型号的数字量 I/O 模块可供选择。

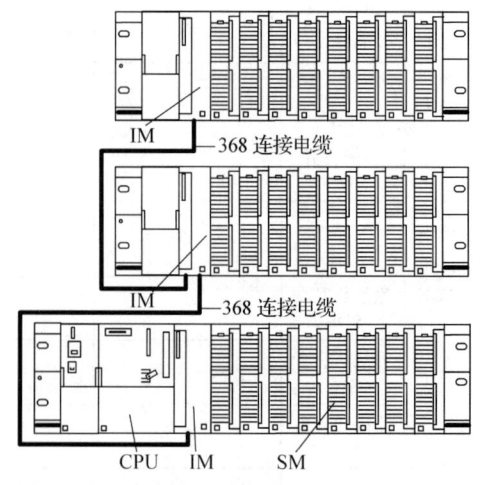

图 8-2 多机架配置图

1. SM321 数字量输入模块

S7-300 数字量输入模块的输入过程和 S7-200 相同。包括电平转换，光隔离和滤波等。采样时，信号经背板总线进入输入映像区。

SM321 数字量输入模块主要有 4 种模块可供选择，即直流 16 点输入、直流 32 点输入、交流 8 点输入、交流 16 点输入模块。另外，还提供了直流 16 点输入带过程诊断和中断的模块、直流 8 点输入带源输入模块，交流 32 点输入模块。

2. SM322 数字量输出模块

SM322 数字量输出模块经过电平转换，信号可直接用于驱动电磁阀、接触器、小型电动机，灯和电动机起动器等。按负载回路使用电源不同分为：直流输出模块、交流输出模块和交直流两用输出模块。按输出开关的种类不同又可分为：晶体管输出方式、晶闸管输出方式和继电器触点输出方式。

SM322 数字量输出模块有 7 种型号输出模块可供选择，即 16 点晶体管输出、32 点晶体管输出、16 点晶闸管输出、8 点晶体管输出、8 点晶闸管输出、8 点继电器输出和 16 点继电器输出模块。选择使用模块时，因每个模块的端子共地情况不同，应根据模块输出类型和现场输出信号负载回路的供电情况选择。

3. SM323 数字量 I/O 模块

此模块有两种类型，一种是带有 8 个共地输入端和 8 个共地输出端，另一种是带有 16 个共地输入端和 16 个共地输出端，两种模块特性相同。I/O 额定负载电压 DC24V，输入电压"1"信号电平为 11～30V，"0"信号电平为-3～+5V。I/O 通过光耦合器与背板总线隔离。输出具有短路保护功能。

4. SM374 仿真模块

SM374 仿真模块可以仿真 16 点输入、16 点输出、8 点输入和 8 点输出的数字量模块。根据仿真所需的数字量模块，可以选择模块状态，使 PLC 应用系统调试变得简单而方便。

5. DM370 占位模块

DM370 占位模块的主要作用是给数字量模块留一个插槽，从而使 PLC 应用系统具有更大的灵活性和适用性。如果在一个应用系统中，用另一个 S7-300 模块代替占位模块，则整个配置的机械布局和地址设置保持不变。

五、S7-300 的模拟量模块

1. SM331 模拟量输入模块

SM331 模拟量输入模块目前有三种规格型号：即 8AI×12 位模块、8AI×16 位模块和 2AI×12 位模块。其中具有 12 位的输入模块除通道数不一样外，其工作原理、性能、参数设置等各方面都完全一样。

SM331 输入模块主要由 A/D 转换部件、模拟切换开关、补偿电路、恒流源、光隔离电路、逻辑电路组成。实际应用时可使用 STEP7 组态工具屏蔽掉不用的模拟量通道。

SM331 的每两个通道构成一个通道输入组，可以按通道输入组任意选择测量方法和测量范围。模块上需接 DC24V 的负载电压 L+，有反极性保护功能；对于变送器或热电偶的输入具有短路保护功能。

2. SM332 模拟量输出模块

SM332 模拟量输出模块目前有三种规格型号：即 4AO×12 位模块、2AO×12 位模块、4AO×16 位模块。其中具有 12 位的输出模块除通道数不一样外，其工作原理、性能、参数、设置等各方面都完全一样。

这里以 4AO×12 位输出模块为代表介绍 SM332。SM332，4×12 位模拟量输出模块，上有 4 个通道，每个通道都可单独设置为电压输出或电流输出，输出精度为 12 位，模块对 CPU 背板总线和负载电压都有光隔离。在输出电压时，可以采用 2 线回路或 4 线回路两种方式与负载相连。

3. 模拟量 I/O 模块

模拟量输入/输出模块有两种规格：一种是有 4 模入/2 模出的模拟量模块，其输入、输出精度为 8 位；另一种也是有 4 模入/2 模出的模拟量模块，其输入、输出精度为 12 位。输入量范围为 0～10V 或 0～20mA。输出范围为 0～10V 或 0～20mA。

S7-300 的数字量模块和模拟量模块的部分参数如表 8-2 所示。

表 8-2 S7-300 的数字量模块和模拟量模块的部分参数

型号	SM321	SM322	SM331	SM332
	SM323 输入输出型		SM334、SM335 输入输出型	
信号模块类型	数字输入	数字输出	模拟输入	模拟输出
隔离通道数	4, 8, 16, 32	4, 8, 16, 32	2, 4, 8	2, 4
电压电流范围	DC 24V DC 48～125V AC120V/230V	DC 24V、DC 48～125V AC 120V/230V、0.5A/1A/2A/8A	±5mV～10V 1～5V +/-3.2～20mA 0/4～20mA	-10～10V 1～5V、0～10V 0/4～20mA -20～20mA
输入输出类型	开关、2 线 BERO 开关	晶体管、晶闸管、继电器	电压、电流、电阻、热电偶（Pt100、Ni100）	电压、电流

六、S7-300 的电源模块

以 PS307 为例简述电源模块：

（1）PS307 10A 电源模块的输入电压 AC120V/230V、50Hz/60Hz，在输入和输出之间有可靠的隔离。除了给 S7-300CPU 模块供电，还给各机架槽板提供负载电流。

（2）S7-300 的电流耗量。在组建 S7-300 应用系统时，考虑每块模块的电流耗量和功率损耗是非常必要的。选定的电源模块的输出功率必须大于 CPU 模块、所有 I/O 模块、各种智能模块等总消耗功率之和，并预留约 30%的余量。当同一电源模块既要为主机单元又要为扩展单元供电时，从主机单元到最远一个扩展单元的线路电压降必须小于 0.25V。

七、S7-300 的 I/O 编址

由图 8-2 所示配置的各 I/O 模块编址方法如图 8-3 所示。

1. 数字量 I/O 编址

在图 8-3 中各槽位占 4 个字节，对应 32 个 I/O 点，依次排列，从而确定了每个 I/O 点所占用的具体地址（如 0.0～3.7）。例如，根据上面的 I/O 分配，如果在 0 号机架的第 4 槽中插入一块 16 点的输入模块，那么该输入模块只使用了 0.0～1.7 的地址，而 2.0～3.7 的地址就没用了。

2. 模拟量 I/O 编址

对于模拟量 I/O 插槽，每个槽位分给模拟量 16 个字节（如 256～271），而每个模拟量 I/O 通道的地址占 2 个字节（一个字），故每个槽位共有 8 个模拟通道，如图 8-3 所示。

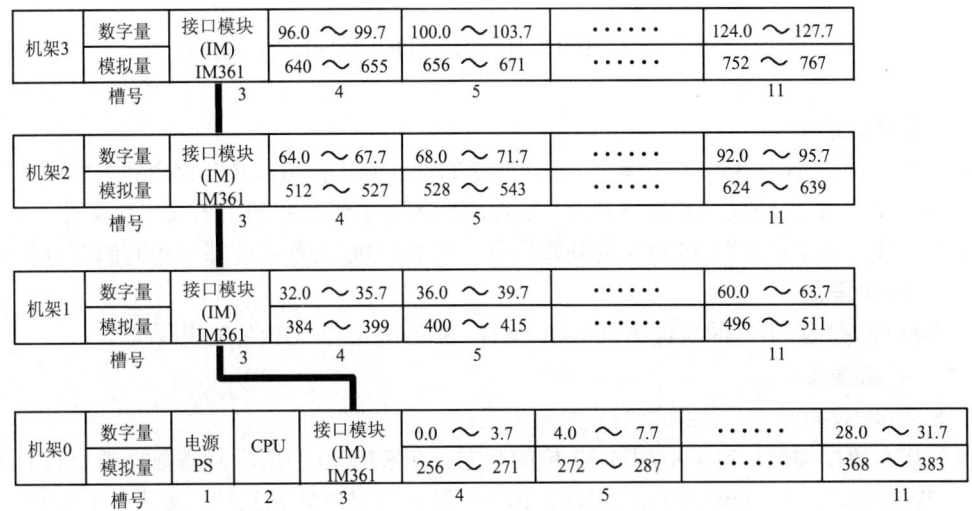

图 8-3　S7-300 数字量和模拟量 I/O 地址分配图

对图 8-3 所示的配置及编址还要注意三点：

（1）CPU312IFM 和 CPU313 只适用于单机架的配置。

（2）CPU314IFM 机架 3 的 11 槽要空置，该区域地址为集成 I/O 占用。

（3）图中所示为 S7-300 的最大配置，实际 PLC 系统应根据控制对象要求选取模块并将机架数量和槽位号相应缩减。

八、S7-400 系统简介

S7-400 除了上述 S7-300 的六个部件以外，还提供以下部件以满足用户的需要：

（一）SIMATIC M7 自动化计算机

M7 是 AT 兼容的计算机，用于要求解决高速计算机的技术问题。它既可用作 CPU 也可用作功能模板(FM 456-4 应用模板)。

（二）SIMATIC S5 模板

SIMATIC S5-115U、S5-135U 和 S5-115U 的所有 I/O 都可与相应的 SIMATIC S5 扩展单元一起使用。S7-400 CPU 的部分参数如表 8-3 所示。

表 8-3　S7-400 CPU 参数

型号	412-1	412-2	414-2	414-3	416-2	416-3	417-4
用户程序	2×48KB	2×72KB	2×128KB	2×384KB	2×0.8MB	2×1.6MB	2×2MB
DI/DO	8K/8K	8K/8K	16K/16K	32K/32K	32K/32K	64K/64K	128K/128K
AI/AO	512K/512K	512K/512K	1K/1K	2K/2K	4K/4K	4K/4K	8K/8K
位存储器/bit	4K	4K	8K	8K	16K	16K	16K
计数器/个	256	256	256	256	512	512	512
计时器/个	256	256	256	256	512	512	512
通信接口	MPI/DP PROFIBUS DP	MPI/DP PROFIBUS DP	MPI/DP PROFIBUS DP IFM SS	MPI/DP PROFIBUS DP IFM SS	MPI/DP PROFIBUS DP	MPI/DP PROFIBUS DP	MPI PROFIBUS DP 2 IFM SS

第二节 S7-300 和 S7-400 的指令系统

一、基本概念

S7-300/S7-400 具有 350 多条指令，包括熟知的功能强大的 STEP 5 指令和大量集成在 S7 CPU 中可供调用的系统块，通过 STEP7 编程软件的有机组织和调用形成用户文件，以实现各种控制功能。以下仅介绍 STEP7 的基本指令，与 S7-200 指令系统基本相同的部分将简述。

（一）编程语言

S7-300 拥有非常丰富的编程语言，如 LAD、STL、SCL、CFC、C 语言等。

（二）数据类型

在 S7-300/S7-400 中，数据类型分为三大类：

（1）基本数据类型：定义不超过 32 位的数据。在 S7-200 中所学基本数据类型有 BOOL、BYTE、WORD、INT、DWORD、DINT、REAL 等，这里再补充几种，如表 8-4 所示。

表 8-4 补充数据类型

数据类型	位数	格式选项	范围和数字记数法（最小值～最大值）	举例
REAL（浮点数）	32	IEEE 浮点数	上限：±3.402823e+38 下限：±1.175495e-38	1.234567+13
S5TIME（SIMATIC 时间）	16	S5 时间，以 10ms 为单位（为默认值）	S5T#0H-0M-0S-10MS～ S5T#/2H-46M-30S-0MS 和 S5T#0H-0M-0S-0MS	S5T#0H-1M-0S-0MS S5TIME#0H-1M-0S-0MS
TIME(IEC 时间)	32	IEC 时间，以 1ms 为单位，带符号整数	T#24D-20H-31M-23S-648MS～ T#24D-20H-31M-23S-674MS	T#0D-1H-1M-0S-0MS TIME#0D-1H-1M-0S-0MS
DATE(IEC 日期)	16	IEC 日期，以 1 日为单位	D#1990-1-1～ D#2168-12-31	D#1997-1-10 DATE#1997-1-10
TIME -OF -DAY（日计时）	32	日计时，以 1ms 为单位	TOD#0:0:0.0～ TOD23：59：59.999	TOD#1：10：3.3 TIME-OF-DAY#1:10:3.3
CHAR（字符）	8	字符	'A'、'B' 等	E

（2）复式数据类型：定义超过 32 位或由其他数据类型组成的数据。

（3）参数类型：定义传给 FB 块或 FC 块的参数。

（三）存储器区域及功能

S7-300/S7-400 的存储器区域划分、功能、访问方式、标识符如表 8-5 所示。

（四）寻址方式

寻址方式就是指令得到操作的方式，可以直接或间接的给出。S7-300/S7-400 有四种寻址方式，分别是：立即寻址、存储寻址、存储器直接寻址和寄存器间接寻址。

（五）状态字

状态字包含了位逻辑指令地址使用的各个位，用于表示 CPU 执行指令时所具有的状态。一些指令是否执行或以何种方式执行可能取决于状态字中某些位；执行指令也可能改变状态字中的某些位；可以在位逻辑指令或字逻辑指令中访问并检测它们。

表 8-5 存储器及其功能

区域名称	区域的功能	通过下列范围的单位访问区域	缩写
输入过程映像区	在扫描循环的开始，操作系统从过程中读取输入信号并在这一区域中记录这些输入值。程序能够在它的循环处理中使用这些值	输入位 输入字节 输入字 输入双字	I IB IW ID
输出过程映像区	在扫描循环期间，程序计算输出值并将其放置在这一区域中。在扫描循环末尾，操作系统从这一区域读出计算的输出值并将其传送至输出模板	输出位 输出字节 输出字 输出双字	Q QB QW QD
位存储器	本区域提供用于在程序中计算的临时结果的存储器	存储位 存储字节 存储字 存储双字	M MB MW MD
I/O 外部输入 I/O 外部输出	这一区域使你的程序能够直接访问输入和输出模板（即外设输入和输出信号）	外设输入字节 外设输入字 外设输入双字 外设输出字节 外设输出字 外设输出双字	PIB PIW PID PQB PQW PQD
定时器	这一区域中，定时器指令访问时间单元，由递减时间值来更新它们	定时器（T）	T
计数器	这一区域提供用于计数器的存储器，计数器指令在此访问它们	计数器（C）	C
数据块	这一区域包含可由任何一个块访问的数据。如果需要同时打开两个不同的数据块的话，则能够用语句"OPN DB"打开一个，用语句"OPN DI"打开一个。地址的定义，如 L DBWi 和 L DLWi，确定了被访问的数据块中的数据。在用"OPN DI"语句打开任一数据块时，打开的是与功能块（SFB）相关联的背景数据块	用语句"OPN DB"打开的数据块： 数据位 数据字节 数据字 数据双字 用语句"OPN DI"打开的数据块： 数据位 数据字节 数据字 数据双字	 DBX DBB DBW DBD DIX DIB DIW DID
本地数据	这一区域包含在逻辑块（FB 或 FC）中使用的临时数据，也称为动态本地数据。用作中间暂存器。当逻辑块结束时，这些数据也丢失。数据包含在本地数据堆栈（L 堆栈）中	临时本地数据位 临时本地数据字节 临时本地数据字 临时本地数据双字	L LB LW LD

下图显示了状态字位 0 至位 8 的含义如下：

15	←	9	8	7	6	5	4	3	2	1	0
			BR	CC1	CC0	OS	OV	OR	STA	RLO	$\overline{FC}$

状态字的说明：

（1）首次检测位（$\overline{FC}$）　若$\overline{FC}$位的状态位 0，则表明一个梯形逻辑网络的开始，或指令为逻辑串的第一条指令。CPU 对逻辑串第一条指令的检测（称为首次检测）产生的结果直接保存在状态字的 RLO 位中，经过首次检测存放在 RLO 中的 0 或 1 被称为首次检测结果。如果$\overline{FC}$位的信号状态为 1，那么自首次检查后，产生一个将其信号状态检查的结果与 RLO 连起来，结果存储在 RLO 位。一行梯形逻辑指令总是以输出指令（置位线圈，复位线圈或输出线圈）或与逻辑运算结果有关的转移指令作为结束指令，这种输出指令将$\overline{FC}$清 0。

（2）逻辑操作结果（RLO）　该位存储位逻辑指令或算术比较指令的结果。RLO 位的信号状态能够提供有关信号流的信息。

（3）状态位（STA）　状态位存储相应位的值，对于不访问存储器的位指令没有意义。这种指令将状态位置 1。状态位不受指令的检查，它只在程序测试期间编译使用。

（4）或位（OR）　逻辑"或"运算，与接点并联相对应。

（5）溢出位（OV）　溢出位被置 1，表明一个运算或比较指令执行时出现错误（包括：溢出、非法操作、非法数）。

（6）存储溢出位（OS）　当错误出现时，OS 位与 OV 位一起置位，由于在错误已经消失后 OS 位保持不变，所以它存储 OV 位状态和表示在以前执行的指令中是否发生过错误。可用下列 STL 命令将 OS 复位：JOS（存储溢出后跳转）、块调用命令、块结束命令。

（7）条件码 1（CC1）和条件码 0（CC0）　这两位结合起来用于表示在累加器 1 中产生的算术运算或逻辑运算结果与"0"、"1"的大小关系；也可表示比较指令的执行结果或移位指令的移出位状态。

（8）二进制结果位（BR）　它将字处理程序与位处理联系起来，在一段既有位操作又有字操作的过程中，用于表示字操作的结果是否正确。在 LAD 的指令方框中，BR 位与 ENO 有对应关系，用于表明指令方框是否被正确执行。在用户编写 FB 和 FC 程序时，执行完 FB 或 FC 后，应使用 SAVE 指令在 BR 位存储 RLO。若执行 FB 或 FC 无错误，在 BR 位存储 RLO 为 1，若执行 FB 或 FC 有错误，在 BR 位存储 RLO 为 0。

二、基本指令

（一）位逻辑处理指令

1. 标准触点指令

如果指令在串联中使用，则根据"与"真值表组合信号状态检查结果。

如果指令在并联中使用，则根据"或"真值表组合信号状态检查结果。

触点指令相关内容如表 8-6 所示。

表 8-6　接点指令和参数

指令名称	LAD 指令	参数	数据类型	存储区	说　　明
常开触点	bit ─┤ ├─	位地址	BOOL TIMER COUNTER	I、Q、M、T、C、D、L	指令将信号状态的检查结果放在 RLO 位，当信号状态是 1 时，触点闭合，反之触点是打开的
常闭触点	bit ─┤/├─				

2. 输出指令（输出线圈及中间输出指令）

输出指令将逻辑串赋值输出，中间输出指令是存储 RLO 的中间赋值元素。这一中间赋值元素存储最后打开的逻辑组合,一直到赋值元素为止。在与其他触点串联的情况下,中间输出与一般触点的功能一样。输出指令相关内容如表 8-7 所示。

表 8-7 输出指令和参数

指令名称	LAD 指令	参数	数据类型	存储区	说　明
输出线圈	bit —( )—	位地址	BOOL	I、Q、M、D、L	逻辑串赋值输出
中间输出	bit —(#)—	位地址	BOOL	I、Q、M、D、L	中间结果赋值输出 位地址指明了将 RLO 赋给的存储器的位

3. 置位/复位指令

S 表示置位,将它指定地址的状态置为 1,R 表示复位,将它指定地址的状态置为 0,S/R 指令根据 RLO 的值决定是否执行,只有当 RLO=1 时,指令执行。

置位/复位指令相关内容如表 8-8 所示。

表 8-8 置位/复位指令和参数

指令名称	LAD 指令	参数	数据类型	存储区	说　明
置位线圈	bit —(S)—	位地址	BOOL TIMER COUNTER	I、Q、M、D、L、T、C	位地址表示要置位/复位的位
复位线圈	bit —(R)—	位地址	BOOL TIMER COUNTER	I、Q、M、D、L、T、C	位地址表示要置位/复位的位

4. RS/SR 触发器

触发器可以用在逻辑串最右边,结束一个逻辑串,也可以用在逻辑串当中,影响右边的逻辑操作结果。触发器指令相关内容如表 8-9 所示。

表 8-9 触发器指令和参数

类型	框图	端输入信号状态	触发器的状态	参数	说明	数据类型	存储区
置位复位触发器	<address> SR S Q R	S=0, R=1	复位	〈位地址〉:	地址表示要置位或复位的位	BOOL	I、Q、M、D、L
		S=1, R=0	置位				
		S=1, R=1	复位	S	允许置位输入		
复位置位触发器	<address> RS R Q S	S=1, R=0	置位	R	允许复位输入		
		S=0, R=1	复位				
		S=1, R=1	置位	Q	〈位地址〉对应的存储单元的信号状态		

5. RLO 上升/下降沿检测指令

RLO 上升沿检测指令识别 RLO 从 0 到 1（上升沿）的信号变化，并在操作后以 RLO=1 表示该变化。用边沿存储位比较 RLO 的现在信号状态与该地址上周期的信号状态，如果操作前地址的信号状态为 0，并且现在 RLO=1，那么操作后，RLO 将为 1（脉冲），所有其他的情况为 0。在该操作之前，RLO 存储于地址中。

RLO 下降沿检测指令识别 RLO 从 1 到 0（下降沿）的信号变化，并在操作后以 RLO=1 表示该变化。用边沿存储位比较 RLO 的现在信号状态与该地址上周期的信号状态，如果操作前地址的信号状态为 1，并且现在 RLO=0，那么操作后，RLO 将为 1（脉冲），所有其他的情况为 0。在该操作之前，RLO 存储于地址中。

RLO 上升/下降沿检测指令相关内容如表 8-10 所示。

表 8-10 RLO 上升/下降沿检测指令和参数

指令名称	LAD 指令	参数	数据类型	存储区	说　　明
RLO 上升沿检测	bit —(P)—	位地址	BOOL	Q、M、D	位地址表示存储旧的 RLO 的边沿存储位
RLO 下降沿检测	bit —(N)—				

6. 地址上升/下降沿检测指令

地址上升沿检测指令：将<address1>的信号状态与存储在<address2>中的先前信号状态在检测时作信号状态比较。如果有从 0 到 1 的变化的话，Q 为 1，否则为 0。

地址下降沿检测指令：将<address1>的信号状态与存储在<address2>中的先前信号状态在检测时作信号状态比较。如果有从 1 到 0 的变化的话，Q 为 1，否则为 0。

地址上升/下降沿检测指令相关内容如表 8-11 所示。

表 8-11 地址上升/下降沿检测指令和参数

LAD 指令	参数	数据类型	存储区	说　　明
<address1> POS EN　Q <address2>—M_BIT	<address1>	BOOL	I、Q、M、D、L	检测上升/下降沿跳变的信号
<address1> NEG EN　Q <address2>—M_BIT	M_BIT		Q、M、D	存储被检测沿上一个扫描周期的状态。只有当没有输入模板占据这一地址时，才能够将输入过程映像区[I]用于 M_BIT
	Q		I、Q、M、D、L	输出为一个周期

7. 对 RLO 的直接操作（见表 8-12）

表 8-12 直接操作指令和参数（时间值）

指令名称	LAD 指令	功能	说　　明
信号流反向指令	—|NOT|—	RLO 取反	取 RLO 的非值
RLO 存储到 BR 存储器指令	—(SAVE)	RLO 保存	将 RLO 存储到状态字的 BR 位，该指令不影响其他状态位

（二）定时器指令

S7-300/S7-400 提供了各种形式的定时器：脉冲定时器（SP）、延时脉冲定时器（SE）、延时接通定时器（SD）、保持型延时接通定时器（SS）、延时断开定时器（SF）。

这五个定时器的启动指令如表 8-13 所示。

表 8-13　定时器的启动指令和参数

功能	LAD 指令	参数	数据类型	存储区	说　明
起动脉冲定时器	Tno. —(SP) 时间值	No. 时间值	TIMER S5TIME	T	NO 表示启动的定时器的编号 定时时间（S5TIME 格式）
启动延时脉冲定时器	Tno. —(SE) 时间值				
启动延时接通定时器	Tno. —(SD) 时间值			I、Q、M、 D、L	
启动保持型延时接通定时器	Tno. —(SS) 时间值				
启动延时断开定时器	Tno. —(SF) 时间值				

定时器的梯形图指令方框如表 8-14 所示。

表 8-14　定时器的梯形图指令方框

	LAD 指令	说　明
脉冲定时器	T no. S_PULSE —S　　Q— —TV　BI— —R　BCD—	S 端的信号状态从 0 变化为 1（即 RLO 出现上升沿），则启动定时器，连续运行设定时间一直到时间结束。如果在时间结束前 S 端由 1 变为 0，则定时器停止运行。当定时器运行时，R 端由 0 变为 1 的话，则定时器复位，只要定时器在运行，则输出 Q 的信号状态为 1
延时脉冲定时器	T no. S_PEXT —S　　Q— —TV　BI— —R　BCD—	S 端的信号状态从 0 变化为 1（即 RLO 出现上升沿），则启动定时器，连续运行设定时间而不管 S 上是否出现下降沿。如果在时间结束前，S 端又从 0 变为 1，则定时器重新启动。当定时器运行时，R 端由 0 变为 1 的话，则定时器复位，只要定时器在运行，则输出 Q 的信号状态为 1
延时接通定时器	T no. S_ODT —S　　Q— —TV　BI— —R　BCD—	S 端的信号状态从 0 变化为 1（即 RLO 出现上升沿），则启动定时器，当设定时间结束，未出现错误且 S 端输入信号还是 1 时，输出 Q 的信号状态就为 1。如果 S 信号状态由 1 变为 0，则定时器保持不变，Q 为 0。如果当定时器运行时，R 端由 0 变为 1 的话，则定时器复位
保持型接通延时定时器	T no. S_ODTS —S　　Q— —TV　BI— —R　BCD—	S 端的信号状态从 0 变化为 1（即 RLO 出现上升沿），则启动定时器，连续运行设定时间而不管 S 上是否出现下降沿。如果在时间结束前，S 端又从 0 变为 1，则定时器重新启动。当定时器运行时，R 端由 0 变为 1 的话，则定时器复位。如果时间已经结束，只要 R 保持为 0，则输出 Q 的信号状态为 1
延时断开定时器	T no. S_OFFDT —S　　Q— —TV　BI— —R　BCD—	S 端的信号状态从 1 变化为 0（即 RLO 出现下降沿），则启动定时器。当 S 端输入信号是 1 或当定时器在运行时，输出 Q 的信号状态就为 1。如果 S 信号状态由 1 变为 0，则定时器保持不变，Q 为 0。如果当定时器运行时，R 端由 0 变为 1 的话，则定时器复位，一直到 S 端的信号状态从 1 变为 0 时定时器重新启动

各参数说明如表 8-15 所示。

表 8-15 定时器指令参数和说明

参数	数据类型	存储区	说 明
No.	TIMER	T	定时器标识号，范围与 CPU 有关
S	BOOL	I, Q, M, D, L, T, C	启动输入端
TV	S5TIME	I, Q, M, D, L	预置时间值（范围：0~9999）
R	BOOL	I, Q, M, D, L, T, C	复位输入端
Q	BOOL	I, Q, M, D, L	状态输出
BI	WORD	I, Q, M, D, L	当前运行的时间值（整数格式）
BCD	WORD	I, Q, M, D, L	当前运行的时间值（BCD 格式）

（三）计数器指令

S7-300/S7-400 提供了三种形式的计数器：加计数器（CU），减计数器（CD），加减计数器（CUD），如表 8-16 所示。计数器的梯形图指令方框如表 8-17 所示。各参数说明如表 8-18 所示。

表 8-16 计数器的指令

功能	LAD 指令	参数	数据类型	存储区	说 明
计数器置初值	Cno. —(SC) 预置值	预置值	WORD	I, Q, M, D, L	预置值在 0~999 的范围，C#放在数值前表示 BCD 格式
加计数器线圈	Cno. —(CU)	计数器号 no.	COUNTER	C	地址表示要预置数值的计数器的序号
减计数器线圈	Cno. —(CD)				

表 8-17 计数器的梯形图指令方框

	LAD 指令	说 明
加减计数器	C no. S_CUD CU Q CD S CV PV R CV_BCD	S 端信号状态从 0 变为 1，则计数器 PV 端预置值，如果 CU 端的信号状态从 0 到 1，且 C no. 的值不等于 999，则计数器值加 1，如果 CD 端从 0 变为 1，且计数器的值不等于 0，则计数器值减 1。如果 R 端从 0 变为 1，则计数器清零。当计数器大于 0 时，输入 Q 上的信号状态为 1
加计数器	C no. S_CU CU Q S CV PV CV_BCD	S 端信号状态从 0 变为 1，则计数器 PV 端预置值，如果 CU 端的信号状态从 0 到 1，且 C no. 的值不等于 999，则计数器值加 1，如果 R 端从 0 变为 1，则计数器清零。当计数器大于 0 时，输入 Q 上的信号状态为 1
减计数器	C no. S_CD CD Q S CV PV R CV_BCD	S 端信号状态从 0 变为 1，则计数器 PV 端预置值，如果 CD 端从 0 变为 1，且计数器的值不等于 0，则计数器值减 1。如果 R 端从 0 变为 1，则计数器清零。当计数器大于 0 时，输入 Q 上的信号状态为 1

表 8-18 计数器指令参数和说明

参数	数据类型	存储区	说 明
No.	COUNTER	C	计数器标识号，范围与 CPU 有关
CU	BOOL	I、Q、M、D、L	加计数器输入端
CD	BOOL		减计数器输入端
S	BOOL		计数器预置输入端
PV	WORD		计数器预置值的范围 0~999
R	BOOL		复位输入端
Q	BOOL		计数器状态
CV	WORD		当前计数器值（整数格式）
CV_BCD	WORD		当前计数器值（BCD 格式）

应用减计数器指令编程的例子如图 8-4 所示。

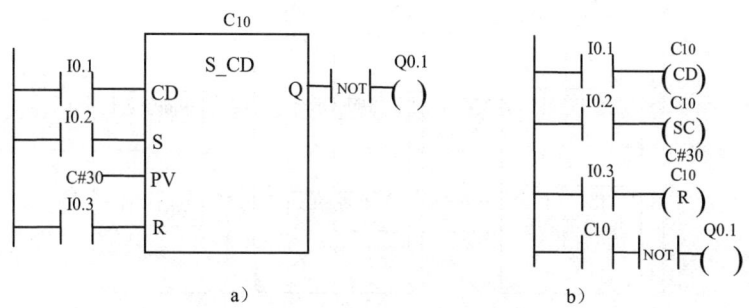

图 8-4 应用减计数器指令编程

（四）其他

除了我们以上介绍的这些基本指令外，S7-300/S7-400 还有整数算术运算指令，浮点算术运算指令，比较指令，赋值和转换指令，字逻辑指令，移位和循环指令，数据块指令，跳转指令，状态位指令，程序控制指令以及大量的系统块、功能块等，因篇幅有限，不再列举。具体请查阅 STEP7 相关编程手册。

第三节 S7-300 和 S7-400 应用系统的编程

开发或设计一个 S7-300/S7-400 应用系统必须基于 STEP7 软件包进行组态和编程。除了某些专用模块和少量专用指令、专用功能有区别外，S7-400 应用 STEP7 组态和编程与 S7-300 并无多大区别，故本节以 S7-300 为例简要介绍编程的基本概念、基本方法和步骤等共性问题。

一、SETP7 软件包

STEP7 是 SIMATIC 工业控制软件的组成部分，适用于不同的应用对象相应有不同的版本，例如，前述 STEP7 Micro/WIN32 就是 STEP7 的简单单站应用版本，亦可选择 SIMATIC 工业软件中的软件产品对标准 STEP7 进行扩展，以实现 S7-300/S7-400 的专用功能。STEP7

标准软件包由图 8-5 所示的几部分组成。

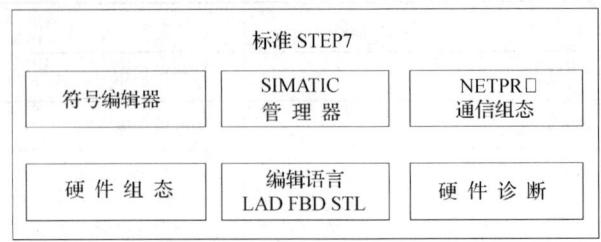

图 8-5 STEP7 标准软件包的组成

二、应用系统的程序结构

一个用 STEP7 编程的应用程序的基本结构如图 8-6 所示。

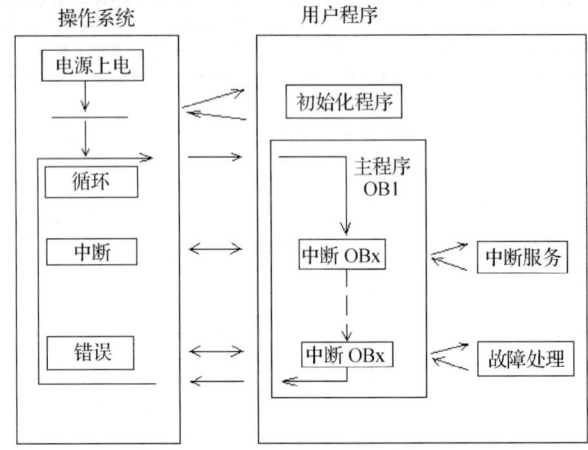

图 8-6 程序基本结构

图中 OB1 为用户开发的组织块，OBx 则为用户可选调用的具有不同优先级的中断组织块（其功能的细节可参考 SIMATIC 相关手册），图中所示用户程序是一种线性化编程方案，更具特点的是如图 8-7 所示的分层调用的结构化编程方案。

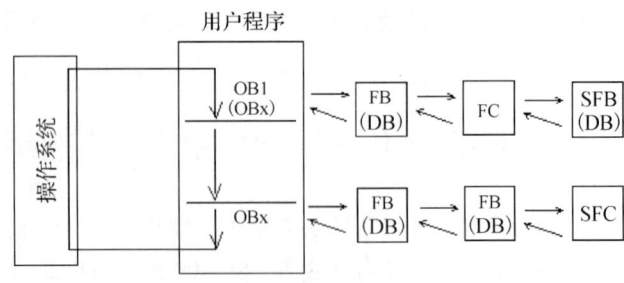

图 8-7 程序的多层调用

（1）图 8-7 中的 OBx（x：10～122）组织块构成了 S7-300/S7-400CPU 操作系统和用户程序的接口；可以把全部用户的程序存放在 OB1 中让其连续不断地循环处理，也可以把各功能程序放在不同的块中，用 OB1 在需要的时候调用这些程序块。

（2）FB 功能块是在逻辑操作块内的功能或功能组，在操作块内分配有存储器，并存储有变量。FB 需要这种背景数据形式的辅助存储器（DB），通过背景数据块传递参数。

（3）FC 功能块是类似于功能块的逻辑操作块，但是不为其分配存储区，即 FC 不需要背景数据块，临时变量保存在局部堆栈中，直到功能结束。

（4）DB 数据块是一个永久分配的区域，其中保存其他功能的数据或信息，DB 是可读/写区，并作为用户程序的一部分下载入 CPU。

（5）SFB 系统功能块是 S7-300/S7-400CPU 的集成功能，作为操作系统的一部分，用户程序可以直接调用 SFB；同样，SFB 需要调用背景数据块（DB）。

（6）SFC 系统功能块是集成在 S7-300/S7-400CPU 中的已经编程并调试过的功能，用户程序可以直接调用，SFC 无需分配数据块（DB）。

三、组织块功能

OBx 组织块由操作系统调用并控制程序的循环、中断驱动程序的执行、PLC 的启动方式以及 CPU 对诊断错误的响应方式，而优先级别低的 OBx 组织块的执行可以被优先级别高的 OBx 组织块的调用所中断。S7-300/S7-400 的组织块资源如表 8-19 所示。

表 8-19　系统组织块

组织块		优先级
主程序循环	OB1	1
日时钟中断	OB10～OB17	2
时间延迟中断	OB20～OB23	3～6
循环中断	OB30～OB38	7～15
硬件中断	OB40～OB47	16～23
多处理器中断	OB60	25
冗余错误	OB70	25
	OB72	28
异步故障中断	OB80	26
	OB81	(28)
	OB82～OB87	26
背景循环	OB90	0.29
启动中断	OB100～OB102	27
同步错误中断	OB121、OB122	同引起错误的 OB 优先级

表 8-19 所列的组织块并非适用于所有的 S7-300/S7-400CPU，例如表 8-1 中 CPU312IFM 仅有 OB1、OB40 和 OB100 三个。因此设计应用系统时可针对已选型的 S7-300/S7-400CPU，查询相关硬件手册，将需要的 OBx 组织块编入用户程序。这里仅择其要点对表 8-19 补充说明。

1. 日时钟中断 OB10～OB17

这是低优先级中断。所有八个日时钟中断具有相同的预置优先级，CPU 按启动事件发生顺序进行处理。用户通过 STEP7 编程设定，可在特定日期、时间执行中断操作，也可按照时间间隔周期地重复执行中断操作。

启动日时钟方法有：在 STEP7 "日期时间中断"参数块中设置相应参数，实现日期时间中断的自启动；或在用户程序中用系统功能 SFC28 SET_TINT 和 SFC30 ACT_TINT 设置并激活该日期时间中断。如果在用户程序中安排 SFC29 CAN_TINT，用户可以取消那些还未执行的日时钟中断。

2. 时间延时中断 OB20~OB23

启动这类中断，需要在 STEP7 参数设置时选中延时中断 OB 项，并在用户程序调用 SFC32，设定延时时间；当相应的时间延迟达到时该中断被调用。

3. 循环中断 OB30~OB38

循环中断是 CPU 进入 RUN 后按间隔时间循环触发的中断，因此用户定义的间隔时间要大于中断服务程序的执行时间。启动这类中断，需要在 STEP7 参数设置时选中循环中断参数块，并按 1ms 的整数倍设置间隔时间。如未做间隔时间设置，CPU 则按缺省值触发循环中断。九个循环中断间隔时间默认值（ms）如下：

OB30	OB31	OB32	OB33	OB34	OB35	OB36	OB37	OB38
5000	2000	1000	500	200	100	50	20	10

4. 异步故障中断

如果将这类中断 OBx 组织块写入启动程序中，则它们具有最高优先级 28，即当 CPU 执行其中断程序时不能被其他 OBx 中断。

异步故障中断是由 CPU 的操作系统检测到一个异步错误时所触发，其检测错误类型和调用中断号如下：

1）OB80：时间错误，例如，设置循环间隔时间太小；
2）OB81：诊断中断，例如，诊断出电池有故障；
3）OB82：诊断中断，例如，诊断出 I/O 模板中有某个通道短路；
4）OB83：插入/移走模板中断，例如，PLC 系统运行中被移走了一个输入模板；
5）OB84：CPU 硬件错误，例如，MPI 网络接口出错；
6）OB85：优先级错误，例如，程序中未安排 OBx 组织块；
7）OB86：没有导轨；
8）OB87：通信错误，例如，在全局数据通信中有错误标识符。

5. 启动中断

设计一个 PLC 应用系统，通常用户需要安排初始化操作，或根据热启动、暖启动、冷启动这些不同的启动事件，用户相应要在 OB101、OB100、OB102 中编写启动条件，完成 PLC 系统的启动步骤。PLC-CPU 启动中断主要由下列触发：

1）电源上电；
2）PLC-CPU 的状态开关从 STOP 拨向 RUN/RUN-P；
3）从网络通信来的启动请求。

四、循环程序的处理过程

实际 S7-300/S7-400 系统循环程序的处理过程如图 8-8 所示。值得注意的是输入模块与过程输入映像表、过程输出映像表与输出模块之间的数据交换是批处理刷新。

第八章 S7-300和S7-400可编程序控制器的系统配置及编程　203

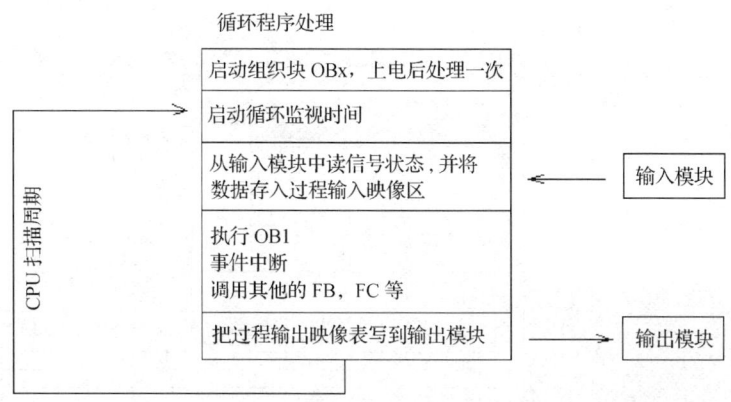

图 8-8　系统程序循环过程

五、编程的基本方法及步骤

下面，以某水厂对加氯间的简单测控为例，说明用 STEP7 编制用户程序的基本方法和步骤，如图 8-9 所示。图中：A、B 为两氯气钢瓶，一用一备，外裹电热毯，以便冬季升温后管路有足够的氯气流量；升温时间以三位拨码开关置入；自动加氯机接收 S7-300 输出的加氯控制信号，自动完成氯气投加量调节；A、B 氯气瓶的氯气量和瓶温分别通过电子称和感温计经模拟量输入通道输入给 PLC，以便 PLC 据此选择 E、F 和及时升温；PLC 收到 D 输入的漏氯信号后则立即驱动 C 排风换气，并由 G 声、光报警。

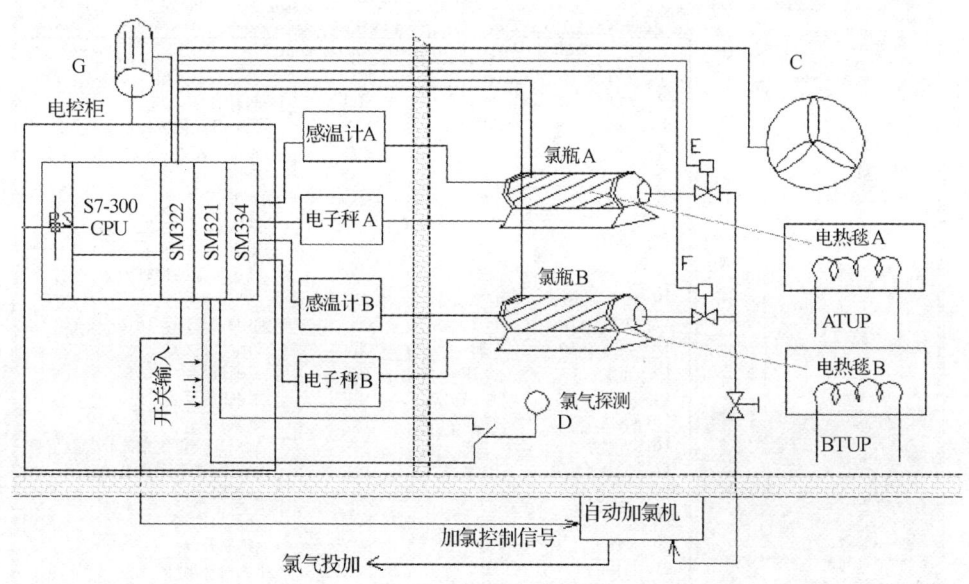

图 8-9　水厂加氯间信号检测与控制

（一）用 STEP7 创建一个项目

启动 STEP7 同时激活图 8-5 中的 SIMATIC 管理器，点击 SIMATIC 300 station 和 hardware 图标组态硬件，构成一个符合控制项目要求的完整的 PLC 系统（站），如图 8-10 所示。

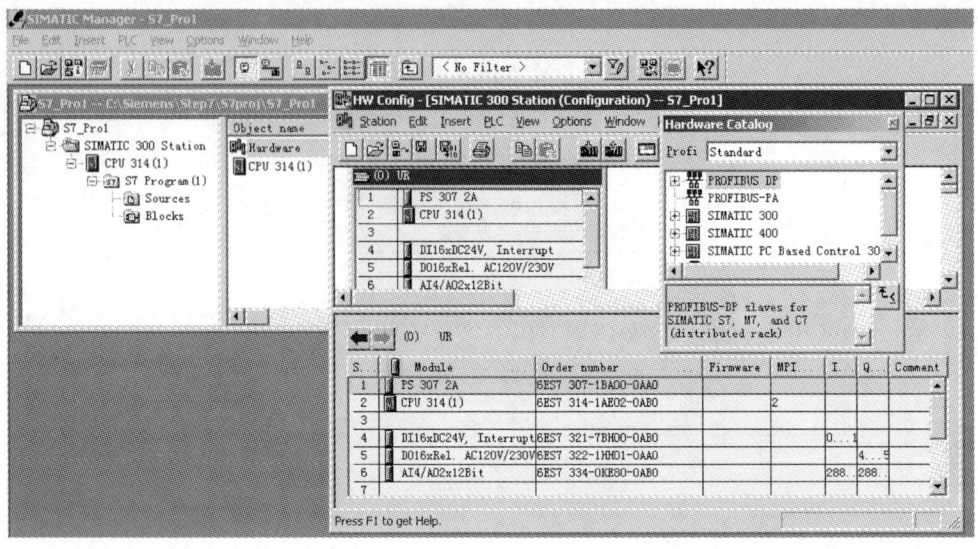

图 8-10　用 STEP7 组态硬件

（二）用符号编程

这需要使用图 8-5 中的符号编辑器。点击图 8-10 中的 S7 Program（1）和 symbols 图标进入符号编辑器，定义符号表如图 8-11 所示。

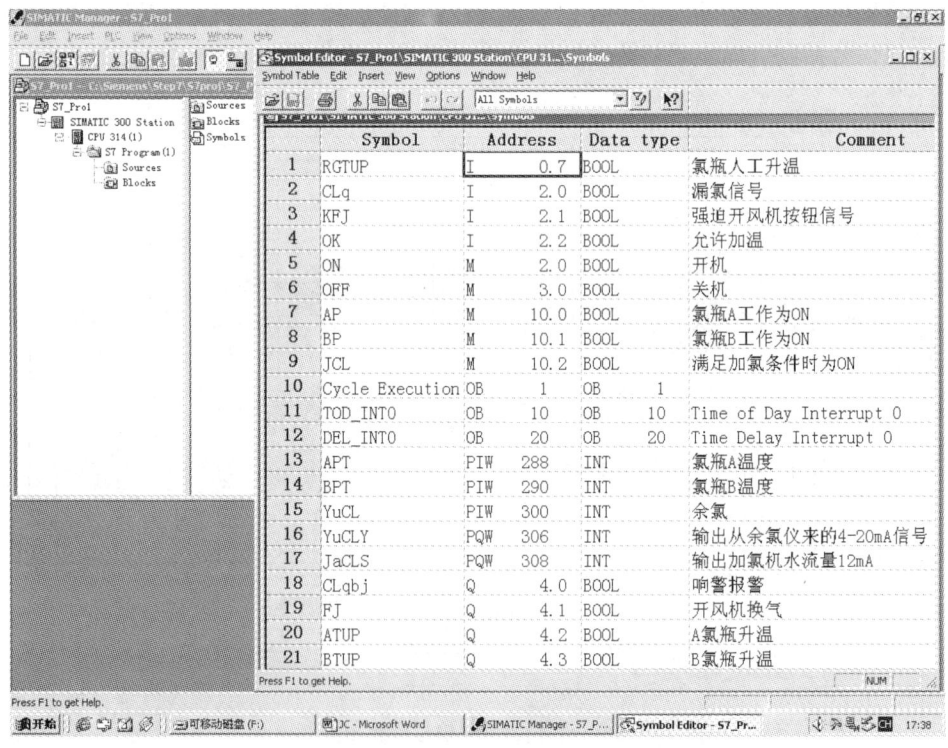

图 8-11　用 STEP7 符号编程

（三）编制功能块 FC

本例仅以 FC10 功能块完成加氯间的漏氯报警处理和氯瓶加热控制，而略去其他控制功能。

氯瓶加热时间（单位：s）由电控柜上三位 BCD 码拨盘人工置入，如图 8-12 所示。FC10 的一种可行方案如图 8-13 所示。

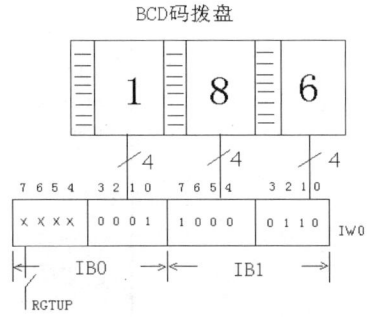

图 8-12　氯瓶加热时间

（四）编制循环组织块 OB1

OB1 是整个用户程序的主程序，当满足特定条件时，再去调用对应的功能块 FC，本例仅摘录相关调用段落，用户主程序组织块如图 8-14 所示。

（五）下载和调试程序

至此，一个指定控制功能的完整用户程序已编制。将此用户程序下载到 CPU 并使其 RUN，与 STEP7 建立在线联系进行仿真和程序调试。此外建立一个变量表动态测试、监视程序和相关变量值的变化，评估诊断缓存区，编制共享数据块 DB，全局变量和局域变量的数据交换及组织 PROFIBUS－DP 组态分布式 I/O 等编程和操作，在 SIMENS 的相关手册中都能够找到它们的应用方法。

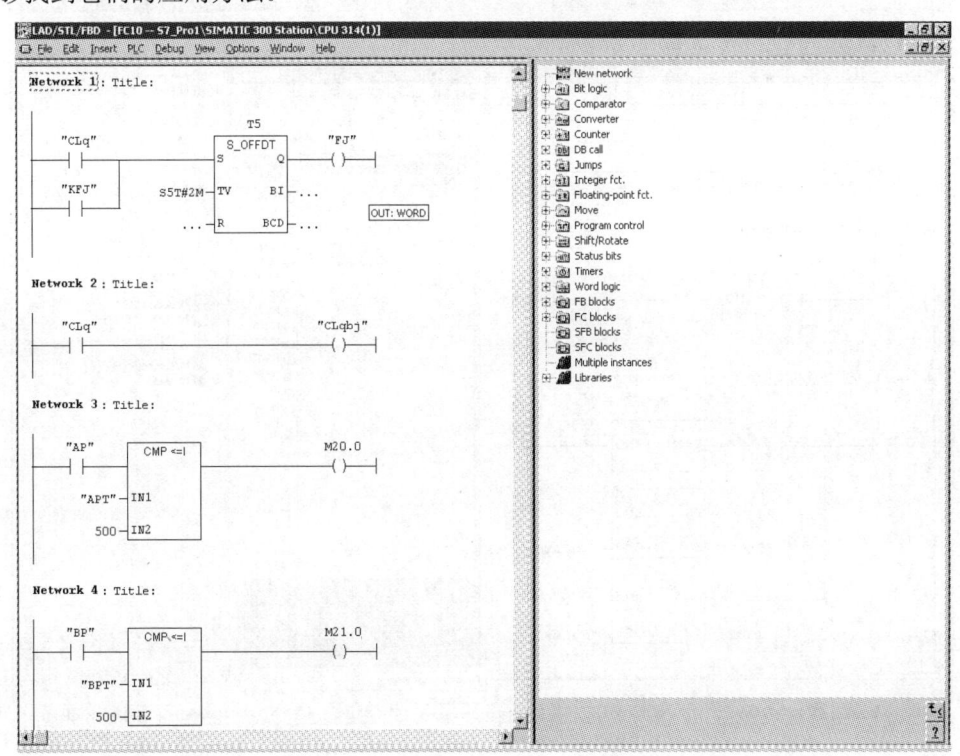

图 8-13　FC10 功能程序

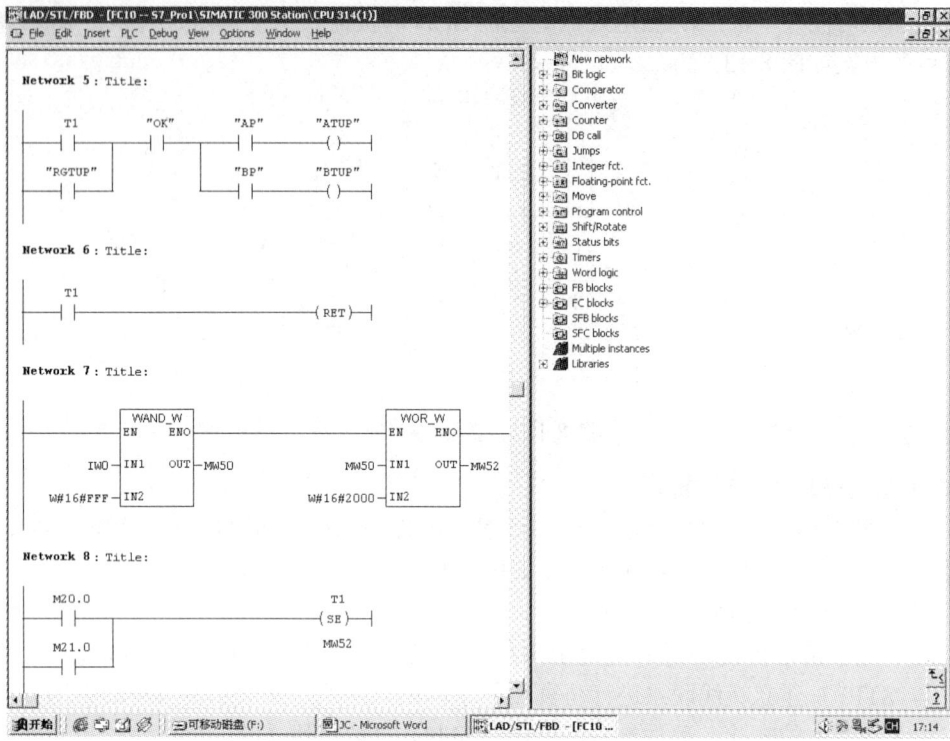

图 8-13　FC10 功能程序（续）

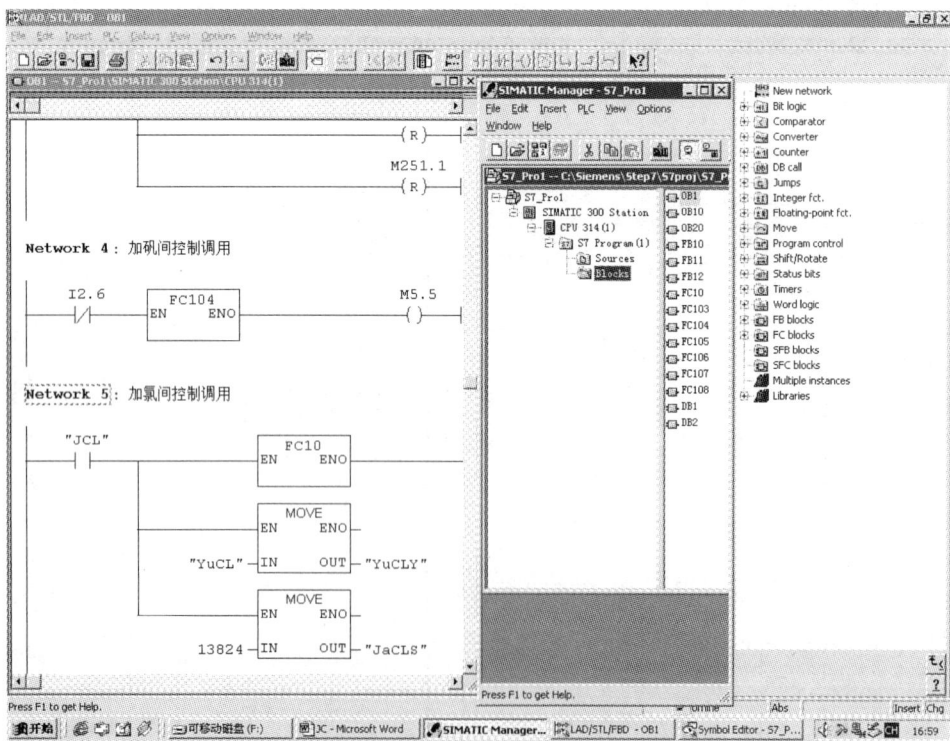

图 8-14　用户主程序 OB1 组织块

第九章 可编程序控制器的通信及网络

本章主要介绍 PLC 通信及网络方面的知识及如何实现 S7 系列 PLC 的自由口通信及网络知识。

第一节 通信及网络的基本知识

实际应用中，PLC 主机与扩展模块之间要进行信息交换，PLC 主机与其他主机或其他设备之间也经常要进行信息交换，所有这些信息的交换都称为通信。

一、数据通信

数据的基本通信方式有并行通信和串行通信两种。

（一）并行通信

并行数据通信是指以字节或字为单位的数据传输方式。在这种数据传输方式中，除了 8 根或 16 根数据线、一根公共线外，还需要数据通信双方联络用的控制线，如图 9-1 所示。

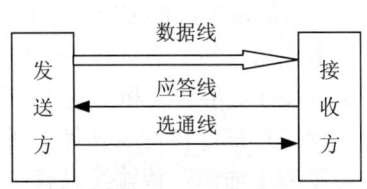

图 9-1 并行通信

并行数据通信的通信过程是：

1）发送方在发送数据之前，首先判别接收方发出的应答信号线的状态，以决定是否可以发送数据；

2）发送方在确定可以发送数据后，在数据线上发送数据，并在选通线上输出一个状态信号给接收方，表示数据线上的数据有效；

3）接收方在接收数据前，先判别发送方发出的选通信号线的状态，以决定是否可以接收数据；

4）接收方在确定可以接收数据后，在数据线上接收数据，并在应答信号线上输出一个状态信号给发送方，表示可以再发送数据。

并行传送时，一个数据的所有位同时传送，因此，每个数据位都需要一条单独的传输线，一个数据有多少二进制位就需要多少条传输线，一次即可传送完成。

并行通信传输速率快，但硬件成本高，不宜于远距离通信，常用于近距离、高速度的数据传输场合。如用在 PLC 的内部各元器件之间、主机与扩展模块或近距离智能模板的处理器之间。

（二）串行通信

串行通信是以二进制的位（bit）为单位的数据传输方式。除了公共线外，数据传输在一个传输方向上只用一根通信线。这根线既作为数据线又为通信联络控制线。数据和联络信号在这根线上按位进行传输。

串行通信在传送数据时，数据的各个不同位分时使用同一根传输线，从低位开始一位接一位地依次传送，数据有多少位就需要传送多少次，只要几条传输线就可以在两设备间交换信息，如图 9-2 所示（图中以全双工通信方式为例）。图中，如由设备 1 向设备 2 传送一个 8

位数据 10110011，则传送时由低位到高位一位接一位地依次传送。

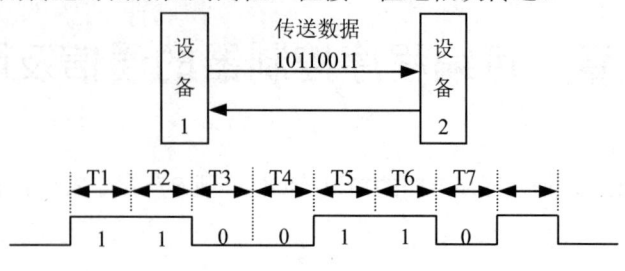

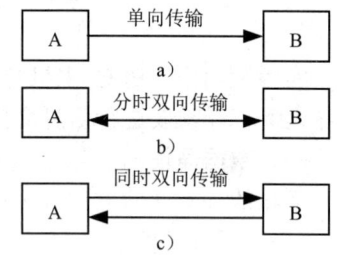

图 9-2 串行通信

串行通信传送速度慢，但需要的信号线少，最少需要两根线，可以大大节省成本，所以特别适合于远距离传输。串行通信多用于计算机与计算机之间、计算机与 PLC 之间、多台 PLC 之间的数据传送。

1. 通信系统数据传送的工作方式

数据通信按信息在设备间传送方式的方向和时间，可分为单工、半双工和全双工三种方式，如图 9-3 所示。

图 9-3 单工、半双工和全双工通信

单工通信：传输线只有一回（2 根），数据只能按固定的单方向传递，如图 9-3a 所示。

半双工通信：传输线只有一回，允许两个方向传送数据，但不能同时传输，只能交替进行。在任一时刻，数据只能沿一个方向传送，如图 9-3b 所示。为了控制线路换向，必须对两端设备进行控制，以确定数据流向。这可用增加接口的附加控制线来实现，也可用软件约定来实现，因此双向传送时速率较低。

全双工：有两回（4 根）传输线，如图 9-3c 所示。允许两台设备同时接收和发送数据，数据传送快。显然，这两个传输方向的资源必须完全独立。

2. 串行通信数据的收发方式

串行通信按信息的传输格式，可分为同步传送和异步传送两种方式。

同步传送：传送数据时不需要增加冗余的标志位，有利于提高传送速度，但要求有统一的时钟信号来实现发送端和接收端之间的严格同步，而且对同步时钟信号的相位一致性要求非常严格。因此，这种方式硬件设备复杂，限制了不同速度的设备之间的信息传递。

异步传送：允许传输线上的各个部件有各自的时钟，在各部件之间进行通信时没有统一的时间标准，相邻两个字符之间的停顿时间长短可以不一样，它是靠发送信息时同时发出字符的起始和结束标志来实现的，如图 9-4 所示。

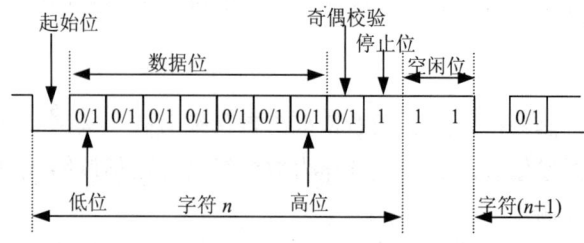

图 9-4 异步串行传送数据格式

异步传送时，以字符为单位一个个地接收和发送传送数据，字符开始和结束标志分别用冗余的起始位和停止位实现。通信的设备之间必须有两项约定：相同的传送字符数据格式和一致的传送速率。

每个字符的组成格式为：第一位起始标志位，它的宽度为 1bit，低电平；紧跟着是字符数据位（数据有效位可以是 5~8 位），以高电平为"1"，低电平为"0"；随后是奇偶校验位（根据需要可选），最后是一位或多位的停止位。串行传送的数据加上起始位和停止位就构成了串行字符传送格式，如图 9-4 所示。

在进行异步传送时，字符间隔长短不定，在停止后可以加一位或几位空闲位，空闲位用高电位表示，用于等待下一个字符的传送。因此，接收和发送可以随时地或间断地进行，而不受时间限制。图 9-4 中有 2 个空闲位。

在 PLC 与其他设备之间进行串行通信时，大多采用异步串行通信方式。

（三）信号的调制和解调

对于远距离的信号传输，如果采用数字方波信号形式，容易发生信号畸变，误码率高。一般采用调制器把要发送的数字信号转换成正弦波模拟信号，送到通信线路上；接受方同时采用解调器把收到的模拟信号还原成数字信号，从而有效地消除数据通信中的信号失真，并可方便地利用各种传输媒体，如公用电话交换网、无线电波、微波等进行数据通信。大多数情况下，通信是双向的，调制器和解调器合在一个装置中，该装置称为调制解调器（MODEM）。串行通信使用调制解调器的示意图如图 9-5 所示（图中以 RS-232C 串行通信接口为例）。

图 9-5　使用 MODEM 的数据通

MODEM 把从 RS-232C 接口输入的发送方发送的数字方波信号调制成适合各种传输媒体传输的调制波，送至模拟发送端；它也把从模拟接收端输入的调制波解调还原成数字方波信号送至 RS-232C 接口，并输出给通信接收方。

（四）信息的检错与纠错

在数据传输过程中，由于干扰而引起误码是难免的，这将直接影响通信系统的可靠性，所以通信中的误码控制能力就成为衡量一个通信系统质量的重要指标。在数据传输过程中，发现错误的过程叫检错。发现错误之后，消除错误的过程叫纠错。在基本通信控制规程中，一般采用奇偶校验或方阵码检错，以反馈重发方式纠错。在高级通信控制规程中，一般采用循环冗余码（CRC）检错，以自动纠错方式纠错。

（五）传输速率

传输速率是指单位时间内传输的信息量，它是衡量数据传送的主要指标，它要求发送设备和接收设备都必须以相同的数据传送速率工作。在数据传输中常用的有码元速率和比特速率。

码元速率也称调制速率，是脉冲信号经过调制后的传输速率。即信号在调制过程中，单位时间内调制信号波形变化次数，也就是单位时间内所能调制的次数，单位是波特（Baud），通常用于表示调制解调器之间传输信号的速率。

比特速率即指每秒传送多少比特位，单位是比特/秒（bit/s）。

当传输的信号是二元制码时，码元速率和比特速率在数值上是相同的。

常用的标准比特率有 300bit/s、600bit/s、1200bit/s、2400bit/s、4800bit/s、9600bit/s 和 19200bit/s 等。如在一个异步串行通信中，传送一个字符，其格式为 1 个起始位、8 个数据位、1 个偶校验位、2 个停止位、传输速率为 1200bit/s，则每秒所能传送的字符数为 1200÷（1+8+1+2）=100。

目前，PLC 的传输速率一般为 300bit/s、600bit/s、900bit/s、1200bit/s、2400bit/s、4800bit/s、9600bit/s、…、38400bit/s，可根据需要进行选择。

（六）串行通信接口标准

1. RS-232C 串行通信接口

RS-232 标准（协议）是美国 EIA（电子工业协会）于 1969 年公布的通信协议。RS 是"推荐标准（Recommend Standard）"一词的缩写，"232"是标识号，C 表示此标准修改的次数。它适合于数据传输速率在 0~20000bit/s 范围内的串行通信。它是为远程通信中数据终端设备（DTE）和数据通信设备（DCE）的连接而制订的。这个标准对串行通信接口的机械特性、信号功能、电气特性和过程特性都作了明确的规定。

（1）接口的机械特性　RS-232C 的标准接插件是 9 针或 25 针的 D 形连接器。凸形连接器安装在数据终端设备（DTE）上，凹形连接器安装在数据通信设备（DCE）上。

（2）接口的信号功能　RS-232C 标准规定了数据终端设备（DTE）和数据通信设备（DCE）之间的接口信号功能。信号的方向是从数据终端设备（DTE）的角度来定义的。25 针 RS-232C 接口有 25 根信号线，其中有 2 根地线、4 根数据线、11 根控制线、3 根定时线、5 根备用或未定义线。而常用的只有 9 根。表 9-1 给出了 25 针 RS-232C 标准接口常用的引脚号、名称及功能。

表 9-1　RS-232C 常用引脚名称及功能

引脚号	信号名称	缩写名称	功　能
1	保护地线	PG	设备地线
2	发送数据	TXD	由 DTE 输出数据到 DCE
3	接收数据	RXD	由 DCE 输入数据到 DTE
4	请求发送	RTS	至 DCE，DTE 请求切换到发送方式
5	允许发送	CTS	DCE 已切换到准备接受
6	数传装置准备好	DSR	由 DCE 来，指示 DCE 已可以使用
7	信号地线	SG	信号地线
8	载波检测	DCD	由 DCE 来，指示 DCE 正接收通信链路的信号
20	数据终端准备好	DTR	至 DCE，指示 DTE 已可以使用
22	振铃指示	RI	由 DCE 来，指示通信线路测出响铃

1）设备状态信号线

数据装置准备好（DSR）：高电平有效。有效时，表明数据通信设备（DCE）处于可以使用的状态。

数据终端准备好（DTR）：高电平有效。有效时，表明数据终端设备（DTE）处于可以使用的状态。

2）发送控制信号线

请求发送（RTS）：当数据终端设备（DTE）要发送数据时，使该信号有效（高电平），向数据通信设备（DCE）发出发送请求。它用来控制数据通信设备（DCE）是否进入发送状态。

允许发送（CTS）：是对请求发送信号（RTS）的响应信号。当数据通信设备（DCE）已准备好接收数据终端设备（DTE）传来的数据并可发送时，使该信号有效（高电平），通知数据终端设备（DTE）开始发送数据。

3）接收控制线

载波检测（DCD）：当数据通信设备（DCE）正在接收由通信链路的另一端的数据通信设备（DCE）发送来的载波信号时，使 DCD 有效（高电平），通知数据终端设备（DTE）准备接收，并且数据通信设备（DCE）将接收下来的载波信号解调成数字信号后，沿接收数据线（RXD）送到数据终端设备（DTE）。

振铃指示（RI）：当数据通信设备（DCE）收到交换台送来的振铃呼叫信号时，使该信号有效（高电平），通知数据终端设备（DTE）已被呼叫。

4）数据发送与接收线

发送数据（TXD）：通过 TXD，数据终端设备（DTE）将串行数据发送到数据通信设备（DCE）。

接收数据（RXD）：通过 RXD，数据终端设备（DTE）接收从数据通信设备（DCE）发来的串行数据。

5）地线

数字地线（SG）：无方向的信号地线。

（3）接口的电气特性和过程特性　RS-232C 标准对接口的电气特性作了规定。信号状态的表示如表 9-2 所示。由于 RS-232C 使用负逻辑，因而 ON 状态对应逻辑 0，OFF 状态对应逻辑 1，电压 V_i 是对信号地而言；驱动器输出电压在-15～-3V 时，表示逻辑 1 或 MARK 状态；电压在 3～15V 时，表示逻辑 0 或 SPACE 状态。

该接口规定信号线与信号地之间分布电容不超过 2500pF；驱动电路必须经受电缆中任何导线的短路而不损坏它本身或其他相关设备；数据通信的速率为 0～20000bit/s，数据终端设备（DTE）和数据通信设备（DCE）之间的电缆最大长度为 15m。

（4）实际使用　RS-232C 通信接口标准最初是为远程通信连接数据终端设备（DTE）与数据通信设备（DCE）而制订的。但它作为一种通信标准已经被很多计算机、PLC 制造厂商广泛采用，并设计和制造了许多型号的通信专用接口器件和接口模板，使它们可以非常方便地构成造价低廉的通信系统。由于 RS-232C 串行通信的传输速率低，传输距离有限，它的应用主要在主机与外部设备之间的数据通信，如数据终端、编程器、调制解调器等。用 RS-232C 接口在近距离通信时，通常不用数据通信设备（DCE），如调制解调器（MODEM），两台数据终端设备（DTE）可以直接连接，这时只需使用 3 根线（发送线、接收线、信号地线）便可实现全双工异步串行通信。可以把计算机、PLC 视为数据终端设备（DTE），它们之间通信时的信号连接如图 9-6 所示。PLC 一般使用 9 针的连接器。

表 9-2　RS-232C 的信号状态

电压状态	-15V<V_i<-3V	+3V<V_i<+15V
二进制逻辑	1	0
信号状态	MARK（传号）	SPACE（空号）
功　能	OFF	ON

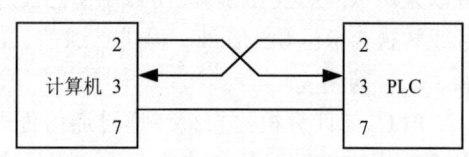

图 9-6　RS-232C 通信时的信号连接

2. RS-422A 串行通信接口

RS-232C 的电气接口电路是单端驱动、单端接收的电路,如图 9-7 所示。由于容易受到公共信号地线电位差和外部电气信号引入的干扰影响,因此它的数据传输速率局限于 20kbit/s,传输距离局限于 15m。为了提高传输速率和增加通信距离,美国 EIA 于 1977 年制订了新的串行通信标准 RS-499。在这个标准中定义了 RS-232C 中所没有的 10 种电路功能,特别对 RS-232C 接口的电气特性作了改进。RS-422A 是 RS-499 标准的子集。RS-422A 采用平衡驱动、差分接收电路,如图 9-8 所示。它能够在较长距离内明显地提高数据传输速率。如在 1200m 距离内传输速率为 100kbit/s,而在 12m 距离内可达到 10Mbit/s。

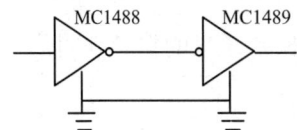
图 9-7 单端驱动单端接收

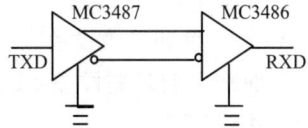
图 9-8 平衡驱动差分接收

采用平衡驱动、差分接收电路从根本上取消了信号地线。平衡驱动器相当于两个单端驱动器,当输入同一个信号时,其输出是反相的,故有共模干扰信号时,接收器只接受差分输入电压,从而大大提高了抗共模干扰能力,所以可进行长距离传输。

3. RS-485 串行通信接口

RS-485 串行接口是 RS-422A 接口的变型。它与 RS-422A 的不同之处是:RS-422A 为全双工,采用两对平衡差分信号线分别用于发送和接收操作;而 RS-485 为半双工,只采用一对平衡差分信号线用于发送和接收操作。采用 RS-485 接口,某一时刻只有一个站点可以发送数据,其他站点只能接收,因此,其发送电路必须由使能端加以控制,如图 9-9 所示。

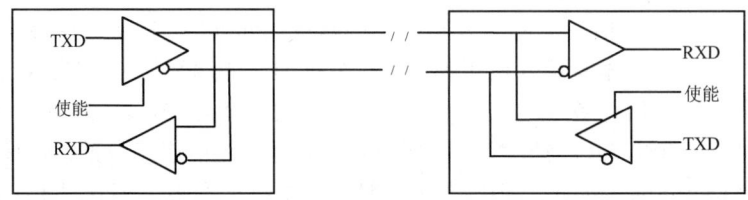
图 9-9 RS-485 接口

RS-422A 和 RS-485 接口用于多站点的互连十分方便,在一条总线上可以连接 32 个站点。新近推出的接口器件已允许连接 128 个站点,且功能和安全性能均满足要求(如输入输出隔离、防静电、防雷击、微功耗等)。在许多工业控制系统中都广泛应用该接口,通过它可以使分散的控制系统连接起来,构成分布式控制系统。

在实际应用中,为把远距离间的两台或多台带有 RS-232C 接口的计算机连接起来,或使带有 RS-232C 接口的计算机与带有 RS-422A 或 RS-485 接口的 PLC 连接起来进行通信时,可以采用 RS-232C/RS-422A 或 RS-232C/RS-485 转换器,将 RS-232C 信号转换为 RS-422 信号或转换为 RS-485 信号,再进行通信。

二、网络

PLC 与计算机可直接或通过通信处理器相连构成网络,以实现信息交换;各 PLC 或远程 I/O 模块按功能各自放置在生产现场进行分散控制,再用网络连接起来,组成集中管理的分布式网络。分布式网络以其适应性强、扩展性好及维护简单等优势而得到广泛应用。互连和通信是网络的核心，网络的拓扑结构、传输控制、传输介质和通道利用方式是构成网络的四大要素。

（一）数据通信的网络拓扑结构

在网络中，通过传输线路互连的点称为节点，节点也可定义为网络中通向任何一个分支的端点，或通向两个或两个以上分支的公共点。各个节点互连的方式和型式称为网络拓扑。常用的拓扑结构有树形、星形、总线形和环形等，如图 9-10 所示。

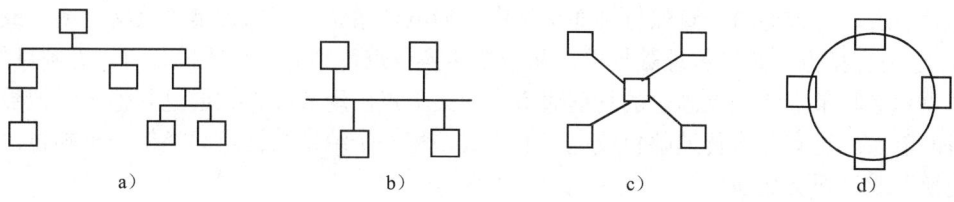

图 9-10　网络拓扑结构

a）树形　b）总线形　c）星形　d）环形

1. 树形结构

树形结构（见图 9-10a）在分级分布通信系统中广泛使用。其特点是：通信控制软件比较简单，而且为控制和差错处理提供了一个集中点。结构中处于较高位置的站点控制位于它下面的那些站点的数据通信。同级站点的数据传输要通过上一级站点的转接来实现。当某一级站点发生故障时，它下级站点的通信就会瘫痪，而它上级站点的通信仍能进行，只是不能与该站点进行通信。若一个上级站点连接的下级站点较多，数据通信量较大时，会发生"瓶颈阻塞"问题。

2. 总线形结构

总线形结构（见图 9-10b）在局域网中普遍应用。这种结构的特点是：所有站点共享一个公共通信总线，总线不封闭，容易扩展新的站点或删除旧站点。在主干链路（总线）上，任何时刻只允许两站间进行通信，但任两个节点间通过总线直接通信，速度快，延迟和开销小。某站点发生故障时，对整个系统的影响较小，整个系统投资也较小。但有时会出现争用总线控制权，而降低传输效率的问题。通信总线一旦发生故障，整个通信系统就会瘫痪。为了解决这个问题，通常采用冗余总线。通信介质常使用双绞线、同轴电缆或光纤。

3. 星形结构

星形结构（见图 9-10c）是中央控制型结构，所有站点的数据通信都由中央控制站点控制并转换。这种结构的优点是：控制容易，软件简单，数据流向明确。缺点是：由于中央控制站点负责整个系统的数据交换，存在着"瓶颈阻塞"和"危险集中"两大问题。如果采用冗余中央控制站点的方法来解决，则会增加系统的复杂程度和成本。星形结构可使用多种传输介质。

4. 环形结构

这是相邻站点顺序连接形成环路的结构（见图 9-10d）。在多数情况下，信息是以一个方向在环上从源点传递到目的点。每个站都是通过一个中继器连接到网络上，数据以分组形式发送，由于多个节点共用一个环，需对此进行控制，以决定每个站什么时候可把信息放在环上。每个节点都有控制发送和接收的访问逻辑，环形网络常用高达 10Mbit/s 的双绞线作为传输介质。这种结构的优点是：控制方式比较简单，每个站点的任务就是接收相邻上一站点发送的数据，然后把数据发送到相邻的下一个站点上。各站点之间可采用不同的传输媒体和不同的传输速度。在数据通信频繁场合，它的传输效率比较高。其缺点是：某个站点发生故障会阻塞信息通路，可靠性较差。

（二）传输控制

传输控制即介质访问控制，是指对网络通道占有权的管理和控制。

局部网络上的信息交换方式有两种：一种是线路交换，即发送节点与接收节点之间有固定的物理通道，且该通道一直保持到通话结束，如电话系统。第二种是"报文交换"或"包交换"，这种交换方式是把编址数据组，从一个转换节点传到另一个转换节点，直到目的站。发送节点和接收节点之间无固定的物理通道。如某节点出现故障，则通过其他通道把数据组送到目的节点。这有些像传递邮包或电报的方式，每一个编址数据组即类似一个邮包，故称"包交换"或"报文交换"。

目前应用较多的局域网传输控制有令牌传送方式和 CSMA/CD 方式，运用这两种方式的局域网有令牌环（Token Ring）、令牌总线（Token Bus）和以太网（Ethernet）等几种类型，这几种类型各有特点。

1. 以太网（Ethernet）

以太网采用总线形拓扑结构，同轴电缆为传输媒介，采用 IEEE802.3 国际通信标准，这种方式允许网络中的各节点自由发送信息，但当两个以上节点同时发送信息时，则会出现线路冲突，故需做些规定，加以约束。目前常用的是带碰撞检测的载波侦听多址访问规约，即 CSMA/CD（Carrier Sense Multiple Access With Collision Detection）规约。

这种协议要求每个发送节点要"先听后发，边听边发"，即发送前先监听，在监听时，若总线空，则可发送，若忙，则停止发送。发送的过程中还要随时监听，一旦发现线路冲突，则停止发送报文，且已发内容全部作废，并发送一段简短的冲突标志（阻塞码序列）。

CSMA/CD 允许各站平等竞争，不支持带优先级的实时访问。在轻载时，控制分散，效率高，实时性好，适合于工业控制计算机网络，以太网的硬件（如网卡）便宜、软件支持性好。因此以太网在工业控制中得到广泛的应用。

西门子网络的顶层为工业以太网，它是基于 IEEE802.3 的开放式网络。可实现管理—控制网络的一体化，可集成到因特网，为全球联网提供了条件。西门子提供的以太网通信模块或通信处理器、远程访问路由器可在广域网连接的两个以太网之间实现远程通信。

2. 令牌总线（Token Bus）

IEEE802 国际标准中的工厂介质访问技术是令牌总线，其编号为 IEEE802.4。它吸收了 GM（通用汽车公司）支持的制造自动化协议（MAP，Manufacturing Automation Protocol）系统内容。

在令牌总线中，对介质访问的控制权是以令牌为标志的。令牌是一组二进制码，网络上的节点按某种规则排序，令牌被依次从一个节点传到下一个节点，只有得到令牌的节点才有权控制和使用网络，已发送完信息或无信息发送的节点将令牌传给下一节点，传递到最后一个节点后，再传递给第一个节点，如此反复，形成一个逻辑环。

令牌有"空"、"忙"两个状态，令牌网开始运行时，用指定站产生一个空令牌沿逻辑环传送。任何一个要发送信息的站都要等到令牌传给自己，判断为空令牌时才发送信息，发送站首先把令牌置成"忙"，并写入要传送的信息、发送站名和接收站名，然后将载有信息的令牌入环网传输。令牌沿环网一周后返回发送站时，信息已被接收站接受，发送站将令牌置为"空"，送上环网继续传送。

令牌逻辑传送网络结构简单、成本低，一般适用于总线形和环形结构网络。因这种结构便于实现集中管理、分散控制，所以很适合于工业控制现场。

3. 令牌环（Token Ring）

令牌环介质访问方式是 IBM 开发的，采用 IEEE802.5 国际标准，它有些类似于令牌总线。在令牌环上，最多只能有一个令牌绕环传递，不允许两个站同时发送数据，令牌环从本质上看，是一种集中控制式的环，在环上须有一个中心控制站负责网的工作状态的检测和管理。它在传输效率、实时性和分布范围上均优于以太网，很适于光纤传输，但当环网上一个链节或重发器发生故障时，会导致整个网络的瘫痪。

（三）通道利用方式及传输介质

常用的通道利用方式有两种：基带和宽带。基带方式即利用传输介质的整个带宽进行信号传送；宽带方式即把通信通道以不同的载频划分成若干通道，在同一传输介质上同时传送多路信号。前者优点是价格低、设备简单、可靠性高。缺点是通道利用率低，长距离传送衰减大。后者优点是通道利用率高，但因须加调制解调器，其成本较高。

局域网的传输介质要求铺设安全简便、容易维护、强度好。目前普遍使用的有同轴电缆、双绞线和光缆。双绞线成本低、安装简单，但抗干扰能力相对差些。光缆抗干扰能力很强，传输距离远，但成本高、维修复杂，故选用时，应根据实际情况合理选用。

（四）开放系统互连参考模型

要实现不同厂家生产的智能设备的通信，必须有一套通用的计算机网络通信标准。国际标准化组织（ISO，International Standard Organization）于 1978 年提出了开放系统互连（OSI，Open Systems Interconnection）参考模型，它所用的通信协议一般为 7 层，如图 9-11 所示。

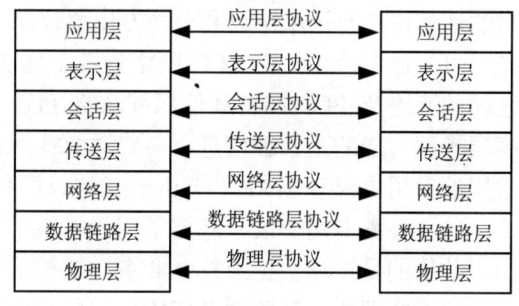

图 9-11　通用协议模型

在该模型中，最底层为物理层，实际通信就是通过物理层在互联媒体上进行的，互联媒体如双绞线、同轴电缆等。物理层为用户提供建立、保持和断开物理连接的功能，物理层常用的例子如 RS-232C、RS-422A/RS-485。7 层模型中，上面的任何层都以物理层为基础，对等层之间实现开放系统互连。

数据链路中数据以帧为单位传送，每帧包含一定数量的数据和必要的控制信息，如同步信息、地址信息等，数据链路层负责在两个相邻节点间的链路上，实现差错控制，把输入的数据组成数据帧，并在接收端检验传输的正确性，若正确，则发送确认信息；若不正确，则抛弃该帧，等待发送端超时重发。

网络层的主要功能是报文包的分段、报文包阻塞的处理及通信子网路径的选择。

传输层的信息传送单位是报文（Message），该层主要负责从会话层接收数据，把它们传到网络层，并保证这些数据正确地到达目的地。该层控制端到端数据的完整性，确保高质量的网络服务，起到网络层和会话层之间的接口作用。

会话层的功能是支持通信管理和实现最终用户应用进程之间的同步，按正确的顺序收发数据，进行各种对话。

表示层用于应用层信息内容的形式交换，如数据加密/解密、信息压缩/解压，消去重复的字符和空白等，把应用层提供的信息变成能够共同理解的形式。

应用层作为 OSI 的最高层，主要为用户的应用服务提供信息交换，为应用接口提供操作标准。负责与其他高级功能的通信，如分布式数据库和文件传输等。

（五）PLC 网络类型及通信协议

1. 简单网络

以个人计算机为主站，一台或多台同型号的 PLC 为从站，组成简易集散控制系统。在这种系统中，个人计算机充当操作站，实现显示、报警、监控、编程及操作等功能，而多台 PLC 负责控制任务；也可以 PLC 作为主站，其他多台同型号 PLC 作为从站，构成主从式网络。在主站 PLC 上配有彩色显示器及打印机等，以便完成操作站的各项功能。多台设备通过传输线相连，可以实现主从设备间的通信。

2. 多级复杂网络

现代大型工业企业 PLC 控制系统中，一般采用多级网络的形式。不同 PLC 厂家的自动化系统网络结构的层数及各层的功能分布有所差异。但基本都是从上到下，各层在通信基础上相互协调，共同发挥着作用。实际应用中，一般采用 3~4 级子网构成复合型结构，而不一定是 OSI 参考模型的 7 层，不同层采用相应的通信协议。

3. 通信协议

通信双方就如何交换信息所建立的一些规定或约定，称为通信协议。在 PLC 网络中使用的通信协议有通用协议和公司专用协议两大类。

（1）通用协议　在 PLC 网络的各个层次中，高层子网中一般采用通用协议，如 PLC 网之间的互连及 PLC 网与其他局域网的互连，这表明工业网络向标准化和通用化发展的趋势。高层子网传送的是管理信息，与普通商业网络性质接近，同时要解决不同种类的网络互连。常用的通用协议有 MAP 和 Ethernet 协议两种。

（2）公司专用协议　底层子网和中层子网一般采用公司专用协议，尤其是最底层子网，由于传送的是过程数据及控制命令，这种信息较短，但实时性要求高。公司专用协议的层次一般只有物理层、链路层及应用层三层，而省略了通用协议所必需的其他层，所以信息传送速率快。

第二节　S7 系列 PLC 的网络类型及配置

S7 系列 PLC 可方便地实现相互之间通信以及与其他智能设备进行通信。实现它们之间的通信要做的工作有：确立通信方案、硬件配置及组网、参数设置及编程。本节在介绍了 S7 系列 PLC 通信协议、通信设备的基础上，介绍了用 S7 系列 PLC 组建的几种典型网络及其硬件配置，并介绍了通信参数设置方法。

一、字符数据格式

S7-200 采用异步串行通信方式，传送字符数据格式有两种：10 位字符和 11 位字符。

10 位字符数据由 1 个起始位、8 位数据位、1 个停止位组成，它无校验位。传输速率一般为 9600bit/s。

11 位字符数据由 1 个起始位、8 个数据位、1 个偶校验位、1 个停止位组成。传输速率一般为 9600bit/s 或 19200bit/s。

二、通信协议

西门子产品所用的通信协议包括通用协议和公司专用协议。不同形式的通信可以分别使用相应的协议。

（一）通用协议

通用协议主要是 Ethernet 协议，用于管理级的信息交换。

（二）公司专用协议

S7-200 支持多种通信协议，协议定义了主站与从站两类通信设备。主站可以对网络上另一台设备发出初始化申请，从站只是响应来自主站的申请。主、从站间的专用通信协议有以下三个标准协议和一个自由口协议。

1. PPI 协议

PPI（Point-to-Point Interface）协议用于点对点接口，它是一个主/从协议。其特点是当主站向从站发送申请或查询时，从站才对其响应，从站不进行信息初始化。

主站可以是其他 CPU 主机（如 S7-300 等）、SIMATIC 编程器或 TD200 文本显示器等。网络中的所有 S7-200 都默认为从站。

S7-200 系列中的一些 CPU 模块如果在用户程序中允许 PPI 主站模式，则在 RUN 方式下可以作为主站。此时可以利用相关的通信指令（如 NETR、NETW）来读写其他 CPU 主机，同时它还可以作为从站来响应其他主站的申请或查询。

对于任何一个从站有多少个主站和它通信，PPI 没有限制，但在网络中最多只能有 32 个主站。

2. MPI 协议

MPI（Multi-Point Interface）协议适用于多点接口，可以是主/主协议或主/从协议，协议操作有赖于设备类型。

S7-300 都默认为网络主站，如果网络中只有 S7-300，则建立主/主连接。如果设备中有 S7-200，则可建立主/从连接。

MPI 协议用于两个相互通信的设备之间建立连接。这种连接可以是两个设备之间的非公用连接，连接数量有一定限制。主站可在需要时短时间内建立一个连接，或是无限期地保持断开连接。运行时另一个主站不能干涉已经建立连接的两个设备。

由于设备之间 S7-200 的连接是非公用的，并且需要 CPU 中的资源，所以每个 S7-200 只能支持四个连接，但每个 EM277 PROFIBUS-DP 模块支持六个连接。每个 S7-200 和 EM277 模块保留两个连接，其中一个给 SIMATIC 编程器或计算机，另一个给操作面板。这些保留的连接不能由其他类型的主站（如 CPU）使用。

3. PROFIBUS 协议

PROFIBUS 协议用于分布式 I/O 设备（远程 I/O）的高速通信。该协议的网络使用 RS-485 标准双绞线，适合多段、远距离高速通信。PROFIBUS 网络通常有一个主站和几个 I/O 从站。主站初始化网络并核对网络上的从站设备和配置是否匹配。主站连续地把输出数据写到从站并从它们读取输入数据。当 DP 主站成功地组态一个从站时，它就拥有该从站。如果网络中有第二个主站，它只能很有限地访问第一个主站的从站。

PROFIBUS 协议允许在一个网络段上最多连接 32 台设备。根据波特率的不同，网络段的长度可以达到 1200m，如采用中继器，则可在网络上连接更多的设备，网络的长度也可延长到 9600m。

以上这三个标准协议是基于 OSI 的七层通信结构模型，PPI 和 MPI 协议通过令牌逻辑环网实现。这些都是异步、基于字符的协议，带有 1 个起始位、8 个数据位、1 个偶校验位和 1 个停止位。通信帧由特殊的起始和结束字符、源和目的站地址、帧长度和数据完整性检查组成。只要相互波特率相同，三个协议可以在一个网络中同时运行，而不会相互影响。协议支持一个网络上的 127 个地址（从 0 到 126）。为了使通信成功，网络上的所以设备必须具有不同的地址。SIMATIC 编程器和计算机的默认地址是 0，操作面板（如 TD200、OP15）的默认地址是 1，PLC 的默认地址是 2，可运行 STEP7-Micro/WIN32 修改地址。

4. 自由口协议

自由口协议是指通过用户程序控制 CPU 主机的通信端口的操作模式来进行通信。当选择自由口模式且主机处于 RUN 方式下，用户可通过发送/接收中断、发送/接收指令编写的程序来控制串行通信口的运作。当主机处于 STOP 方式时，自由口通信被终止，通信口自动切换到正常的 PPI 协议操作。

通信协议完全由用户程序控制，通过 SMB30（通信口 0）可设置允许自由口通信模式。

三、通信设备

与 S7-200 相关的主要有以下网络设备及自由口通信设备。

（一）通信口

S7-200 主机带有一个或两个串行通信口，其通信口是符合 EN 50170 欧洲标准中 PROFIBUS 标准的 RS-485 兼容 9 针 D 型接口。接口引脚如图 9-12 所示，PLC 端口 0 或端口 1 的引脚与 PROFIBUS 的名称对应关系如表 9-3 所示。

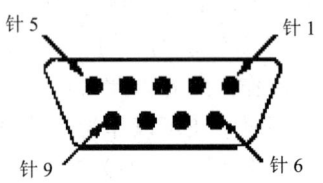

图 9-12　RS-485 引脚

表 9-3　端口 0、端口 1 RS-485 引脚与 PROFIBUS 对应关系表

针 号	端口 0/端口 1	PROFIBUS 名称
1	机壳接地	屏蔽
2	+24V 返回（逻辑地）	+24V 返回（逻辑地）
3	RS-485 信号 B	RS-485 信号 B
4	RTS（TTL）	请求发送信号（TTL）
5	逻辑地	+5V 地
6	+5V（带 100Ω 串联电阻）	+5V
7	+24V	+24V
8	RS-485 信号 A	RS-485 信号 A
9	10 位协议选择（输入）	不用
端口外壳	机壳接地	屏蔽

（二）网络连接器

为了能够把多台设备很容易地连接到网络中，西门子公司提供了两种网络连接器：一种标准网络连接器（引脚分配见表 9-3）和一种带编程接口的连接器（见图 9-13），后者允许在不影响现有网络连接的情况下，再连接一个编程器或者一个操作面板到网络中。带编程接口的连接器可将 S7-200 的所有信号（包括电源引脚）传到编程接口，这对于那些从 S7-200 取电源的设备（例如 TD 200）尤为有用。

网络连接器的开关在 ON 位置时，表示内部有终端匹配和偏置电阻，接线如图 9-14 所示。在 OFF 位置时，表示未接终端电阻。接在网络两个末端的连接器必须有终端匹配和偏置电阻，即将开关放在 ON 位置。

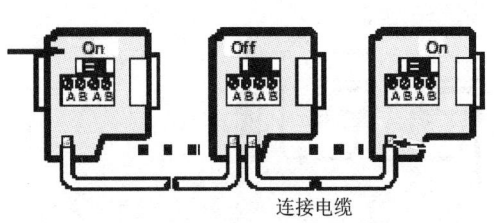

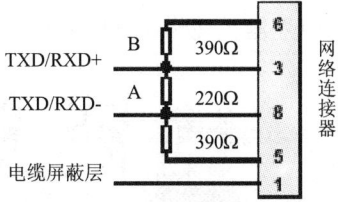

图 9-13 带编程器接口的网络连接器　　图 9-14 开关在 ON 位置时终端连接器接线图

（三）通信电缆

通信电缆主要有 PROFIBUS 网络电缆和 PC/PPI 电缆。

1. PROFIBUS 网络电缆

PROFIBUS 现场总线使用屏蔽双绞线电缆。PROFIBUS 网络电缆的最大长度取决于通信波特率和电缆类型。当波特率为 9600bit/s 时，网络电缆最大长度为 1200m。

2. PC/PPI 电缆

利用 PC/PPI 电缆和自由口通信功能可把 S7-200 连接到带有 RS-232 标准接口的许多设备，如计算机、编程器和调制解调器等。

PC/PPI 电缆的一端是 RS-485 端口，用来连接 PLC 主机；另一端是 RS-232 端口，用于连接计算机等其他设备。电缆中部有一个开关盒，上面有 4 个或 5 个 DIP 开关，用来设置波特率、传送字符数据格式和设备模式，设置方法如图 6-1 所示。

当数据从 RS-232 传送到 RS-485 口时，PC/PPI 电缆是发送模式。当数据从 RS-485 传送到 RS-232 口时，PC/PPI 电缆是接收模式。当检测到 RS-232 的发送线有字符时，电缆立即由接收模式转换到发送模式。当 RS-232 发送线处于闲置的时间超过电缆切换时间时，电缆又切换到接收模式。这个时间与电缆上的 DIP 开关设定的波特率选择有关，如表 9-4 所示。

表 9-4　PC/PPI 电缆转换时间
（发送模式到接收模式）

波特率/（bit/s）	转换时间/ms
38400～115200	0.5
19200	1
9600	2
4800	4
2400	7
1200	14

自由口通信系统中使用 PC/PPI 电缆，对于下面的情况，必须在 S7-200 的用户程序中包含转换时间：

（1）S7-200 在接收到 RS-232 设备的发送请求后，S7-200 必须延时一段时间才能发送数据，延时时间须大于或等于电缆的切换时间。

（2）S7-200 在接收到 RS-232 设备的应答信息后，S7-200 的下一次应答信息的发出必须延迟，并大于或等于电缆的切换时间。

在这两种情况下，延迟使 PC/PPI 电缆有足够的时间从发送模式切换到接收模式，以便于数据准确地从 RS-485 口传到 RS-232 口。

（四）网络中继器

在网络中使用中继器可延长网络通信距离，增加接入网络的设备，并且能隔离不同的网络段，如图 9-15 所示。RS-485 中继器为网络段提供偏置电阻和终端电阻。

如使用两个中继器而中间没有其他节点，网络的通信距离按照所使用的波特率可扩展一个网段的长度（最多 1000m）。在一个串联网络中，最多可使用 9 个中继器，每个中继器最多可增加 32 个设备，但网络总长度不能超过 9600m。

网络中继器虽被作为网段的一个节点，但不必指定站地址。

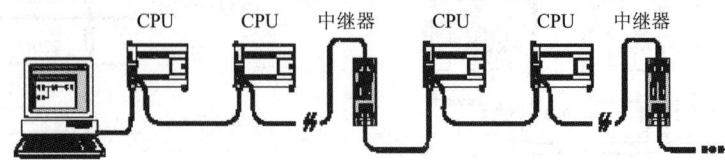

图 9-15 带有中继器的网络

（五）调制解调器

用调制解调器可以实现计算机或编程器与 PLC 主机之间的远距离通信。以 11 位调制解调器为例，通信连接如图 9-16 所示。图中用了一根 4 开关 PC/PPI 电缆和一个 11 位调制解调器通过电话线把 S7-200 连接到主站。

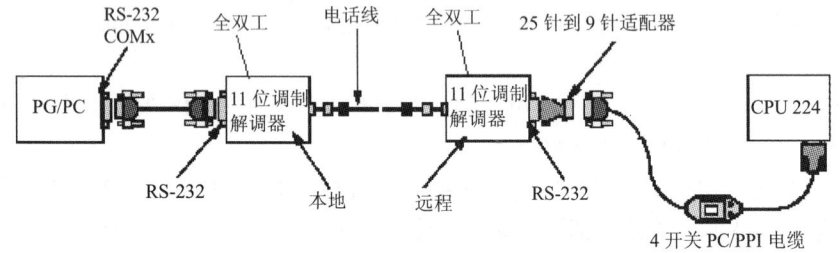

图 9-16 由调制解调器进行远程通信

这个组态只允许一个主站，而且只支持 PPI 协议。为了通过 PPI 接口通信，S7-200 要求调制解调器采用 11 位数据串。在这个模式下，S7-200 要求采用 1 个起始位、8 个数据位、1 个偶校验位、1 个停止位的异步通信方式，通信速率为 9600/19200bit/s。

（六）PROFIBUS-DP 通信模块

EM277 PROFIBUS-DP 通信模块用来将 S7-200 连接到 PROFIBUS-DP 网络，PROFIBUS-DP 网络通常由一个主站和多个从站组成。EM277 通过 DP 通信端口连接到 PROFIBUS-DP 网络中的一个主站，通过串行 I/O 总线连接到 S7-200CPU 模块。EM277 模块上的 DP 从站端口可按 9.6kbit/s～12Mbit/s 的比特率运行。作为从站，EM277 模块可以向主站发送数据和接受来自主站的数据及 I/O 配置。EM277 可以读写 S7-200CPU 模块中定义变量存储区中的数据块，使用户能与主站交换各种类型的数据。同样，从主站传来的数据存储在 PLC 的变量存储区后，也可传到其他数据区。

EM277 通过 DP 通信端口连接到网络中的一个主站上，但仍能作为一个 MPI 从站与同一网络中的 SIMATIC 编程器、S7-300 或 S7-400CPU 等其他主站通信。EM277 模块共有六个连接，其中有两个保留给编程器（PG）和操作面板（OP）。

（七）工业以太网 CP243-1 通信处理器

利用 CP243-1 通信处理器可将 S7-200 连接到工业以太网（IE）中。S7-200 通过以太网与其他 S7-200 交换数据。CP243-1 允许通过 STEP7 Micro/WIN32 对 S7-200 进行远程组态、编程和诊断，并通过以太网访问 S7-200 的程序。CP243-1 还支持一台 S7-200 通过以太网与其他 S7-300 或 S7-400 进行通信，并可以与基于 OPC 的服务器进行通信。CP243-1 在出厂时，预设了惟一的 MAC 地址，而且不能被改变，从而惟一标识 CP243-1 相连的站点。图 9-17 给出了 CP243-1 通信处理器应用实例。

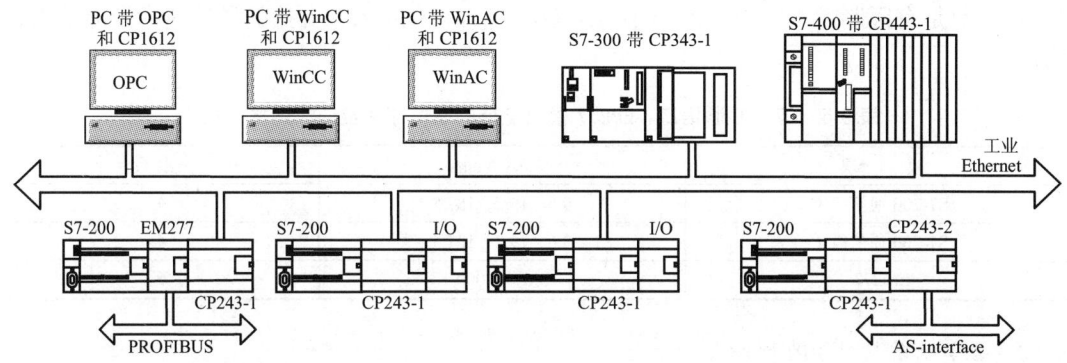

图 9-17　CP243-1 通信处理器应用实例

（八）工业以太网 CP243-2 通信处理器

CP243-2 是专门为 S7-200 的 CPU22X 模块设计的用于与 AS-i 连接的连接部件，如图 9-17 所示。CP243-2 作为 AS-i 的主站，它最多可以连接 31 个 AS-i 从站。每个 S7-200 最多可以同时处理两个 CP243-2，每个 CP243-2 的 AS-i 网络上最多能有 124 个数字量输入和 124 个数字量输出，因此通过 CP243-2 和 AS-i 网络可以增加 S7-200 处理的输入/输出数字量。CP243-2 占用 S7-200 映像区的一个数字量输入字节（状态字节）、一个数字量输出字节（控制字节）、8 个模拟量输入字和 8 个模拟量输出字。用户可通过设置控制字来设置 CP243-2 的运行模式，使 S7-200 模拟量映像区中存储 AS-i 从站的 I/O 数据、诊断值或启动主站调用。

除以上设备之外，常用的还有通信处理器 CPJI 2、多机接口卡、MPI 卡等。具体使用方法可参阅西门子产品手册。

四、S7 系列 PLC 产品组建的几种典型网络

PLC 常见的通信网络主要有把计算机或编程器作为主站、把操作面板作为主站和把 PLC 作为主站等类型，这几种类型中又有单主站单从站 PPI、多主站单从站 PPI 和复杂的 PPI 网络几类。

（一）仅仅使用 S7-200 设备配置网络

1. 单主站单从站 PPI 网络

编程设备 PC/PG 通过 PC/PPI 电缆或者通信卡（CP）与 S7-200 可以组成单主站单从站 PPI 网络，如图 9-18a、b 所示。图中计算机（STEP7-Micro/WIN32）或人机界面（HMI）设备（例如 TD200、TP 或 OP）是网络的主站，S7-200 是网络的从站。

STEP7-Micro/WIN32 可访问网络上所有的 CPU，每次只与一个 S7-200 通信。网络上的主站器件可以向从站器件发出通信请求，从站器件只能响应主站请求。多数情况

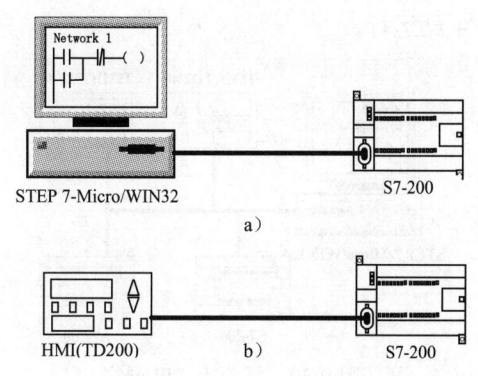

图 9-18　单主站单从站 PPI 网络

下，S7-200 被配置为从站，可响应主站的请求。

对于单主站 PPI 网络，配置 STEP7-Micro/WIN32 时可使用 PPI 协议，可以选择单主站、多主站或者 PPI 高级。PPI 高级允许网络中设备与设备之间建立通信连接，但每台设备支持的连接个数是有限制的。表 9-5 给出了 S7-200 通信口、EM277 支持的通信速率及通信连接个数。

表 9-5 S7-200 通信口、EM277 模块支持的通信速率及通信连接个数

模块	波特率/kbit/s	连接数
S7-200 通信口 1	9.6、19.2、187.5	4
S7-200 通信口 2	9.6、19.2、187.5	4
EM277	9.6~12000	6

2. 多主站单从站 PPI 网络

编程设备 PC/PG 通过 PC/PPI 电缆或者通信卡（CP）与 S7-200 可以组成多主站单从站 PPI 网络，如图 9-19 所示。计算机（STEP7-Micro/WIN32）和人机界面（HMI）设备都是网络的主站，S7-200 是网络的从站。对于多主站 PPI 网络，配置 STEP7-Micro/WIN32 使用 PPI 协议时，应选择多主站，最好选择 PPI 高级。必须为两个主站分配不同的站地址，才能保证通信成功。

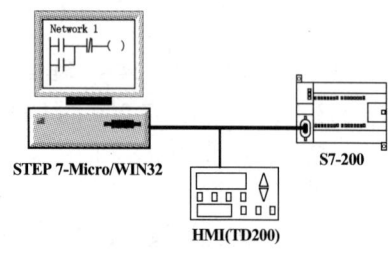

图 9-19 多主站单从站 PPI 网络

3. 复杂的 PPI 网络

图 9-20 给出了一个点对点通信的有多个从站的多主站网络实例。计算机（STEP7-Micro/WIN32）和人机界面（HMI）设备通过网络指令读写各 S7-200 的数据，同时 S7-200 之间可以使用网络读写指令 NETR、NETW 相互读写数据（点对点通信）。图中所有设备（主站和从站）都应分配不同的地址。对于多从站多主站构成的复杂 PPI 网络，配置 STEP7-Micro/WIN32 使用 PPI 协议时，应选择多主站并选择 PPI 高级。

（二）使用 S7-200、S7-300 设备配置网络

图 9-21 给出了一个包含三个主站（计算机、HMI、S7-300）的网络，S7-300 和 S7-400 可采用 MPI 协议并通过 XGET 和 XPUT 指令来读写 S7-200 的数据。MPI 协议不支持 S7-200 作主站运行。

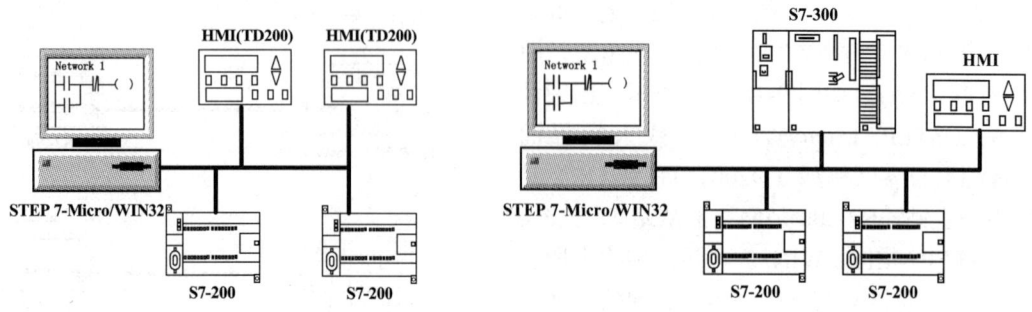

图 9-20 复杂的 PPI 网络　　　　图 9-21 使用 S7-300 组成的网络（1）

如果通信波特率超过 19.2kbit/s，计算机（STEP7-Micro/WIN32）必须使用通信卡（CP）

来连接从站。STEP7-Micro/WIN32 支持的通信卡和协议如表 9-6 所示。

表 9-6　STEP7-Micro/WIN32 支持的通信卡和协议

支持的硬件	类　　型	支持的波特率/kbit/s	支持的协议
PC/PPI 电缆	连接到 PC 的 COM 口的电缆连接器	9.6 或 19.2	PPI
CP5511	II 型，PCMCIA 卡（实用于笔记本电脑）	9.6～12000	PPI、MPI、PROFIBUS
CP5611	PCI 卡（版本 3 以上）	9.6～12000	PPI、MPI、PROFIBUS
MPI	集成在编程器中的 PC ISA 卡	9.6～12000	PPI、MPI、PROFIBUS

STEP7-Micro/WIN32 使用 PPI 协议与 S7-200 通信时，应选择多主站，最好选择 PPI 高级。

如果通信波特率超过 187.5kbit/s，S7-200 必须通过 EM277 模块与网络相连（见表 9-5），如图 9-22 所示。STEP7-Micro/WIN32 使采用 PROFIBUS 协议与 S7-200 进行通信。EM277 只能用作从站。

（三）PROFIBUS 网络配置

图 9-23 给出了一个 PROFIBUS 网络，S7-315-2 DP 作为 PROFIBUS 网络主站，EM277 作为 PROFIBUS 网络从站，S7-315-2 DP 通过 EM277 读写 S7-200 的 V 存储器中的数据，HMI 通过 EM277 监控 S7-200，STEP7-Micro/WIN32 通过 EM277 对 S7-200 进行编程。网络支持的波特率为 9.6kbit/s～12Mbit/s，但当波特率超过 19.2kbit/s 时 STEP7-Micro/WIN32 必须使用通信（CP）卡来连接（见表 9-6）。对于 CP 卡，进行 STEP7-Micro/WIN32 配置时应选择 PROFIBUS 协议。如果网络中只有 DP 设备，应为 PROFIBUS 网络主站选择 DP 或者标准协议，否则选择通用协议（DP/FMS）。

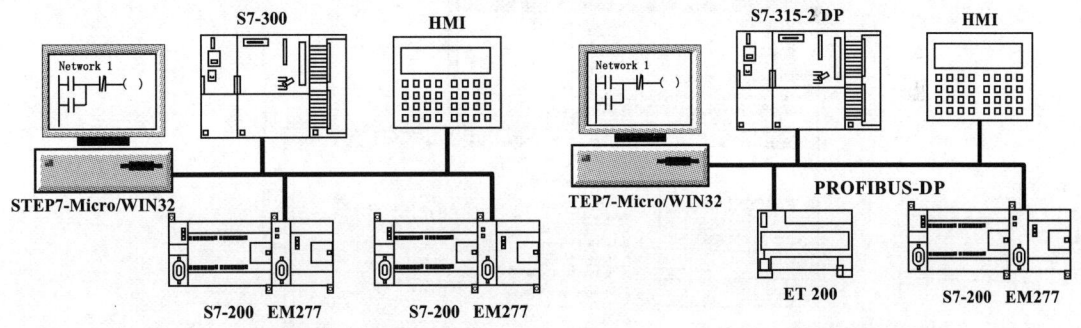

图 9-22　使用 S7-300 组成的网络（2）　　图 9-23　PROFIBUS 网络

五、通信参数的设置

（一）通信参数的设置

进行通信参数设置，应先运行 STEP7-Micro/WIN32 软件进入"通讯设定"对话框。可通过单击"引导条"中的"通讯"图标进入该对话框。"通讯设定"对话框如图 9-24 所示。

图中已配置的参数为：
- 远程设备地址：2；
- 本地设备地址：0；
- 通信模式：PC/PPI 电缆（计算机通信口为 COM1）；
- 通信协议：PPI 协议；

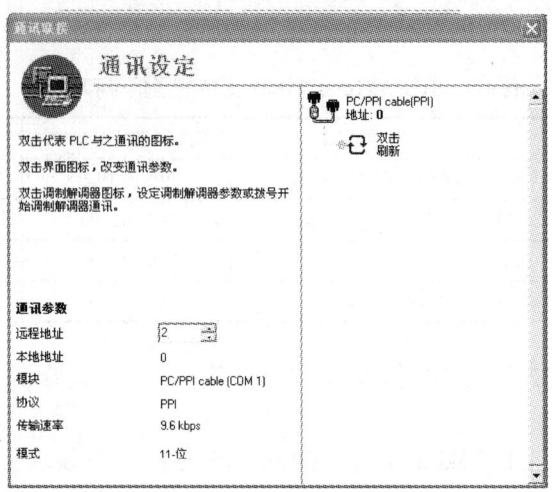

图 9-24 "通讯设定"对话框

- 传送波特率：9.6kbit/s；
- 传送字符数据格式：11 位。

图中配置的参数均为默认设置，可根据需要更改以上参数的设置，具体步骤如下：

(1) 双击"通讯设定"对话框中右上角的 PC/PPI 电缆图标，出现"设置 PG/PC 接口（Set PG/PC Interface）"对话框，如图 9-25 所示。

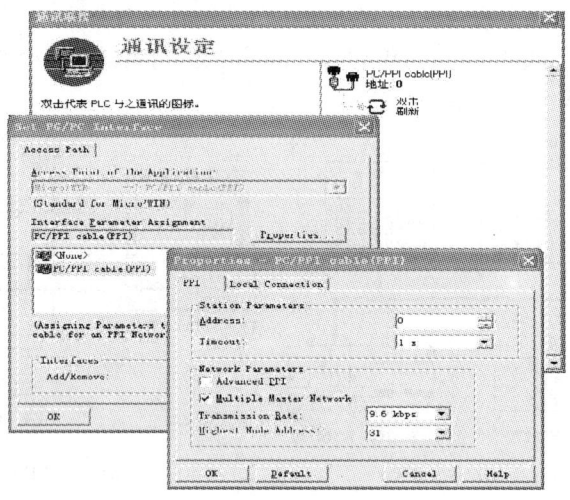

图 9-25 配置 STEP 7-Micro/WIN32

(2) 点击"设置 PG/PC 接口"对话框中的"属性（Properties）"按钮，出现"PC/PPI 电缆属性（Properties -PC/PPI Cable（PPI））" 对话框。

(3) "PC/PPI 电缆属性" 对话框的"PPI"选项中对本站（STEP7-Micro/WIN32）地址（默认设置为 0，一般不需改动）、通信超时进行设定；可选择使用 PPI 高级和多主站网络；可对网络传输速率、网络最高站址进行选择。

(4) 点击"本地连接（Local Connecting）"选项，可选择计算机的通信口以及选择是否使用调制解调器进行通信。

（二）安装或删除通信接口

按上述方法进入"设置 PG/PC 接口（Set PG/PC Interface）"对话框后即可按以下步骤进行安装或删除通信接口操作：

（1）如图 9-26 所示，点击"增加/删除（Add/Remove）"区中"选择（Select）"按钮，将弹出"安装/删除（Installing/Uninstalling Interface）"对话框。

（2）在"选择"窗口中选择要安装的接口硬件（如图 9-26 中的 PC Adapter 接口），点击中间的"安装"按钮，然后按照安装向导按步骤进行安装。安装结束后，在对话框的右侧的"已安装"窗口中将出现安装的硬件。

（3）在对话框的右侧的"已安装"窗口中选择要删除的硬件，点击中间的"删除"按钮，所选硬件即可被删除。

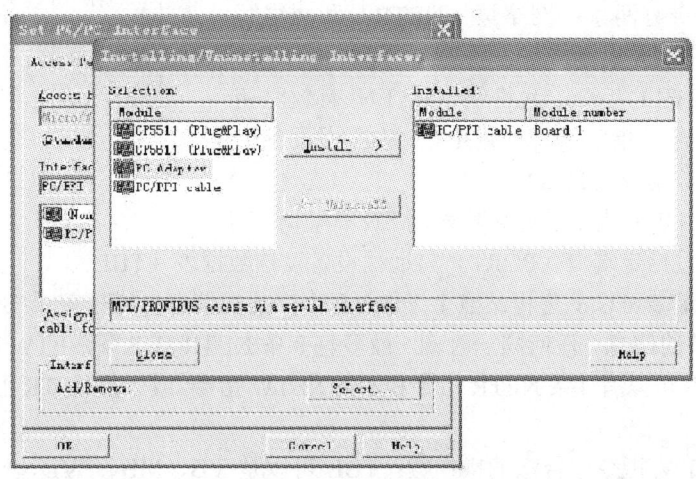

图 9-26　安装或删除通信接口

六、S7-200 的参数设置

设置好通信参数后，也应根据需要为 S7-200 进行参数设置，主要包括：站地址、网络最高站地址、波特率、间隔更新系数等参数的设置，其设置方法如下：

（1）在 STEP7-Micro/WIN32 界面上单击 STEP7-Micro/WIN32 屏幕上左侧引导条中的"系统块"图标，将弹出"系统块"对话框，如图 9-27 所示。

（2）S7-200 设置站地址、网络最高站地址、波特率、间隔更新系数等参数。

（3）下载系统块到 S7-200。

下载系统块到 S7-200 之前，需确认 STEP7-Micro/WIN32 的通信口的参数与当前 S7-200 的参数是否匹配，主要看站地址、波特率等参数是否一致，下载成功后，可打开"通讯设定"对话框并双击该对话框右上角的刷新图标搜寻并连接网络上的 S7-200。为确保通信顺利，通信前根

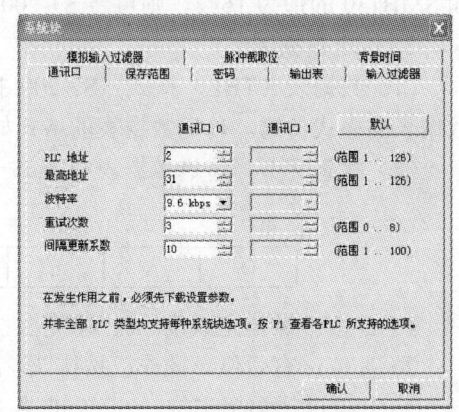

图 9-27　配置 S7-200

据需要重调整 STEP7-Micro/WIN32 的通信口的参数，以使 STEP7-Micro/WIN32 的通信口的参数与当前 S7-200 的参数相匹配。

第三节　S7-200 网络及应用

一、网络指令及应用

在实际应用中，S7-200 之间经常采用 PPI 协议进行通信。S7-200 默认运行模式为从站模式，但在用户应用程序中可将其设置为主站运行模式与其他从站进行通信，用相关网络指令读写其他从站中的数据。

（一）网络指令

网络通信指令有两条：网络读（NETR）和网络写（NETW），如图 9-28 所示。

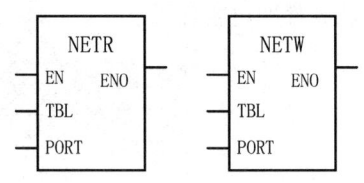

图 9-28　网络指令

网络读（NETR）指令：允许输入端 EN 有效时初始化通信操作，通过指定端口（PORT）从远程设备上读取数据并形成数据表（TBL）。

网络写（NETW）指令：允许输入端 EN 有效时初始化通信操作，通过指定端口（PORT）向远程设备发送数据表（TBL）。

NETR 指令最多可以从远程站点上读取 16 个字节的信息，NETW 指令最多可以向远程站点写 16 个字节的信息。任何同一时刻，最多有 8 条 NETR 或 8 条 NETW 指令有效。例如，在一个 S7-200 中，可以有 4 条 NETR 指令和 4 条 NETW 指令，或 2 条 NETR 指令和 6 条 NETW 指令。

NETR、NETW 指令中合法的操作数：TBL 可以是 VB、MB、*VD、*AC、*LD，数据类型为 BYTE；PORT 是常数（CPU221、CPU222、CPU224 模块为 1；CPU226、CPU226XM 模块为 0 或 1），数据类型为 BYTE。

（二）控制寄存器和传送数据表

1. 控制寄存器

将特殊标志寄存器 SMB30 和 SMB130 的低 2 位设置为 2#10，其他位为 0，即 SMB30 和 SMB130 的值为 16#2，则可将 S7-200 设置为 PPI 主站模式。

2. 传送数据表

（1）数据表（TBL）格式　S7-200 执行网络读写指令时，PPI 主站与从站之间的数据以数据表的格式传送。传送数据表的格式如表 9-7 所示。

（2）状态字节　传送数据表中的第一个字节为状态字节，各位含义如下：

第 7 位							第 0 位
D	A	E	0	E1	E2	E3	E4

1）D 位：操作完成位。0：未完成；1：已完成。

2）A 位：有效位，操作已被排队。0：无效；1：有效。

3）E 位：错误标志位。0：无错误；1：有错误。

4）E1、E2、E3、E4 位：错误码。如果执行读写指令后 E 位为 1，则由这 4 位返回一个错误码。这 4 位组成的错误编码及含义如表 9-8 所示。

表 9-7 传送数据表的格式

字节偏移量	名 称	描 述
0	状态字节	反映网络指令的执行结果状态及错误码
1	远程站地址	被访问网络的 PLC 从站地址
2	指向远程站数据区的指针	存放被访问数据区（I、Q、M 和 V 数据区）的首地址
3		
4		
5		
6	数据长度	远程站上被访问的数据区的长度
7	数据字节 0	
8	数据字节 1	对 NETR 指令，执行后，从远程站读到的数据存放到这个区域
⋮	⋮	对 NETW 指令，执行后，要发送到远程站的数据存放在这个区域
22	数据字节 15	

表 9-8 错误编码及含义

E1 E2 E3 E4	错误码	说 明
0000	0	无错误
0001	1	超时错误：远程站点无响应
0010	2	接收错误：奇偶校验错，帧或校验和出错
0011	3	离线错误：相同的站地址或无效的硬件引起冲突
0100	4	队列溢出错误：超过 8 条 NETR 和 NETW 指令被激活
0101	5	违反通信协议：没有在 SMB30 中允许 PPI 协议而执行 NETR/NETW 指令
0110	6	非法参数：NETR/NETW 指令中包含非法或无效值
0111	7	没有资源：远程站点忙（正在进行上载或下载操作）
1000	8	第 7 层错误：违反应用协议
1001	9	信息错误：错误的数据地址或不正确的数据长度
1010~1111	A~F	未用

（三）NETR/NETW 指令应用举例

图 9-29 给出一简单网络，其中计算机为主站（站 0），在 RUN 方式下，CPU224（站 2）在应用程序中允许 PPI 主站模式，可以利用 NETR 和 NETW 指令来不断读写 CPU221（站 3）中的数据。

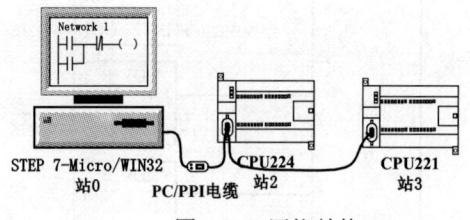

图 9-29 网络结构

操作要求：

站 3：从站，对 I0.0 的通断不断计数，并存放在 VB300 中。

站 2：主站，通过通信端口（PORT0/ PORT1）不断读取站 3 的 VB300 中的计数值，当计数值达到 5 时，通过通信端口（PORT0/ PORT1）对其清 0。

主站 2 的接收和发送缓冲区设置如表 9-9 所示。

表 9-9 接收和发送缓冲区设置

接收缓冲区		发送缓冲区	
VB200	网络指令执行状态	VB210	网络指令执行状态
VB201	3，站 3 地址	VB211	3，站 3 地址
VD202	&VB300，站 3 被访问数据区首地址	VD212	&VB300，站 3 被访问数据区首地址
VB206	1，数据长度	VB216	1，数据长度
VB207	计数值	VB217	0，将计数值清 0

主站 2、从站 3 中的程序如图 9-30、图 9-31 所示。

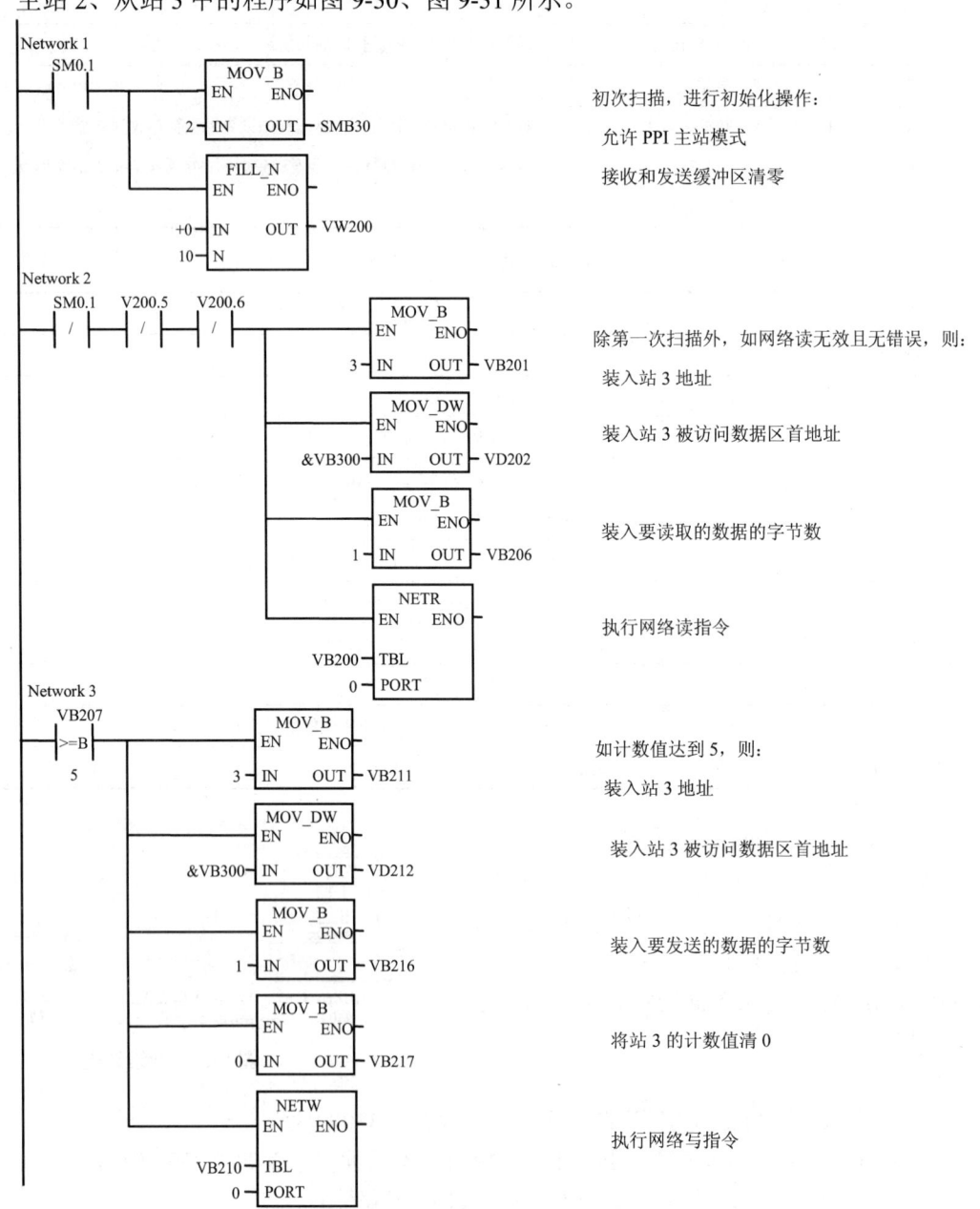

图 9-30 主站 2 的程序

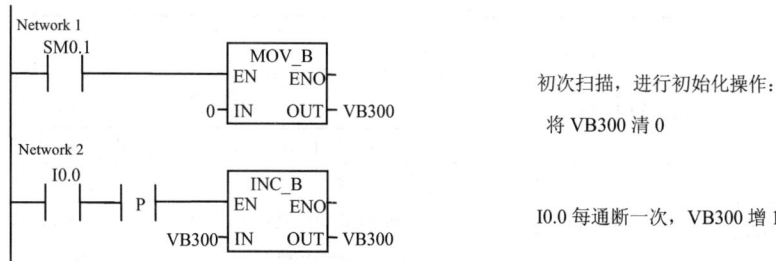

图 9-31 从站 3 的程序

二、自由口指令及应用

自由口模式允许应用程序控制 S7-200 的串行通信口使用自定义通信协议与多种类型的智能设备通信，即在自由口模式下，S7-200 处于 RUN 方式时，用户可以用自由口发送/接收指令或发送接收中断指令结合自定义通信协议编写程序控制通信端口操作。

S7-200 处于 STOP 方式时，自由口模式被禁止，通信口自动切换到正常的 PPI 协议操作，只有当 S7-200 处于 RUN 方式时，才能使用自由口模式。在实际使用时，可以用反映 S7-200 上的工作方式开关当前位置的特殊存储器位 SM0.7 来控制自由口模式的进入：当方式开关处于 RUN 位置时，SM0.7=1，可选择自由口模式；当方式开关处于 TERM 位置时，SM0.7=0，应选择 PC/PPI 协议模式，以便用编程设备监视或控制 S7-200 的操作。

（一）自由口指令

自由口通信指令包括：自由口发送（XMT）指令和自由口接收（RCV）指令，如图 9-32 所示。

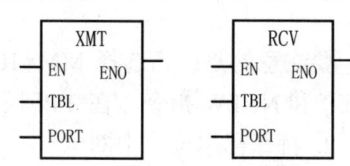

图 9-32 自由口通信指令

发送（XMT）指令：允许输入端 EN 有效时，指令初始化通信操作，通过指定端口（PORT）将数据缓冲区（TBL）发送到远程设备。数据缓冲区的第一个字节定义发送的字节数。

接收（RCV）指令：允许输入端 EN 有效时，指令初始化通信操作，通过指定端口（PORT）从远程设备上读取数据存储于数据缓冲区（TBL）。数据缓冲区的第一个字节定义接收的字符数。接收缓冲区和发送缓冲区数据格式如下，其中，"起始字符"与"结束字符"是可选项。

字符数	起始字符	数据区	结束字符

NETR、NETW 指令中合法的操作数：TBL 可以是 VB、IB、QB、MB、SB、SMB、*VD、*AC 和*LD，数据类型为 BYTE；PORT 为常数（CPU221、CPU222、CPU224 模块为 1；CPU226、CPU226XM 模块为 0 或 1），数据类型为 BYTE。

（二）相关寄存器及标志

1. 控制寄存器

用特殊标志寄存器中的 SMB30 和 SMB130 的各个位分别配置通信口 0 和通信口 1，为自由通信口选择通信参数，包括波特率、奇偶校验位、数据位和通信协议的选择。

SMB30 控制和设置通信端口 0，如果 S7-200 有通信端口 1，则用 SMB130 来进行控制和设置。SMB30 和 SMB130 的各位及其含义如表 9-10 所示。

表 9-10　自由端口控制寄存器（SMB30、SMB130）

端口 0	端口 1	描述						
SMB30 的格式	SMB130 的格式	自由口模式的控制字节						
		MSB						LSB
		P	P	D	B	B	M	M
SM30.7、SM30.6	SM130.7、SM130.6	PP	奇偶选择					
			00：无奇偶校验				01：偶校验	
			10：无奇偶校验				11：奇校验	
SM30.5	SM130.5	D	每个字符的数据位					
			0：每个字符 8 位					
			1：每个字符 7 位					
SM30.4～SM30.2	SM130.4～SM130.2	BBB	自由口波特率（bit/s）					
			000：38400				001：19200	
			010：9600				011：4800	
			100：2400				101：1200	
			110：600				111：300	
		MM	协议选择					
			00：点到点接口协议（PPI/从站模式）					
			01：自由口协议					
			10：点到点接口协议（PPI/主站模式）					
			11：保留　　（默认设置为 PPI/从站模式）					

要注意的是：当选择 MM=10（PPI/主站模式），PLC 将成为网络的一个主站，可以执行 NETR 和 NETW 指令。在 PPI 模式下忽略 2～7 位。

2. 特殊标志位及中断

接收字符中断：中断事件号为 8（端口 0）和 25（端口 1）。

发送信息完成中断：中断事件号为 9（端口 0）和 26（端口 1）。

接收信息完成中断：中断事件号为 23（端口 0）和 24（端口 1）。

发送结束标志位 SM4.5 和 SM4.6：分别用来标志端口 0 和端口 1 发送空闲状态，发送空闲时置 1。

3. 特殊功能寄存器

执行接收（RCV）指令时用到一系列特殊功能寄存器。对端口 0 用 SMB86 到 SMB94；对端口 1 用 SMB186 到 SMB194。各字节及其内容描述如表 9-11 所示。

（三）用 XMT 指令发送数据

用 XMT 指令可以方便地发送 1～255 个字符，如果有一个中断服务程序连接到发送结束事件上，在发送完缓冲区的最后一个字符时，会产生一个发送中断（对端口 0 为中断事件 9，对端口 1 为中断事件 26）。可以通过检测发送完成状态位 SM4.5 或 SM4.6 的变化，判断发送是否完成。

如果将字符数设置为 0 并执行 XMT 指令，可以产生一个 break 状态，这个 break 状态可以在线上持续一段特定的时间，这段特定时间是以当前波特率传输 16 位数据所需要的时间。发送 break 的操作与发送其他信息一样，发送 break 的操作完成时也会产生一个发送中断,SM4.5 或 SM4.6 反映发送操作的当前状态。

表 9-11 特殊功能寄存器(SMB86~SMB94、SMB186~SMB194)

端口 0	端口 1	描 述
SMB86	SMB186	接收信息状态字节 第 7 位　　　　　　　　　　　　　　　　第 0 位 | n | r | e | 0 | 0 | t | c | p | n=1: 　用户通过禁止命令终止接收信息 r=1: 　接收信息终止:输入参数错误或缺少起始或结束条件 e=1: 　收到结束字符 t=1: 　接收信息终止:超时 c=1: 　接收信息终止:字符数超长 p=1: 　接收信息终止:奇偶校验错误
SMB87	SMB187	接收信息控制字节 第 7 位　　　　　　　　　　　　　　　　第 0 位 | en | sc | ec | il | c/m | tmr | bk | 0 | en: 　0:禁止接收信息;1——允许接收信息(每次执行 RCV 指令时检查允许/禁止接收信息位) sc: 　0:忽略 SMB88 或 SMB188;1——使用 SMB88 或 SMB188 的值检测起始信息 ec: 　0:忽略 SMB89 或 SMB189;1——使用 SMB89 或 SMB189 的值检测结束信息 il: 　0:忽略 SMW90 或 SMW190;1——使用 SMW90 或 SMW190 的值检测空闲状态 c/m: 0:定时器是字符间超时定时器;1——定时器是信息定时器 tmr: 0:忽略 SMW92 或 SMW192;1——超过 SMW92 或 SMW192 中设置的时间时终止接收 bk: 　0:忽略 break 条件;1——用 break 条件检测起始信息 接收信息控制字节位可用来作为定义识别信息的标准。信息的起始和结束均需定义 起始信息:il*sc+bk*sc 结束信息:ec+tmr+最大字符数 起始信息编程: 1. 空闲线检测: 　　　　il=1, sc=0, bk=0, SMW90(或 SMW190)>0 2. 起始字符检测: 　　il=0, sc=1, bk=0, 忽略 SMW90(或 SMW190) 3. break 检测: 　　　il=0, sc=0, bk=1, 忽略 SMW90(或 SMW190) 4. 对一个信息的响应: il=1, sc=0, bk=0, SMW90(或 SMW190)=0(可用信息定时器来终止信息接收) 5. break 和一个起始字符: il=0, sc=1, bk=1, 忽略 SMW90(或 SMW190) 6. 空闲和一个起始字符: il=1, sc=1, bk=0, SMW90(或 SMW190)>0 7. 空闲和起始字符(非法): il=1, sc=0, bk=0, SMW90(或 SMW190)=0
SMB88	SMB188	信息的起始字符
SMB89	SMB189	信息的结束字符
SMB90 SMB91	SMB190 SMB191	空闲线时间段按毫秒设定。空闲线时间结束后的第一个字符是新信息的起始字符。SMB90(或 SMB190)为高字节,SMB91(或 SMB191)为低字节
SMB92 SMB93	SMB192 SMB193	字符间超时/信息定时器溢出值按毫秒设定。如果超时,则终止接收信息。SMB92(或 SMB192)为高字节,SMB93(或 SMB193)为低字节
SMB94	SMB194	要接收的最大字符数(1~255 字节) 注:这个值应按希望的最大缓冲区来设置

（四）用 RCV 指令接收数据

用 RCV 指令可方便地接收一个或多个字符，最多可达 255 个字符。如果有一个中断服务程序连接到接收信息完成事件上，在接收完最后一个字符时，会产生一个接收中断（对端口 0 为中断事件 23，对端口 1 为中断事件 24）。接收信息状态寄存器 SMB86 或 SMB186 反映执行 RCV 指令的当前状态：当 RCV 指令未被激活或已被终止时，它们不为 0；当接收正在进行时，它们为 0。

使用 RCV 指令时，应为信息接收功能定义一个信息起始条件和结束条件。

1. RCV 指令支持的几种起始条件（参见表 9-11）

（1）空闲线检测：il=1，sc=0，bk=0，SMW90（或 SMW190）>0。执行 RCV 指令时，信息接收功能会自动忽略空闲线时间到之前的任何字符，并按 SMW90（或 SMW190）中的设定值重新启动空闲线定时器，把空闲线时间之后的接收到的第一个字符作为接收信息的第一个字符存入信息缓冲区，如图 9-33 所示。空闲线时间应该设定为大于指定波特率下传输一个字符（包括起始位、数据位、校验位和停止位）的时间。空闲线时间的典型值为指定波特率下传输三个字符的时间。

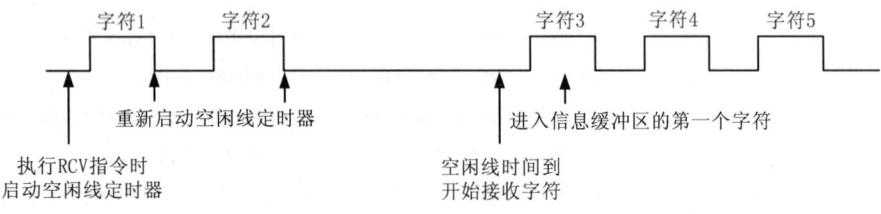

图 9-33 空闲线检测

（2）起始字符检测：il=0，sc=1，bk=0，忽略 SMW90（或 SMW190）。信息接收功能会将 SMB88（或 SMB188）中指定的起始字符作为接收信息的第一个字符，并将起始字符和起始字符之后的所有字符存入信息缓冲区，而自动忽略起始字符之前接收到的字符。

（3）break 检测：il=0，sc=0，bk=1，忽略 SMW90（或 SMW190）。信息接收功能以接收到的 break 作为接收信息的开始，将接收 break 之后接收到的字符存入信息缓冲区，自动忽略 break 之前接收到的字符。

（4）对一个信息的响应：il=1，sc=0，bk=0，SMW90（或 SMW190）=0。执行 RCV 指令后信息接收功能就可立即接收信息并把接收到的字符存入信息缓冲区。若使用信息定时器，即：il=1，sc=0，bk=0，SMW90（或 SMW190）=0，c/m=1，tmr=1，SMW92（或 SMW192）=信息超时时间，信息定时器超时时会终止信息接收功能，这对于自由口主站协议非常有用，可用来检测从站响应是否超时。

（5）break 和一个起始字符：il=0，sc=1，bk=1，忽略 SMW90（或 SMW190）。信息接收功能接收到 break 后继续搜寻特定的起始字符，如果接收到起始字符以外的其他字符，则重新等待新的 break，并自动忽略接收到的字符；如果信息接收功能接收到的 break 后接收第一个字符即为特定的起始字符，则将起始字符起始字符和起始字符之后的所有字符存入信息缓冲区。

（6）空闲和一个起始字符：il=1，sc=1，bk=0，SMW90（或 SMW190）>0。信息接收功能在满足空闲线条件后继续搜寻特定的起始字符，如果接收到起始字符以外的其他字符，则重新检测空闲线条件，并自动忽略接收到的字符；如果信息接收功能满足空闲线条件后接收第一个字符,即为特定的起始字符,则将起始字符和起始字符之后的所有字符存入信息缓冲区。

2. RCV 指令支持的几种结束信息的方式

(1) 结束字符检测:ec=1,SMB89(或 SMB189)=结束字符。信息接收功能在找到起始条件开始接收字符后,检查每一个接收到的字符,并判断它是否与结束字符相匹配,如果接收到结束字符,将其存入信息缓冲区,信息接收功能结束。

(2) 字符间超时定时器超时:c/m=0,tmr=1,SMW92 或(SMW192)=字符间超时时间。字符间隔是从一个字符的结尾(停止位)到下一个字符的结尾(停止位)之间的时间。如果信息接收功能接收到的两个字符之间的时间间隔超过字符间超时定时器设定时间,则信息接收功能结束。字符间超时定时器设定值应大于指定波特率下传输一个字符(包括起始位、数据位、校验位和停止位)的时间。

(3) 信息定时器超时:c/m=1,tmr=1,SMW92 或(SMW192)=信息超时时间。信息接收功能在找到起始条件开始接收字符时,启动信息定时器,信息定时器时间到,则信息接收功能结束。

(4) 最大字符计数:当信息接收功能接收到的字符数大于 SMB94(或 SMB194)时,信息接收功能结束。接收指令要求用户设定一个希望最大的字符数,从而能确保信息缓冲区之后的用户数据不会被覆盖。

最大字符计数总是与结束字符、字符间超时定时器、信息定时器结合在一起作为结束条件使用。

(5) 校验错误:当接收字符出现奇偶校验错误时,信息接收功能自动结束。只有在 SMB30(或 SMB130)中设定了校验位时,才有可能出现校验错误。

(6) 用户结束:用户可以通过将 SM87.7(或 SM187.7)设置为 0 来终止信息接收功能。

(五)用接收字符中断接收数据

自由口协议支持用接收字符中断控制来接收数据。端口每接收一个字符会产生一个中断:端口 0 产生中断事件 8;端口 1 产生中断事件 25。在执行连接到接收字符中断事件上的中断程序前,接收到的字符存储在 SMB2 中,奇偶校验状态(如果允许奇偶校验)存在 SMB3.0 中,用户可以通过中断访问 SMB2 和 SMB3 来接收数据。端口 0 和端口 1 共用 SMB2 和 SMB3。

(六)自由口协议通信应用举例一

图 9-34 给出一个简单网络,CPU224(站甲)的 I1.0~I1.7、I2.0~I2.7 的状态通过 Q0.0~Q0.7、Q1.0~Q1.7 输出的同时传送给 CPU224(站乙),站乙将其取反后通过 Q0.0~Q0.7、Q1.0~Q1.7 输出。

站甲中的主程序如图 9-35 所示。站乙采用 RCV 指令进行接收数据,则主程序如图 9-36 所示;采用接收字符中断接收数据,则主程序如图 9-37 所示、中断程序如图 9-38 所示。

(七)自由口协议通信应用举例二

在一个大型沥青混凝土搅拌站系统中,现场有上千台设备,控制比较复杂。为实现智能控制,采用 PLC 对现场各设备进行分散控制,

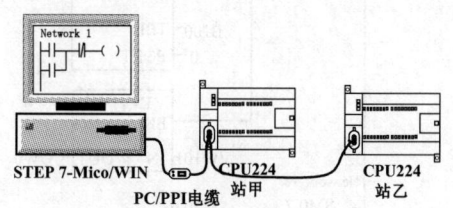

图 9-34 网络结构

然后传送到监控计算机,实现集中管理。PLC 与计算机之间的连接如图 9-39 所示。

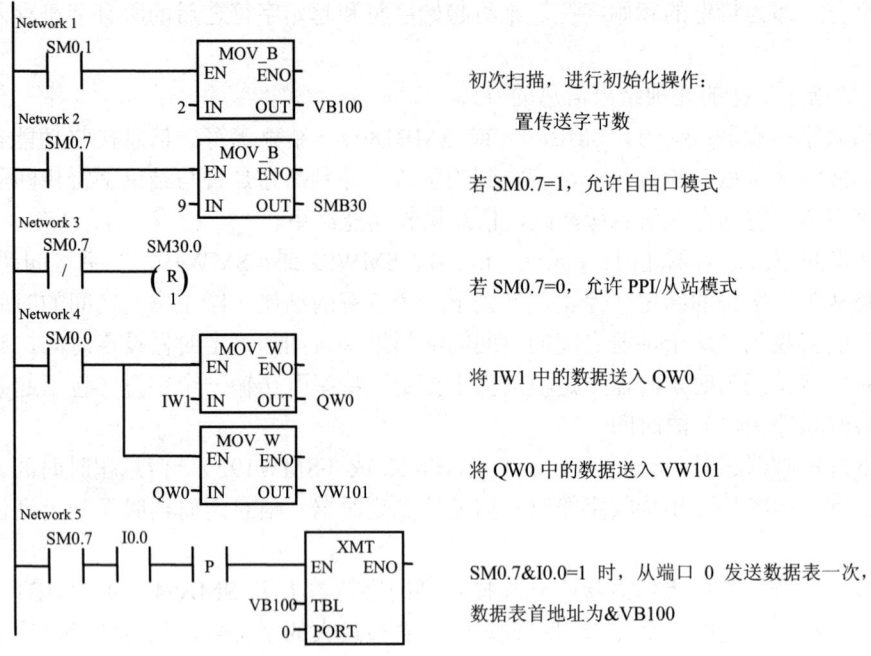

图 9-35 站甲中的程序

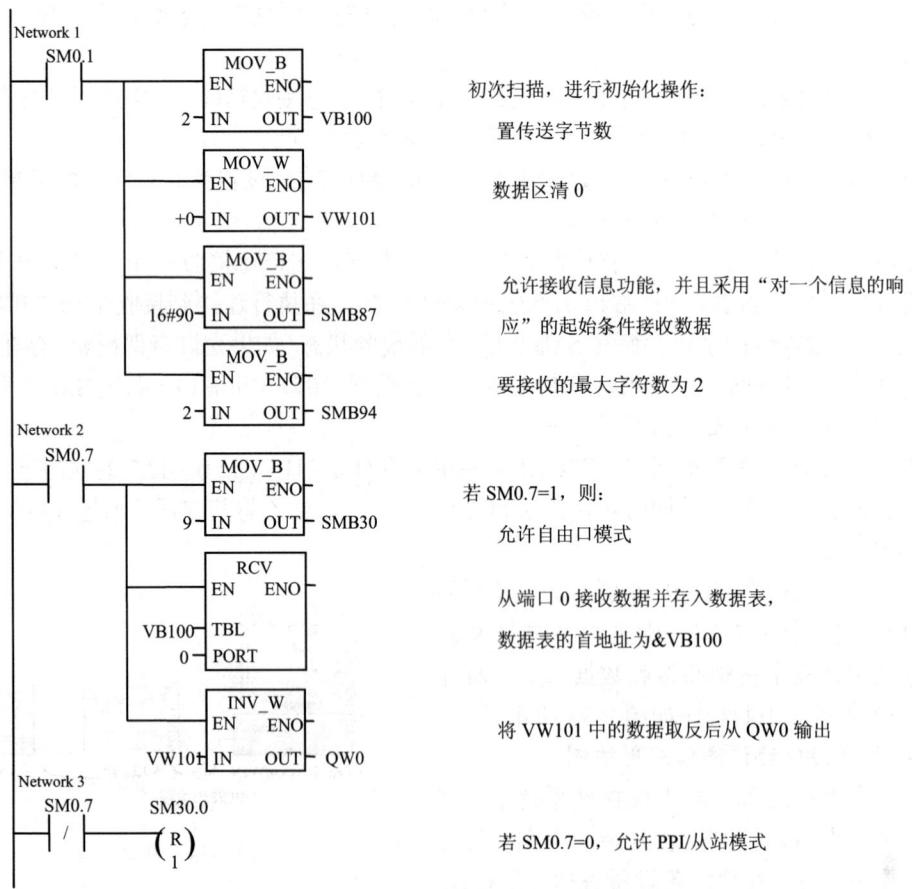

图 9-36 站乙中采用 RCV 指令进行接收数据的程序

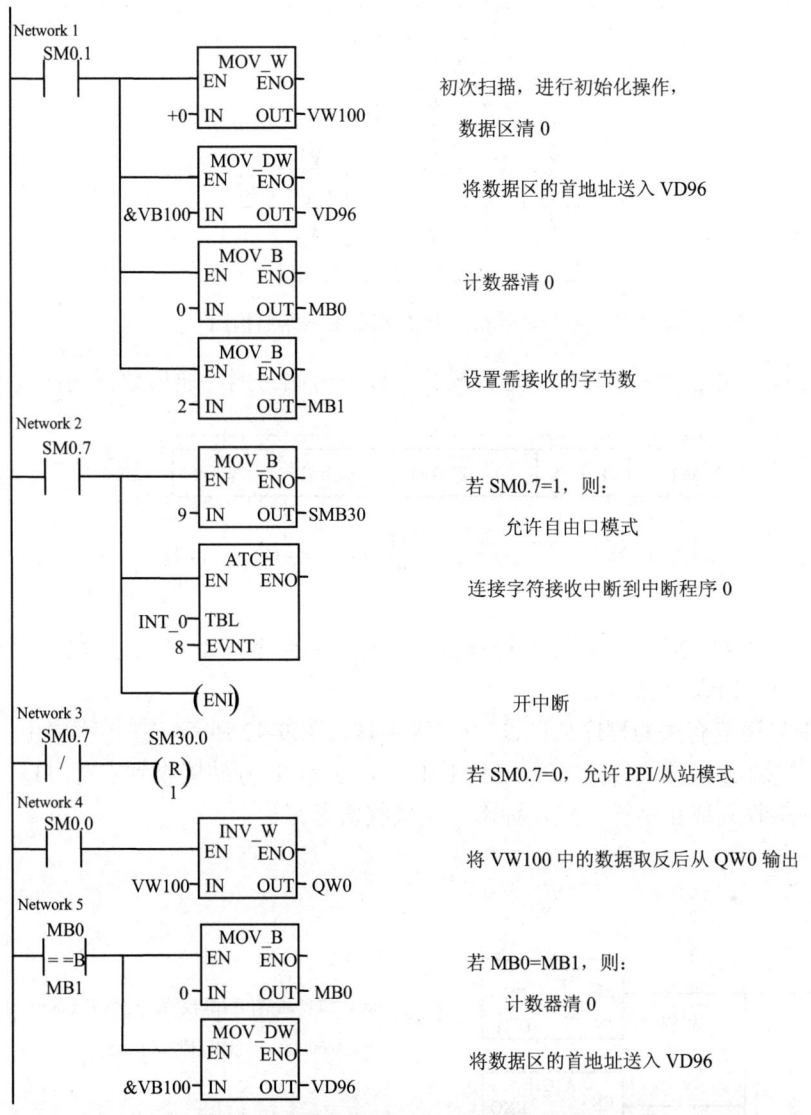

图 9-37 站乙中采用字符中断进行接收数据的程序（主程序）

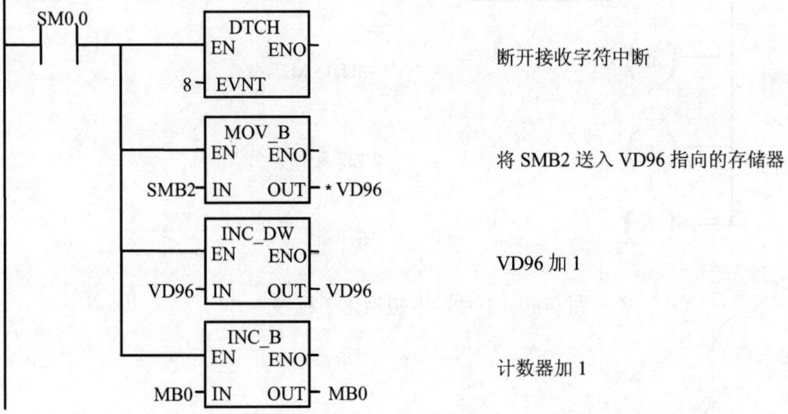

图 9-38 站乙中采用字符中断进行接收数据的程序（中断程序）

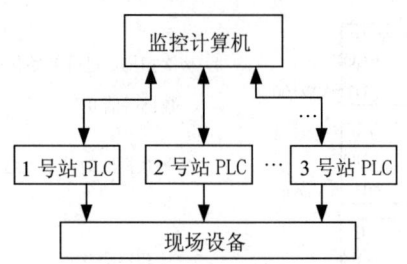

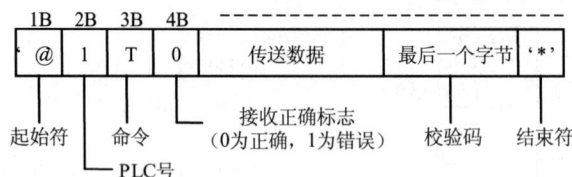

图 9-39 监控计算机与 PLC 组成的网络结构图

PLC 与监控计算机之间采用自由口通信模式，以 1 号站为例，通信数据的格式为：

控制要求：各 PLC 接收并执行监控计算机发给自己的命令。如 PLC 接收到一个"非法"信息，将返回一个"错误信息"。

在 1 号站中与通信有关的程序如图 9-40、图 9-41、图 9-42 所示。在该程序中，M2.0=1 时，表示 1 号站接收到起始字符'@'；M2.1=1 时，表示 1 号站接收到字符'1'；M2.2=1 时，表示 1 号站接收到终止字符'*'，标志一次接收信息完毕。

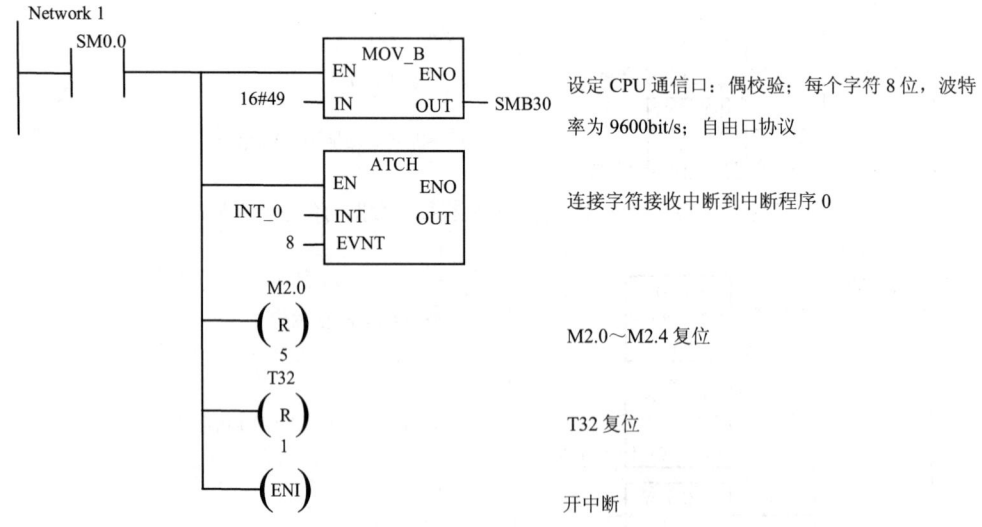

图 9-40　1 号站中初始化子程序

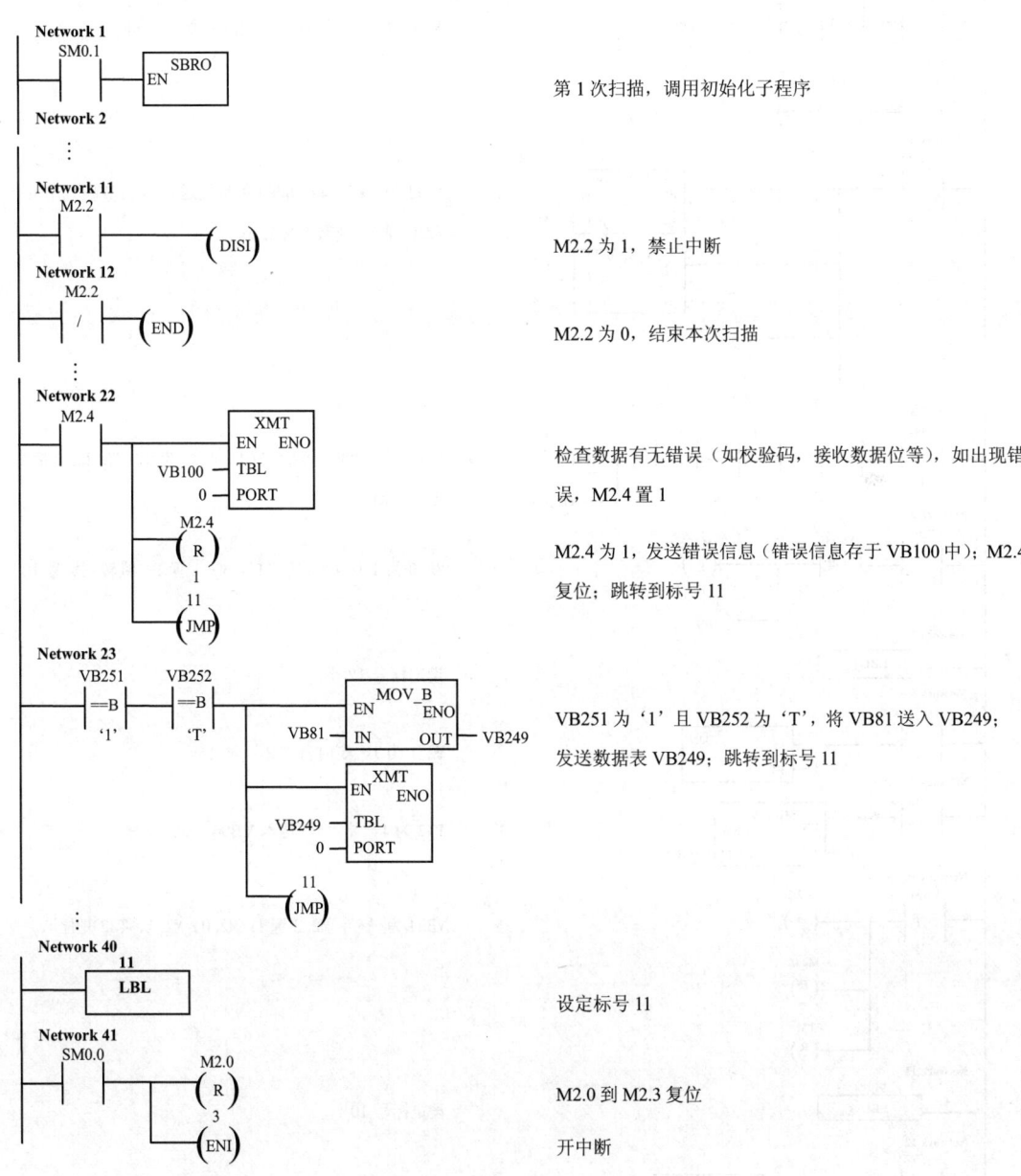

图 9-41　1号站中主程序

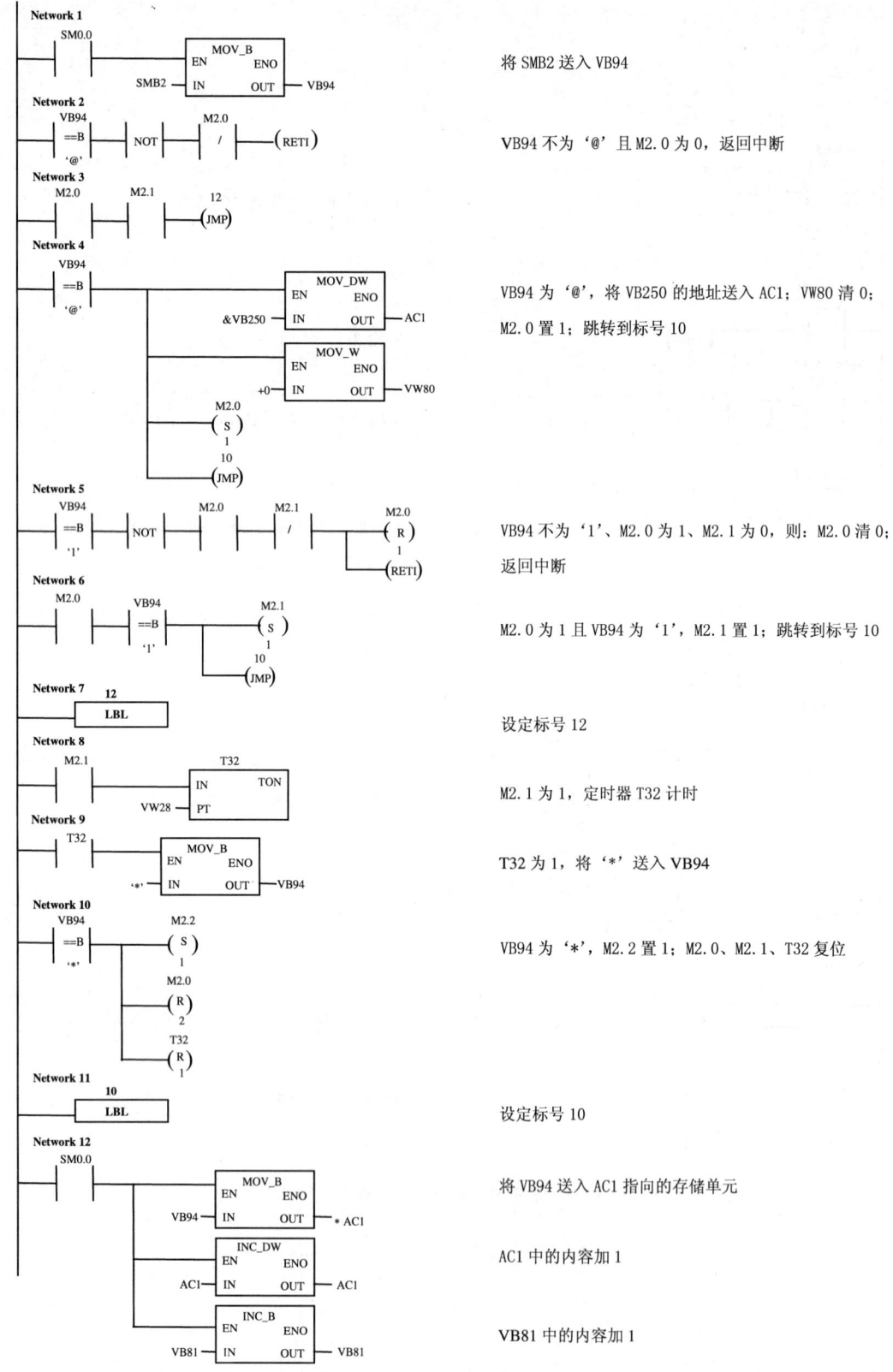

图 9-42　1 号站中中断程序

附　录

附录 A　常用电器的图形符号及文字符号

电器名称	图形符号	文字符号	电器名称	图形符号	文字符号
三极刀开关		QS	时间继电器	通电延时型线圈；断电延时型线圈；延时闭合的常开触点；延时断开的常开触点；延时闭合的常闭触点；延时断开的常闭触点	KT
负荷开关					
隔离开关					
具有自动释放的负荷开关					
三相笼型异步电动机		M			
单相笼型异步电动机			速度继电器触点		KS
三相绕线转子异步电动机			动合按钮（不闭锁）		SB
带间隙铁心的双绕组变压器		TC	动断按钮（不闭锁）		
接触器	线圈；主触点；辅助触点	KM	旋钮开关、旋转开关（闭锁）		SA
过电流继电器线圈	$I>$	K	行程开关、接近开关	动合触点；动断触点；对两个独立电路作双向机械操作的位置或限制开关	SQ
欠电压继电器线圈	$U<$	K			
中间继电器线圈		KA	断路器		QF
继电器触点		K、KA	热继电器	热元件；动断触点	FR
熔断器		FU			

附录 B 特殊存储器（SM）标志位

表 B-1 状态位（SMB0）

SM 位	描述
SM0.0	CPU 运行时，该位始终为 1
SM0.1	该位在首次扫描时为 1
SM0.2	若保持数据丢失，则该位在一个扫描周期中为 1
SM0.3	开机后进入 RUN 方式，该位将接通一个扫描周期
SM0.4	该位提供周期为 1min、占空比为 50%的时钟脉冲
SM0.5	该位提供周期为 1s、占空比为 50%的时钟脉冲
SM0.6	该位为扫描时钟，本次扫描时置 1，下次扫描时置 0
SM0.7	该位指示 CPU 工作方式开关的位置（0 为 TERM 位置，1 为 RUN 位置）。在 RUN 位置时，该位可使自由端口通信方式有效；在 TERM 位置时，可与编程设备正常通信

表 B-2 状态位（SMB1）

SM 位	描述
SM1.0	指令执行的结果为 0 时，该位置 1
SM1.1	执行指令的结果溢出或检测到非法数值时，该位置 1
SM1.2	执行数学运算的结果为负数时，该位置 1
SM1.3	除数为零时，该位置 1
SM1.4	试图超出表的范围执行 ATT（Add to Table）指令时，该位置 1
SM1.5	执行 LIFO、FIFO 指令时，试图从空表中读数，该位置 1
SM1.6	试图把非 BCD 数转换为二进制数时，该位置 1
SM1.7	ASCII 码不能转换为有效的十六进制数时，该位置 1

表 B-3 自由端口接收字符缓冲区（SMB2）

SM 位	描述
SMB2	在自由端口通信方式下，该区存储从口 0 或口 1 接收到的每个字符

表 B-4 自由端口奇偶校验错（SMB3）

SM 位	描述
SM3.0	接收到的字符有奇偶校验错时，SM3.0 置 1
SM3.1-SM3.7	保留

表 B-5 中断允许、队列溢出、发送空闲标志位（SMB4）

SM 位	描述
SM4.0	通信中断队列溢出时，该位置 1
SM4.1	I/O 中断队列溢出时，该位置 1
SM4.2	定时中断队列溢出时，该位置 1
SM4.3	运行时刻发现编程问题时，该位置 1
SM4.4	全局中断允许位。允许中断时，该位置 1
SM4.5	端口 0 发送空闲时，该位置 1
SM4.6	端口 1 发送空闲时，该位置 1
SM4.7	发生强置时，该位置 1

表 B-6　I/O 错误状态位（SMB5）

SM 位	描述
SM5.0	有 I/O 错误时，该位置 1
SM5.1	I/O 总线上连接了过多的数字量 I/O 点时，该位置 1
SM5.2	I/O 总线上连接了过多的模拟量 I/O 点时，该位置 1
SM5.3	I/O 总线上连接了过多的智能 I/O 点时，该位置 1
SM5.4～SM5.6	保留
SM5.7	当 DP 标准总线出现错误时，该位置 1

表 B-7　CPU 识别（ID）寄存器（SMB6）

SM 位	描述
格式	MSB　　　　　　　　　　　　LSB 　7　　　　　　　　　　　　　　0 | × | × | × | × |　|　|　|　|
SM6.4～SM6.7	××××： CPU212/CUP222　　0000 CPU214/CPU224　　0010 CPU221　　　　　　0110 CPU215　　　　　　1000 CPU216/CPU226　　1001
SM6.0～SM6.3	保留

表 B-8　I/O 模块识别和错误寄存器（SMB8～SMB21）

SM 位	描述（只读）
格式	偶数字节：模块识别（ID）寄存器　　　　　　　奇数字节：模块错误寄存器 MSB　　　　　　　　　　LSB　　　　　　MSB　　　　　　　　　　LSB 　7　　　　　　　　　　　　0　　　　　　　　7　　　　　　　　　　　　0 | M | t | t | A | i | i | Q | Q |　　　　| C | o | o | b | r | p | f | t | M：模块存在　0：有模块；1：无模块　　　　　C：配置错误 tt：00：非智能 I/O 模块；01：智能模块；　　b：总线错误或校验错误 　　10：保留；11 保留　　　　　　　　　　　r：超范围错误　　　　　　　　0：无错误 A：I/O 类型　0：开关量；1：模拟量　　　　　P：无用户电源错误　　　　　　1：有错误 ii：00：无输入；10：4AI 或 16DI；　　　　　f：熔断器错误 　　01：2AI 或 8DI；11：8AI 或 32DI　　　　t：端子块松动错误 QQ：00：无输出；10：4AI 或 16DI； 　　01：2AI 或 8DI；11：8AI 或 32DI
SMB8、SMB9	模块 0 识别（ID）寄存器、模块 0 错误寄存器
SMB10、SMB11	模块 1 识别（ID）寄存器、模块 1 错误寄存器
SMB12、SMB13	模块 2 识别（ID）寄存器、模块 2 错误寄存器
SMB14、SMB15	模块 3 识别（ID）寄存器、模块 3 错误寄存器
SMB16、SMB17	模块 4 识别（ID）寄存器、模块 4 错误寄存器
SMB18、SMB19	模块 5 识别（ID）寄存器、模块 5 错误寄存器
SMB20、SMB21	模块 6 识别（ID）寄存器、模块 6 错误寄存器

表 B-9　扫描时间寄存器（SMW22～SMW26）

SM 字	描　　述　（只读）
SMW22	上次扫描时间
SMW24	进入 RUN 方式后所记录的最短扫描时间
SMW26	进入 RUN 方式后所记录的最长扫描时间

表 B-10　模拟电位器寄存器（SMB28～SMB29）

SM 字节	描　　述　（只读）
SMB28、SMB29	存储对应模拟调节器 0、1 触点位置的数字值，在 STOP/RUN 方式下，每次扫描时更新该值

表 B-11　永久存储器写控制寄存器（SMB31、SMW32）

SM 字节	描　　述
格式	SMB31 中存写入命令：MSB(7) c 0 0 0 0 0 s s LSB(0)；SMW32 中存入：MSB(7) ... LSB(0)　V 存储器地址
SM31.0、SM31.1	ss：被存数据类型　00 字节，10 字　01 字节，11 双字
SM31.7	c：存入永久存储器（EEPROM）命令　0：无存储操作的请求　1：用户程序申请向永久存储器存储数据，每次存储操作完成后，CPU 复位该位
SMW32	SMW32 提供 V 存储器中被存数据相对于 V0 的偏移地址，当执行存储命令时，把该数据存到永久存储器（EEPROM）中相应的位置

表 B-12　定时中断的时间间隔寄存器（SMB34、SMB35）

SM 字节	描　　述
SMB34	定义定时中断 0 的时间间隔（从 1～255ms，以 1ms 为增量）
SMB35	定义定时中断 1 的时间间隔（从 1～255ms，以 1ms 为增量）

表 B-13　扩展总线校验错（SMW98）

SM 字	描　　述
SMW98	扩展总线出现校验错时 SMW98 加 1，系统上电或用户程序清 0 时 SMW98 为 0

SMB200～SMB549 是智能模块状态寄存器。此外，高速计数器寄存器（SMB36～SMB65、SMB136～SMB165）、PTO/PWM 寄存器（SMB66～SMB85）、PTO0/PTO1 包络定义表寄存器（SMB166～SMB185）在第五章中已作介绍；自由端口控制寄存器（SMB30、SMB130）、接收信息控制寄存器（SMB86～SMB94、SMB186～SMB194）在第九章中也作了介绍，这里不再重复。

附录 C 错误代码

表 C-1 致命错误代码及其含义

错误代码	含义
0000	无致命错误
0001	用户程序编译错误
0002	编译后的梯形图程序错误
0003	扫描看门狗超时错误
0004	内部 EEPROM 错误
0005	内部 EEPROM 用户程序检查错误
0006	内部 EEPROM 配置参数检查错误
0007	内部 EEPROM 强制数据检查错误
0008	内部 EEPROM 默认输出表值检查错误
0009	内部 EEPROM 用户数据、DB1 检查错误
000A	存储器卡失灵
000B	存储器卡上用户程序检查错误
000C	存储器卡配置参数检查错误
000D	存储器卡强制数据检查错误
000E	存储器卡默认输出表值检查错误
000F	存储器卡用户数据、DB1 检查错误
0010	内部软件错误
0011	比较触点间接寻址错误
0012	比较触点非法值错误
0013	存储器卡空或者 CPU 不识别该卡
0014	比较接口范围错误

注：比较触点错误既能产生致命错误，又能产生非致命错误，产生致命错误是由于程序地址错误。

表 C-2 编译规则错误（非致命）代码及其含义

错误代码	含义
0080	程序太大，无法编译，须缩短程序
0081	堆栈溢出：须把一个网络分成多个网络
0082	非法指令：检查指令助记符
0083	无 MEND 或主程序中有不允许的指令：加条 MEND 或删去不正确的指令
0084	保留
0085	无 FOR 指令：加上 FOR 指令或删除 NEXT 指令
0086	无 NEXT：加上 NEXT 指令或删除 FOR 指令
0087	无标号（LBL，INT，SBR）：加上合适标号
0088	无 RET 或子程序中有不允许的指令：加条 RET 或删去不正确指令
0089	无 RETI 或中断程序中有不允许的指令：加条 RETI 或删去不正确指令
008A	保留
008B	从/向一个 SCR 段的非法跳转

错误代码	含义
008C	标号重复（LBL，INT，SBR）：重新命名标号
008D	非法标号（LBL，INT，SBR）：确保标号数在允许范围内
0090	非法参数：确认指令所允许的参数
0091	范围错误（带地址信息）：检查操作数范围
0092	指令计数域错误（带计数信息）：确认最大计数范围
0093	FOR/NEXT 嵌套层数超出范围
0095	无 LSCR 指令（装载 SCR）
0096	无 SCRE 指令（SCR 结束）或 SCRE 前面有不允许的指令
0097	用户程序包含非数字编码和数字编码的 EU/ED 指令
0098	在运行模式进行非法编辑（试图编辑非数字编码的 EU/ED 指令）
0099	隐含网络段太多（HIDE 指令）
009B	非法指针（字符串操作中起始位置指定为 0）
009C	超出指令最大长度

表 C-3 程序运行错误代码及其含义

错误代码	含义
0000	无错误
0001	执行 HDEF 之前，HSC 禁止
0002	输入中断分配冲突，并分配给 HSC
0003	到 HSC 的输入分配冲突，已分配输入中断
0004	在中断程序中，企图执行 ENI、DISI 或 HDEF 指令
0005	第一个 HSC/PLS 未执行完之前，又企图执行同编号的第二个 HSC/PLS（中断程序中的 HSC 同主程序中的 HSC/PLS 冲突）
0006	间接寻址错误
0007	TODW（写实时时钟）或 TODR（读实时时钟）数据错误
0008	用户子程序嵌套层数超过规定
0009	在程序执行 XMT 或 RCV 时，通信口 0 又执行另一条 XMT/RCV 指令
000A	HSC 执行时，又企图用 HDEF 指令再定义该 HSC
000B	在通信口 1 上同时执行 XMT/RCV 指令
000C	时钟存储卡不存在
000D	重新定义已经使用的脉冲输出
000E	PTO 个数设为 0
0091	范围错误（带地址信息）：检查操作数范围
0092	某条指令的计数域错误（带计数信息）：检查最大计数范围
0094	范围错误（带地址信息）：写无效存储器
009A	用户中断程序试图转换成自由口模式
009B	非法指令（字符串操作中起始位置值指定为 0）

附录 D S7-200 可编程序控制器指令集

表 D-1 布尔指令

指令	操作数	说明
LD	N	装载
LDI	N	立即装载
LDN	N	取反后装载
LDNI	N	取反后立即装载
A	N	与
AI	N	立即与
AN	N	取反后与
ANI	N	取反后立即与
O	N	或
OI	N	立即或
ON	N	取反后或
ONI	N	取反后立即或
LDBx	IN1, IN2	装载字节比较的结果 IN1（x: <, <=, =, >=, >, <>）IN2
ABx	IN1, IN2	与 字节比较的结果 N1（x: <, <=, =, >=, >, <>）N2
OBx	IN1, IN2	或 字节比较的结果 N1（x: <, <=, =, >=, >, <>）N2
LDWx	IN1, IN2	装载字比较的结果 N1（x: <, <=, =, >=, >, <>）N2
AWx	IN1, IN2	与 字比较的结果 N1（x: <, <=, =, >=, >, <>）N2
OWx	IN1, IN2	或 字比较的结果 N1（x: <, <=, =, >=, >, <>）N2
LDDx	IN1, IN2	装载双字比较的结果 N1（x: <, <=, =, >=, >, <>）N2
ADx	IN1, IN2	与 双字比较的结果 N1（x: <, <=, =, >=, >, <>）N2
ODx	IN1, IN2	或 双字比较的结果 N1（x: <, <=, =, >=, >, <>）N2
LDRx	IN1, IN2	装载实数比较的结果 N1（x: <, <=, =, >=, >, <>）N2
ARx	IN1, IN2	与 实数比较的结果 N1（x: <, <=, =, >=, >, <>）N2
ORx	IN1, IN2	或 实数比较的结果 N1（x: <, <=, =, >=, >, <>）N2
NOT		堆栈取反
EU		检测上升沿
ED		检测下降沿
=	N	赋值
=I	N	立即赋值
S	S_BIT, N	置位一个区域
R	S_BIT, N	复位一个区域
SI	S_BIT, N	立即置位一个区域
RI	S_BIT, N	立即复位一个区域

表 D-2 数学、增减指令

指令	操作数	说明
+I	IN1, OUT	整数、双整数、实数加法
+D	IN1, OUT	IN1+OUT=OUT
+R	IN1, OUT	
-I	IN2, OUT	整数、双整数、实数减法
-D	IN2, OUT	OUT- IN2=OUT
-R	IN2, OUT	
MUL	IN1, OUT	整数完全乘法
*I	IN1, OUT	整数、双整数、实数乘法
*D	IN1, OUT	IN1*OUT=OUT
*R	IN1, OUT	
DIV	IN2, OUT	整数完全除法
/I	IN2, OUT	整数、双整数、实数除法
/D	IN2, OUT	OUT/IN2=OUT
/R	IN2, OUT	
SQRT	IN, OUT	平方根
LN	IN, OUT	自然对数
EXP	IN, OUT	自然指数
SIN	IN, OUT	正弦
COS	IN, OUT	余弦
TAN	IN, OUT	正切
INCB	OUT	字节、字和双字增1
INCW	OUT	
INCD	OUT	
DECB	OUT	字节、字和双字减1
DECW	OUT	
DECD	OUT	
PID	Table, Loop	PID 回路
定时器和计数器指令		
TON	Txxx, PT	接通延时定时器
TOF	Txxx, PT	断开延时定时器
TONR	Txxx, PT	有记忆接通延时定时器
CTU	Cxxx, PV	增计数
CTD	Cxxx, PV	减计数
CTUD	Cxxx, PV	增/减计数
实时时钟指令		
TODR	T	读实时时钟
TODW	T	写实时时钟
程序控制指令		
END		程序的条件结束
STOP		切换到 STOP 模式
WDR		定时器监视（看门狗）复位（300ms）
JMP	N	跳到定义的标号
LBL	N	定义一个跳转的标号
CALL	N[N1, …]	调用子程序[N1, …]
CRET		从子程序条件返回
FOR	INDX, INIT, FINAL	For/Next 循环
NEXT		
LSCR	N	顺控继电器段的启动、转换和结束
SCRT	N	
SCRE		

表 D-3 传送、移位、循环和填充指令

指令	操作数	说明
MOVB	IN, OUT	字节、字、双字和实数传送
MOVW	IN, OUT	
MOVD	IN, OUT	
MOVR	IN, OUT	
BIR	IN, OUT	立即读取物理输入点字节
BIW	IN, OUT	立即写物理输出点字节
BMB	IN, OUT, N	字节、字和双字块传送
BMW	IN, OUT, N	
BMD	IN, OUT, N	
SWAP	IN	交换字节
SHRB	DATA, S_BIT, N	移位寄存器
SRB	OUT, N	字节、字和双字右移 N 位
SRW	OUT, N	
SRD	OUT, N	
SLB	OUT, N	字节、字和双字左移 N 位
SLW	OUT, N	
SLD	OUT, N	
RRB	OUT, N	字节、字和双字循环右移 N 位
RRW	OUT, N	
RRD	OUT, N	
RLB	OUT, N	字节、字和双字循环左移 N 位
RLW	OUT, N	
RLD	OUT, N	
FILL	IN, OUT, N	用指定的元素填充存储器空间
逻辑操作		
ALD		触点组串联
OLD		触点组并联
LPS		推入堆栈
LRD		读栈
LPP		出栈
LDS		装入堆栈
AENO		对 ENO 进行与操作
ANDB	IN1, OUT	字节、字、双字逻辑与
ANDW	IN1, OUT	
ANDD	IN1, OUT	
ORB	IN1, OUT	字节、字、双字逻辑或
ORW	IN1, OUT	
ORD	IN1, OUT	
XORB	IN1, OUT	字节、字、双字逻辑异或
XORW	IN1, OUT	
XORD	IN1, OUT	
INVB	OUT	字节、字、双字取反
INVW	OUT	
INVD	OUT	

表 D-4 表、查找和转换指令

指令	操作数	说明
ATT	TABLE, DATA	把数据加到表中
LIFO	TABLE, DATA	从表中取数据,后入先出
FIFO	TABLE, DATA	从表中取数据,先入先出
FND=	TBL, PATRN, INDX	根据比较条件在表中查找数据
FND<>	TBL, PATRN, INDX	
FND<	TBL, PATRN, INDX	
FND>	TBL, PATRN, INDX	
BCDI	OUT	BCD 码转换成整数
IBCD	OUT	整数转换成 BCD 码
BTI	IN, OUT	字节转换成整数
ITB	IN, OUT	整数转换成字节
ITD	IN, OUT	整数转换成双整数
DTI	IN, OUT	双整数转换成整数
DTR	IN, OUT	双字转换成实数
TRUNC	IN, OUT	实数转换成双整数
ROUND	IN, OUT	实数转换成双整数
ATH	IN, OUT, LEN	ASCII 码转换成十六进制数
HTA	IN, OUT, LEN	十六进制数转换成 ASCII 码
ITA	IN, OUT, FMT	整数转换成 ASCII 码
DTA	IN, OUT, FM	双整数转换成 ASCII 码
RTA	IN, OUT, FM	实数转换成 ASCII 码
DECO	IN, OUT	译码
ENCO	IN, OUT	编码
SEG	IN, OUT	段码
中断		
CRETI		从中断条件返回
ENI		允许中断
DISI		禁止中断
ATCH	INT, EVENT	建立中断事件与中断程序的连接
DTCH	EVENT	解除中断事件与中断程序的连接
通信		
XMT	TABLE, PORT	自由端口发送信息
RCV	TABLE, PORT	自由端口接受信息
NETR	TABLE, PORT	网络读
NETW	TABLE, PORT	网络写
GPA	ADDR, PORT	获取口地址
SPA	ADDR, PORT	设置口地址
高速指令		
HDEF	HSC, Mode	定义高速计数器模式
HSC	N	激活高速计数器
PLS	Q	脉冲输出

附录 E 实验指导书

实验一 异步电动机的正反转控制

一、实验目的
1. 熟悉常用低压电器的结构、原理和使用方法。
2. 了解电气控制电路的基本组成。
3. 理解三相异步电动机正反转控制电路的工作原理,熟悉控制电路的结构。
4. 掌握继电器控制线路的接线方法。

二、实验内容、步骤
1. 实验设备

①YS6324 型 180W 三相异步电动机一台;②CJ20-12 型交流接触器两只;③红、绿、黑按钮各一只;④JR20-5 热继电器一只;⑤DZ47 型三相小容量断路器一只;⑥RT23-16 型 2A 熔断器三只;⑦导线若干。

2. 实验线路

异步电动机正反转的控制电路通常有"正—停—反"和"正—反—停"两种形式。如图 1-17a、b 所示。前者用在不需要快速切换的场合,后者则用在需要快速(直接)切换且系统机械转动惯量较小的场合。

3. 实验线路的连接

(1) 合理安放实验电器的位置

接线前应合理安放实验电器的位置,通常以便于操作为原则。各电器相互间距离应适当,以连线整齐、便于检查为准。主令电器应放在便于操作的位置。导线的截面积和长度应合理选择。

(2) 实验线路的连接

要掌握接线的一般规律:先接主电路,后接控制电路;先接串联回路,后接并联回路;先接控制触点,后接保护触点;最后接执行电器的励磁线圈。这样能最大限度地保证线路的正确性和接线的速度。

接线时应注意:第一,不接短路线;第二,确保所有实验线路都是从电源开关(例如低压断路器)出线端引出;第三,连接线路时,电器触点的上端点和下端点不要搞错;第四,注意控制按钮的颜色,通常停止按钮为红色,起动按钮为绿色或黑色。

本实验接线时,接触器的主触点接在主电路中,用于控制电动机绕组的通电或断电。两只接触器用于控制电动机的正、反转,应注意两只接触器主触点的电源是否换相。接触器的辅助触点接在控制电路中,用于控制接触器的励磁线圈,要注意自锁触点和互锁触点的位置。热继电器的热元件串接在电动机绕组回路中,用于反映电动机的工作电流,以防电动机过载。热继电器的控制触点接在控制电路中。

接线完成,并全面检查后,再请指导老师检查无误后,方可通电试运行。改变接线时,应先切断电源。

三、预习要求

1. 阅读本实验指导书，复习电气控制基础的有关内容。
2. 阅读、分析图 1-17a、b 的工作原理。
3. 熟悉三相异步电动机正反转控制电路，区别主电路和控制电路的不同。
4. 根据实验线路选择电器，分清接触器的主触点和辅助触点。

四、实验报告要求

1. 要求完整准确（符合电气制图国家标准）地绘制出三相异步电动机正反转控制电路。写出电路中所用电器的型号和规格。
2. 总结主电路、控制电路的接线方法。
3. 写出实验过程中观察到的现象，总结电路中有哪些保护环节。
4. 通过本实验后，总结你的实验技能有何提高，应如何从实验中培养实验技能。

五、思考题

1. 在图 1-17b 的控制电路中，如果将两只接触器的常闭辅助触点去掉，仅串联复合按钮的常闭触点能否实现正、反转接触器之间的互锁？
2. 以正反转为例，是否可以进行两地或多地控制？如果可行，将如何实现？

实验二　熟悉 STEP7-Micro/WIN32 编程软件

一、实验目的

1. 熟悉 S7-200 PLC 的基本组成和使用方法。
2. 熟悉 STEP7-Micro/WIN32 编程软件及其使用环境。
3. 熟悉 S7-200 PLC 的基本指令。

二、实验内容、步骤

1. 实验设备

计算机（PC）一台；S7-200 PLC 一台；PC/PPI 编程电缆一根；模拟输入开关一套；模拟输出装置一套；导线若干。

2. 实验内容

1）熟悉 S7-200 PLC 的基本组成。仔细观察 S7-200 CPU226 主机的输入、输出的点数和类型；输入、输出的状态指示灯；通信端口等。

2）熟悉 STEP7-Micro/WIN32 编程软件；熟悉 S7-200 PLC 的基本指令，如 LD、O、A、OUT、S、R、T、C、SCR、SHBR 等。

3）了解计算机（PC）与 S7-200 PLC 建立通信的步骤。

4）了解编辑、编译、下载、运行、上载、修改程序等的方法和步骤。

3. 实验步骤

（1）建立计算机（PC）与 S7-200 PLC 之间的通信

● 在断电情况下，将 PC/PPI 电缆的 RS-232C 端和 RS-485 端分别接在计算机（PC）的 COM 端口和 S7-200 PLC 的通信端口上，拧紧连接螺钉。

● 设置 PC/PPI 电缆上的 DIP 开关，用开关 1、2、3 设定波特率；未用调制解调器时，开关 4、5 均设置为 0；然后打开计算机，运行 STEP7-Micro/WIN32 编程软件。

● 接通 PLC 的电源，将 PLC 置为 STOP 工作方式。在引导条中单击"通讯"图标，或从主菜单中选择"检视"中的"通讯"项，则会出现一个"通讯设定"对话框。

● 在对话框中双击"PC/PPI 电缆"的图标，将出现"设置 PG/PC 接口"的对话框，设置检查通信接口参数。系统默认设置为：远程设备站地址是 2，通信波特率为 9.6kbit/s，采用 PC/PPI 电缆通信（计算机的 COM1 口），PPI 协议（检查和修改 PLC 的通信参数的内容可参见第六章、第九章）。

● 设置好参数后，可双击"通讯设定"对话框中的"刷新"图标，STEP 7- Micro/WIN 32 将检查所连接的所有 S7-200 CPU 站（默认站地址为2），并为每个站建立一个 CPU 图标。

注意：如果不能建立通信连接，应检查和修改 PLC 的通信参数（例如，Local Connection 中的 Com Port 的端口）。

（2）输入应用程序

输入程序可在离线方式下进行，也可在线编程。

● 选择梯形图编辑器，打开梯形图编辑窗口，从"网络 1"开始，输入编程元件。输入程序时，必须将梯形图程序按网络分段，否则编译有误。

● 输入编程元件时，先将光标移至编辑处，然后，点击"编程"按钮，从弹出的下拉式菜单中选择编程元件；也可双击"指令树"上的指令输入编程元件。

● 输入程序时，应注意指令操作数的有效范围。在非法操作数的下方会显示红色波浪线以示提醒。必须修改正确后，程序才能编译成功。

（3）程序的编译和下载

● 程序输入完毕，选择菜单 PLC 的"编译"项，对程序进行离线编译，编译的结果将在输出窗口显示。出错时，将显示语法错误的数量、原因和位置，必须进行修改，直至完全正确后，编译才会成功。

● 在计算机与 PLC 建立起通信连接且用户程序编译成功后，就可点击"下载"按钮，将程序下载到 PLC 中去。

（4）模拟运行应用程序

程序下载后，应将 PLC 置为 RUN 工作方式，接入模拟输入信号后，模拟运行程序。注意观察 PLC 上各输入、输出点对应的状态指示灯的状态变化。比较 OUT 指令与 S 指令的区别；比较 S 指令与 R 指令的区别；比较定时器与计数器指令的区别等。

三、预习要求

1. 阅读本实验指导书，复习第六章的有关内容。
2. 复习 PLC 基本指令的有关内容。
3. 写出建立计算机（PC）与 S7-200 PLC 通信的步骤。
4. 写出调试简单程序的步骤。

四、实验报告要求

1. 总结实验内容，写出建立计算机（PC）与 S7-200 PLC 通信的步骤。
2. 画出调试程序的 I/O 接线图和梯形图，写出程序调试的步骤。

五、思考题

1. 建立计算机与 PLC 的通信连接时，应将 PLC 置为何种工作方式？
2. 进行程序调试时，应将 PLC 置为何种工作方式？
3. OUT 指令与 S、R 指令有何不同？

实验三　运料小车的程序控制

一、实验目的
1. 熟悉时间控制和行程控制的原则。
2. 掌握定时器指令的使用方法。
3. 掌握顺序控制继电器指令（SCR）的编程方法。

二、实验内容、步骤
1. 实验设备

计算机（PC）一台；S7-200PLC 一台；PC/PPI 编程电缆一根；模拟输入开关一套；JD-PLC3 运料小车实验模板一块；导线若干。

2. 实验内容、步骤
- 按图 7-8 的 I/O 接线图进行接线。
- 输入图 7-9 运料小车的控制程序，编译下载后，调试该程序。
- 按图 7-7 运料小车的顺序功能图调试程序。调试时，用模拟开关模拟输入信号，特别要注意模拟行程开关 SQ1 和 SQ2 状态的变化。注意观察输入、输出状态指示灯（或输入信号、输出负载）的状态变化是否与顺序功能图一致。为便于观察，也可点击"程序状态"按钮进行调试。

三、预习要求
1. 阅读本实验指导书，复习行程控制、时间控制的有关内容。
2. 复习 PLC 基本指令的有关内容，掌握顺序控制继电器指令（SCR）的编程方法。
3. 写出调试程序的步骤。

四、实验报告要求
1. 绘出实验用 I/O 接线图、顺序功能图、梯形图。
2. 写出调试程序的步骤。
3. 写出调试过程中观察到的现象，总结调试过程中的经验或教训。
4. 回答思考题。

五、思考题
1. 总结顺序控制程序的设计方法和调试方法。
2. 总结顺序控制继电器指令（SCR）的编程方法。

实验四　四级带式输送机的程序控制

一、实验目的
1. 掌握顺序控制程序的设计方法和调试方法。
2. 掌握移位寄存器指令（SHBR）的编程方法。

二、实验内容
1. 实验设备

计算机（PC）一台；S7-200PLC 一台；PC/PPI 编程电缆一根；模拟输入开关一套；JD-PLC6 四级带式输送机实验模板一块；导线若干。

2. 实验内容

某四级带式输送机有 4 条输送带，4 条输送带分别由 4 台电动机拖动。四级带式输送机工作示意图如图 E-1 所示。为防止输送带上的物料堆积，要求 4 台电动机顺序起动和顺序停止。起动时按 M1→M2→M3→M4 的顺序起动，时间间隔为 1min；停车时按 M4→M3→M2→M1 的顺序停止，时间间隔为 30s。

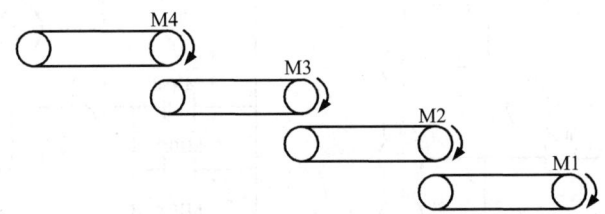

图 E-1　四级带式输送机工作示意图

四级带式输送机的顺序功能图和梯形图程序如图 7-46、图 7-47 所示。
（1）输入图 7-47 所示的梯形图程序。
（2）按图 7-46 所示的顺序功能图调试程序。
（3）观察调试过程中的现象，改变定时器的设定值，继续观察。

三、预习要求
1. 阅读本实验指导书，复习移位寄存器指令（SHBR）的有关内容。
2. 阅读、分析图 7-46 和图 7-47 的工作原理。
3. 掌握移位寄存器指令（SHBR）的编程方法。

四、实验报告要求
1. 绘出实验用 I/O 接线图、顺序功能图、梯形图。
2. 写出调试程序的步骤。
3. 写出调试过程中观察到的现象，总结调试过程中的经验或教训。

五、思考题
1. 总结顺序控制程序的设计方法和调试方法。
2. 总结用移位寄存器指令（SHBR）编制顺序控制程序的方法。

实验五　深孔钻组合机床的程序控制

一、实验目的
1. 掌握顺序控制程序的设计方法和调试方法。
2. 掌握用置位、复位指令（S、R）编制顺序控制程序的方法。

二、实验内容、步骤

1. 实验设备
计算机（PC）一台；S7-200PLC 一台；PC/PPI 编程电缆一根；模拟输入开关一套；JD-PLC3 深孔钻组合机床实验模板一块；导线若干。

2. 实验内容、步骤
深孔钻组合机床的 I/O 接线图和顺序功能图如图 7-40 和图 7-41 所示。深孔钻组合机床的梯形图程序如图 E-2 所示。

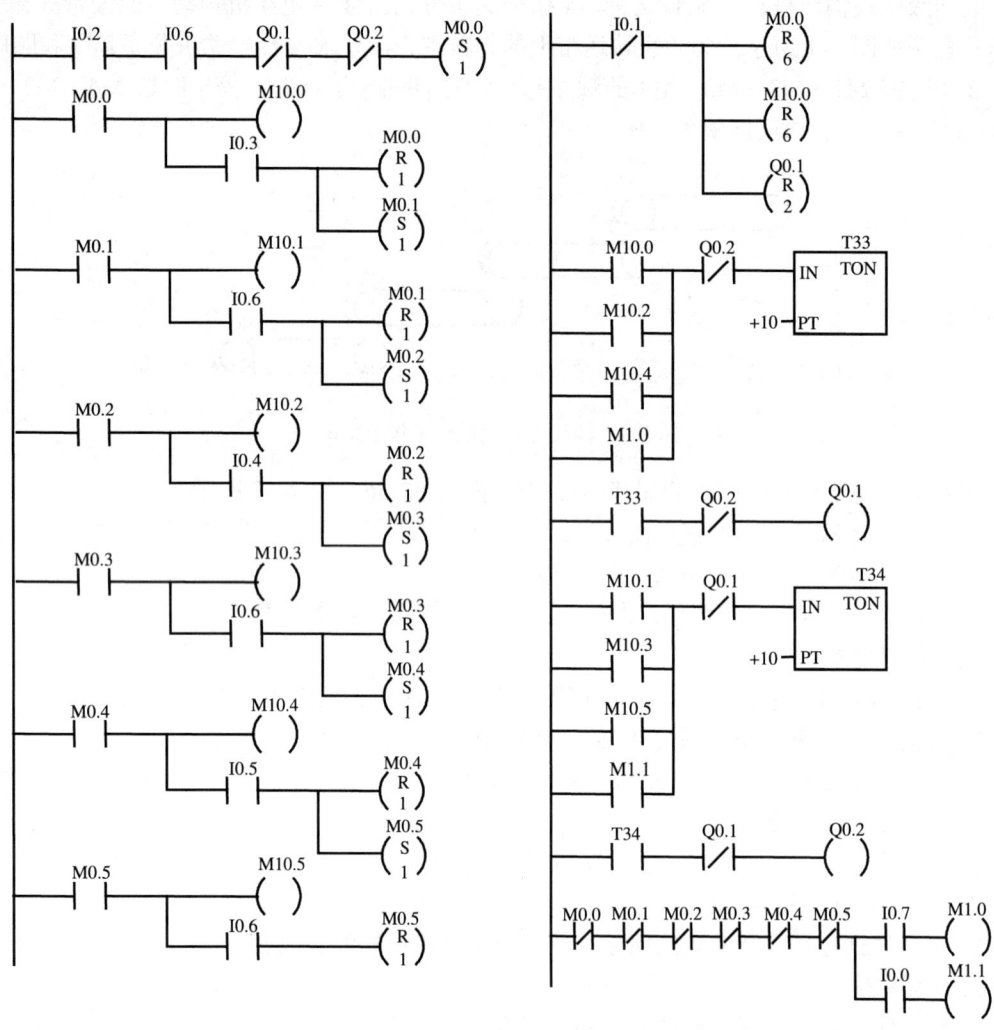

图 E-2　深孔钻组合机床的梯形图

（1）输入图 E-2 所示的梯形图程序。
（2）按图 7-41 所示的顺序功能图调试程序。
（3）观察调试过程中的现象，仔细观察自动工作过程和点动调整工作的不同之处。

三、预习要求

1. 阅读本实验指导书，复习置位、复位指令（S、R）和内部标志位存储器（M）的有关内容。

2. 阅读、分析图 7-41 和图 E-2 的工作原理。

3. 掌握用置位、复位指令（S、R）编制顺序控制程序的方法。

四、实验报告要求

1. 绘出实验用 I/O 接线图、顺序功能图、梯形图。
2. 写出调试程序的步骤。

3. 写出调试过程中观察到的现象，总结调试过程中的经验或教训。
五、思考题
1. 总结顺序控制程序的设计方法和调试方法。
2. 总结用置位、复位指令（S、R）编制顺序控制程序的方法。

实验六　彩灯的程序控制

一、实验目的
1. 进一步掌握顺序控制程序的设计方法。
2. 熟悉按动作时序表编制程序的方法。
3. 熟悉循环移位指令的编程方法。

二、实验内容、步骤
1. 实验设备

计算机（PC）一台；S7-200 PLC 一台；PC/PPI 编程电缆一根；模拟输入开关一套；JD-PLC1 音乐艺术彩灯实验模板一块；导线若干。

2. 实验内容

彩灯变幻的花样繁多，通常可根据花样变幻的规律列出动作节拍表，然后再依据动作节拍表设计梯形图。第七章的表 7-11 可看作由一个"环形分配器"（或称为"钟"）产生，"环形分配器"示意图如图 E-3 所示。根据彩灯花样变幻的规律，将"钟"分成 16 "拍"。钟的指针按"拍"转动，每"拍"都有相应的输出（表 7-11 中，"+"号表示有输出）。第七章的图 7-48 就是依据表 7-11 设计出来的。该梯形图中，用循环移位指令（ROL-W）编制程序。定时器 T33 产生的脉冲信号控制 MW0 的循环移位。

图 E-3　"环形分配器"示意图

3. 实验步骤

（1）输入图 7-48 所示的梯形图程序，并调试程序。
（2）仔细观察调试过程中的现象。
（3）改变动作节拍表的节拍数和输出点数，并重新调试（例如，8 个节拍；16 个输出点）。

三、预习要求
1. 阅读本实验指导书，复习移位及循环移位指令的有关内容。
2. 熟悉按动作时序表编制程序的方法。
3. 阅读、分析图 7-48 的工作原理。

四、实验报告要求
1. 写出调试程序的步骤。

2. 写出调试过程中观察到的现象。

3. 改变表 7-11 节日彩灯动作时序表的节拍数和输出点数，依据新的动作节拍表设计梯形图。

五、思考题

1. 总结顺序控制程序的设计方法和调试方法。
2. 总结循环移位指令的编程方法。
3. 比较移位指令与循环移位指令的不同。

实验七　交通信号灯的程序控制

一、实验目的

1. 掌握顺序控制程序的设计方法和调试方法。
2. 熟悉经验设计法。

二、实验内容、步骤

1. 实验设备

计算机（PC）一台；S7-200PLC 一台；PC/PPI 编程电缆一根；模拟输入开关一套；JD-PLC2 交通信号灯实验模板一块；导线若干。

2. 实验内容

本实验给出的交通信号灯控制程序是按经验设计法设计的，交通信号灯的梯形图如图 E-4 所示。

采用经验设计法设计控制程序时，根据被控对象的工艺流程，采用一些常用的应用程序的基本环节，将它们有机地组合而成。例如，本实验给出的交通信号灯的梯形图中采用了闪烁控制的基本环节，T37、T38 两个定时器组成了一个脉宽、占空比、频率均可调的"脉冲发生器"，从而实现绿灯闪烁的控制；计数器 C0 用于控制绿灯闪烁的次数。

3. 实验步骤

（1）按图 7-51 所示的 I/O 接线图进行接线。
（2）按本实验给出的交通信号灯梯形图（见图 E-4）输入程序，并调试程序。

三、预习要求

1. 阅读本实验指导书，复习第七章的有关内容，复习应用程序的基本环节。
2. 阅读、分析图 7-53 和图 E-4 的工作原理。

四、实验报告要求

1. 绘出实验用 I/O 接线图、梯形图。
2. 写出调试程序的步骤。
3. 写出调试过程中观察到的现象，总结调试过程中的经验或教训。

五、思考题

1. 总结顺序控制程序的设计方法和调试方法。
2. 总结本实验中用了哪些应用程序的基本环节。
3. 比较图 7-53 和图 E-4 的交通信号灯梯形图。
4. 试编写倒计时型交通信号灯控制程序。

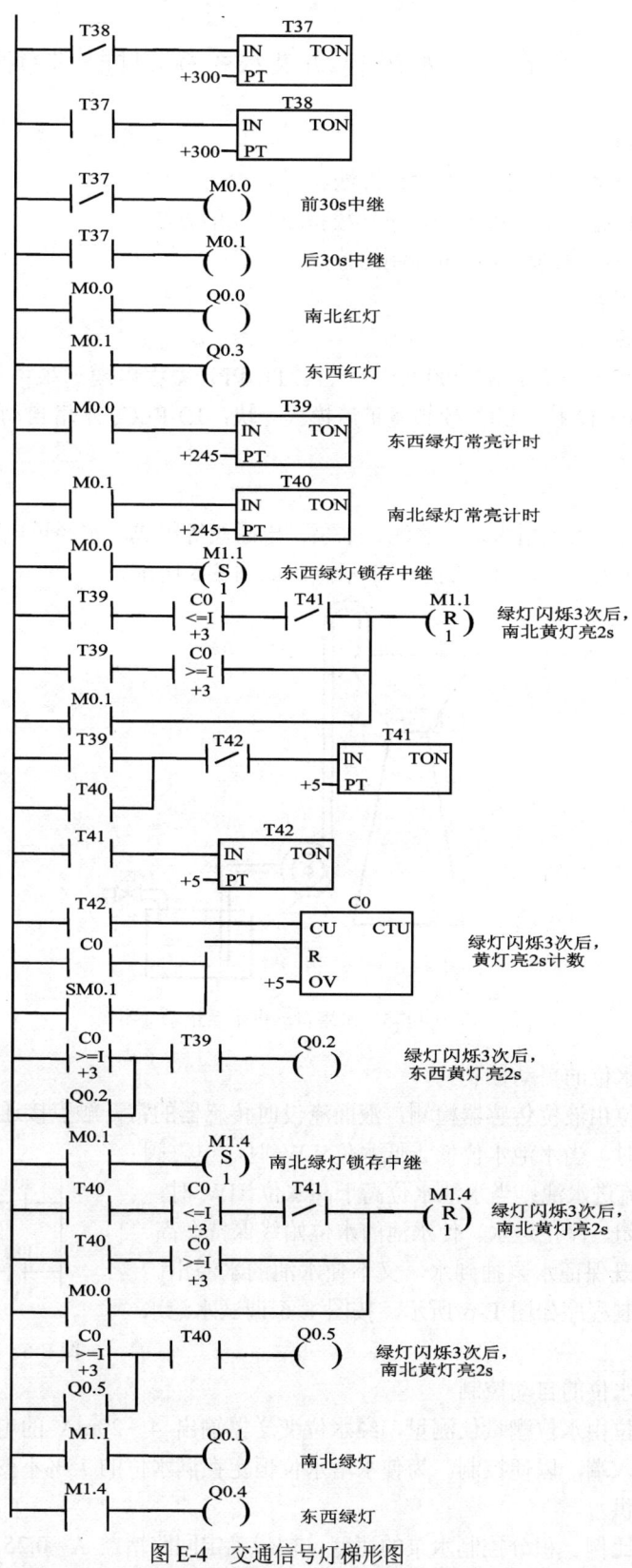

图 E-4 交通信号灯梯形图

实验八 水塔自动供水系统的程序控制

一、实验目的
1. 熟悉子程序和中断程序的设计方法。
2. 熟悉 PID 指令的编程方法，了解模拟量控制的方法。
3. 比较开关量控制和模拟量控制的特点。

二、实验内容
1. 实验设备

计算机（PC）一台；S7-200PLC 一台；PC/PPI 编程电缆一根；模拟输入开关一套；EM235AI4/AQ1×12 位（bit）模拟量扩展模块一块；JD-PLC9 水塔自动供水系统实验模板一块；导线若干。

2. 实验内容

水塔自动供水系统由水塔、水池、水泵、电磁阀等组成。水经过电磁阀 YV 流进水池，供水泵向水塔送水。水塔自动供水系统示意图如图 E-5 所示。

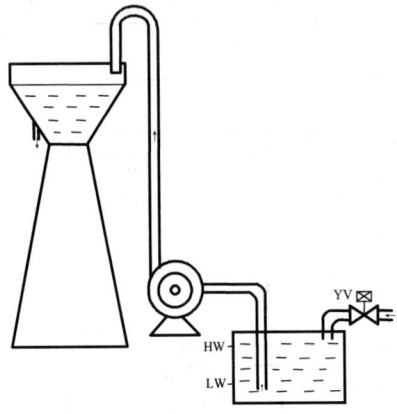

图 E-5 水塔自动供水系统示意图

（1）水池水位的自动控制

水池的水位由液位传感器检测，液面淹没时传感器的常开触点接通，常闭触点断开。

系统工作时，当水池水位低于低水位 LW 时，电磁阀 YV 打开，水流进水池；当水池水位高于高水位 HW 时，电磁阀 YV 关闭，停止进水。使水池的水位始终保持在高、低水位之间，既保证水泵抽到水，又不使水池的水溢出。水池水位的控制程序如图 E-6 所示，按图 E-6 调试水池水位的控制程序。

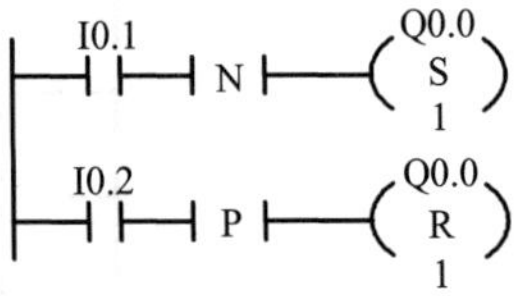

图 E-6 水池水位的控制程序

（2）水塔水位的自动控制

水塔的水位由水位测量仪测量，经水位变送器输出 4～20mA 的电流信号，送至模拟量输入模块的输入端，以便控制。为使水塔水位恒定在满水位的 75%不变，就要求水泵以变化的速度向水塔供水。

系统选择比例、积分控制水泵的速度，初步确定回路增益 K_c=0.25，时间常数 T_s=0.1s，

T_i=300min,T_d=0。

系统启动时,应保证水池水位高于低水位时才能起动水泵电动机,且关闭水塔的出水口,用手动方式控制水泵的速度,使水塔水位达到满水位的75%,然后打开出水口,同时水泵控制从手动方式切换到自动方式。水塔水位的 PID 控制程序如图 5-80 所示,按图 5-80 的程序调试水塔水位的 PID 的控制程序。

(3)系统 I/O 分配表如表 E-1 所示,I/O 接线图如图 E-7 所示,模拟量输入、输出模块的接线如图 E-9 所示。

表 E-1 I/O 分配表

输入信号		输出信号	
水池低水位开关 SL1	I0.1	电磁阀 YV	Q0.0
水池高水位开关 SL2	I0.2		
PID 切换开关 SA	I0.0		
水池高水位开关 SL2	I0.2		
PID 切换开关 SA	I0.0		

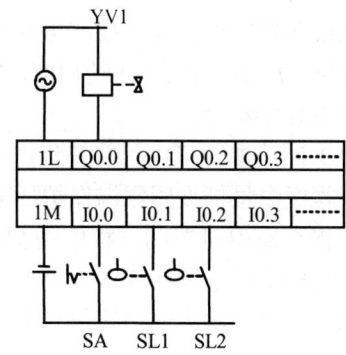

图 E-7 I/O 接线图

三、预习要求

1. 阅读本实验指导书,复习 PID 指令的有关内容。
2. 分析图 E-6 、图 5-80 梯形图的工作原理。
3. 熟悉子程序、中断程序的设计方法。
4. 写出调试程序的步骤。

四、实验报告要求

写出调试过程中观察到的现象,分析、比较水池水位和水塔水位控制的特点。总结调试过程中的经验或教训。

五、思考题

1. 总结 PID 指令编程的方法和步骤。
2. 用手动方式控制水泵速度,使水塔水位达到满水位的75%后,切换到自动方式。试设计梯形图,并确定操作方法。

实验九 水池水温的 PID 控制

一、实验目的

1. 进一步了解模拟量控制的方法,了解模拟量输入信号的处理方法。
2. 进一步熟悉 PID 指令的编程方法。
3. 进一步熟悉子程序和中断程序的设计方法。

二、实验内容、步骤

1. 实验设备

计算机(PC)一台;S7-200 PLC 一台;PC/PPI 编程电缆一根;模拟输入开关一套;EM235 AI4/AQ1×12 位(bit)模拟量扩展模块一块;JD-PLC10 温度的 PID 控制实验模板一块;导线若干。

2. 实验内容

水池中的水由加热器加温,水池的温度由温度传感器测量,经温度变送器输出 4～20mA 的电流信号,送至模拟量输入模块的输入端,以便控制。本实验使用传感器—变送器一体化的测温器。系统的输出由晶闸管调整器控制电热丝的功率,组成一个温度闭环控制系统。水池加热系统示意图如图 E-8 所示。

先用手动方式控制电热丝的功率,当水池水温接近 23.5℃时,为使水池水温恒定在 23.5℃左右,系统应从手动方式切换到 PID 的自动方式,控制电热丝的功率。

系统选择比例、积分控制电热丝的功率,初步确定回路增益 K_c=1,时间常数 T_s=0.2s,T_i=10min,T_d=0。水池温度的 PID 控制梯形图如图 7-66 所示。按图 7-66 的程序调试水池水温 PID 的控制程序。

PID 回路参数可由计算初步产生,调试中可进一步调整。为防止实验过程中水温调节得过高,程序中最好设置限温保护环节。

为提高模拟量控制过程中的测量精度,可采用多次采样、计算平均值的办法。图 7-62 中的子程序 7 和子程序 8 即为模拟量输入信号处理的程序。

温度变送器输出的电流信号为 4～20mA。计算时,应注意温度变送器的量程下限不为 0。

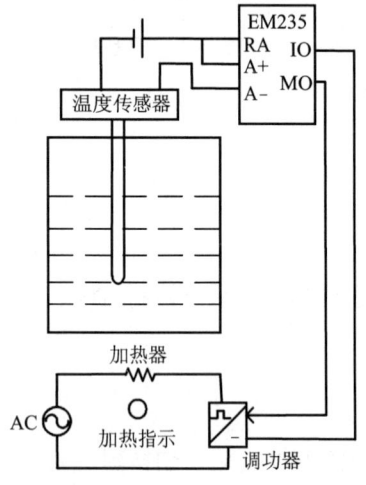

图 E-8　温度控制系统示意图

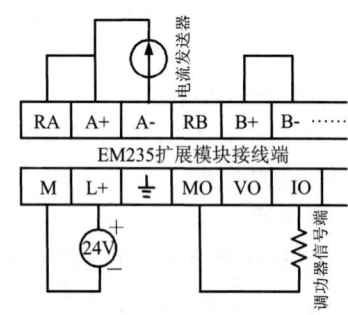

图 E-9　EM235 接线图

3. 实验步骤

(1) EM235 模拟量输入/输出扩展模块的接线图如图 E-9 所示。

(2) 按图 E-8 和图 E-9 接线,输入图 7-66 所示水池温度的 PID 控制程序,并调试程序。

三、预习要求

1. 阅读本实验指导书,复习 PID 指令的有关内容。

2. 复习第七章应用实例中模拟量输入信号处理的有关内容,分析图 7-66 梯形图的工作原理。

3. 熟悉子程序、中断程序的设计方法。

4. 写出调试程序的步骤。

四、实验报告要求

1. 绘出实验用 I/O 接线图、梯形图。

2. 写出调试程序的步骤。
3. 写出调试过程中观察到的现象，总结调试过程中的经验或教训。
4. 回答思考题。

五、思考题
1. 总结 PID 指令编程的方法和步骤。
2. 如何在模拟量控制过程中提高测量精度？

实验十　PLC 的通信编程

一、实验目的
熟悉通信指令的编程方法和操作过程。

二、实验内容
1. 实验设备

计算机（PC）一台；S7-200PLC 两台；PC/PPI 编程电缆一根；模拟输入开关两套；模拟输出装置两套；导线若干。

2. 实验内容

两台 S7-200 PLC 与装有编程软件的计算机（PC）通过 RS-485 通信接口组成通信网络。

（1）建立 PLC 与 PC 之间的通信

PLC 与 PC 之间建立通信时，应将 PLC 的工作方式置为 STOP 状态。将 PC/PPI 电缆的 RS-232C 端连接到计算机上，RS-485 端分别连接到两台 PLC（例如 S7-200CPU226 模块）的端口 1 上。通过编程软件的系统块分别将它们端口 0 的站地址设为 2 和 3，并将系统块参数和用户程序分别下载到各自的 CPU 模块中。

（2）建立 PLC 与 PLC 之间的通信

PLC 与 PLC 之间建立通信时，应将 PLC 的工作方式置为 STOP 状态。用网络连接器将两台 PLC 的端口 0 连接起来。接在网络末端的连接器必须有终端匹配和偏置电阻，即将开关放在 ON 的位置上。连接器内有 4 个端子 A1、B1、A2、B2，用电缆连接时，请注意接线端子的连接，例如分别将两个连接器的 A 端子和 A 端子连在一起，B 端子和 B 端子连在一起。

（3）PPI 主站模式的通信

将 PLC 甲（主站 2）和 PLC 乙（从站 3）的工作方式置为 RUN 状态。以本书的图 9-30、图 9-31 为例进行通信操作。将图 9-30、图 9-31 的通信程序分别输入到 PLC 甲（主站 2）和 PLC 乙（从站 3）中，并进行调试。当 PLC 乙（从站 3）的输入端子 I0.0 每接通一次，观察 VB207 各位的状态的变化，至少通、断 5 次以上。

为便于观察，在调试过程中可通过 PLC 甲（主站 2）的输出端口观察 VB207 各位状态的变化；通过 PLC 乙（从站 3）的输出端口观察 VB300 各位状态的变化。

（4）自由口通信

将 PLC 站甲（站 2）和 PLC 站乙（站 3）的工作方式置为 RUN 状态。以本书的图 9-35、图 9-36 为例进行通信操作。将图 9-35、图 9-36 的通信程序分别输入到 PLC 站甲（站 2）和 PLC 站乙（站 3）中，并进行调试。

SM0.7 的状态由 PLC 的方式开关确定，当方式开关处于 RUN 位置时，SM0.7=1；其他位置 SM0.7=0。

操作时，通过控制信号 I0.0 来控制信号的发送和接收。

为便于观察，在调试过程中可设定站 2 的 IW1 为某状态（例如为 1010-1010-1010-1010），这样就可以观察站 2 的 QW0 的状态和站 3 的 QW0 的状态。改变输入信号的状态，注意观察输出信号的变化。

三、预习要求

复习 PLC 通信指令的内容，阅读本实验有关的程序。注意程序中有关参数的设定。

四、实验报告要求

写出调试过程和观察到的现象。

五、思考题

在接收指令（RCV）操作过程中，如何定义信息的起始条件和结束条件？

附录 F　课程设计指导书

课程设计以学生为主体，充分发挥学生学习的主动性和创造性。期间，指导教师要把握和引导学生正确的工作方法和思维方法。

一、课程设计的目的

1. 了解常用电气控制装置的设计方法、步骤及设计原则。
2. 学以致用，巩固书本知识。通过训练，使学生初步具有设计电气控制装置的能力，从而培养和提高学生独立工作和创造能力。
3. 进行一次工程技术设计的基本训练。培养学生查阅书籍、参考资料、产品手册、工具书的能力，上网查寻信息的能力，运用计算机进行工程绘图的能力，编制技术文件的能力等等，从而提高学生解决实际工程技术问题的能力。

二、设计要求

1. 阅读本课程设计参考资料及有关图样，了解一般电气控制装置的设计原则、方法及步骤。
2. 上网调研当今电气控制领域的新技术、新产品、新动向，用于指导设计过程，使设计成果具有先进性和创造性。
3. 认真阅读本课程设计任务书，分析所选课题的控制要求，并进行工艺流程分析，画出工艺流程图。
4. 确定控制方案，设计电气控制装置的主电路。
5. 应用 PLC 设计电气控制装置的控制程序。
（1）选择 PLC 的机型及 I/O 模块型号，进行系统配置，并校验主机的电源负载能力。
（2）根据工艺流程图，绘制顺序功能图。
（3）列出 PLC 的 I/O 分配表，画出 PLC 的 I/O 接线图。
（4）设计梯形图，并进行必要的注释。
（5）输入程序，并进行室内调试，模拟运行。
6. 设计电气控制装置的照明、指示及报警等辅助电路。系统应具有必要的安全保护措施，例如短路保护、过载保护、失电压保护、超程保护等。
7. 选择电器元件的型号和规格（参数的确定应有必要的计算和说明），列出电器元件明细表。选择电器元件时，应优先选用优质新产品。

电器元件明细表格式：

序　号	电器元件代号	图　区	名称和用途	型号规格	数　量	备　注

8. 绘制正式图样，要求用计算机绘图软件（例如 Microsoft/visio 等）绘制电气控制电路图；用 STEP7-Micro/WIN32 编程软件绘制梯形图。要求图幅选择合理，图、字体排列整齐，图样应按电气制图国家标准有关规定绘制。

9. 编制设计说明书及使用说明书。

内容包括：阐明设计任务及设计过程，附上设计过程中有关计算及说明，说明操作过程、使用方法及注意事项，附上所有的图表、所用参考资料的出处及对自己设计成果的评价或改进意见等。

要求文字通顺、简练，字迹端正、整洁。

附录 G 课程设计任务书

题 1 半自动外圆磨床的 PLC 控制

一、概况

某厂承接了一批磨削工件外圆的加工任务,为适应批量生产的需要,将两台普通外圆磨床改装为半自动外圆磨床。使用自动测量装置,自动对磨削中的零件尺寸进行测量,并发出控制信号,从而实现半自动循环磨削工作。另外,还增设了砂轮修整及补偿装置。

磨床是一种较精密的机床,它以砂轮为刀具进行切削,经它加工的零件可以获得符合表面粗糙度要求的表面。

本磨床作切入磨削。加工时,工件旋转,工作台不动,砂轮对工件进行磨削,并连续进给,砂轮随砂轮架而移动,工作示意图如图 F-1 所示。

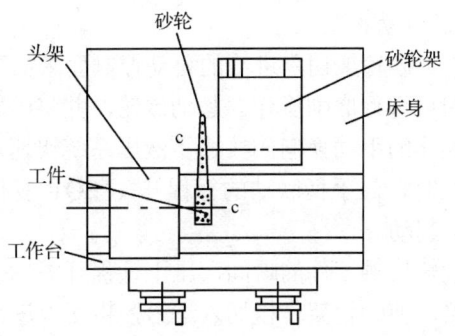

图 F-1 半自动磨床工作示意图

该磨床的砂轮和工件的旋转分别由两台电动机拖动;砂轮架快速移动、切入进给,砂轮修整进给,修整量的补偿采用液压传动,由电磁阀来控制,工件的磨削尺寸由自动测量仪 PQ 自动控制。

机床共用了四台电动机,有关技术参数如表 F-1 所示。

表 F-1

符号	电机名称	型号	规格	数量
M1	砂轮电动机	J03-140S-4	7.5kW	1
M2	头架电动机	JD03-90S-8/4	1.1kW	1
M3	油泵电动机	J03-801-4	0.75kW	1
M4	冷却泵电动机	DB-25A	0.12kW	1

此外,机床中还用了七只电磁阀 YV1~YV7,型号为 WFJ-1,线圈电压为 AC110V。

车间配电为三相五线制交流电源,保护接地与中性线(PE、N)不共用。

机床要配工作灯(安全电压可取 AC24V),灯泡功率为 60W,供机床照明之用。

二、半自动外圆磨床的控制要求

（一）各电动机的起动和停止控制

1. 预起动

机床起动时，必须先起动油泵电动机 M3，待油压正常后，方可起动其他电动机，设总停按钮，并有必要的短路、过载、失电压保护和信号指示。

2. 砂轮电动机 M1 的起动和停止用按钮控制。

3. 头架电动机 M2 可作高速和低速运转，M2 采用双速电动机，电动机作高速运转时，电动机定子绕组接成双星形；作低速运行时，电动机定子绕组接成三角形，可用选择开关选择高、低速。

工作中，当砂轮架前进时，要求头架电动机随之旋转；当砂轮架返回时，要求头架电动机停止旋转。

为调整方便，头架电动机应能作低速点动运转。

4. 冷却泵电动机 M4 的控制

冷却泵电动机 M4 可按手动和自动两种方式工作。

（1）手动控制：用旋转开关控制。

（2）自动控制：要求在工件回转或修整砂轮时，冷却泵电动机能自动起动。

（二）砂轮架切入进给的自动控制

砂轮架由液压系统控制，砂轮架切入进给的自动控制要求如下：

头架上装入工件后，即可进行磨削操作。起动砂轮，并将砂轮架快速进退手柄推到"前进"位置。此时，由手柄操作的手动换向阀接通了液压系统快速进退的"快进"油路，砂轮架快速前进，趋近工件。同时，与手柄联动的行程开关 SQ1 复位，从而使头架电动机随之起动，冷却泵电动机也自动起动。

砂轮架快速前进，当砂轮接触工件的瞬间，压下行程开关 SQ2。电磁阀 YV1、YV3 通电动作，接通粗切入的油路，使砂轮架作粗切入进给，粗切入进给指示灯 HL1 亮。

当切入进给机构碰行程开关 SQ3 时，粗切入进给到位，电磁阀 YV3 失电。砂轮架由粗切入油路转换到精切入油路，开始精切入进给。同时电磁阀 YV4 动作，使自动测量仪架前进，卡住工件。当磨削达到预定尺寸时，自动测量仪发出第一个测量信号（PQ1 触点闭合），使 YV1 电磁阀失电。此时，液压系统使砂轮架停止切入进给，而转为无火花磨削，以提高磨削的精度及降低表面粗糙度。当磨削到最终尺寸时，自动测量仪发出第二个测量信号（PQ2 触点闭合），使电磁阀 YV5 动作（此时 YV4 失电），从而接通"快速"油路，使砂轮架快速退回。此时液压机构还将砂轮快速进退手柄推到"快退"位置，行程开关 SQ1 被压，致使头架电动机、冷却泵电动机相继停转。这时，电磁阀 YV2 动作（YV5 失电），使液压系统切入进给机构返回。当液压系统恢复到原来状态时，压下行程开关 SQ5，电磁阀 YV2 断电，为下次工作作好准备，到此一个工件磨削完毕。

自动测量仪也可进行手动测量，可用旋钮开关直接控制电磁阀 YV4 的通断，若 YV4 动作，自动测量仪即自动卡向工件，进行测量。

提示：应保证自动测量仪在卡稳的状态下测量"预定尺寸"和"最终尺寸"，可考虑用定时器延时控制。

（三）砂轮的修整控制

当砂轮在磨削时，要不断地自励。当加工过一定数量的工件后，应由金刚刀进行修正一次。由电磁阀 YV6、YV7 控制，同时修整器进给一次，工作台亦补偿相同的量，以保证加工尺寸不变。当修整器液压缸运动到终点时，压下行程开关 SQ6，修整器返回原位。

砂轮的修整可采用手动和自动两种工作方式。

液压系统各电磁阀的工作状态如表 F-2 所示。半自动外圆磨床的工艺流程图如图 F-2 所示。

表 F-2 电磁阀工作状态表

电磁阀 工步	YV1	YV2	YV3	YV4	YV5	YV6	YV7
砂轮架快进	-	-	-	-	-	-	-
砂轮架粗切入进给	+	-	+	-	-	-	-
砂轮架精切入进给	+	-	-	+	-	-	-
自动测量仪前进	+	-	-	+	-	-	-
无火花磨削	-	-	-	+	-	-	-
砂轮架快退	-	-	-	-	+	-	-
切入进给机构返回	-	+	-	-	-	-	-
砂轮修整器进给和补偿	-	-	-	-	-	+	+
砂轮修整器退回和补偿退回	-	-	-	-	-	-	-

注："+"为电磁阀线圈通电，"-"为电磁阀线圈失电。

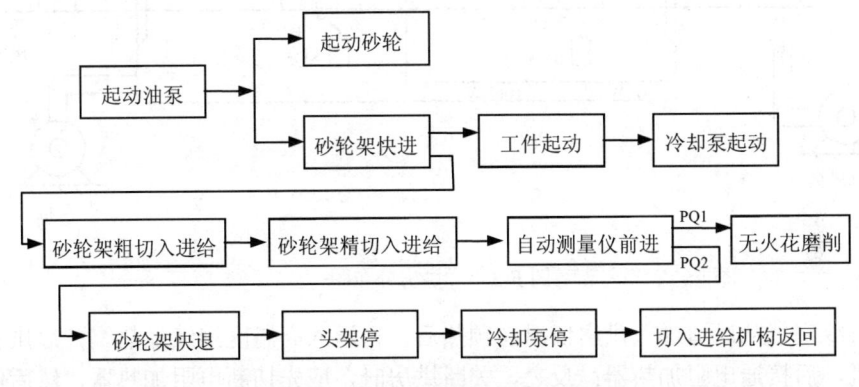

图 F-2 半自动外圆磨床的工艺流程图

（四）两台磨床之间的通信

为便于分期分批加工的调度工作，增设两台磨床之间的通信功能。要求对每台磨床所加工的工件数进行计数。当磨床 A 加工完额定件数 N 的 40%时，即发送信息通知磨床 B；磨床 B 接到信息后，立即回送一个信息给磨床 A，令磨床 A 停止加工，以便更换加工工件的种类；同时磨床 B 继续加工，直至加工完额定件数 N……。

现要求设计磨床 A 的控制程序以及磨床 A 和磨床 B 之间的通信程序。

题 2 热处理车间烘房的 PLC 控制

某厂热处理车间新建一个烘房，该烘房分高温和低温两个烘区。工件从烘门进入烘房低温区预热 15min，再进入高温区继续加热 15min，然后送出烘房。工件送出烘房后还要由轴流风机吹冷 15min，工件风冷 15min 后，由电笛通知工人。上述预热、加热、风冷各工序均需 15min。工件进出烘房及在烘房内的推进均由物料传送系统自动控制，每完成一个工序均由物料传送系统移动工件（图 F-3 中工件的位置 A、B、C、D 之间是等距离的），以便操作下一步工序。工件连续不断地送入烘房，当第一个工件由低温区送入高温区的同时，第二个工件被送入低温区……。

烘房由电阻加热器加热，电阻加热器总功率为 300kW，分成四组，分布在烘房壁上，以便进行温度调节。这四组电阻加热器的功率分别为 100kW、100kW、50kW、50kW。烘房分布图如图 F-3 所示。

开启烘房时，为缩短空烘房升温时间，提高烘房升温速率，让四组电阻加热器全部投入加热。当烘房高温区的温度超过 200℃时，切除两组 50kW 电阻加热器；当烘房温度超过 250℃时，切除两组 100kW 电阻加热器，同时接通两组 50kW 电阻加热器；当烘房温度达到 300℃时，使两组 50kW 电阻丝投入 PID 自动运行方式，控制电阻丝的输出功率，以确保烘房高温区保持 300℃恒温。要求用温度传感器测量烘房的温度。工件的热处理过程应在恒温条件下进行。

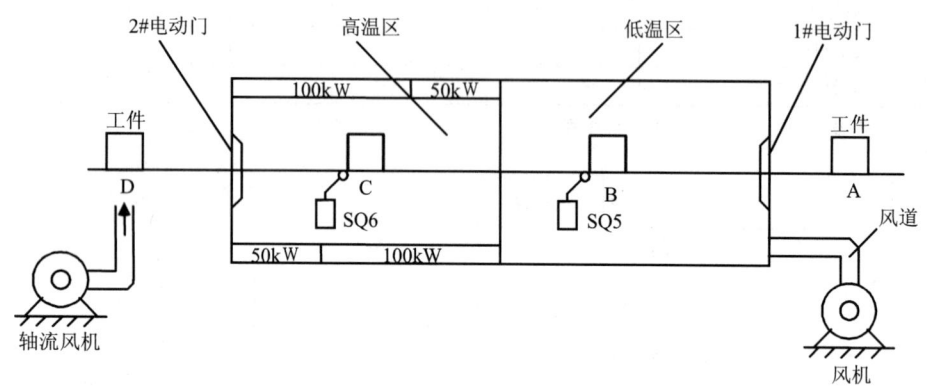

图 F-3　烘房分布图

风机将冷空气从风道送入烘房低温区预热后，再送入高温区继续加热。开启烘房时，应先接通风机，后接通电阻加热器；反之，关断烘房时，应先切断电阻加热器，然后停止风机运转。

此外，烘房有两个电动烘房门，它们各由一台电动机驱动，电动门电动机正转，烘房门打开；电动门电动机反转，烘房门关闭。电动门有手动和自动两种控制方式。要求两个电动门既可以同时开闭，也可以单独开闭。电动门的上、下均装有行程开关，以检测电动门的开闭是否到位。1#电动门开到位时，安装在该门上方的行程开关 SQ1 被压，1#电动门关闭到位时，安装在该门下方的行程开关 SQ2 被压；2#电动门开到位时，安装在该门上方的行程开关 SQ3 被压，2#电动门关闭到位时，安装在该门下方的行程开关 SQ4 被压。

物料传送系统采用气压传动控制，其推进气缸由电磁阀 YV 控制。自动工作时，只有当电动门开到位才允许推进工件；且只有当工件推进到位才能关闭电动门。工件推进到位，行程开关 SQ5、SQ6 被压下。

为节约电能，提高烘房热效率，应保证工件加热时烘门关到位。烘门关闭到位应有信号指示。

烘房的控制有手动和自动两种工作方式,可用钮子开关选择工作方式,其余用按钮控制,并应备有必要的短路、过载、失电压保护。

该烘房共用四台电动机,有关技术参数如表 F-3 所示。

表 F-3

电器代号	电机名称	型号	功率/kW	电压/V	额定电流/A	转速/(r/min)
M1	风机电动机	Y132M-4	7.5	△380	15.4	1440
M2	1#电动门电动机	Y112M-4	4	△380	8.8	1440
M3	2#电动门电动机	Y112M-4	4	△380	8.8	1440
M4	轴流风机电动机	Y90S-4	1.1	Y380	2.7	1440

烘房的工艺流程图如图 F-4 所示。

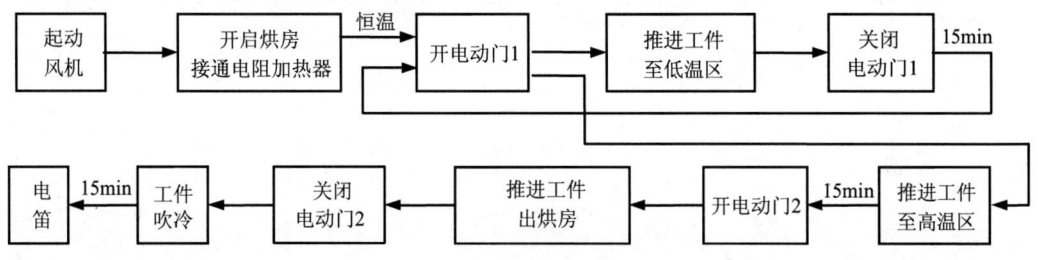

图 F-4　烘房的工艺流程图

参 考 文 献

1　陈金华等编著．可编程序控制器（PC）应用技术．北京：电子工业出版社，1995
2　刘顺禧等编著．电气控制技术．北京：北京理工大学出版社，2000
3　西门子公司．SIMATIC S7-200 可编程序控制器系统手册．2000
4　西门子公司．SIMATIC S7-200 可编程序控制器系统手册．2002
5　西门子公司．SIMATIC S7、S7-300 和 S7-400 梯形逻辑编程
6　陈在平，赵相宾主编．可编程序控制器技术与应用系统设计．北京：机械工业出版社，2002
7　廖常初主编．PLC 编程及应用．北京：机械工业出版社，2002
8　何衍庆等编著．可编程序控制器原理及应用技巧．北京：化学工业出版社，2000